복소 해석학

COMPLEX ANALYSIS

이춘호 · 최규흥 지음

KM 경문사

머리말

이 책은 대학교에서 수학을 전공하고자 하는 학생이 복소해석학 과목을 이수하기 위해서 필요한 내용을 다루었다. 복소해석학은 수학과 및 수학교육과에서 대학원 진학이나 교사임용을 준비하는 학생들을 위해서 뿐만 아니라, 공과대학 및 자연대학의 물리학과 및 관련학과에서 복소함수를 이해하고 이것을 이용하여 여러 가지 복소함수의 성질을 이용하여 물리 및 공학적 문제를 해결하는데 이용하는 주요 과목이다.

초판에서는 복소수의 기본 성질, 복소함수의 기본 성질, 연속과 미분, 선적분, 복소급수 및 유수정리 등을 다루었으나, 내용이 불충분하여 개정하려하였으나 사정이 여의치 않았으나 2012년 연구년 기간을 통하여 내용을 보강할 수 있는 기회가 되었다.

초판에서는 계산위주의 내용이 많았으나 개정판에서는 이론을 보다 보강하였다. 또한 초판에서 다루지 못한 내용인 조화함수와 한꼴사상 등의 내용을 추가하였다. 또한 각 장의 연습문제를 좀 더 보강하여 본문의 내용을 이해하도록 하였고, 초판의 오류를 바로 잡았다.

끝으로 이 책을 출판을 맡아주신 도서출판 경문사 여러분께 감사의 뜻을 표한다.

2013년 1월

저자

차 례

1

복소수

1.1 복소수의 연산

복소수는 실수를 실직선의 점으로 생각한 것과 같이 직교 좌표 x 와 y 의 복소 평면내의 점으로 대응되는 실수들의 순서쌍 (x,y) 으로 정의할 수 있다. 실수 x 를 실수축위의 점 $(x,0)$ 으로 나타내면 복소수는 실수를 부분집합으로서 포함한다. y 축위의 점들에 대응하는 점 $(0,y)$ 의 형태의 복소수를 **순허수**라고 한다. y 축을 **허수축**이라 한다.

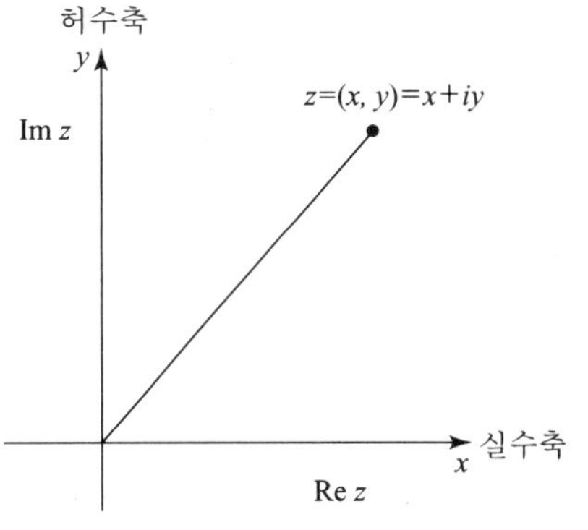

그림 1.1 복소평면

복소수 (x,y) 를 z 라고 쓰면

$$z = (x,y) \tag{1.1}$$

이다. 이때 실수 x 와 y 를 각각 z 의 **실수부**와 **허수부**라 하고

$$\operatorname{Re} z = x, \qquad \operatorname{Im} z = y \tag{1.2}$$

로 나타낸다(그림 1.1).

정의 1.1 $z_j = (x_j, y_j)$, $j = 1, 2$ 이라 하자. 두 복소수의 상등, 합, 곱을 다음과 같이 정의한다.

(i) **(복소수의 상등)** $z_1 = z_2 \iff x_1 = x_2,\ y_1 = y_2$.

(ii) **(복소수의 합)** $z_1 + z_2 = (x_1 + x_2, y_1 + y_2)$

(iii) **(복소수의 곱)** $z_1 z_2 = (x_1 x_2 - y_1 y_2, y_1 x_2 + x_1 y_2)$.

참고 1.1 정의 1.1에서 연산 (ii) 와 (iii) 은 실수의 경우로 제한하면

$$(x_1, 0) + (x_2, 0) = (x_1 + x_2, 0) = (x_1 + x_2, 0)$$

$$(x_1, 0)(x_2, 0) = (x_1 x_2, 0)$$

이므로 복소수계는 실수계의 자연스러운 확장이다.

임의의 복소수 $z = (x, y) = (x, 0) + (0, y)$ 로 쓸 수 있으며 정의 1.1 에 의하면

$$(0, 1)(y, 0) = (0, y)$$

임을 알 수 있다. 따라서 복소수를

$$z = (x, 0) + (0, 1)(y, 0)$$

으로 쓸 수 있다. 이제 실수를 x 또는 $(x, 0)$ 로 생각하고 i 를 순허수 $(0, 1)$ 로 나타내면 복소수는

$$z = x + iy \tag{1.3}$$

로 쓸 수 있다. 우리가 거듭제곱 $z^2 = zz, z^3 = zzz, \cdots$ 으로 나타내면

$$i^2 = (0, 1)(0, 1) = (-1, 0)$$

또는

$$i^2 = -1$$

임을 알 수 있다. (1.3)의 표현을 이용하면 정의 1.1(ii) 와 (iii) 은

$$(x_1 + iy_1) + (x_2 + iy_2) = (x_1 + x_2) + i(y_1 + y_2) \tag{1.4}$$

$$(x_1 + iy_1)(x_2 + iy_2) = (x_1x_2 - y_1y_2) + i(x_1y_2 + x_2y_1) \tag{1.5}$$

로 쓸 수 있다.

다음 정리는 복소수는 실수와 같은 체의 성질을 가지고 있음을 뜻한다.

정리 1.1 *복소수들은 다음과 같은 성질을 가진다.*

(i) $z_1 + (z_2 + z_3) = (z_1 + z_2) + z_3$

(ii) $z_1 + z_2 = z_2 + z_1$

(iii) 항등원 $0 = (0,0)$ *이 존재하여 모든 복소수* z *에 대해서*

$$z + 0 = 0 + z = z.$$

(iv) *각 복소수* $z = (x,y)$ *에 대해서 역원* $-z = (-x,-y)$ *이 존재하여*

$$z + (-z) = (-z) + z = 0.$$

(v) $z_1(z_2z_3) = (z_1z_2)z_3$

(vi) $z_1z_2 = z_2z_1$

(vii) 항등원 $1 = (1,0)$ *이 존재하여 모든 복소수* z *에 대해서*

$$z1 = 1z = z.$$

(viii) *0 이 아닌 각 복소수* $z = (x,y)$ *에 대해서 역원* $z^{-1} = \left(\frac{x}{x^2+y^2}, \frac{-y}{x^2+y^2}\right)$ *이 존재하여*

$$zz^{-1} = z^{-1}z = 1.$$

(ix) $(z_1+z_2)z_3 = z_1z_3+z_2z_3;\ z_1(z_2+z_3) = z_1z_2+z_1z_3$.

증명 성질 (iv) 와 (viii) 을 제외한 나머지 성질은 정의로부터 직접 증명된다.

(iv) $z=(x,y)$ 일 때 덧셈에 관한 역원 $-z=(-x,-y)$ 은 등식 $z+(-z)=0$ 을 만족한다.

(viii) $z=(x,y)\neq(0,0)$ 에 대해서 곱셈에 관한 역원 $z^{-1}=(u,v)$ 라고 하자. 그러면 등식 $(x,y)(u,v)=(1,0)$ 으로부터 미지수 u, v 에 관한 연립 방정식

$$xu-yv=1, \quad yu+xv=0$$

을 얻는다. 따라서 u 와 v 에 관하여 풀면 유일한 해

$$u=\frac{x}{x^2+y^2}, \quad v=-\frac{y}{x^2+y^2}$$

를 얻는다. 따라서 곱셈에 관한 역원은

$$z^{-1}=\left(\frac{x}{x^2+y^2},-\frac{y}{x^2+y^2}\right).$$

■

두 복소수 z_1 와 z_2 에대해서 **차**와 **몫**을

$$z_1-z_2=z_1+(-z_2) \tag{1.6}$$

$$\frac{z_1}{z_2}=z_1z_2^{-1} \tag{1.7}$$

으로 정의한다.

만일 $z_1=x_1+iy_1, z_2=x_2+iy_2$ 이면 (1.7) 와 정리 1.1 (viii) 로부터

$$\begin{aligned}\frac{z_1}{z_2} &= (x_1,y_1)\left(\frac{x_2}{x_2^2+y_2^2},\frac{-y_2}{x_2^2+y_2^2}\right)\\ &= \left(\frac{x_1x_2+y_1y_2}{x_2^2+y_2^2},\frac{y_1x_2-x_1y_2}{x_2^2+y_2^2}\right)\\ &= \left(\frac{x_1x_2+y_1y_2}{x_2^2+y_2^2}\right)+i\left(\frac{y_1x_2-x_1y_2}{x_2^2+y_2^2}\right) \qquad (z_2\neq 0).\end{aligned} \tag{1.8}$$

을 얻는다. 다음 공식은 소위 **분모의 실수화**[1]라고 부르며 암기하기 쉽다.

$$\frac{z_1}{z_2} = \frac{(x_1+iy_1)(x_2-iy_2)}{(x_2+iy_2)(x_2-iy_2)}. \tag{1.9}$$

명제 1.1 (i) *$z_1z_2=0$ 이면 $z_1=0$ 이거나 $z_2=0$ 이다.*

(ii) $\dfrac{z_1+z_2}{z_3} = \dfrac{z_1}{z_3}+\dfrac{z_2}{z_3}, \qquad z_3 \neq 0.$

(iii) $\dfrac{z_1}{z_2} = z_1\left(\dfrac{1}{z_2}\right), \qquad z_2 \neq 0.$

(iv) $\dfrac{1}{z_1z_2} = \left(\dfrac{1}{z_1}\right)\left(\dfrac{1}{z_2}\right), \qquad z_1 \neq 0, z_2 \neq 0.$

(v) $\dfrac{z_1z_2}{z_3z_4} = \left(\dfrac{z_1}{z_3}\right)\left(\dfrac{z_2}{z_4}\right), \qquad z_3 \neq 0, z_4 \neq 0.$

보기 1.1 다음 복소수의 몫을 복소수 형식으로 나타내어라.

$$\frac{1-3i}{1+i} = \frac{(1-3i)(1-i)}{(1+i)(1-i)} = \frac{-2-4i}{2} = -1-2i.$$

복소수 $z=(x,y)$ 를 복소 평면내의 벡터로 생각하면 복소수의 길이를 벡터의 길이로 정의하는 것이 자연스럽다. 복소수 $z=x+iy$ 의 **길이** $|z|$ 를

$$|z| = \sqrt{x^2+y^2} \tag{1.10}$$

로 정의한다(그림 1.1왼쪽). 두 복소수 z_1 와 z_2 의 **거리**를 $|z_1-z_2|$ 로 정의한다(그림 1.1오른쪽). 만일 $z_1=x_1+iy_1$ 와 $z_2=x_2+iy_2$ 이면

$$|z_1-z_2| = \sqrt{(x_1-x_2)^2+(y_1-y_2)^2}$$

이다. 복소수 $z=x+iy$ 의 **공액복소수**를 $x-iy$ 로 정의하고 $\bar{z}$ 로 쓴다(그림 1.2).

[1] 이것은 실수에서 무리수 $a+b\sqrt{2}$와 같은 분모를 가지는 분수인 경우에 분모와 분자에 켤레무리수 $a-b\sqrt{2}$를 모두 곱하여 분모를 유리수로 변환하여 계산하기 쉽게하는 것을 복소수의 경우로 확장한 것으로 생각할 수 있다.

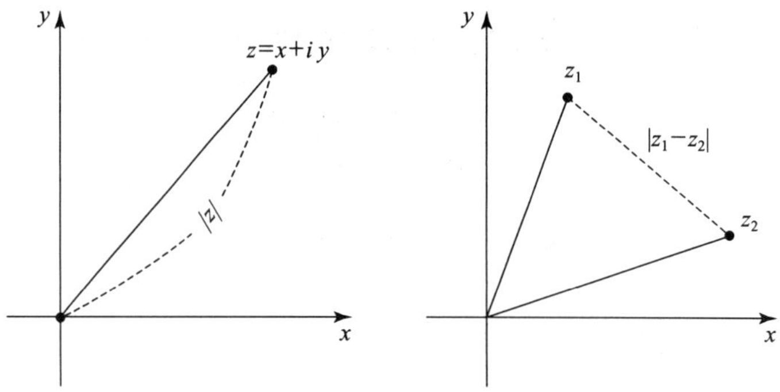

그림 1.2 복소수의 길이, z_1 과 z_2 의 거리

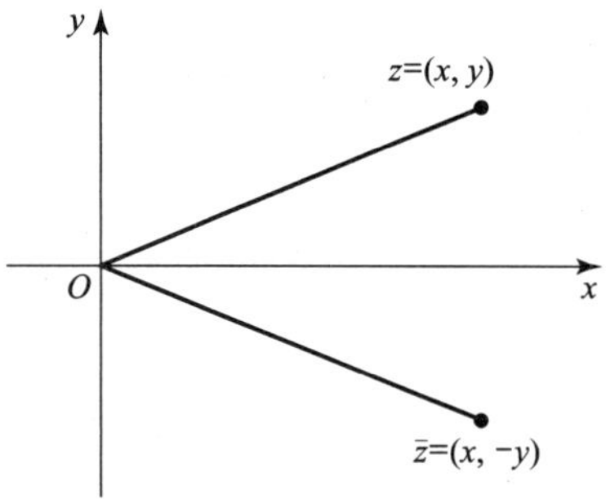

그림 1.3 공액복소수

명제 1.2 *복소수 z 와 z_k, $(k=1,2)$ 에 대해서 다음이 성립한다.*

(i) $\mathrm{Re}\,z = \dfrac{z+\bar{z}}{2}$, $\mathrm{Im}\,z = \dfrac{z-\bar{z}}{2i}$

(ii) $\bar{\bar{z}} = z$

(iii) $\overline{z_1 \pm z_2} = \bar{z}_1 \pm \bar{z}_2$

(iv) $\overline{z_1 z_2} = \bar{z}_1 \bar{z}_2$

(v) $\mathrm{Re}\,z \le |\mathrm{Re}\,z| \le |z|$, $\mathrm{Im}\,z \le |\mathrm{Im}\,z| \le |z|$

(vi) $\overline{\left(\dfrac{z_1}{z_2}\right)} = \dfrac{\bar{z}_1}{\bar{z}_2}, \qquad z_2 \ne 0$

(vii) $|z| = |\bar{z}|$

(viii) $|z|^2 = z\bar{z}$

(ix) $|z_1 z_2| = |z_1||z_2|$

(x) $\left|\dfrac{z_1}{z_2}\right| = \dfrac{|z_1|}{|z_2|}, \qquad z_2 \ne 0$

(xi) $|z_1 + z_2| \le |z_1| + |z_2|$

(xii) $||z_1| - |z_2|| \le |z_1 - z_2|$

증명 명제의 대부분은 정의로부터 직접 증명된다.

$$\begin{aligned}|z_1+z_2|^2 &= (z_1+z_2)\overline{(z_1+z_2)} = (z_1+z_2)(\bar{z}_1+\bar{z}_2)\\ &= z_1\bar{z}_1 + (z_1\bar{z}_2+\bar{z}_1 z_2) + z_2\bar{z}_2\\ &= |z_1|^2 + (z_1\bar{z}_2+\overline{z_1\bar{z}_2}) + |z_2|^2\end{aligned}$$

그런데

$$z_1\bar{z}_2+\overline{z_1\bar{z}_2} = 2\mathrm{Re}(z_1\bar{z}_2) \le 2|z_1\bar{z}_2| = 2|z_1||z_2|$$

이므로

$$|z_1+z_2|^2 \le |z_1|^2+2|z_1||z_2|+|z_2|^2 = (|z_1|+|z_2|)^2$$

이다. 또한 위의 증명사실을 사용하면

$$|z_1| = |(z_1-z_2)+z_2| \le |z_1-z_2|+|z_2|$$

이므로

$$|z_1|-|z_2| \le |z_1-z_2|$$

이다. z_1 과 z_2 의 역할을 바꾸면 원하는 부등식을 얻는다. ▒

연습문제 1.1

1. 다음 계산을 간단히 하여라.

   (a) $(2,3)(2,-1)$

   (b) $(-3,1)(3,1)\left(\frac{1}{5},-\frac{1}{10}\right)$

   (c) $(\sqrt{3}+i)-i(1-\sqrt{2}i)$

   (d) $\dfrac{1+2i}{-3+4i}+\dfrac{-2+i}{3i}$

   (e) $\dfrac{3}{(1+i)(2+i)(3+i)}$

   (f) $(1-i)^3$

2. 다음을 보여라.

   (a) $z=1\pm\sqrt{3}i$ 이 방정식 $z^2-2z+4=0$ 을 만족한다.

   (b) $(1+z)^2=1+2z+z^2$

   (c) $\mathrm{Im}\,(iz)=\mathrm{Re}\,z$

   (d) $\mathrm{Re}\,(iz)=-\mathrm{Im}\,z$

   (e) $\dfrac{1}{1/z}=z \quad (z\neq 0)$

(f) $(-1)z = -z$

(g) $z_1z_2z_3 = 0$ 이면 세 인수중 적어도 하나는 0 이다.

(h) $i = (0,1)$ 와 $y = (y,0)$ 이라 쓸 때 $-(iy) = (-i)y = i(-y)$ 이다.

(i) $\mathrm{Re}\,(iz) = -\mathrm{Im}\,z$, $\mathrm{Im}\,(iz) = \mathrm{Re}\,z$.

3. $z = (x,y)$ 에 관한 방정식 $z^2 + z + 1 = 0$ 을

$$(x,y)(x,y) + (x,y) + (1,0) = (0,0)$$

이라 쓰고 x 와 y 에 관한 연립방정식을 풀어 해를 구하여라.

4. a 가 실수이고 z 가 복소수라 하자. $\mathrm{Re}\,(az) = a\mathrm{Re}\,z$ 이고 $\mathrm{Im}\,(az) = a\mathrm{Im}\,z$ 임을 보여라. 일반적으로 함수 $\mathrm{Re} : \mathbb{C} \to \mathbb{R}$ 은 선형함수임을 보여라. 즉 실수 a, b 와 복소수 z, w 에 대해서 $\mathrm{Re}\,(az + bw) = a\mathrm{Re}\,z + b\mathrm{Re}\,w$ 이다.

5. (a) 고정된 복소수 $z = x + iy$ 와 $\varphi_z(w) = zw$ 로 정의된 선형함수 $\varphi_z : \mathbb{R}^2 \to \mathbb{R}^2$ 를 생각하자. $\mathbb{R}^2$ 의 표준기저 $(1,0), (0,1)$ 에 대해서 φ_z 의 행렬이

$$\begin{vmatrix} x & -y \\ y & x \end{vmatrix}$$

로 주어짐을 보여라.

(b) $\varphi_{z_1z_2} = \varphi_{z_1} \circ \varphi_{z_2}$ 임을 보여라.

6. 다음을 증명하여라.

(a) $|a+b|^2 = |a|^2 + |b|^2 + 2(\mathrm{a\bar{b}})$

(b) $|a-b|^2 = |a|^2 + |b|^2 - 2(\mathrm{a\bar{b}})$

(c) $|a+b|^2 + |a-b|^2 = 2(|a|^2 + |b|^2)$

7. (코시 부등식) $a_k, b_k, k = 1,2,\ldots,n$ 일 복소수일 때

$$\left|\sum_{k=1}^{n} a_k b_k\right|^2 \leq \left(\sum_{k=1}^{n} |a_k|^2\right)\left(\sum_{k=1}^{n} |b_k|^2\right).$$

임을 보여라.(힌트: 임의의 복소수에 대해서 부등식

$$0 \leq \sum_{k=1}^{n} |a_k - \lambda \bar{b_k}|^2 = \sum_{k=1} |a_k|^2 + |\lambda|^2 \sum_{k=1} |b_k|^2 - 2\mathrm{Re}\,\bar{\lambda} \sum_{k=1} a_k b_k$$

이 성립한다. 만일 $\sum_{k=1} |b_k|^2 \neq 0$ 이면

$$\lambda = \frac{\sum_{k=1} a_k b_k}{\sum_{k=1} |b_k|^2}$$

을 대입한다.)

8. 만일 $|a| = 1$ 이거나 $|b| = 1$ 이면

$$\left|\frac{a-b}{1-\bar{a}b}\right| = 1$$

임을 보여라. $|a| = |b| = 1$ 이면 무엇이 제거되어야 하는가?

9. z 에 관한 방정식 $az + b\bar{z} + c = 0$ 이 꼭 한개의 해를 가지가 위한 조건을 구하여라. 그리고 해를 구하여라.

10. 복소형식의 Lagrange 항등식

$$\left|\sum_{k=1}^{n} a_k b_k\right|^2 = \sum_{k=1}^{n} |a_k|^2 \sum_{k=1}^{n} |b|^2 - \sum_{1 \leq i < j \leq n} |a_i \bar{b}_j - a_j \bar{b}_i|^2$$

을 증명하여라.

11. $\sqrt{2}|z| \geq |\mathrm{Re}\, z| + |\mathrm{Im}\, z|$ 를 증명하여라.

12. $|z_3| \neq |z_4|$ 일 때

$$\left|\frac{z_1 + z_2}{z_3 + z_4}\right| \leq \frac{|z_1| + |z_2|}{||z_3| - |z_4||}$$

를 보여라.

13. 다음 조건을 만족하는 점들의 집합을 그려라.

(a) $|z - 1 + i| = 1$

(b) $|z + i| \leq 3$

(c) $\mathrm{Re}\,(\bar{z} - i) = 2$

(d) $|2z - i| = 4$

14. $|z| < 1$ 일 때

$$|\mathrm{Im}\,(1 - \bar{z} + z^2)| < 3$$

임을 보여라.

15. 만일 $|a| < 1$ 이고 $|b| < 1$ 이면

$$\left|\frac{a-b}{1-\bar{a}b}\right| < 1$$

임을 보여라.

16. $i=1,2,\ldots,n$ 에 대해서 $|a_i|<1$, $\lambda_i \geq 0$ 이고 $\lambda_1+\cdots+\lambda_n=1$ 일때

$$|\lambda_1 a_1+\cdots+\lambda_n a_n|<1$$

임을 보여라.

17. 등식

$$|z-a|+|z+a|=2|c|$$

을 만족하는 복소수 z 가 존재하기 위한 필요충분조건은 $|a|\leq|c|$ 임을 보여라. 만일 이 조건이 만족할 때 $|z|$ 의 가장 큰 값과 작은 값을 구하여라.

18. z^4-4z^2+3 을 두 개의 2 차 다항식 으로 인수분해하여 만일 z 가 원 $|z|=2$ 위의 점이면

$$\left|\frac{1}{z^4-4z^2+3}\right| \leq \frac{1}{3}$$

임을 증명하여라.

19. 다음을 증명하여라.

    (a) z 는 실수 $\iff \bar{z}=z$

    (b) z 가 실수이거나 순허수 $\iff (\bar{z})^2=z^2$

20. 중심이 z_0 이고 반지름이 R 인 원의 방정식 $|z-z_0|=R$ 은

$$|z|^2-2\mathrm{Re}\,(z\bar{z}_0)+|z_0|^2=R^2$$

로 쓸 수 있음을 보여라.

21. $\mathrm{Re}\,z$ 와 $\mathrm{Im}\,z$ 에 대한 식을 사용하여 쌍곡선 $x^2+y^2=1$ 은

$$z^2+\bar{z}^2=2$$

로 쓸 수 있음을 보여라.

22. 다음 도형의 모양을 그리고 설명하여라.

    (a) $|z-4i|+|z+4i|=10$ (b) $|z-1|=|z+i|$

1.2 극좌표와 2 항방정식

미적분학에서 평면위의 점 (x,y) 를 변환

$$x = r\cos\theta, \quad y = r\sin\theta \tag{1.11}$$

을 이용하여 극좌표 (r,θ) 로 변환하여 주어진 문제를 해결하였다. 마찬가지로 복소평면상의 복소수 $z = x+iy$ 도 변환 (1.11) 을 이용하면 **극형식**

$$z = r(\cos\theta + i\sin\theta) \tag{1.12}$$

으로 변환할 수 있다(그림 1.2). 만일 $z=0$ 이면 좌표 θ 는 정의되지 않는다.

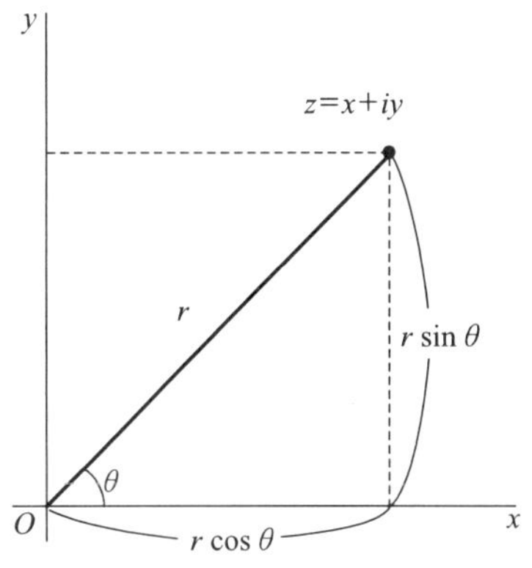

그림 1.4 극좌표

실수 r 은 변환 (1.11) 에서 $r = \sqrt{x^2+y^2}$ 이므로 관계식 (1.12) 에 의하여 $r = |z|$ 임을 알 수 있다. 실수 θ 은 변환 (1.11) 에서 방정식

$$\tan\theta = y/x \tag{1.13}$$

를 만족하는 호도각이다. 그런데 방정식 (1.12) 을 만족하는 각에 2π 정수배를 더하면 모두 만족하므로 방정식 (1.12) 을 만족하는 θ 는 무한히 많이 존재한다. θ 의 각각의 값을 z 의 **편각**이라 하고 이러한 것들 중 하나를 $\arg z$ 로 나타낸다. 편각 중 $(-\pi,\pi]$ 에 속하는 각 Θ 을 **주편각**이라 하고

Arg$z$ 로 나타낸다. 그러면 적당한 정수 n이 존재하여 관계식

$$\arg z = \operatorname{Arg} z + 2n\pi \tag{1.14}$$

을 만족한다. 식 (1.14)을 간단히 정수론의 mod 기호을 사용하여

$$\arg z \equiv \operatorname{Arg} z \qquad \mod 2\pi$$

으로 나타내기로 하자. z 가 음의 실수이면 Arg$z$ 는 $-\pi$ 가 아닌 π 를 가진다.

임의의 실수 θ 에 대해서 Euler 공식 $e^{i\theta}$ 또는 $\exp(i\theta)$ 을

$$e^{i\theta} = \cos\theta + i\sin\theta \tag{1.15}$$

으로 정의한다[2]. 그러면 복소수 z 의 극형식 (1.12) 은 고딕 지수형식

$$z = re^{i\theta} \tag{1.16}$$

으로 쓸 수 있다.

명제 1.3 *두 복소수 $z_1 = r_1e^{i\theta_1}$ 와 $z_2 = r_2e^{i\theta_2}$ 에 대해서*

(i) *$z_1 = z_2$ 이기 위한 필요충분조건은*

$$r_1 = r_2 \text{ 이고 } \theta_1 = \theta_2 \quad \mod 2\pi.$$

(ii) $z_1z_2 = r_1r_2e^{i(\theta_1+\theta_2)}$

(iii) $\dfrac{z_1}{z_2} = \dfrac{r_1}{r_2}e^{i(\theta_1-\theta_2)}$

따름정리 1.1 *복소수 $z = re^{i\theta}$ 에 대해서*

(i) $z^{-1} = \dfrac{1}{z} = \dfrac{1}{r}e^{-i\theta} \quad (z \neq 0)$

(ii) *$z^n = r^ne^{in\theta}$, n 은 양의 정수*

[2] 이 공식은 Euler가 1740년 미분방정식 $y'' + y = 0$을 연구함으로써 발견되었다[5].

영이 아닌 실수 x 에대해서 $x^0 = 1$ 으로 정의한 것처럼 영이 아닌 복소수 z 에 대해서

$$z^0 = 1$$

이라고 정의하자. n 이 양의 정수일 때

$$z^{-n} = (z^{-1})^n$$

이라고 정의하자. 그러면 따름정리 1.1(ii) 은 모든 정수 n 에 대해 성립한다. 즉

$$z^n = r^n e^{in\theta} \quad n = 0, \pm 1, \pm 2, \dots \tag{1.17}$$

특히 (1.17) 에서 $r = 1$ 이라 두면

$$(e^{i\theta})^n = e^{in\theta} \quad n = 0, \pm 1, \pm 2, \dots \tag{1.18}$$

즉, de Moivre 공식

$$(\cos\theta + i\sin\theta)^n = \cos n\theta + i\sin n\theta \quad n = 0, \pm 1, \pm 2, \dots \tag{1.19}$$

을 얻는다. 명제 1.3으로부터 다음 명제를 얻는다.

명제 1.4 *두 복소수 $z_1 = r_1 e^{i\theta_1}$ 와 $z_2 = r_2 e^{i\theta_2}$ 에 대해서*

(i) $\arg(z_1 z_2) \equiv \arg z_1 + \arg z_2 \mod 2\pi$

(ii) $\arg\left(\dfrac{z_1}{z_2}\right) \equiv \arg z_1 - \arg z_2 \mod 2\pi$

복소수 $z = re^{i\theta}$ 의 정수멱에 대한 식 $z^n = r^n e^{in\theta}$ 은 임의의 0 이 아닌 복소수 $z_0 = r_0 e^{i\theta_0}$ 의 n 제곱근을 찾는데 유용하다. $z = re^{i\theta}$ 을 0 이 아닌 z_0 의 n 제곱근이라고 하자. 그러면 $z^n = z_0$ 또는

$$r^n e^{in\theta} = r_0 e^{i\theta_0}.$$

따라서 명제 1.3(i) 에 의하여

$$r^n = r_0 \text{ 이고 } n\theta \equiv \theta_0 \mod 2\pi.$$

따라서 $r = \sqrt[n]{r_0}$ (여기서 근호는 양의 실수 r_0 의 유일한 양의 n 제곱근을 나타낸다) 이고

$$\theta = \frac{\theta_0 + 2k\pi}{n} = \frac{\theta_0}{n} + \frac{2k\pi}{n} \quad (k = 0, \pm 1, \pm 2, \ldots).$$

따라서 복소수

$$z = \sqrt[n]{r_0} \exp\left[i\left(\frac{\theta_0}{n} + \frac{2k\pi}{n}\right)\right] \quad (k = 0, \pm 1, \pm 2, \ldots)$$

은 z_0 의 n 제곱근이다. 이러한 근의 모양은 지수함수를 가지고 있으므로 z_0 의 n 제곱근은 원점을 중심으로 하고 반지름이 $\sqrt[n]{r_0}$ 인 원위에 편각 θ_0/n 에서 시작하여 $2\pi/n$ 씩 고르게 떨어져 있는 점들의 위치에 있다(그림 1.2). 분명히, 서로 다른 근 전체는 $k = 0, 1, 2, \ldots, n-1$ 일 때 얻어지고 k 의 다른 값으로부터 더 이상의 근은 나타나지 않는다. 이제 c_k $(k = 0, 1, 2, \ldots, n-1)$ 를 이러한 서로 다른 해를 나타내면

$$c_k = \sqrt[n]{r_0} \exp\left[i\left(\frac{\theta_0}{n} + \frac{2k\pi}{n}\right)\right] \quad (k = 0, 1, 2, \ldots, n-1) \tag{1.20}$$

수 $\sqrt[n]{r_0}$ 은 n 개의 근들을 나타내는 각 반경벡터의 길이를 나타낸다. 첫 번째근 c_0 은 편각 θ_0/n 을 가지고 $n = 2$ 일 때 두 개의 근은 원 $|z| = \sqrt[n]{r_0}$ 의 지름의 서로 반대편에 놓여 있고 두 번째 근을 $-c_0$ 로 나타낸다. $n \geq 3$ 일 때 근들은 원위의 n 변을 가지는 정 n 각형의 꼭지점위에 놓여 있다.

$z_0^{1/n}$ 을 z_0 **의** n **제곱근들의 집합**을 나타내기로 하자. 특히 z_0 가 양의 실수 r_0 이면 기호 $r_0^{1/n}$ 은 n 제곱근들의 전체집합[3] 을 나나낸다. 식 (1.20) 에 있는 $\sqrt[n]{r_0}$ 은 한 개의 양근으로 나타낸다. 식 (1.20) 에 있는 θ_0 가 $\arg z_0$ 의 주요값 $(-\pi < \theta \leq \pi)$ 일 때 수 c_0 을 **주요근**이라 말한다. 따라서 z_0 가 양의 실수 r_0 일 때 주요 근은 $\sqrt[n]{r_0}$ 이다.

식 (1.20) 을 손쉽게 암기 하는 방법이 있다. 먼저 z_0 를 일반적인 지수함수 형태

$$z_0 = r_0 \exp[i(\theta_0 + 2k\pi)] \quad (k = 0, 1, 2, \ldots, n-1)$$

---

[3] $r_0^{1/n}$ 과 $\sqrt[n]{r_0}$ 을 혼동하지 말 것. 전자는 집합이고 후자는 집합의 한 원소이다. 예를 들어 $3^{1/2} = \{\sqrt{3}, -\sqrt{3}\}$ 이다. 또한 $r_0^{1/n}$ 은 복소근을 포함할 수도 있다.

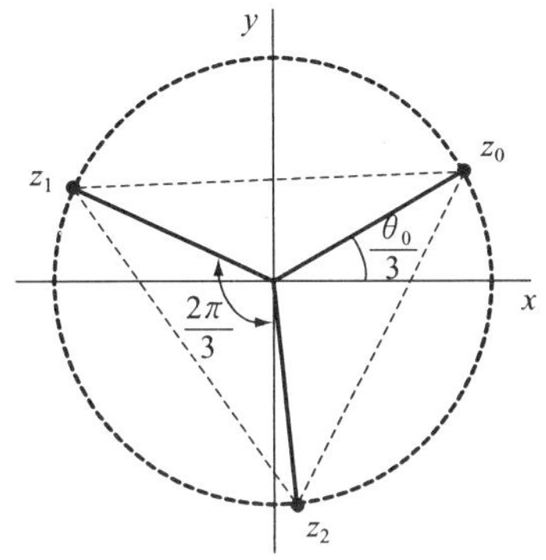

그림 1.5 $n=3$ 일 때

로 쓰고 지수함수의 분수지수의 형식적인 계산

$$\begin{aligned} z_0^{1/n} &= \{r_0 \exp[i(\theta_0+2k\pi)]\}^{1/n}, \quad k \text{ 는 정수} \\ &= \sqrt[n]{r_0}\exp\left[\frac{i(\theta_0+2k\pi)}{n}\right], \quad k \text{ 는 정수} \\ &= \sqrt[n]{r_0}\exp\left[i\left(\frac{\theta_0}{n}+\frac{2k\pi}{n}\right)\right] \quad (k=0,1,2,\ldots,n-1) \end{aligned}$$

을 통해 얻을 수 있다.

보기 1.2 1 의 n 제곱근을 구하려면 먼저

$$1=\exp[i(0+2k\pi)] \quad (k=0,\pm1,\pm2,\ldots)$$

라 쓰고 형식적인 계산을 하면

$$1^{1/n}=\exp\left[i\left(\frac{0}{n}+\frac{2k\pi}{n}\right)\right]=\exp\left(i\frac{2k\pi}{n}\right) \quad (k=0,1,2,\ldots,n-1) \tag{1.21}$$

$n=2$ 일 때 이러한 근은 ±1 이다. $n\geq3$ 일 때 단위원 $|z|=1$ 에 내접하는 정 n 각형의 꼭지점에서 근을 가진다.

만일

$$\omega_n=\exp\left(i\frac{2\pi}{n}\right) \tag{1.22}$$

이면 $e^{i\theta}$ 의 성질로부터

$$\omega_n^k = \exp\left(i\frac{2k\pi}{n}\right) \quad (k = 0, 1, 2, \ldots, n-1)$$

을 알 수 있다. 따라서 보기 1.2에서 구한 1 의 서로 다른 n 제곱근은 간편하게

$$1, \omega_n, \omega_n^2, \ldots, w_n^{n-1}$$

이다. $\omega_n^n = 1$ 임에 유의하자.

만일 c 가 0 이 아닌 복소수 z_0 의 임의의 특별한 n 제곱근 이라하면 n 제곱근들의 전체집합은

$$c, c\omega_n, c\omega_n^2, \ldots, c\omega_n^{n-1}$$

로 쓸 수 있다. 이것은 임의의 0 이 아닌 복소수에 ω_n 를 곱하는 것은 복소수의 길이는 바꾸지 않고 복소수를 각만 $2\pi/n$ 양의 방향으로 회전시키는 것과 같다.

보기 1.3 $(-16)^{1/4}$ 의 모든 값 또는 -16 의 4 제곱근을 찾아라.

풀이 먼저

$$-16 = 16\exp[i(\pi + 2k\pi)] \quad (k = 0, \pm 1, \pm 2, \ldots)$$

로 쓰면 원하는 근은

$$c_k = 2\exp\left[i\left(\frac{\pi}{4} + \frac{2k\pi}{4}\right)\right] \quad (k = 0, 1, 2, 3) \tag{1.23}$$

이다. 이것은 원 $|z| = 2$ 에 내접하는 정4각형의 꼭지점에 놓여있고 주요근

$$c_0 = 2\exp\left[i\left(\frac{\pi}{4}\right)\right] = 2\left(\cos\frac{\pi}{4} + i\sin\frac{\pi}{4}\right) = \sqrt{2}(1+i)$$

부터 시작되어 각 $\frac{\pi}{2}$ 위치에 균등히 놓여있다. $k = 1$ 을 대입하면 $c_1 = \sqrt{2}(-1+i)$ 을 구할 수 있다. 그런데 c_2, c_3 는 실수축에 대해서 대칭이므로

$c_2 = \sqrt{2}(-1\ -i), c_3 = \sqrt{2}(1-i)$ 임을 알 수 있다. 또한 이러한 근들은

$$c_0, c_0\omega_4, c_0\omega_4^2, c_0\omega_4^3$$

으로 쓸 수 있다. 여기서 $\omega_4 = \exp\left(i\frac{\pi}{2}\right)$ 이다. ▨

연습문제 1.2

1. 다음 복소수의 주편각 $\operatorname{Arg} z$ 를 구하여라.

   (a) $z = \dfrac{-2}{1+\sqrt{3}i}$ (b) $z = \dfrac{i}{-2-2i}$

   (c) $z = (\sqrt{3}-i)^6$

2. 다음을 보여라.

   (a) $|e^{i\theta}| = 1$ (b) $\overline{e^{i\theta}} = e^{-i\theta}$

   (c) $e^{i\theta_1}e^{i\theta_2}\cdots e^{i\theta_n} = e^{i(\theta_1+\theta_2+\cdots+\theta_n)} \quad (n = 2, 3, \ldots)$

3. $\theta\ (\leq \theta < 2\pi)$ 에 관한 방정식 $|e^{i\theta}-1| = 2$ 를 풀고 기하적으로 해임을 증명하여라.

4. de Moivre 공식을 사용하여 다음 삼각등식을 유도하여라.

   (a) $\cos 3\theta = \cos^3\theta - 3\cos\theta\sin^2\theta$

   (b) $\sin 3\theta = 3\cos^2\theta\sin\theta - \sin^3\theta$

5. $\operatorname{Re} z_1 > 0$ 와 $\operatorname{Re} z_2 > 0$ 이면

   $$\operatorname{Arg}(z_1z_2) = \operatorname{Arg} z_1 + \operatorname{Arg} z_2$$

   임을 보여라.

6. 두 개의 서로 다른 복소수들의 차 $z_1 - z_2$ 은 벡터로 설명될 수 있다. (그림 참조. 여기서 θ 은 $z - z_0$ 을 나타내는 벡터의 기울기 각이다.) $z - z_0$ 이 반경벡터가 되도록 벡터를 평행이동하여 $\arg(\overline{z-z_0})$ 의 값이 $-\arg(z-z_0)$ 의 값과 같음을 보여라. 같은 방법을 사용하여

   $$\operatorname{Arg}(\overline{z-z_0}) = -\operatorname{Arg}(z-z_0)$$

   이 성립하기 위한 필요충분조건은 $z - z_0$ 이 음의 실수가 아님을 보여라.

7. $z_1z_2 \neq 0$ 이 주어졌을 때

   (a) 등식
   $$\mathrm{Re}\,(z_1\bar{z}_2) = |z_1||z_2|$$
   이 성립하기위한 필요충분조건은 $\theta_2 \equiv \arg z_2 \quad \mod 2\pi$ 임을 보여라. (힌트 : z_1 과 z_2 의 지수형식을 사용)

   (b) 등식
   $$|z_1 + \bar{z}_2| = |z_1| + |z_2|$$
   이 성립하기위한 필요충분조건은 $\theta_2 \equiv \arg z_2 \quad \mod 2\pi$ 임을 보여라. (힌트 : (a) 의 결과와 삼각부등식의 대수적인 유도과정을 수정한다)

8. 두 개의 0 이 아닌 복소수 z_1 과 z_2 가 같은 크기를 가지기 위한 필요충분조건은 복소수 c_1 과 c_2 가 존재하여 $z_1 = c_1c_2$ 와 $z_2 = c_1\bar{c}_2$ 이 성립함을 보여라.(힌트 : 등식
$$\exp\left(i\frac{\theta_1+\theta_2}{2}\right)\exp\left(i\frac{\theta_1-\theta_2}{2}\right) = \exp(i\theta_1)$$
와
$$\exp\left(i\frac{\theta_1+\theta_2}{2}\right)\overline{\exp\left(i\frac{\theta_1-\theta_2}{2}\right)} = \exp(i\theta_2)$$
을 이용)

9. 등식
$$1 + z + z^2 + \cdots + z^n = \frac{1 - z^{n+1}}{1 - z} \quad (z \neq 1)$$
을 증명하고 이것을 이용하여 Lagrange 삼각등식
$$1 + \cos\theta + \cos 2\theta + \ldots + \cos n\theta = \frac{1}{2} + \frac{\sin[(2n+1)\theta/2]}{2\sin(\theta/2)} \quad (0 < \theta < 2\pi)$$
를 유도하여라.(힌트 : $S = 1 + z + z^2 + \cdots + z^n$ 라 두고 차 $S - zS$ 를 생각한다. 두번째 등식은 첫 째식에서 $z = e^{i\theta}$ 를 대입하여 실수부를 비교한다)

10. 수학적 귀납법을 사용하여 다음 식을 증명하여라.

   (a) (이항정리)
   $$(z_1 + z_2)^n = \sum_{k=0}^{n} \binom{n}{k} z_1^{n-k} z_2^k \qquad (n = 1, 2, \ldots)$$

여기서

$$\binom{n}{k} = \frac{n!}{k!(n-k)!} \quad (k = 0, 1, 2, \ldots, n)$$

이고 $0! = 1$ 이다.

(b) (de Moivre 공식)

$$\cos n\theta + i\sin n\theta = \sum_{k=0}^{n} \binom{n}{k} \cos^{n-k}\theta (i\sin\theta)^k \quad (n = 1, 2, \ldots)$$

(c) 정수 m 을

$$m = \begin{cases} n/2, & n \text{ 이 짝수일 때} \\ (n-1)/2, & n \text{ 이 홀수일 때} \end{cases}$$

라고 정의할 때

$$\cos n\theta = \sum_{k=0}^{m} \binom{n}{2k} (-1)^k \cos^{n-2k}\theta \sin^{2k}\theta \quad (n = 1, 2, \ldots).$$

(힌트 : (b) 의 실수부분을 비교)

(d) $x = \cos\theta$ 라 쓰고 $0 \le \theta \le \pi$ 라 가정하자. 각 함수

$$T_n(x) = \cos(n\cos^{-1}x) \quad (n = 0, 1, 2, \ldots)$$

이 변수 x 에 관한 n 차 다항식임을 보여라.(힌트 : (c) 의 결과 이용)

11. 다음 식의 근을 구하고 직교식으로 나타내어라.

(a) $2i$ 의 제곱근

(b) $1 - \sqrt{3}i$ 의 제곱근

(c) $(-1)^{1/3}$

(d) $(-16)^{1/4}$

(e) $8^{1/6}$

(f) $(-8 - 8\sqrt{3}i)^{1/4}$

12. $z = re^{i\theta}$ 이 임의의 영이 아닌 복소수라 하고 n 이 음의 정수라 하자. 그러면 z^n 와 $z^{1/n}$ 을 각각 $z^n = (z^{-1})^m$ 와 $z^{1/n} = (z^{-1})^{1/m}$ 으로 정의하자.

(a) m 의 값에 대해서 $(z^m)^{-1} = (z^{-1})^m$ 을 증명하여라. 따라서 $z^n = (z^m)^{-1}$ 이다.

(b) m 의 값에 대해서 $(z^{1/m})^{-1} = (z^{-1})^{1/m}$ 을 보임으로써 $z^{1/n} = (z^{1/m})^{-1}$ 임을 증명하여라.

여기서 $m = -n$ 이다.(힌트 : (a) 는 $z = re^{i\theta}$ 일 때 $z^m = r^m e^{im\theta}$ 와 $z^{-1} = \frac{1}{r}e^{-\theta}$ 임을 이용할 것)

13. (a) a 를 임의의 고정된 실수라하자. $a+i$ 의 두 제곱근이

$$\pm\sqrt{A}\exp\left(i\frac{\pi}{2}\right)$$

임을 보여라. 여기서 $A=\sqrt{a^2+1}$ 이고 $\alpha=\operatorname{Arg}(a+i)$ 이다.

(b) 삼각 항등식

$$\cos^2\left(\frac{\alpha}{2}\right)=\frac{1+\cos\alpha}{2},\qquad \sin^2\left(\frac{\alpha}{2}\right)=\frac{1-\cos\alpha}{2}$$

을 이용하여 (a) 부분에서 얻은 제곱근이

$$\pm\frac{1}{\sqrt{2}}\left(\sqrt{A+a}+i\sqrt{A-a}\right)$$

으로 쓸 수 있다.

14. 0 이 아닌 복소수 의 세제곱근은 c_0, $c_0\omega_3$, $c_0\omega_3^2$ 으로 쓸 수 있다. 여기서 c_0 는 z_0 의 주요 세제곱근이고

$$\omega_3=\exp\left(i\frac{2\pi}{3}\right)=\frac{-1+\sqrt{3}i}{2}$$

이다. 만일 $z_0=-4\sqrt{2}+4\sqrt{2}i$ 이면 $c_0=\sqrt{2}(1+i)$ 와 다른 두 세제곱근은

$$c_0\omega_3=\frac{-(\sqrt{3}+1)+(\sqrt{3}-1)i}{\sqrt{2}},\qquad c_0\omega_3^2=\frac{(\sqrt{3}-1)-(\sqrt{3}+1)i}{\sqrt{2}},$$

인 수를 가지는 정사각형에 있음을 보여라.

15. $z^4+16=0$ 의 네 개의 근을 찾고 이것를 이용하여 실수계수를 가지는 이차 인수들의 인수분해를 구하여라.

16. c 가 1 이 아닌 1 의 임의의 n 제곱근이면

$$1+c+c^2+\cdots+c^{n-1}=0$$

임을 보여라.

17. (a) 보통의 공식이 계수 a,b,c 가 복소수일 때 이차방정식

$$az^2+bz+c=0$$

을 푸는 것을 증명하여라. 특별히 왼쪽을 완전제곱으로 만들어 근의

공식

$$z = \frac{-b + (b^2 - 4ac)^{1/2}}{2a}$$

를 유도하여라. 여기서 $b^2 - 4ac \neq 0$ 일 때 두 개의 제곱근이 고려된다.

(b) (a) 부분의 결과를 사용하여 방정식 $z^2 + 2z + (1 - i) = 0$ 의 근을 찾아라.

18. 항등식

$$\sin\left(\frac{\pi}{n}\right)\sin\left(\frac{2\pi}{n}\right)\cdots\sin\left(\frac{(n-1)\pi}{n}\right) = \frac{n}{2^{n-1}}$$

임을 보여라.(힌트 : 주어진 곱이 다항식 $(1 - z)^n - 1$ 의 영이 아닌 근들의 곱과 $1/2^{n-1}$ 의 곱으로 이루어짐을 보여라.)

19. 복소수 $\alpha + i\beta$ 의 제곱근을 다음 방법으로 구하여라.

(a) 제곱근을 $z = x + iy$ 라 두고 방정식 $z^2 = \alpha + i\beta$ 을 풀어 연립방정식

$$x^2 - y^2 = \alpha$$
$$2xy = \beta$$

을 구하여라.

(b) (a) 에서 구한 연립방정식의 해가

$$x^2 = \frac{1}{2}(\alpha + \sqrt{\alpha^2 + \beta^2})$$
$$y^2 = \frac{1}{2}(-\alpha + \sqrt{\alpha^2 + \beta^2})$$

를 만족함을 보여라.

(c) 만일 $\beta \neq 0$ 이면 (b) 의 관계식을 만족하는 근 x, y 가

$$x = \pm\sqrt{\frac{\alpha + \sqrt{\alpha^2 + \beta^2}}{2}}$$
$$y^2 = \pm\frac{\beta}{|\beta|}\sqrt{\frac{-\alpha + \sqrt{\alpha^2 + \beta^2}}{2}}$$

임을 보여라. 만일 $\beta = 0$ 일 때 근 x, y 를 구하여라. (힌트 : α 가 음이 아닌 실수일 때와 음수일 때를 나누어 구한다.)

(d) (c) 의 결과를 이용하여 다음을 구하여라.

$$i^{1/2}, \quad (-i)^{1/2}, \quad (1+i)^{1/2}, \quad \left(\frac{1-i\sqrt{3}}{2}\right)^{1/2},$$
$$i^{1/4}, \quad (-i)^{1/4}, \quad (-1)^{1/4}.$$

(e) (c) 의 결과를 이용하여 2 차 방정식을 풀어라.

$$z^2+(a+ib)z+(c+id)=0.$$

1.3 복소평면의 위상

이 절에서는 복소평면에 관한 위상적 성질에 대해서 살펴보기로 한다.

정의 1.2 z_0 를 복소평면상의 임의의 점이고 $\delta > 0$ 이라 하자. z_0 의 δ-근방 $D(z_0, \delta)$ 을

$$D(z_0, \delta) = \{z \in \mathbb{C} : \ |z - z_0| < \delta \}$$

으로 정의하고 z_0 의 빠진 δ-근방 $D'(z_0, \delta)$ 을

$$D'(z_0, \delta) = \{z \in \mathbb{C} : 0 < |z - z_0| < \delta \}$$

으로 정의한다.

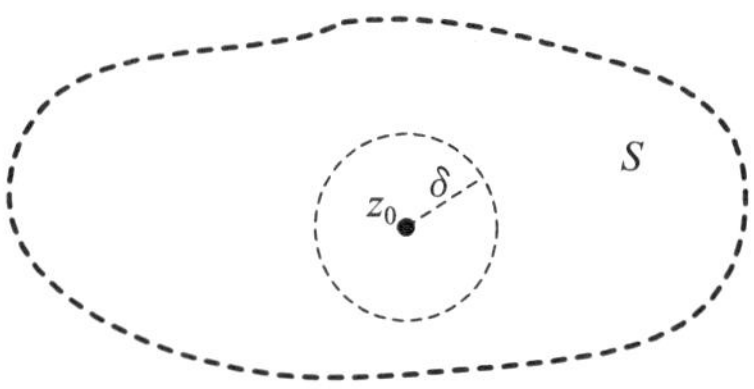

그림 1.6 열린집합

정의 1.3 $S \subset \mathbb{C}$ 가 열린집합(open set)이라 함은 임의의 점 $z \in S$ 에 대해서 적당한 $\delta > 0$ 가 존재하여

$$D(z, \delta) \subset S$$

이 성립한다(그림 1.3). 집합 S 가 닫힌집합(closed set)이라 함은 여집합 $S^c = \mathbb{C} - S$ 이 열린집합이다.

정리 1.2 *복소평면의 부분집합들은 다음을 성질을 만족한다:*

(i) $\mathbb{C}$ *와* $\emptyset$ *은 열린집합이다.*

(ii) $\{S_\alpha\}_{\alpha \in \Lambda}$ *이 복소평면의 임의의 열린집합들의 모임이면 합집합* $\bigcup_{\alpha \in \Lambda} S_\alpha$ *도 열린집합이다.*

(iii) S_1 *과* S_2 *가 복소평면의 열린집합일 때* $S_1 \cap S_2$ *도 열린집합이다.*

증명 (i)은 자명하다. (ii) $z \in S = \bigcup_{\alpha \in \Lambda} S_\alpha$ 라 하자. 그러면 $z \in S_{\alpha_0}$ 인 α_0 가 존재한다. S_{α_0} 는 열린집합이므로 $\delta_0 > 0$ 가 존재하여 $D(z, \delta_0) \subset S_{\alpha_0}$ 이 성립한다. $S_{\alpha_0} \subset S$ 이므로 $D(z, \delta_0) \subset S$ 이고 S 는 열린집합이다. (iii) 독자에게 남긴다. ∎

정리 1.2의 조건 (i), (ii), (iii) 을 만족하는 복소평면의 부분집합들의 모임을 **보통위상**(the usual topology)이라 한다.

정의 1.4 S 를 $\mathbb{C}$ 의 부분집합이라 하자. 집합 S 의 **내부**(interior) $\mathring{S}$ 는 집합 $\bigcup\{G : G$ 는 열린집합이고 $G \subset S\}$ 이다. $\mathring{S}$ 의 원소를 S 의 **내점**이라 한다. S 의 **폐포**(closure) $\overline{S}$ 는 집합 $\bigcap\{F : F$ 는 닫힌집합이고 $S \subset F\}$ 이다. S 의 **경계**(boundary) ∂S 는 $\partial S = \overline{S} \cap \overline{(\mathbb{C} - S)}$ 으로 정의한다(그림 1.7왼쪽).

정리 1.2(ii) 에 의하여 S 에 포함되는 모든 열린집합들의 합집합은 열린집합이다. 따라서 $\mathring{S}$ 은 S 에 포함되는 가장 큰 열린집합이다. 드모르간의 법칙을 정리 1.2에 적용하면 임의의 닫힌집합들의 교집합은 닫힌집합이다. 따라서 S 를 포함하는 모든 닫힌집합들의 교집합도 닫힌집합이다. 그러므로 $\overline{S}$ 는 S 를 포함하는 가장 작은 닫힌집합이다.

보기 1.4 원 $|z| = 1$ 은 각 집합

$$|z| < 1 \text{ 와 } |z| \leq 1$$

의 경계이다.

명제 1.5 *다음 명제는 모두 동치이다.*

(i) *S 는 열린집합이다.*

(ii) $S = \mathring{S}$.

(iii) *각 $z \in S$ 에 대해서 적당한 $\delta > 0$ 가 존재하여 $D(z, \delta) \subset S$.*

증명 (i) $\Rightarrow$ (ii). S가 열린집합이라고 하자. 그러면 내부의 정의로부터 $\mathring{S} \subset S$이다. SS는 열린집합이므로 $S \subset \mathring{S}$ 이다. 따라서 (ii)가 성립한다.

(ii) $\Rightarrow$ (iii). $z \in S$라 하자. 그러면 가정에 의하여 z를 포함하는 S의 열린 부분집합 G가 존재한다. G가 열린집합이므로 $\delta > 0$가 존재하여 $D(z, \delta) \subset G$ 이므로 $G \subset G$로부터 (iii)이 성립한다.

(iii) ⇒ (i). 정의로부터 자명하다. ■

정의 1.5 *점 z_0 가 집합 S 의* **극한점***(limit point)*[또는 **집적점**(accumulation point)]*이라 함은 모든 $\delta > 0$ 에 대해*

$$D'(z_0, \delta) \cap S \neq \emptyset$$

이 성립한다. S 의 극한점들의 집합을 **도집합***(derived set)이라 하고 S' 로 나타낸다.*

보기 1.5 집합 $S = \{ (-1)^n e^{i\pi/n} : n \in \mathbb{N} \}$ 의 극한점은 ± 1 이다.

명제 1.6 *S가 복소평면의 부분집합이라 하자. 그러면*

$$\overline{S} = S \cup S' = S \cup \partial S.$$

증명 먼저 $\overline{S} = S \cup S'$ 임을 보이자. 정의로부터 $S \subset \overline{S}$이므로 $S' \subset \overline{S}$ 임을 보이자. $z \notin \overline{S}$라 하자. 그러면 S를 포함하는 어떤 닫힌집합 F가 존재하여 $z \notin F$이 성립한다. F^c는 열린집합이고 $z \in F^c$이므로 적당한 $\delta > 0$가 존재하여 $D(z, \delta) \subset F^c$ 이다. 따라서 이러한 δ에 대해서

$$D'(z, \delta) \cap S \subset D(z, \delta) \cap F = \emptyset$$

이다. 그러므로 $z \notin S'$ 이고 $S \cup S' \subset \overline{S}$ 이다.

$\overline{S} \subset S \cup S'$임을 보이자. $z \notin S \cup S'$라 하자. 그러면 $z \notin S$ 이고 $z \notin S'$ 이다. $z \notin S'$ 이므로 $\delta > 0$가 존재하여

$$D'(z, \delta) \cap S = \emptyset$$

이다. $z \notin S$이므로 $D(z, \delta) \cap S = \emptyset$ 이다. $F = \{z \in \mathbb{C} : |z - w| \leq \delta/3 \quad \forall w \in S\}$라 두자. 그러면 F는 S를 포함하는 닫힌집합이다.(왜?) 그러면 $D(z, \delta/3) \cap F = \emptyset$ 이므로 $z \notin \overline{S}$ 이다.

$\overline{S} = S \cup \partial S$의 증명은 독자에게 맡긴다. ■

명제 1.7 *다음 명제는 모두 동치이다.*

(i) S 는 *닫힌집합이다.*

(ii) $S' \subset S$.

(iii) $S = \overline{S}$

증명 (i) $\Rightarrow$ (ii). S가 닫힌집합이고 $z \notin S$ 라고 하자. 그러면 S^c는 열린집합이고 $z \in S^c$ 이다. $\delta > 0$이 존재하여 $D(z,\delta) \subset S^c$, 따라서 $D(z,\delta) \cap S = \emptyset$ 이다. 그러므로 $z \notin S'$.

(ii) $\Rightarrow$ (iii). 명제 1.7에 의하여 $\overline{S} = S \cup S'$이고 가정 (ii)에 의하여 (iii)을 얻는다.

(iii) $\Rightarrow$ (i). $\overline{S}$의 정의로부터 자명하다. ∎

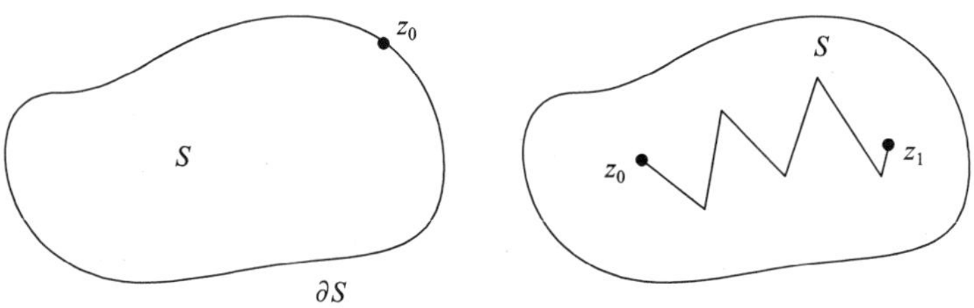

그림 1.7 경계, 연결집합

정의 1.6 열린집합 S 가 **연결집합**(connected set)[4] 이라 함은 S 내의 임의의 두 점 z_1 과 z_2 이 S 내에 완전히 포함된 끝과 끝을 연결하는 유한 개의 선분으로 이루어진 다각형 선분으로 연결될 수 있을 때를 말한다.(그림 1.7오른쪽)

보기 1.6 원판 $|z| < 1$ 및 원환면 $1 < |z| < 2$ 는 모두 연결집합이다. 그러나 집합

$$S = \{z \in \mathbb{C} : |z| < 3, |z| \neq 1\}$$

[4]보통 호연결집합이라고 한다. 일반적으로 위상공간에서 연결집합, 경로연결(pathwise connected)집합, 호연결(arcwise connected)집합은 구별되며 호연결집합이면 경로연결집합이고, 경로연결집합이면 연결집합이 성립한다. 위상학자들의 Sine 곡선 $\{(x,0) : x \leq 0\} \cup \{(x, \sin\frac{1}{x}) : x > 0\}$ 은 연결집합이지만 경로연결집합이 아니다. 그런데 Hausdorff 공간에서는 경로 연결집합과 호연결집합이 동치이다. $\mathbb{R}^n$ 의 열린 연결부분집합은 경로연결이다. 따라서 우리의 정의는 모두 동치이다.

은 유한개의 선분으로 원점과 점 $z = 2$을 연결할 수 없으므로 연결집합이 아니다.

정의 1.7 영역(domain)이란 열린 연결집합을 말한다. 따라서 임의의 근방은 영역이다. 영역에 경계가 없거나 일부 또는 전체를 가지는 집합을 **구역**(region)이라 한다(그림 1.8).

그림 1.8 영역,구역

구역은 일반적으로 영역을 포함하는 넓은 의미로 사용되며 일반적으로 경계를 전혀 갖지 않거나 부분적 또는 전부 다 가질 수 있다.

정의 1.8 집합 S 가 **유계**(bounded)라 함은 어떤 양의 실수 R 이 존재하여

$$S \subset D(0,R)$$

을 만족한다. 유계가 아닌 집합을 **유계가 아닌**(unbounded) 집합이라 한다.(그림 1.9)

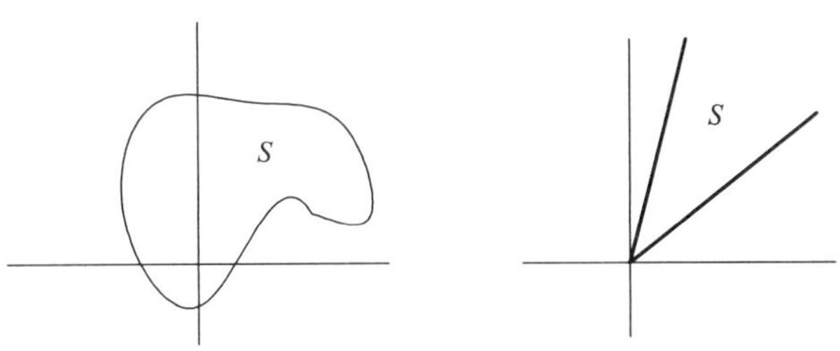

그림 1.9 유계집합, 유계가 아닌 집합

보기 1.7 보기 1.4–1.6의 집합은 유계집합이지만 복소 상반평면 $\mathrm{Im}\, z \geq 0$ 은 유계가 아니다.

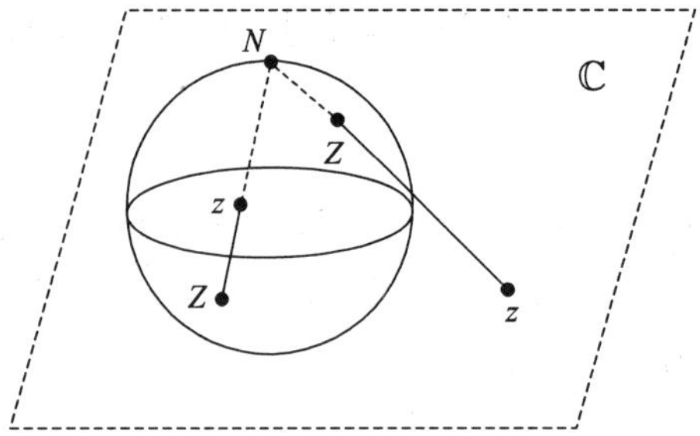

그림 1.10 리만구면

복소 평면에 **무한점**이라 부르는 점 ∞ 를 더하여 **확장복소평면**(extended complex plane)

$$\mathbb{C}_\infty = \mathbb{C} \cup \{\infty\}$$

을 생각하자. 그런데 이 확장복소평면은 $\mathbb{R}^3$ 내의 단위 구면

$$S = \{(x_1, x_2, x_3) \in \mathbb{R}^3 \,|\, x_1^2 + x_2^2 + x_3^2 = 1\,\}$$

으로 생각할 수 있다. 실제로 $N = (0,0,1)$ 을 잡자. $\mathbb{C}$ 가 S 의 적도부분을 지나도록 $\mathbb{C}$ 와 $\{(x_1, x_2, 0) \,|\, x_1, x_2 \in \mathbb{R}\,\}$ 을 동일화한다. $z \in \mathbb{C}$ 에 대해서 z 와 N 을 지나는 $\mathbb{R}^3$ 내의 직선을 생각한다. 그러면 이 직선은 $Z \neq N$ 인 구면위의 오직 한점에서 만난다. 만일 $|z| > 1$ 이면 Z 는 북반구의 점이고 $|z| < 1$ 이면 Z 는 남반구의 점이다. 또한 $|z| = 1$ 일 때는 $z = Z$ 이다. 만일 $|z| \to \infty$ 이면 Z 는 N 으로 접근함을 알 수 있다. 따라서 N 과 $\mathbb{C}_\infty$ 의 점 ∞ 은 동일하다. 따라서 $\mathbb{C}_\infty$ 은 구면 S 로 나타난다. S 의 점 z 과 $\mathbb{C}_\infty$ 의 점과의 이러한 대응관계를 **입체화법 사영**(Stereographic Projection)이라 하고 구면 S 를 **Riemann 구면**[5] 이라 한다.(그림 1.10)

임의의 양수 ε 에 대해서 $|z| > \dfrac{1}{\varepsilon}$ 를 만족하는 모든 z 들의 집합을 ∞ 의 **ε-근방**이라 한다. $|z| < \dfrac{1}{\varepsilon}$ 이 성립하기 위한 필요충분조건은 $\left|\dfrac{1}{z}\right| < \varepsilon$ 이다.

[5]이러한 개념을 확장하여 Alexandroff 가 컴팩트화를 만들었다. 즉, X 가 국소적 컴팩트 Hausdorff 공간일 때 $X^* = X \cup \{\infty\}$ 을 컴팩트 Hausdorff 공간이 되도록 위상을 정의할 수 있다. 그후 Stone-Cech, Wallman, Hewitt 등에 의한 컴팩화가 있다.[15]

연습문제 1.3

1. 다음 집합을 그리고 영역인지를 결정하여라.

   (a) $|z-2+i| \leq 1$
   (b) $|2z+4| > 4$
   (c) $\operatorname{Im} z > 1$
   (d) $\operatorname{Im} z = 1$
   (e) $0 \leq \arg z \leq \frac{\pi}{4} \quad (z \neq 0)$
   (f) $|z-4| \geq |z|$
   (g) $-\pi < \arg z < \pi \quad (z \neq 0)$
   (h) $|\operatorname{Re} z| \leq |z|$
   (i) $\operatorname{Re}(z^2) > 0$
   (j) $\operatorname{Re}\left(\frac{1}{z}\right) \leq \frac{1}{2}$

2. 연습문제 1 의 각각의 집합에 대해 다음 물음에 답하여라.

   (a) 열린집합인지 닫힌집합인지 아니면 둘 다 아닌지 여부를 결정하여라.
   (b) 유계인지 아닌지를 판단하여라.
   (c) 폐포를 구하여라.
   (d) 경계를 구하여라.
   (e) 영역인지 구역인지를 판단하여라.

3. 다음 각 집합의 극한점을 구하여라. 단 n 은 모든 자연수이다.

   (a) $z_n = i^n$
   (b) $z_n = i^n/n$
   (c) $z_n = \dfrac{1}{n} + i\dfrac{1}{n}$
   (d) $z_n = (-1)^n \dfrac{n}{n+1} + i\dfrac{n+1}{n^2+1}$
   (e) $0 \leq \arg z < \pi/2 \quad (z \neq 0)$
   (f) $z_n = (-1)^n(1+i)(n-1)/n$

4. $z_0 \in \partial S$ 이기 위한 필요충분조건은 모든 $\delta > 0$ 에 대해서

$$D(z_0,\delta) \cap S \neq \emptyset \text{ 이고 } D(z_0,\delta) \cap S^c \neq \emptyset$$

   임을 증명하여라.

5. S 가 $\mathbb{C}$ 의 부분집합이라 하자. 그러면 다음을 증명하여라.

   (i) $\overline{S} = \mathring{S} \cup \partial S$.
   (ii) $\partial S = \overline{S} \cap \overline{S^c}$.

6. 언제 $az + b\bar{z} + c = 0$ 이 직선을 나타내는가?

7. $z = x + iy$ 은 복소평면위의 점이고 $Z = (x_1, x_2, x_3)$ 는 Riemann 구면위의 점일 때

(a) z 와 N 를 지나는 $\mathbb{R}^3$ 내의 직선의 방정식은

$$tN+(1-t)z \qquad -\infty < t < \infty$$

임을 보여라.

(b) (a) 를 이용하여 Z 의 좌표를 z 를 사용하여 나타내여라.

(c) (a) 를 이용하여 z 를 x_1, x_2, x_3 을 사용하여 나타내어라.

(d) z 와 w 의 입체화법 사영사이의 거리는

$$d(z,w) = \frac{2|z-w|}{\sqrt{(1+|z|^2)(1+|w|^2)}}$$

이고, 특히 $w=\infty$ 일 때

$$d(z,\infty) = \frac{1}{\sqrt{1+|z|^2}}$$

임을 보여라.

8. z 와 w 가 리만구면위에서 대척점이기 위한 필요충분조건은 $zw=-1$ 임을 보여라.

9. X 는 집합이고 $d: X \times X \to \mathbb{R}$ 는, $x,y,z \in X$ 에 대해서,

(d1) $d(x,y) \geq 0$

(d2) $d(x,y) = 0 \iff x = y$

(d3) $d(x,y) = d(y,x)$

(d4) $d(x,z) \leq d(x,y) + d(y,z)$

을 만족할 때 d 를 **거리함수** 또는 거리라고 부른다. 이때 쌍 (X,d) 을 거리공간이라 한다.

(a) $\mathbb{C}$ 가 거리공간임을 보여라. 여기서 $d(z,w) = |z-w|$ 이다.

(b) $\mathbb{R}^n$ 일 때 $x = (x_1, \ldots, x_n) \in \mathbb{R}^n$ 에 대해서

$$d(x,y) = \left(\sum_{k=1}^{n} (x_k - y_k)^2 \right)^{1/2}$$

으로 정의하자. 그러면 $(\mathbb{R}^n, d)$ 이 거리공간임을 보여라.

(c) $\mathbb{R}^n$ 일 때 $x = (x_1, \ldots, x_n) \in \mathbb{R}^n$ 에 대해서

$$d(x,y) = \max_{1 \le k \le n} |x_k - y_k|$$

으로 정의하자. 그러면 $(\mathbb{R}^n, d)$ 이 거리공간임을 보여라.

(d) $\mathbb{R}^n$ 일 때 $x = (x_1, \ldots, x_n) \in \mathbb{R}^n$ 에 대해서

$$d(x,y) = \sum_{k=1}^{n} |x_k - y_k|$$

으로 정의하자. 그러면 $(\mathbb{R}^n, d)$ 이 거리공간임을 보여라.

10. 거리공간 (X,d) 가 **연결**이라 함은 X 의 부분집합중 열리고 닫힌(open and closed)집합은 $\emptyset$ 과 X 뿐이다. 만일 $A \subset X$ 이고 거리공간 (A,d) 가 연결이면 A 를 X 의 **연결부분집합**이라 한다.

(a) X 가 연결이 아니기 위한 필요충분조건은 X 의 서로 소인 공집합이 아닌 열린집합 A, B 가 존재하여 $X = A \cup B$ 이다.

(b) 집합 $X \subset \mathbb{R}$ 이 연결이기위한 필요충분조건은 X 가 구간이다.

(c) $x_0 \in X$라 하고 $\{D_j\}_{j \in J}$ 는 각 $j \in J$ 에 대해서 $x_0 \in D_j$ 인 X 의 연결부분집합들의 모임이라 하자. 그러면 $\bigcup_{j \in J} D_j$ 도 연결임을 보여라.

(d) X 의 **성분**(component) D 는 X 의 최대 연결부분집합을 말한다. 즉, D 는 연결이고 D 를 완전히(properly) 포함하는 X 의 연결부분집합은 없다. D 는 닫힌집합임을 보여라.

(e) 각 $x_0 \in X$ 는 X 의 어떤 성분에 포함됨을 보여라. X 의 서로 다른 성분은 서로 소임을 보여라.

(f) $A \subset X$ 은 연결이고 $A \subset B \subset \overline{A}$ 이면 B 도 연결임을 보여라.

11. w, z 는 복소평면의 점이라 하자. z 에서 w 까지 **직선분**은

$$[z,w] = \{tw + (1-t)z : 0 \le t \le 1\}$$

으로 정의한다. a 에서 b 까지 **다각선분**(polygon)은 집합 $P = \bigcup_{k=1}^{n} [z_k, w_k]$ 이다. 여기서 $z_1 = a$, $w_n = b$ 이고 $w_k = z_{k+1}$, $1 \le k \le n-1$ 이다. 간단히 $P = [a, z_1, \ldots, z_n, b]$ 로 나타내기로 한다. 열린집합 $G \subset \mathbb{C}$ 가 연결이기위한 필요충분조건은 임의의 $a, b \in G$ 에 대해서 G 내에 완전히 놓여있는 a 와 b 를 연결하는 다각선분이 있음을 보여라.

1.4 복소수열

이 절에서는 복소수열에 관한 성질을 공부하기로 한다.

정의 1.9 복소수열이란 함수 $f : \mathbb{N} \to \mathbb{C}$ 를 말하고 함수값 $f(n) = z_n$ 이라 하면 간단히 $\{z_n\}$ 으로 표현한다. 복소수열 $\{z_n\}$ 이 **유계**(bounded)라 함은 양의 실수 M 이 존재하여 모든 자연수 n 에 대해서

$$|z_n| \leq M.$$

복소수열 $\{z_n\}$ 이 z 로 **수렴한다**(converge)함은 (기호로 $\lim_{n\to\infty} z_n = z$ 또는 $z_n \to z$)(그림 1.11) 임의의 $\varepsilon > 0$ 에 대해서 자연수 N 이 존재하여

$$n \geq N \Longrightarrow |z_n - z| < \varepsilon.$$

실수열의 성질과 마찬가지로 수렴하는 복소수열의 극한값은 유일하고 유계이다. 그러나 유계인 복소수열은 수렴하지 않는다.

보기 1.8 $z_n = i^n$ 은 유계이지만 수렴하지 않는다.

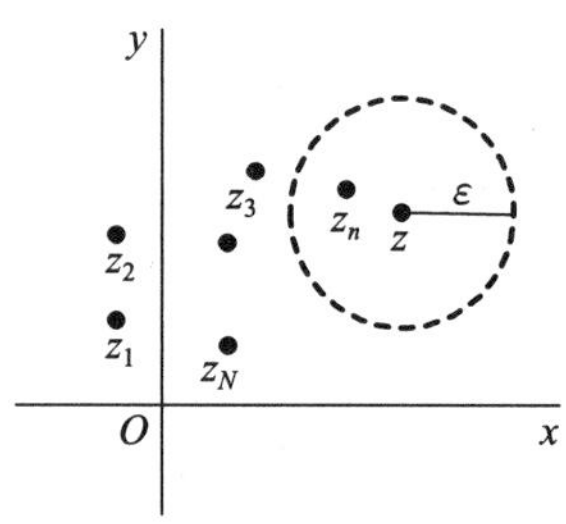

그림 1.11 복소수열의 수렴

증명 $z_n \to z$ 로 수렴한다고 가정하자. 그러면 자연수 N 이 존재하여

$$n > N \Longrightarrow |z_n - z| < \frac{1}{2}.$$

$4N+1 > N$ 이고 $4N+3 > N$ 이므로

$$2 = |i^{4N+1} - z - (i^{4N+3} - z)| \leq |z_{4N+1} - z| + |z_{4N+3} - z| < \frac{1}{2} + \frac{1}{2} = 1$$

이므로 이것은 모순이다. ■

명제 1.8 $z_n = x_n + iy_n$, $z = x + iy$ *이라 하자.* $z_n \to z$ *이기 위한 필요충분조건은*

$$x_n \to x, \quad y_n \to y.$$

증명 $(\Leftarrow)$ $x_n \to x$ 이고 $y_n \to y$ 라고 가정하자. 주어진 $\varepsilon > 0$ 에 대해서 자연수 N_1 과 N_2 가 존재하여

$$n > N_1 \text{ 이면 } |x_n - x| < \frac{\varepsilon}{2}$$

이고

$$n > N_2 \text{ 이면 } |y_n - y| < \frac{\varepsilon}{2}$$

이 성립한다. $N = \max\{N_1, N_2\}$ 라 두면 $n > N$ 일 때

$$|x_n - x| < \frac{\varepsilon}{2} \text{ 이고 } |y_n - y| < \frac{\varepsilon}{2}.$$

그러므로 $n > N$ 일 때

$$|z_n - z| = |(x_n - x) + i(y_n - y)| \le |x_n - x| + |y_n - y| < \frac{\varepsilon}{2} + \frac{\varepsilon}{2} = \varepsilon.$$

$(\Rightarrow)$ $z_n \to z$ 라고 가정하자. 주어진 양수 $\varepsilon > 0$ 에 대해서 자연수 N 이 존재하여

$$n > N \text{ 일 때 } |z_n - z| < \varepsilon$$

이 성립한다. 그러면 명제 1.2(v)에 의하여

$$|x_n - x| \le |z_n - z|, \quad |y_n - y| \le |z_n - z|$$

이다. 따라서 $n > N$ 일 때

$$|x_n - x| < \varepsilon \text{ 이고 } |y_n - y| < \varepsilon.$$

■

보기 1.9 복소수열 $z_n = \dfrac{n^2+n}{2n^2-3n+1} + i\dfrac{n+1}{n-1}$은 실수부 $x_n = \dfrac{n^2+n}{2n^2-3n+1}$와 허수부 $y_n = \dfrac{n+1}{n-1}$이 각각 $\dfrac{1}{2}$와 1로 수렴하므로 명제 1.7에 의하여 z_n은 복

소수 $z = \frac{1}{2} + i$로 수렴한다.

그러나 복소수열 $z_n = \frac{\cos n\pi}{n} + i\sin\frac{n}{2}\pi$은 실수부 $x_n = \frac{\cos n\pi}{n}$은 0으로 수렴하지만, 허수부 $y_n = \sin\frac{n}{2}\pi$는 발산(진동)하므로 명제 1.8에 의하여 복소수열 z_n은 수렴하지 않는다.

정의 1.10 복소수열 $\{z_n\}$ 이 Cauchy **수열**이라 함은 임의의 $\varepsilon > 0$ 에 대해서 자연수 N 이 존재하여

$$m, n \geq N \Longrightarrow |z_m - z_n| < \varepsilon.$$

서로 다른 복소수들의 수열 $\{z_n\}$ 을 하나의 집합으로 생각하면 복소수열 $\{z_n\}$의 극한점을 정의 1.5와 비슷하게 정의할 수 있다. 즉, 복소수 z_0가 복소수열 $\{z_n\}$의 **극한점**(또는 **집적점**)이라 함은 z_0 의 임의의 빠진근방은 무한히 많은 서로 다른 z_n 을 포함한다. 그러면 실수열의 극한점과 비슷한 성질이 성립한다.

정리 1.3 *z_0가 복소수열 $\{z_n\}$의 극한점이면 $\{z_n\}$의 부분수열 $\{z_{n_k}\}$이 존재하여*

$$\lim_{k\to\infty} z_{n_k} = z_0$$

이 성립한다.

증명 각각의 자연수 k에 대해서 z_0의 빠진 $\frac{1}{k}$-근방 $D'(z_0, \frac{1}{k})$ 은 무한히 많은 서로 다른 z_n 들을 포함한다. 이 중 하나를 z_{n_k}라 두면 $|z_{n_k} - z_0| < \frac{1}{k}$ 이고 따라서 $k \to \infty$ 일 때 $z_{n_k} \to z_0$ 이 성립한다. 이렇게 만든 z_{n_k}는 수열 $\{z_n\}$의 원소들중 일부이므로 $\{z_{n_k}\}_{k\in\mathbb{N}}$은 $\{z_n\}_{n\in\mathbb{N}}$의 부분수열이 된다. ■

그러면 극한점에 관한 Bolzano-Weierstrass정리를 얻는다.

정리 1.4 (Bolzano-Weierstrass) *만일 S가 복소평면의 유계인 무한집합이면, S는 극한점을 가진다. 특히, $\{z_n\}$이 서로 다른 복소수열이고 유계, 즉 양수 M이 존재하여*

$$|z_n| \leq M \quad \forall n = 1, 2, 3, \ldots$$

이면, $\{z_n\}$은 수렴하는 부분수열을 가진다.

증명 증명방법은 실수에서의 Bolzano-Weierstrass 정리의 증명과 매우 비슷하다. 집합 S가 유계이므로 좌표축과 평행이고 한변의 길이가 L인 커다란 정사각형 T로 둘러싸였다고 가정할 수 있다. 그러면 정사각형 T를 모두 각변을 양분하여 4등분으로 나눈다. S가 무한집합이므로 T도 무한집합이다. 이 중 S의 원소를 무한히 많이 포함하는 사각형 중 하나를 T_1 이라 하자. 다시 T_1을 같은 방법으로 4등분하고 S의 원소를 무한히 많이 포함하는 집합을 T_2라고 하자. 이 과정을 계속하면, 각 T_n의 한변의 길이는 $L/2^n$이고 S의 원소를 무한히 많이 포함하는 $T_1 \supset T_2 \supset T_3 \supset \cdots$ 인 사각형들의 무한열 $\{T_n\}$ 을 얻는다.

이제 T_n의 x축으로의 사영을 $[a_n, b_n]$이라 하면, 수열 $\{a_n\}$은 위로 유계이고 단조증가하는 수열이므로 실변수의 단조수렴정리에 의하여 극한 a로 수렴하고, 비슷하게 수열 $\{b_n\}$도 아래로 유계이고 단조감소하는 수열이므로 단조수렴정리에 의하여 같은 극한 a를 가진다(왜?). T_n의 y축으로의 사영열 $[c_n, d_n]$이라 하면 c_n과 d_n도 마찬가지로 같은 극한 c를 가진다. 따라서 $z = a + ib$라 두면 z는 집합 S의 극한점임 됨을 보일 수 있다. 이것은 독자들에게 맡긴다. ■

보기 1.10 복소수열 $\{i^n\}$은 유계이지만 극한점을 가지지 않는다. 그 이유는 복소수열 $\{i^n\}$이 무한히 많은 원소를 가지지 않기 때문이다.

정의 1.10으로부터 수렴하는 수열은 Cauchy 수열이다. 거리공간(연습문제 1.3.9 참조)위의 모든 Cauchy 수열이 수렴하는 것을 **완비성**[6]이라 한다. 실수는 이러한 완비성질을 만족함을 알고 있으며 복소수에 대해서 명제 1.7을 적용하면 모든 복소수의 Cauchy 수열이 수렴함을 알 수 있다. 따라서 복소수체는 완비이다.

S 를 복소평면 $\mathbb{C}$ 의 부분집합이라 하자. S 의 **직경**(diameter) $|S|$ 를 $|S| = \sup\{|z-w| : z, w \in S\}$ 으로 정의한다.

다음 정리는 복소수의 완비성으로 얻어지는 성질이다. 이러한 성질은 실해석학에서 축차구간 성질(nested interval property) 와 유사하다.

정리 1.5 *$\{F_n\}$ 은 복소평면의 공집합이 아닌 닫힌집합열이라 하자. 만일 $F_1 \supset F_2 \supset \cdots$ 이고 $|F_n| \to 0$ 이면 $\bigcap_{n=1}^{\infty} F_n$ 은 단집합(singleton set)이다.*

---

[6]실수 및 복소수상의 Cauch수열의 정의에서 절대값대신 d로 바꾸어 거리공간에서의 Cauchy 수열을 정의할 수 있다. 나머지 복소평면위의 정의들을 거리공간에 대해서도 이와 비슷하게 정의할 수 있다.

증명 $\{F_n\}$ 을 주어진 가정을 만족하는 닫힌집합열이라 하자. 각 n 에 대해서 z_n 을 F_n 의 임의의 점이라 하자. $|F_n| \to 0$ 이므로 주어진 ε 에 대해서 자연수 N 이 존재하여

$$n \geq N \Longrightarrow |F_n| < \varepsilon. \tag{1.24}$$

따라서 만일 $n,m \geq N$ 이면 z_n, z_m 은 F_N 에 있고 정의에 의하여 $|z_n - z_m| \leq |F_N| < \varepsilon$ 이 된다. 따라서 $\{z_n\}$ 은 Cauchy 수열이다. 그런데 $\mathbb{C}$ 은 완비이므로 $z_n \to z$ 인 $z \in \mathbb{C}$ 가 존재한다. 또한 $F_n \subset F_N$ 이므로 모든 $n \geq N$ 에 대해서 $z_n \in F_N$ 이고, 따라서, 모든 N 에 대해서 $z \in F_N$ 이고, 이것으로부터 $z \in \bigcap_{n=1}^{\infty} F_n = F$. 그러므로 F 는 적어도 하나 존재한다. 만일 $z_1 \in F$ 이면 모든 n 에 대해서 $z, z_1 \in F_n$ 이고 이것으로부터 $|z - z_1| \leq |F_n| \to 0$. 따라서 $z = z_1$ 이다. ∎

참고 1.2 정리 1.5을 가정하면 $\mathbb{C}$ 의 완비성을 보일 수 있다.

이제 복소평면의 컴팩트집합에 대해서 살펴보기로 한다.

정의 1.11 집합 $K \subset \mathbb{C}$ 가 **컴팩트**라 함은

$$K \subset \bigcup_{G \in \mathscr{G}} G$$

을 만족하는 $\mathbb{C}$ 의 열린집합들의 모든 모임 $\mathscr{G}$에 대해서 $\mathscr{G}$ 의 유한개의 집합 $G_1, \ldots, G_n$ 이 존재하여 $K \subset G_1 \cup G_2 \cup \cdots G_n$ 이 성립한다.

그러면 실수에서 성립한 Heine-Borel 정리가 복소평면에 대해서도 성립한다. 실제로 이 정리는 고차원 유클리드공간에서도 성립한다. 복소평면은 2 차원 유클리트평면으로 생각하면 된다. 여기서는 n 차원 유클리드 공간의 컴팩트성질을 살펴보기로 한다. 다음 정리는 증명없이 받아들인다.

정리 1.6 *$\mathbb{R}^n\,(n \geq 1)$ 의 부분집합 K가 컴팩트이기위한 필요충분조건은 K는 유계이고 닫힌집합이다.*

연습문제 **1.4**

1. 수열

$$z_n = -2 + i\frac{(-1)^n}{n^2} \qquad (n = 1, 2, \ldots)$$

이 -2 로 수렴함을 두가지로 증명하여라.

2. 문제 1 에서 $r_n = |z_n|$ 이라 하고 $\Theta_n = \mathrm{Arg}z_n$ 이라 할 때 r_n 은 수렴하지만 Θ_n 은 수렴하지 않음을 보여라.

3. 만일 $\lim_{n\to\infty} z_n = z$ 이면 $\lim_{n\to\infty} |z_n| = |z|$ 임을 보여라.

4. 다음 복소수열의 수렴성및 수렴할 경우, 그 극한을 구하여라.

   (a) $z_n = \frac{1}{n} + i\frac{1}{n}$

   (b) $z_n = \frac{1}{n^2} + i\frac{n}{1+n}$

   (c) $z_n = \cos\frac{1}{n} + i\sin\frac{1}{n}$

   (d) $z_n = (-1)^n + i\frac{1}{n}$

5. 집합 $F \subset \mathbb{C}$ 가 닫힌집합이기위한 필요충분조건은 $z_n \to z$ 인 각 수열 $\{z_n\} \subset F$ 에 대해서 $z \in F$ 이다.

6. z_n, z 는 $\mathbb{C}$ 의 점이라 하고 d 는 $\mathbb{C}_\infty$ 위의 거리라 하자. $|z_n - z| \to 0$ 이기 위한 필요충분조건은 $d(z_n, z) \to 0$ 임을 보여라. 또한, 만일 $|z_n| \to \infty$ 이면 $\{z_n\}$ 은 $\mathbb{C}_\infty$ 에서 Cauchy 수열임을 보여라.

7. $\{x_n\}$ 이 거리공간 X 의 코시수열이고 $\{x_{n_k}\}$ 이 수렴하는 부분수열이라 하자. 그러면 $\{x_n\}$ 은 수렴함을 보여라.

8. X 를 거리공간이라 하자. 다음을 보여라.

   (a) 컴팩트집합은 닫힌집합이다.

   (b) F 는 닫힌집합이고 컴팩트집합 K 의 부분집합이면 F 는 컴팩트집합이다.

9. 거리공간 (X, d) 가 완비(complete)라 함은 X 의 모든 Cauchy 수열이 X 내에서 극한을 가지는 성질을 가진다.

   (a) 거리공간 (X, d) 가 완비이기 위한 필요충분조건은 $F_1 \supset F_2 \supset \cdots$ 이고 $|F_n| \to 0$ 인 공집합이 아닌 닫힌집합들의 임의의 집합열 $\{F_n\}$ 에 대해서 $\bigcap_{n=1}^{\infty} F_n$ 은 단집합임을 보여라.

   (b) (X, d) 은 완비거리공간이라 하고 $Y \subset X$ 이라 하자. 그러면 (Y, d) 이 완비거리공간이기 위한 필요충분조건은 Y 는 X 내에서 닫힌집합임을 보여라.

10. $\mathscr{F}$ 은 거리공간 X 의 부분집합들의 모임이라 하자. $\mathscr{F}$ 이 **유한교차성질**(finite intersection property)를 가진다함은 $\mathscr{F}$ 의 임의의 유한부분모임의 교집합은 공집합이 아니다. 집합 $K \subset X$ 가 컴팩트집합이기 위한 필요충분조건은 모든 유한교차성질을 가진 K 의 닫힌부분집합들의 모임 $\mathscr{F}$ 은 $\bigcap_{F \in \mathscr{F}} F \neq \emptyset$ 임을 보여라.

11. 거리공간 (X,d) 가 **수열컴팩트**(sequentially compact라 함은 X 내의 모든 수열은 수렴하는 부분수열을 가진다. 만일 (X,d) 가 수열컴팩트이고 $\mathscr{G}$ 는 X 의 열린덮개라 하자. 그러면 양수 $\varepsilon > 0$ 이 존재하여 만일 $x \in X$ 이면 $D(x;\varepsilon) \subset G$ 인 집합 $G \in \mathscr{G}$ 가 존재함을 보여라.

12. (X,d) 는 거리공간이라 하자. 다음 명제가 동치임을 보여라.

    (a) X 는 컴팩트이다.

    (b) X 의 모든 무한집합은 극한점을 가진다.

    (c) X 는 수열컴팩트이다.

    (d) X 가 완비이고 임의의 $\varepsilon > 0$ 에대해서 X 내에 유한개 점 $x_1,\ldots,x_n$ 이 존재하여

    $$X = \bigcup_{k=1}^{n} D(x_k,\varepsilon).$$

    (d) 에 언급된 성질을 **전체유계**(total boundedness)라 한다.

2 해석함수

2.1 복소변수의 함수

정의 2.1 S 를 복소수들의 부분집합이라 하자. S 위에서 정의된 **함수** f 란 S 의 각 원소 z 에 대해서 복소수 w 를 대응시키는 규칙 이다. 복소수 w 를 z 에서 f 의 값이라 부르고 $f(z)$ 로 나타낸다. 즉 $w = f(z)$ 이다. 집합 S 를 f 의 정의역(domain of definition)[1] 이라 부른다.

특별한 언급이 없는 한, 함수의 정의역은 택할 수 있는 가장 큰 집합으로 한다. 예를 들어, $f(z) = 1/z$ 의 정의역은 $z \neq 0$ 인 모든 복소수 전체의 집합이다.

$w = u + iv$ 가 $z = x + iy$ 에서 함수 f 의 값이라 가정하자. 그러면

$$u + iv = f(x + iy)$$

이다. 각 실수 u 와 v 는 실변수 x 와 y 에 의존한다.따라서 $f(z)$ 는 실변수 x 와 y 의 실수값 함수의 한 쌍

$$f(z) = u(x,y) + iv(x,y) \tag{2.1}$$

으로 표현될 수 있다. 만일 x 와 y 대신 극좌표 r 과 θ 를 사용하면

$$u + iv = f(re^{i\theta}).$$

[1] 이것은 열린연결집합의 의미의 영역(domain)과는 구별하여야 한다. 이 장에 나오는 대부분의 영역은 함수의 정의역(domain of definition)을 말한다.

여기서 $w = u + iv$ 이고 $z = re^{i\theta}$ 이다. 이 경우

$$f(z) = u(r,\theta) + iv(r,\theta) \tag{2.2}$$

으로 쓸 수 있다.

보기 2.1 $f(z) = z^2$ 일 때

$$f(z) = (x+iy)^2 = x^2 - y^2 + i2xy$$

이므로

$$u(x,y) = x^2 - y^2 \text{ 이고 } v(x,y) = 2xy.$$

극좌표가 사용되었을 때

$$f(re^{i\theta}) = (re^{i\theta})^2 = r^2 e^{i2\theta} = r^2\cos 2\theta + ir^2 \sin 2\theta$$

이므로

$$u(r,\theta) = r^2\cos 2\theta \text{ 이고 } v(r,\theta) = r^2\sin 2\theta.$$

식 (2.1) 또는 (2.2) 에서 함수 v 가 항상 영이면 수 $f(z)$ 는 항상 실수이다. **복소변수의 실수값 함수**의 예는

$$f(z) = |z|^2 = x^2 + y^2 + i0.$$

이와 같이 복소변수의 복소값을 가지는 함수는 복소변수의 실수값을 가지는 함수의 일반화이다. 복소평면은 2차원 실수평면으로 간주할 수 있으므로 이제부터 함수의 정의역의 변수에 관계없이 함수의 치역에 의해 우리는 편의상 치역이 복소수이면 고딕 복소함수[2], 실수이면 **실함수**라 부르자.

만일 n 이 0 또는 양의 정수이고 $a_0, a_1, a_2, \ldots, a_n$, $(a_n \neq 0)$ 복소상수이면 함수

$$P(z) = a_0 + a_1 z + a_2 z^2 + \cdots + a_n z^n$$

은 n **차 다항식**이다. 여기서 합은 유한개를 가지고 정의역은 z 평면 전체이

[2]때때로 복소함수는 $f : \mathbb{R}^2 \to \mathbb{R}^2$ 로 생각할 수 있다.

다. 다항식들의 몫 $P(z)/Q(z)$ 을 **유리함수**라 하고 $Q(z) \neq 0$ 인 각 점 z 에서 정의된다. 다항식과 유리함수는 기본 함수이지만, 자주 인용되는 중요한 복소함수다.

함수 개념의 일반화는 실변수함수에서 $\sin^{-1} x$와 같이 실수상의 정의역의 한 점 x에 대해서 여러 개의 값을 가지는 함수를 생각할 수 있듯이 복소함수에 대해서도 정의역의 한 점 z 에 대해서 한 개 이상의 값을 대응시키는 규칙이다. 이러한 **다가(multiple-valued) 함수**는 복소함수론에서 나타난다. 다가함수가 주어졌을 때 통상 체계적인 방법으로 다가함수로 부터 각 점에 대응하는 가능한 값중 꼭 한 개의 값을 택하여 단가(single-valued)함수를 만든다.

보기 2.2 z 가 임의의 0 이 아닌 복소수 $z = re^{i\theta}$ 라 가정하자. $f(z) = z^{1/2}$ 는 복소평면상의 점 z에 두 값 $z^{1/2} = \pm\sqrt{r}e^{i\theta/2}$ 을 대응시키는 이가함수이다. 여기서 θ 는 $\arg z$ 의 주요값 $(-\pi < \theta \leq \pi)$ 이다. 그러나 만일 $\pm\sqrt{r}$ 의 양의 값만 택하고

$$f_1(z) = \sqrt{r}e^{i\theta/2} \qquad (r > 0,\ -\pi < \theta \leq \pi)$$

라고 쓰면 이 단가함수 f_1은 주어진 정의역에서 잘 정의된다. 0 은 0 의 유일한 제곱근이므로 $f_1(0) = 0$ 라 쓴다. 그러면 함수 f_1은 음의 실수축인 $\theta = \pi$ 을 제외한 모든 복소 평면인 영역에서 잘 정의된다.

연습문제 2.1

1. 다음 함수의 정의역을 구하여라.
   (a) $f(z) = \arg\left(\dfrac{1}{z}\right)$ (c) $f(z) = \dfrac{2z}{z - \bar{z}}$
   (b) $f(z) = \dfrac{1}{z^2 + 1}$ (d) $f(z) = \dfrac{1}{4 - |z|^2}$

2. 함수 $f(z)$ 을 $f(z) = u(x,y) + iv(x,y)$ 인 형식으로 써라.
   (a) $f(z) = \bar{z}$ (c) $f(x) = z^2 - z + 1$
   (b) $f(x) = z^3$ (d) $f(x) = z + \frac{1}{z}$

3. 함수 $f(z)$ 를

$$x = \frac{z + \bar{z}}{2}, \quad y = \frac{z - \bar{z}}{2i}$$

을 사용하여 z 의 항으로 $f(z)$ 을 표현하여라. 여기서 $z = x + iy$ 이다.

(a) $f(z) = x^3 - y^3 - 3y^2 + i(2x^2 - 2xy)$

(b) $f(z) = x^2 + y^2 + ixy$

(c) $f(z) = x^2 - y^2 + 2xy - i(x - y + 1)$

(d) $f(z) = \dfrac{1}{x^2 - y^2} + i\dfrac{1}{xy}$

4. 함수 $f(z)$ 을 $f(z) = u(r,\theta) + iv(r,\theta)$ 인 형태로 나타내어라.

(a) $f(z) = \bar{z}$

(b) $f(z) = z^3$

(c) $f(z) = z^2 - z + 1$

(d) $f(z) = z + \frac{1}{z}$

5. 주어진 함수 $f(z)$ 가 단가함수가 되도록 $\arg z$ 의주요값을 구하여라.

(a) $f(z) = \bar{z}^{1/2}$

(b) $f(z) = z^{1/3}$

(c) $f(z) = z^{1/4}$

(d) $f(z) = (z^2 - 1)^{1/2}$

2.2 극한

이 절에서는 복소함수의 극한에 관하여 다루기로 한다. 고등미적분학에서 이미 이변수함수의 극한에 관한 성질에 대해 다루었다. 이와 유사하게 복소함수의 극한을 정의한다.

정의 2.2 함수 f 가 z_0 의 어떤 빠진 근방 $N'(z_0)$ 의 모든 점 z 에서 정의되었다고 하자. $z \to z_0$ 일 때 $f(z_0) \to w_0$ 이면 기호로

$$\lim_{z \to z_0} f(z) = w_0 \tag{2.3}$$

로 쓴다. $\varepsilon - \delta$ 논법을 사용하면 (2.3) 은 다음과 동치이다.

임의의 양의 실수 $\varepsilon > 0$ 에 대해서 양수 $\delta > 0$ 이 존재하여 정의역의 모든 z 에 대해서

$$0 < |z - z_0| < \delta \text{ 이면 } |f(z) - w_0| < \varepsilon \tag{2.4}$$

이 성립한다.

참고 2.1 함수의 극한 (2.3) 이 존재하면 유일하다.

증명 두 개의 극한

$$\lim_{z \to z_0} f(z) = w_0 \quad \lim_{z \to z_0} f(z) = w_1$$

이 존재한다고 가정하자. 그러면 임의의 양수 $\varepsilon > 0$ 에 대해서 두 양수 δ_0, δ_1 가 존재하여

$$0 < |z - z_0| < \delta_0 \text{ 이면 } |f(z) - w_0| < \varepsilon$$

와

$$0 < |z - z_0| < \delta_1 \text{ 이면 } |f(z) - w_1| < \varepsilon$$

이 성립한다. $\delta = \min(\delta_0, \delta_1)$ 라 두자. 만일 $0 < |z - z_0| < \delta$ 이면

$$|w_0 - w_1| = |w_0 - f(z) + f(z) - w_1| \le |f(z) - w_0| + |f(z) - w_1| < 2\varepsilon$$

그러나 $|w_0 - w_1|$ 이 음이 아닌 상수이고 ε 은 임의의로 작게 선택될 수 있으므로 따라서 $w_0 = w_1$ 이다. ∎

보기 2.3 $f(z) = iz/2$ 이 열린원판 $|z| < 1$ 에서 정의된 함수라 하자. 그러면

$$\lim_{z \to i} f(z) = -\frac{1}{2} \tag{2.5}$$

여기서 $z = i$ 은 f 의 정의역의 경계점이다.

풀이 z 가 $|z| < 1$ 인 점일 때

$$\left| f(z) - \left(-\frac{1}{2}\right) \right| = \left| \frac{iz}{2} - i\frac{i}{2} \right| = \frac{|z - i|}{2}$$

따라서 임의의 $\varepsilon > 0$ 에 대해서 $\delta = 2\varepsilon$ 이라 두면 정의역 $|z| < 1$ 인 점에 대해서

$$0 < |z - i| < \delta \text{ 이면 } \left| f(z) - \left(-\frac{1}{2}\right) \right| < \varepsilon$$

이 성립한다. ∎

참고 2.2 z_0 가 f 의 정의역의 내점이고 극한 (2.3) 이 존재하면 부등식 (2.4) 의 두 번째는 빠진 근방 $0 < |z - z_0| < \delta$ 내의 모든 점에 대해서 성립하여야 한다.

참고 2.3 $z \to z_0$ 의 뜻은 z 가 z_0 의 충분히 가까운 점임을 뜻한다. z 가 z_0 으로 특별한 방향으로 접근함을 나타내는 것은 아니다.

함수의 극한이 존재하지 않음을 보이려면 주어진 점으로 접근하는 서로 다른 두 방향에 대한 극한이 다름을 보이면 충분하다.

보기 2.4 함수 $f(z) = \dfrac{\bar{z}}{z}$ 에 대해서 극한

$$\lim_{z \to 0} f(z) \tag{2.6}$$

은 존재하지 않는다.

풀이 만일 극한이 존재한다면 점 $z=(x,y)$가 임의의 방법으로 원점으로 접근해도 극한은 찾을 수 있다. 그런데 $z=(x,0)$ 이 실수축위의 0 이 아닌 점이면

$$f(z)=\frac{x-i0}{x+i0}=1$$

이고 $z=(0,y)$ 이 허수축위의 0 이 아닌 점이면

$$f(z)=\frac{0-iy}{0+iy}=-1$$

이다. 따라서 z 가 실수축을 따라서 원점으로 접근하면 구하는 극한은 1 이다. 한편 허수축으로 접근하면 극한은 -1 이다. 그런데 참고 2.1에 의하여 극한은 유일하므로 극한 (2.6) 은 존재하지 않는다. ▒

정리 2.1 $f(z)=u(x,y)+iv(x,y)$, $z=x+iy$, $z_0=x_0+iy_0$, $w_0=u_0+iv_0$ *라고 가정하자. 그러면*

$$\lim_{z\to z_0} f(z)=w_0 \tag{2.7}$$

이기위한 필요충분조건은

$$\lim_{(x,y)\to(x_0,y_0)} u(x,y)=u_0 \text{ 이고 } \lim_{(x,y)\to(x_0,y_0)} v(x,y)=v_0. \tag{2.8}$$

증명 먼저 (2.8) 가 성립한다고 가정하자. 임의의 양수 ε 에 대해서 양수 δ_1 과 δ_2 가 존재하여

$$0<\sqrt{(x-x_0)^2+(y-y_0)^2}<\delta_1 \text{ 이면 } |u-u_0|<\frac{\varepsilon}{2} \tag{2.9}$$

와

$$0<\sqrt{(x-x_0)^2+(y-y_0)^2}<\delta_2 \text{ 이면 } |v-v_0|<\frac{\varepsilon}{2} \tag{2.10}$$

가 성립한다. $\delta=\min(\delta_1,\delta_2)$ 라 두면

$$|(u+iv)-(u_0+iv_0)|=|(u-u_0)+i(v-v_0)|\le|u-u_0|+|v-v_0|$$

이고

$$\sqrt{(x-x_0)^2+(y-y_0)^2}=|(x-x_0)+i(y-y_0)|=|z-z_0|$$

이므로 (2.9) 와 (2.10) 로부터

$$0 < |z - z_0| < \delta$$

이면

$$|(u + iv) - (u_0 + iv_0)| < \frac{\varepsilon}{2} + \frac{\varepsilon}{2} = \varepsilon$$

이 성립한다.

역으로 (2.7) 이 성립한다고 가정하자. 임의의 양수 ε 에 대해서 양수 δ 가 존재하여

$$0 < |z - z_0| < \delta \tag{2.11}$$

이면

$$|(u + iv) - (u_0 + iv_0)| < \varepsilon \tag{2.12}$$

이 성립한다. 그런데

$$\begin{aligned} |u - u_0| \le |(u - u_0) + i(v - v_0)| &= |(u + iv) - (u_0 + iv_0)|, \\ |v - v_0| \le |(u - u_0) + i(v - v_0)| &= |(u + iv) - (u_0 + iv_0)| \end{aligned}$$

이고

$$|z - z_0| = |(x - x_0) + i(y - y_0)| = \sqrt{(x - x_0)^2 + (y - y_0)^2}$$

이므로 (2.11)와 (2.12) 로 부터

$$0 < \sqrt{(x - x_0)^2 + (y - y_0)^2} < \delta$$

이면

$$|u - u_0| < \varepsilon \text{ 이고 } |v - v_0| < \varepsilon$$

이 성립한다. ∎

정의 2.3 복소함수 f 와 g 의 사칙연산을 다음과 같이 정의한다. z 가 두 함수의 정의역의 점일 때 $(f \pm g)(z) = f(z) \pm g(z)$, $(fg)(z) = f(z)g(z)$, $g(z) \neq 0$ 일 때 $(f/g)(z) = f(z)/g(z)$.

실함수의 경우와 같이 복소함수에서도 함수의 극한에 관한 정리가 성립

한다.

정리 2.2 극한

$$\lim_{z\to z_0} f(z) = w_0 \text{ 와 } \lim_{z\to z_0} g(z) = w_1 \tag{2.13}$$

이 존재한다고 가정하자. 그러면

$$\lim_{z\to z_0} (f \pm g)(z) = w_0 \pm w_1 \tag{2.14}$$

$$\lim_{z\to z_0} (fg)(z) = w_0 w_1 \tag{2.15}$$

이고 만일 $w_1 \neq 0$ *이면*

$$\lim_{z\to z_0} (f/g)(z) = w_0/w_1 \tag{2.16}$$

증명 함수 $f(z) = u_1(x,y) + iv_1(x,y)$, $g(z) = u_2(x,y) + iv_2(x,y)$ 라 두고 점 $z_0 = x_0 + iy_0$, $w_1 = u_1 + iv_1$, $w_2 = u_2 + u_2$ 라 두자. 가정 (2.13) 와 정리 2.1 에 의하여 점 $(x,y) \to (x_0,y_0)$ 일 때 $j = 1,2$ 에 대해서 $u_j(x,y) \to u_j$ 이고 $v_j(x,y) \to v_j$ 이므로 실함수의 극한에 관한 사칙연산의 성질에 따라 점 $(x,y) \to (x_0,y_0)$ 일 때 $i,j = 1,2$ 에 대해서

$$(u_1 \pm u_2)(x,y) \to u_1 \pm u_2, \quad (v_1 \pm v_2)(x,y) \to v_1 \pm v_2,$$

$$(u_1u_2)(x,y) \to u_1u_2, \quad (v_1v_2)(x,y) \to v_1v_2, \quad (u_iv_j)(x,y) \to u_iv_j$$

을 사용하면 정리 2.1에 의하여 각 함수는 $(x,y) \to (x_0,y_0)$ 일 때

$$\begin{aligned}
(f \pm g)(z) &= (u_1 \pm u_2)(x,y) + i(v_1 \pm v_2)(x,y) \\
&\to (u_1 \pm u_2) + i(v_1 \pm v_2) = w_1 \pm w_2 \\
(fg)(z) &= (u_1u_2 - v_1v_2)(x,y) + i(v_1u_2 + u_1v_2)(x,y) \\
&\to (u_1u_2 - v_1v_2) + i(v_1u_2 + u_1v_2) = w_1w_2 \\
\left(\frac{f}{g}\right)(z) &= \frac{u_1(x,y) + iv_1(x,y)}{u_2(x,y) + iv_2(x,y)} \\
&= \frac{(u_1u_2 + v_1v_2)(x,y)}{u_2(x,y)^2 + v_2(x,y)^2} + i\frac{(v_1u_2 - v_2u_1)(x,y)}{u_2(x,y)^2 + v_2(x,y)^2}
\end{aligned}$$

$$\to \frac{u_1u_2+v_1v_2}{u_2^2+v_2^2}+i\frac{v_1u_2-v_2u_1}{u_2^2+v_2^2}=\frac{w_1}{w_2}$$

이 성립한다. ∎

따름정리 2.1 (i) 임의의 복소상수 $c=a+ib$ 에 대해서

$$\lim_{z\to z_0} c = c.$$

(ii) 임의의 복소상수 z_0 에 대해서

$$\lim_{z\to z_0} z^n = z_0^n \quad (n=1,2,\ldots).$$

더욱이 $P(z)=a_0+a_1z+a_2z^2+\cdots+a_nz^n$ 일 때

$$\lim_{z\to z_0} P(z) = P(z_0). \tag{2.17}$$

참고 2.4 삼각부등식

$$||f(z)|-|w_0|| \le |f(z)-w_0|$$

을 이용하여 극한 $\lim_{z\to z_0} f(z)=w_0$ 이 존재하면

$$\lim_{z\to z_0} |f(z)| = |w_0|$$

이 성립한다. 그러나 역은 성립하지 않는다.

보기 2.5 $z=x+iy$ 일 때 함수

$$f(z)=\begin{cases} 1, & |y|\le x,\ x\ge 0 \\ -1, & |y|>x,\ x<0 \\ i, & |x|\le y,\ y\ge 0 \\ -i, & |x|>y,\ y<0 \end{cases}$$

은 $\lim_{z\to 0}|f(z)|=1$ 이지만 $\lim_{z\to 0} f(z)$ 의 극한은 존재하지 않는다.

z_0 와 w_0 이 일부 또는 모두 ∞ 일 때 극한

$$\lim_{z\to z_0} f(z) = w_0$$

을 생각하기로 한다. 1.3절에서 복소평면에 무한점 ∞를 더한 확장복소평면을 리만구면 S로 입체화사영할 수 있음을 기억하자. 극한 $z \to \infty$란 리만구면의 북극점 N을 중심으로 하는 충분히 작은 근방내의 점들로 생각할 수 있다. 즉, 임의의 양수 ε에 대한 ∞의 ε-근방은 $|z| > \dfrac{1}{\varepsilon}$을 만족하는 모든 z들의 집합이다(1.3절 참조). 이러한 개념을 바탕으로 다음을 정의한다.

정의 2.4 (i) $\lim_{z\to z_0} f(z) = \infty$ 는 임의의 양수 ε 에 대해서 양수 δ 이 존재하여

$$0 < |z - z_0| < \delta \text{ 이면 } |f(z)| > \frac{1}{\varepsilon} \tag{2.18}$$

(ii) $\lim_{z\to\infty} f(z) = w_0$ 는 임의의 양수 ε 에 대해서 양수 δ 이 존재하여

$$|z| > \frac{1}{\delta} \text{ 이면 } |f(z) - w_0| < \varepsilon \tag{2.19}$$

(iii) $\lim_{z\to\infty} f(z) = \infty$ 는 임의의 양수 ε 에 대해서 양수 δ 이 존재하여

$$|z| > \frac{1}{\delta} \text{ 이면 } |f(z)| > \frac{1}{\varepsilon} \tag{2.20}$$

참고 2.5 (i) 명제 (2.18) 은

$$0 < |z - z_0| < \delta \text{ 이면 } \left|\frac{1}{f(z)} - 0\right| < \varepsilon$$

와 동치이다. 따라서

$$\lim_{z\to z_0} f(z) = \infty \iff \lim_{z\to z_0} \frac{1}{f(z)} = 0 \tag{2.21}$$

(ii) 명제 (2.19) 은

$$0 < |z - 0| < \delta \text{ 이면 } \left|f\left(\frac{1}{z}\right) - w_0\right| < \varepsilon$$

와 동치이다. 따라서

$$\lim_{z\to\infty} f(z) = w_0 \iff \lim_{z\to 0} f\left(\frac{1}{z}\right) = w_0 \tag{2.22}$$

(iii) 명제 (2.20) 은

$$0 < |z-0| < \delta \text{ 이면 } \left|\frac{1}{f(1/z)} - 0\right| < \varepsilon$$

와 동치이다. 따라서

$$\lim_{z\to\infty} f(z) = \infty \iff \lim_{z\to 0} \frac{1}{f(1/z)} = 0 \tag{2.23}$$

보기 2.6 (i) 극한 $\lim_{z\to i}\frac{z^2+1}{iz+3} = 0$ 이므로 (2.21) 에 의하여 $\lim_{z\to i}\frac{iz+3}{z^2+1} = \infty$ 이다.

(ii) 극한 $\lim_{z\to\infty}\frac{3z+4i}{2z+3}$ 은 (2.22) 을 사용하면

$$\lim_{z\to 0}\frac{(3/z)+4i}{(2/z)+3} = \lim_{z\to 0}\frac{3+4iz}{2+3z} = \frac{3}{2}$$

이므로 구하는 극한은 $\frac{3}{2}$ 이다.

(iii) 극한 $\lim_{z\to\infty}\frac{2z^2+3z}{z+1}$ 은 (2.23) 을 사용하면

$$\lim_{z\to 0}\frac{(1/z)+1}{(2/z^2)+3/z} = \lim_{z\to 0}\frac{z+z^2}{2+3z^2} = 0$$

이므로 구하는 극한은 ∞ 이다.

연습문제 **2.2**

1. a, b, c 및 z_0 가 복소상수라 하자. 극한의 정의를 사용하여 다음을 증명하여라.

   (a) $\lim_{z\to z_0} c = c$

   (b) $\lim_{z\to z_0} z^2 = z_0^2$

   (c) $\lim_{z\to z_0} \operatorname{Im} z = \operatorname{Im} z_0$

   (d) $\lim_{z\to z_0} \bar{z} = \bar{z}_0$

   (e) $\lim_{z\to z_0} (az+b) = az_0 + b, \quad (a \neq 0)$

   (f) $\lim_{z\to 1-i} [x-y+i(x^2+y^2)] = 2+2i, \quad (z = x+iy)$

   (g) $\lim_{z\to 0} (z^2/\bar{z}) = 0$

2. n 이 양의 정수이고 $P(z)$ 와 $Q(z)$ 은 다항식이라 하자. 여기서 $Q(z_0) \neq 0$ 이다. 다음 극한을 구하여라.

   (a) $\lim_{z\to z_0} \dfrac{1}{z^n}, \quad (z_0 \neq 0)$

   (b) $\lim_{z\to 1+i} \dfrac{iz^2-1}{z+i}$

   (c) $\lim_{z\to z_0} \dfrac{P(z)}{Q(z)}$

3. $z \to 0$ 일 때 함수 $f(z) = (z/\bar{z})^2$ 의 극한이 존재하지 않음을 보여라.(힌트: 0 이 아닌 $z = (x,0)$ 와 $z = (x,x)$ 이 원점으로 접근할 때의 극한을 생각하면 된다.) 주의: 단순하게 $z = (x,0)$ 와 $z = (0,y)$ 이 원점으로 접근할 때의 극한을 비교하는 것은 충분하지 않다.

4. $\Delta z = z - z_0$ 라 쓰고

$$\lim_{z\to z_0} f(z) = w_0 \iff \lim_{\Delta z\to 0} f(z_0+\Delta z) = w_0$$

   임을 보여라.

5. 만일 $\lim_{z\to z_0} f(z) = 0$ 이고 양의 상수 M 이 존재하여 z_0 의 근방의 모든 점 z 에 대해서 $|g(z)| \leq M$ 이 성립하면

$$\lim_{z\to z_0} f(z)g(z) = 0$$

   임을 증명하여라.

6. 극한의 성질을 사용하여 다음을 증명하여라.

   (a) $\lim_{z\to\infty} \dfrac{4z}{(z-1)^2} = 0$

   (b) $\lim_{z\to\infty} \dfrac{4z}{z-1} = 4$

   (c) $\lim_{z\to 1} \dfrac{1}{(z-1)^2} = \infty$

   (d) $\lim_{z\to\infty} \dfrac{z^3+z}{z^2-1} = \infty$

7. 극한의 성질을 사용하여 다음 함수

$$T(z) = \frac{az+b}{cz+d}, \quad (ad-bc \neq 0)$$

을 증명하여라.

(a) $\lim_{z\to\infty} T(z) = \infty, \quad (c = 0)$

(b) $\lim_{z\to\infty} T(z) = \frac{a}{c}$ 이고 $\lim_{z\to -d/c} T(z) = \infty, \quad (c \neq 0)$

8. 무한점을 포함하는 극한의 정의를 사용하여

$$\lim_{z\to 0} \frac{1}{z} = \infty, \qquad \lim_{z\to\infty} \frac{1}{z} = 0$$

을 각각 보여라.

9. 집합 S 가 유계가 아니기 위한 필요충분조건은 무한점의 모든 근방은 S 의 점을 적어도 하나 포함함을 보여라.

2.3 연속성

이 절에서는 복소함수의 연속에 대한 성질을 살펴본다. 연속에 관한 정의는 실함수의 경우와 같이 정의한다:

정의 2.5 함수 f 가 점 z_0 에서 **연속**이라 함은 다음 세가지 조건

(i) 극한 $\lim_{z \to z_0} f(z)$ 가 존재

(ii) $f(z_0)$ 가 존재

(iii) $\lim_{z \to z_0} f(z) = f(z_0)$

을 만족한다. 만일 함수 f 가 구역 R 의 모든 점에서 연속이면 f 는 **구역 R 위에서 연속**이라 한다.

참고 2.6 (i) 정의 2.5 (iii) 은 (i), (ii) 을 포함한다.

(ii) 정의 2.5 (iii) 은 임의의 양수 ε 에 대해서 양수 δ 가 존재하여

$$|z - z_0| < \delta \text{ 이면 } |f(z) - f(z_0)| < \varepsilon \tag{2.24}$$

와 동치이다.

정리 2.2 로 부터 연속함수의 사칙연산에 관한 성질을 얻는다.

명제 2.1 *f 와 g 가 점 z_0 에서 연속이면 $f \pm g$, fg 및 $g(z_0) \neq 0$ 이면 f/g 도 z_0 에서 연속이다.*

따름정리 2.2 *모든 다항식은 복소평면 전체에서 연속이다.*

명제 2.2 *$f(z)$ 는 z_0 에서 연속이고 $g(w)$ 는 $w_0 = f(z_0)$ 에서 연속이면 합성함수 $g \circ f$ 는 z_0 에서 연속이다.*

증명 $w = f(z)$ 를 점 z_0 의 근방 $N(z_0)$ 에서 정의된 함수라고 하고 g 는 정의역이 $f(N(z_0))$ 을 포함하는 함수라 하자. 그러면 합성함수 $(g \circ f)(z)$ 은 z_0 의 근방 $N(z_0)$ 의 모든 점 z 에서 정의된다. g 는 w_0 에서 연속이므로 임의의 양수 ε 에 대해서 양수 γ 가 존재하여

$$|w - w_0| < \gamma \text{ 이면 } |g(w) - g(w_0)| < \varepsilon \tag{2.25}$$

을 만족한다. f 가 z_0 에서 연속이므로 이러한 γ 에 대해서 양수 δ 가 존재하여

$$|z-z_0|<\delta \text{ 이면 } |w-w_0|=|f(z)-f(z_0)|<\gamma \tag{2.26}$$

을 만족한다. 식 (2.25) 와 (2.26) 로부터 합성함수 $g\circ f$ 는 z_0 에서 연속이다. ■

실함수 $f(x)$ 가 점 x_0 에서 $f(x_0)>0$ 이면 적당한 x_0 의 근방 $I(x_0)$ 이 존재하여 모든 $x\in I(x_0)$ 에 대해서 $f(x)>0$ 임을 알고 있다. 복소함수에서도 이와 같은 성질이 성립한다.

명제 2.3 *만일 f 가 z_0 에서 연속이고 $f(z_0)\neq 0$ 이면 z_0 의 근방 $N(z_0)$ 이 존재하여 모든 $z\in N(z_0)$ 에 대해서 $f(z)\neq 0$ 이다.*

증명 $\varepsilon=|f(z_0)|/2$ 라 두면 양수 δ 가 존재하여

$$|z-z_0|<\delta \text{ 이면 } |f(z)-f(z_0)|<\frac{|f(z_0)|}{2}$$

이 성립한다. 삼각부등식 $|f(z_0)|-|f(z)|\le|f(z)-f(z_0)|$으로부터

$$|z-z_0|<\delta \text{ 이면 } |f(z)|>\frac{|f(z_0)|}{2}>0.$$

■

$f=u+iv$ 일 때 복소수를 평면위의 점으로 생각하면 f 는 $f(x,y)=(u,v)$ 정의된 함수 $f:D\to\mathbb{R}^2$ 로 생각할 수 있다. 실함수 f 가 연속이기 위한 필요충분조건은 u,v 가 연속임을 알고 있다. 또한 정리 2.1 로 부터 다음 명제를 얻는다.

명제 2.4 *복소함수 $f=u+iv$ 가 점 $z_0=(x_0,y_0)$ 에서 연속이면 성분함수 u 와 v 는 z_0 에서 연속이다.*

보기 2.7 함수

$$f(z)=xy\cos(x^2-y^2)-i(x^2+y^2)\sin(x^2-y^2)$$

은 각 성분함수가 각 점 (x,y) 에서 연속이므로 명제 2.4 에 의하여 연속이다.

연속인 복소함수의 여러가지 성질은 연속인 실함수의 성질과 매우 비슷하다.

$f(z) = u(x,y) + iv(x,y)$ 가 유계이고 닫힌구역 R 에서 연속이라 하자. 그러면 함수

$$\sqrt{[u(x,y)]^2 + [v(x,y)]^2}$$

은 R 에서 연속이고 따라서 R 내의 어떤 점에서 최대값을 가진다. 즉 f 는 R 에서 유계이고 $|f(z)|$ 는 R 내의 어떤 점에서 최대값을 가진다. 음이 아닌 실수 M 이 존재하여 모든 $z \in R$ 에 대해서

$$|f(z)| \le M \tag{2.27}$$

이 성립한다.

정의 2.6 함수 f 가 정의역 R 에서 고른연속(uniformly continuous)이라 함은 임의의 양수 ε 에 대해서 양수 δ 가 존재하여 $|z-w| < \delta$ 을 만족하는 R 내의 임의의 두 점 z, w 에 대해서

$$|f(z) - f(w)| < \varepsilon$$

을 만족한다.

보기 2.8 함수 $f(z) = z^2$ 은 구역 $|z| \le r$ 에서 고른연속이다.

증명 $\varepsilon > 0$ 이 주어졌다 하자. $|z| \le r$, $|w| \le r$ 을 만족하는 z, w 에 대해서

$$|f(z) - f(w)| = |z^2 - w^2| = |z+w||z-w| \le (|z| + |w|)|z-w| \le 2r|z-w|$$

이므로 $\delta = \varepsilon/(2r)$ 라 두면 $|z-w| < \delta$ 일때 $|f(z) - f(w)| < \varepsilon$ 이므로 주어진 함수 $f(z) = z^2$ 는 구역 $|z| \le r$ 에서 고른연속이다. ▒

참고 2.7 z_0 에서 연속인 경우 양수 δ 은 점 z_0 와 ε 에 의존하지만 고딕 고른연속인 경우 단지 ε 에만 의존한다.

보기 2.9 $f(z) = \dfrac{1}{z}$ 은 구역 $|z| > 0$ 의 모든 점에서 연속이지만 고른연속은 아니다.

증명 1. z_0 을 구역의 임의의 점이라 하자. 먼저 f 가 z_0에서 연속임을 보이자. $\varepsilon > 0$ 이 주어졌다고 하자. 먼저

$$|f(z) - f(z_0)| = \left|\frac{1}{z} - \frac{1}{z_0}\right| = \frac{|z - z_0|}{|zz_0|}$$

을 생각하자. 위 식의 분모부분을 제어하기 위해서 $|z - z_0| < |z_0|/2$ 을 만족하는 z 는 $|z| > \dfrac{|z_0|}{2}$ 을 만족하므로

$$|f(z) - f(z_0)| = \frac{|z - z_0|}{|zz_0|} \leq \frac{2\delta}{|z_0|^2}$$

이 성립한다. 따라서 $\delta = \min\left\{\dfrac{|z_0|^2\varepsilon}{2}, \dfrac{|z_0|}{2}\right\}$ 라 두면 $|z - z_0| < \delta$ 일 때

$$|f(z) - f(z_0)| < \varepsilon$$

이 성립한다. 따라서 δ 는 ε 과 z_0 에 의존한다. 만일 z_0 가 원점에 충분히 가까우면 δ 는 0 으로 다가감을 알 수 있다. 따라서 δ 를 z_0 에 무관하게 고르게 선택할 수 없음을 알 수 있다.

2. 이제 함수 $f(z)$ 가 구역 $|z| > 0$ 에서 고른연속이 아님을 보이자. $f(z)$ 가 주어진 구역에서 고른연속이라 가정하자. 즉, $|z| > 0$ 을 만족하는 모든 z, w 에 대해서 $|z - w| < \delta$ 이면 $|f(z) - f(w)| < 1$ 이 성립하는 δ 가 존재한다고 가정하자. 아르키메데스원리에 의하여 이러한 $\delta > 0$ 에 대해서 $2 > n\delta > 1$ 을 만족하는 자연수 n 이 존재한다. 이제 $z = \dfrac{1}{n}, w = \dfrac{1}{n} + \dfrac{\delta}{2}$ 라 두면 $|z - w| = \dfrac{\delta}{2} < \delta$ 이지만

$$|f(z) - f(w)| = \left|\frac{1}{z} - \frac{1}{w}\right| = \left|n - \frac{2n}{n\delta + 2}\right| = \frac{n^2\delta}{2 + n\delta} = \frac{n}{1 + \dfrac{2}{n\delta}} > \frac{n}{2} \geq 1$$

이므로 이것은 모순이다. ▒

유계이고 닫힌구역 R 에서 연속인 실함수는 고른연속임을 알고 있다. 복소함수에 대해서도 다음 정리는 성립한다(증명방법은 연속실함수의 경우와 비슷하다. 자세한 증명은 H. Silverman[12] 정리 2.16을 보라).

정리 2.3 *유계이고 닫힌구역 R 에서 연속인 복소함수는 고른연속이다.*

연습문제 2.3

1. f 는 $f(z) = \lim_{n\to\infty} \dfrac{1}{1+n^2z}$ 으로 정의된 함수라 하자. 그러면 f 는 집합 $\{0\}$ 위의 특성함수임을 보여라.

2. $|z| \neq 1$ 에 대해서 다음 극한

$$f(z) = \lim_{n\to\infty} \left(\frac{z^n - 1}{z^n + 1} \right)$$

이 존재함을 보여라. $|z| = 1$ 위에서 f 가 연속이 되도록 $f(z)$ 를 정의할 수 있는가?

3. 함수 $f(z) = \lim_{n\to\infty} \dfrac{z^n}{z^n+1}$ 라 하자.
   (a) f 의 정의역을 구하여라.
   (b) f 의 정의역의 여러 z 에 대한 함수값 $f(z)$ 을 구하여라.

4. 함수 f 가 확장복소평면에서

$$f(z) = \begin{cases} 1/z, & z \neq 0 \\ \infty, & z = 0 \\ 0, & z = \infty \end{cases}$$

로 정의되었다고 하자. 무한점에서 연속성을 정의를 사용하여 f 가 확장복소평면전체에서 연속인지를 성명하여라.

5. 단위원 $|z| \leq 1$ 내에서 함수 $f(z) = |z|$ 의 최대값과 최소값을 갖는 z 를 구하여라.

6. 함수 $f(z) = u(x,y) + iv(x,y)$ 에 대해서 실함수 u 와 v 가 구역 R 에서 고른연속이기 위한 필요충분조건은 f 가 R 에서 고른연속임을 증명하여라.

7. 다음함수들이 주어진 구역에서 고른연속인지를 판단하여라.
   (a) $f(z) = \alpha z + \beta$, 복소평면전체, α, β 는 복소상수
   (b) $f(z) = z^2$, 복소평면전체
   (c) $f(z) = \dfrac{1}{z}$, $(1 \leq |z| \leq 2)$ (d) $f(z) = \dfrac{1}{z}$, $(|z| > 1)$

2.4 미분가능성

이 절에서는 복소함수의 미분가능성에 관하여 공부하기로 한다. 우리는 이미 다변수 해석학에서 다변수함수가 미분가능하기 위한 필요충분조건을 기억할 것이다. 이 절에서는 주어진 복소함수가 미분가능한 필요충분조건에 관하여 살펴보기로 한다.

정의 2.7 f 를 z_0 의 근방을 포함하는 정의역에서 정의된 함수라 하자. z_0 에서 f 의 **도함수** $f'(z_0)$ 는 극한이 존재하면

$$f'(z_0) = \lim_{z \to z_0} \frac{f(z) - f(z_0)}{z - z_0} \tag{2.28}$$

으로 정의한다. 만일 $f'(z_0)$ 이 존재하면 f 는 z_0 에서 **미분가능하다**고 한다.

변수

$$\Delta z = z - z_0$$

을 도입하면 (2.28) 은

$$f'(z_0) = \lim_{z \to z_0} \frac{f(z+\Delta z) - f(z_0)}{\Delta z} \tag{2.29}$$

으로 쓸 수 있다. f 가 z_0 의 근방에서 정의되었으므로 충분히 작은 $|\Delta z|$ 에 대해서 수

$$f(z_0 + \Delta z)$$

은 항상 정의된다. 수

$$\Delta w = f(z+\Delta z) - f(z)$$

을 도입하자. 만일 $f'(z_0)$ 을 dw/dz 로 쓰면 등식 (2.29) 는

$$\frac{dw}{dz} = \lim_{\Delta z \to 0} \frac{\Delta w}{\Delta z} \tag{2.30}$$

이 된다.

보기 2.10 $f(z) = z^3$ 라 하자. 임의의 점 z 에서

$$\lim_{\Delta z \to 0} \frac{\Delta w}{\Delta z} = \lim_{\Delta z \to 0} \frac{(z+\Delta z)^3 - z^3}{\Delta z} = \lim_{\Delta z \to 0} (3z^2 + 3z\Delta z + (\Delta z)^2) = 3z^2$$

따라서 $dw/dz = 3z^2$ 또는 $f'(z) = 3z^2$ 이다.

보기 2.11 $f(z) = |z|^2$ 라 하자.

$$\frac{\Delta w}{\Delta z} = \frac{|z+\Delta z|^2 - |z|^2}{\Delta z} = \frac{(z+\Delta z)(\bar{z}+\overline{\Delta z}) - z\bar{z}}{\Delta z} = \bar{z} + \overline{\Delta z} + z\frac{\overline{\Delta z}}{\Delta z} \tag{2.31}$$

이다. 만일 $\lim_{\Delta z\to 0}\dfrac{\Delta w}{\Delta z}$ 이 존재하면 이것은 Δz 평면에서 임의의 방법으로도 점 $\Delta z = (\Delta x, \Delta y)$ 이 원점으로 접근하면 찾을 수 있다. 특별히 Δz 가 실수축위의 점 $(\Delta x, 0)$ 을 따라 수평적으로 원점으로 접근하면 $\overline{\Delta z} = \Delta z$ 이므로 (2.31) 이 존재하면 극한은 $\bar{z}+z$ 이어야 한다. 그러나 Δz 가 허수축위의 점 $(0, \Delta y)$ 을 따라 수직적으로 원점으로 접근하면 $\overline{\Delta z} = -\Delta z$ 이므로 (2.31) 이 존재하면 극한은 $\bar{z}-z$ 이어야 한다. 그런데 극한은 유일하므로 $\bar{z}+z = \bar{z}-z$, 즉 $z = 0$ 이다.

실제로 dw/dz 이 $z = 0$ 에서 존재함을 보이려면 $z = 0$ 에서 $\Delta w/\Delta z = \overline{\Delta z}$ 이므로 극한 dw/dz 은 $z = 0$ 에서만 존재하고 극한 값은 0 이다.

보기 2.11의 함수는 원점에서 미분가능하지만 그 점의 임의의 근방에 어느 점에서도 미분가능하지 않은 함수임을 나타낸다. $f(z) = |z|^2$ 의 실수부와 허수부는 각각

$$u(x,y) = x^2 + y^2 \quad v(x,y) = 0 \tag{2.32}$$

이므로 이것은 복소함수의 실수성분과 허수성분은 한 점에서 모든 계수의 연속인 도함수를 가질 수 있지만 복소함수는 그 점에서 미분가능하지 않을 수도 있다.

함수 $f(z) = |z|^2$ 은 성분함수 (2.32) 이 각 점에서 연속이므로 평면내의 각 점에서 연속이다. 따라서 실변수함수 $f(x) = |x|$와 비슷하게 복소함수의 경우에도 한 점에서 함수의 연속성은 그 점에서 미분가능성을 유도하지 않는다. 그러나 그 역은 성립한다.

명제 2.5 *$f'(z_0)$ 이 존재하면 f 는 z_0 에서 연속이다.*

증명 등식

$$\lim_{z\to z_0}[f(z) - f(z_0)] = \lim_{z\to z_0}\frac{f(z) - f(z_0)}{z - z_0}\lim_{z\to z_0}(z - z_0) = f'(z_0)\cdot 0 = 0$$

으로 부터 연속성이 증명된다. ∎

점 z 에서 함수 f 의 도함수를

$$\frac{d}{dz}f(z) \text{ 또는 } f'(z)$$

으로 나타내자. 그러면 다음 공식을 얻는다.

명제 2.6 *f 와 g 가 미분가능한 함수일 때*

(i) $\frac{d}{dz}c = 0$, c 는 복소 상수. (ii) $\frac{d}{dz}z^n = nz^{n-1}$, n 은 정수.

(iii) $\frac{d}{dz}(f(z) \pm g(z)) = f'(z) \pm g'(z)$

(iv) $\frac{d}{dz}(cf(z)) = cf'(z)$, c 는 복소 상수.

(v) $\frac{d}{dz}(f(z)g(z)) = f'(z)g(z) + f(z)g'(z)$

(vi) $\frac{d}{dz}\left[\frac{f(z)}{g(z)}\right] = \frac{f'(z)g(z) - f(z)g'(z)}{[g(z)]^2}$

(vii) $F(z) = g[f(z)]$ 이고 f 은 z_0 에서 미분가능하고 g 는 $w_0 = f(z_0)$ 에서 미분가능할 때 F 는 z_0 에서 미분가능하고

$$F'(z_0) = g'[f(z_0)]f'(z_0). \tag{2.33}$$

증명 대부분은 쉽게 증명된다. (v) 을 증명하자.

$$\begin{aligned} f(z+\Delta z)g(z+\Delta z) - f(z)g(z) = \quad & f(z)[g(z+\Delta z) - g(z)] \\ & + [f(z+\Delta z) - f(z)]g(z+\Delta z) \end{aligned}$$

을 사용하여 양변을 Δz 로 나누고 $\Delta z \to 0$ 이면 원하는 결과를 얻는다. 여기서 g 가 연속임을 사용하였다.

(vii) $f'(z_0)$ 이 존재하는 특별한 z_0 을 선택하자. $w_0 = f(z_0)$ 이라 쓰고 또한 $g'(w_0)$ 이 존재한다고 가정하자. 그러면 w_0 가 어떤 근방 $|w - w_0| < \varepsilon$

이 존재하여 근방의 모든 점 w 에 대해서 함수

$$\Phi(w) = \begin{cases} \dfrac{g(w) - g(w_0)}{w - w_0} - g'(w_0), & w \neq w_0 \\ 0, & w = w_0 \end{cases} \tag{2.34}$$

을 정의할 수 있다. 함수의 정의로 부터

$$\lim_{w \to w_0} \Phi(w) = 0 \tag{2.35}$$

임에 주의하자. 따라서 Φ 는 w_0 에서 연속이다. 식 (2.34) 는

$$g(w) - g(w_0) = [g'(w_0) + \Phi(w)](w - w_0) \quad (|w - w_0| < \varepsilon) \tag{2.36}$$

$w = w_0$ 일 때도 성립한다. $f'(z_0)$ 이 존재하고 f 가 z_0 에서 연속이므로 양수 δ 를 선택하여

$$|z - z_0| < \delta \text{ 이면 } |f(z) - w_0| < \varepsilon$$

이 성립한다. 따라서 식 (2.36) 에 w 대신 $f(z)$ 을 대입하면 $0 < |z - z_0| < \delta$ 일 때

$$\frac{g[f(z)] - g[f(z_0)]}{z - z_0} = \{g'[f(z_0)] + \Phi[f(z)]\} \frac{f(z) - f(z_0)}{z - z_0} \tag{2.37}$$

여기서 0 으로 식을 나누지 않도록 $z \neq z_0$ 임을 요구하여야 한다. f 가 z_0 에서 연속이고 Φ 은 점 $w_0 = f(z_0)$ 에서 연속임에 주의하자. 그러므로 합성함수 $\Phi[f(z)]$ 은 z_0 에서 연속이다. 그런데 $\Phi(w_0) = 0$ 이므로

$$\lim_{z \to z_0} \Phi[f(z)] = 0.$$

따라서 식 (2.37) 은 $z \to z_0$ 일 때 극한은

$$F'(z_0) = g'[f(z_0)]f'(z_0)$$

이 된다. ∎

다변수 함수 $f:\mathbb{R}^n \to \mathbb{R}^m$ 이 미분가능할 때 f 의 1 계 편도함수가 존재하고 f 의 미분의 표현행렬이 Jacobi 행렬임을 기억할 것이다. 이와 유사한 정리가 복소함수에서도 성립한다.

복소함수의 미분가능성은 $f = u + iv$ 일 때 f 의 실수부 및 허수부 함수의 관계식을 얻을 수 있다. 이러한 경우 주어진 복소함수의 미분 가능성을 판단하는데 매우 편리할 것이다.

먼저

$$f(z) = u(x,y) + iv(x,y) \tag{2.38}$$

가 점 $z_0 = (x_0, y_0)$ 에서 미분가능하다고 가정하자. 즉

$$f'(z_0) = \lim_{\Delta z \to 0} \frac{f(z_0 + \Delta z) - f(z_0)}{\Delta z} \tag{2.39}$$

이 존재한다고 가정하자. $z_0 = x_0 + iy_0$ 이고 $\Delta z = \Delta x + i\Delta y$ 으로 쓰자. 정리 2.1 에 의하여

$$\mathrm{Re}\,[f'(z_0)] = \lim_{(\Delta x, \Delta y) \to (0,0)} \mathrm{Re}\left[\frac{f(z_0 + \Delta z) - f(z_0)}{\Delta z}\right] \tag{2.40}$$

$$\mathrm{Im}\,[f'(z_0)] = \lim_{(\Delta x, \Delta y) \to (0,0)} \mathrm{Im}\left[\frac{f(z_0 + \Delta z) - f(z_0)}{\Delta z}\right] \tag{2.41}$$

인 식을 얻는다. 여기서

$$\begin{aligned}\frac{f(z_0 + \Delta z) - f(z_0)}{\Delta z} =& \frac{u(x_0 + \Delta x, y_0 + \Delta y) - u(x_0, y_0)}{\Delta x + i\Delta y} \\ &+ \frac{i[v(x_0 + \Delta x, y_0 + \Delta y) - v(x_0, y_0)]}{\Delta x + i\Delta y}\end{aligned}$$

이다. 식 (2.39) 가 존재하므로 식 (2.40) 과 (2.41)은 우리가 선택한 경로를 따라 $(\Delta x, \Delta y) \to (0,0)$ 일 때 성립한다.

특히 실수축을 따라 점 $(\Delta x, 0)$ 을 $(\Delta x, \Delta y) \to (0,0)$ 이면 식 (2.42) 에서 $\Delta y = 0$ 이므로

$$\begin{aligned}\mathrm{Re}\,[f'(z_0)] &= \lim_{\Delta x \to 0} \frac{u(x_0 + \Delta x, y_0) - u(x_0, y_0)}{\Delta x} \\ \mathrm{Im}\,[f'(z_0)] &= \lim_{\Delta x \to 0} \frac{v(x_0 + \Delta x, y_0) - v(x_0, y_0)}{\Delta x}\end{aligned}$$

을 얻는다. 즉

$$f'(z_0) = u_x(x_0, y_0) + iv_x(x_0, y_0) \tag{2.42}$$

이다.

또한 허수축을 따라 점 $(0, \Delta y)$ 을 $(\Delta x, \Delta y) \to (0,0)$ 이면 식 (2.42) 에서 $\Delta x = 0$ 이므로 같은 방법으로

$$f'(z_0) = v_y(x_0, y_0) - iu_y(x_0, y_0) \tag{2.43}$$

을 얻는다. 위 식은

$$f'(z_0) = -i[u_y(x_0, y_0) + iv(x_0, y_0)]$$

임에 주의하자. 식 (2.43) 과 (2.44) 을 비교하면 f 의 미분가능성으로부터 편미분방정식

$$u_x(x_0, y_0) = v_y(x_0, y_0) \quad u_y(x_0, y_0) = -v_x(x_0, y_0) \tag{2.44}$$

을 얻는다. 이 때 일계 편미분방정식 (2.44) 를 Cauchy-Riemann 방정식이라 부른다. 따라서 다음 결과를 얻는다.

정리 2.4 만일

$$f(z) = u(x, y) + iv(x, y)$$

이 점 $z_0 = x_0 + iy_0$ *에서 미분가능하다고 가정하자. 그러면* (x_0, y_0) *에서* u *와* v *는 일계 편도함수를 가지고 Cauchy-Riemann 방정식*

$$u_x = v_y \quad u_y = -v_x \tag{2.45}$$

을 만족한다. 또한 $f'(z_0)$ *은*

$$f'(z_0) = u_x(x_0, y_0) + iv_x(x_0, y_0) \tag{2.46}$$

을 쓸 수 있다.

보기 2.12 함수 $f(z) = z^3 = x^3 - 3xy^2 + i(3x^2y - y^3)$ 이 모든 점에서 미분가능이고 $f'(z) = 3z^2$ 임을 보였다. 따라서 정리 2.4 에 의하여 복소평면의 모든 곳에서 Cauchy-Riemann 방정식을 만족한다. $u(x,y) = x^3 - 3xy^2$ 이고 $v(x,y) = 3x^2y - y^3$ 이므로

$$u_x = 3x^2 - 3y^2 = v_y, \quad u_y = -6xy = -v_x$$

이고 (2.46) 에 의하여

$$f'(z) = 3(x^2 - y^2) + i(-6xy) = 3(x+iy)^2 = 3z^2.$$

정리 2.4는 Cauchy-Riemann 방정식이 미분가능성의 필요조건임을 말하고 있다. 그 대우를 이용하면 미분가능하지 않은 함수를 판별하는데 도움이 된다.

보기 2.13 $f(z) = |z|^2$ 일 때 $u(x,y) = x^2 + y^2$ 이고 $v(x,y) = 0$ 이다. 만일 점 (x,y) 에서 Cauchy-Riemann 방정식을 만족한다면

$$u_x(x,y) = 2x = 0, \quad u_y = 2y = 0$$

이 성립하여야 한다. 따라서 $f'(z)$ 은 원점을 제외한 모든 곳에서 존재하지 않는다. 그러나 정리 2.4 은 $f'(0)$ 의 존재성을 보장하지 못한다. 보기 2.11은 $f'(0) = 0$ 임을 보여주고 있다.

다변수함수 $f : \mathbb{R}^n \to \mathbb{R}^m$ 의 1 계 편도함수가 존재할지라도 주어진 함수 f 가 미분가능하지 않음을 기억하자. 복소함수에서도 이와 같은 성질이 있다.

점 $z_0 = (x_0, y_0)$ 에서 Cauchy-Riemann 방정식의 만족은 그 점에서 함수 $f(z)$ 의 도함수의 존재성을 보장하지 못한다(연습문제 6, 12). 어떤 연속성 조건으로 부터 다음 정리를 얻는다.

정리 2.5 함수

$$f(z) = u(x,y) + iv(x,y)$$

은 점 $z_0 = x_0 + iy_0$ 에서 어떤 δ-근방전체에서 정의되었다고 하자. x 와 y 에 관한 함수 u 와 v 의 일계편도함수가 그 근방내의 모든 곳에서 존재하고

(x_0, y_0) 에서 연속[3] 이라 하자. 그러면 만일 이러한 편도함수들이 (x_0, y_0) 에서 *Cauchy-Riemann* 방정식

$$u_x = v_y, \quad u_y = -v_x$$

을 만족하면 도함수 $f'(z_0)$ 이 존재한다.

증명 $\Delta z = \Delta x + i\Delta y$ 라 쓰자. 여기서 $0 < |\Delta z| < \delta$ 이고

$$\Delta w = f(z_0 + \Delta z) - f(z_0).$$

따라서

$$\Delta w = \Delta u + i\Delta v$$

여기서

$$\begin{aligned} \Delta u &= u(x_0 + \Delta x, y_0 + \Delta y) - u(x_0, y_0) \\ \Delta v &= v(x_0 + \Delta x, y_0 + \Delta y) - v(x_0, y_0). \end{aligned} \tag{2.47}$$

점 (x_0, y_0) 에서 u 와 v 의 일계 편도함수의 연속성으로 부터

$$\begin{aligned} \Delta u &= u_x(x_0, y_0)\Delta x + u_y(x_0, y_0)\Delta y + \varepsilon_1\sqrt{(\Delta x)^2 + (\Delta y)^2} \\ \Delta v &= v_x(x_0, y_0)\Delta x + v_y(x_0, y_0)\Delta y + \varepsilon_2\sqrt{(\Delta x)^2 + (\Delta y)^2}. \end{aligned} \tag{2.48}$$

여기서 ε_1 과 ε_2 는 Δz 평면내에서 $(\Delta x, \Delta y) \to (0, 0)$ 일 때 0 으로 수렴한다. 따라서

$$\begin{aligned} \Delta w &= u_x(x_0, y_0)\Delta x + u_y(x_0, y_0)\Delta y + \varepsilon_1\sqrt{(\Delta x)^2 + (\Delta y)^2} \\ &+i\left[v_x(x_0, y_0)\Delta x + v_y(x_0, y_0)\Delta y + \varepsilon_2\sqrt{(\Delta x)^2 + (\Delta y)^2}\right]. \end{aligned} \tag{2.49}$$

Cauchy-Riemann 방정식이 점 (x_0, y_0) 에서 만족한다고 가정하자. 등식 (2.49) 에서 $u_y(x_0, y_0)$ 을 $-v_x(x_0, y_0)$ 으로 바꾸고 $v_y(x_0, y_0)$ 을 $u_x(x_0, y_0)$ 으로

[3] Looman-Menchoff 정리에 의하면 이 조건은 없어도 된다[10]. 즉 D 는 열린집합이고 $f : D \to \mathbb{C}$ 가 연속, $f = u + iv$ 라 하자. D 의 모든 점에서 u_x, v_x, u_y, v_y 가 존재하고 Cauchy-Riemann 방정식을 만족하면 f 는 미분가능하다.

바꾸고 Δz 으로 나누면

$$\frac{\Delta w}{\Delta z} = u_x(x_0,y_0) + iv_x(x_0,y_0) + (\varepsilon_1 + i\varepsilon_2)\frac{\sqrt{(\Delta x)^2+(\Delta y)^2}}{\Delta z}. \tag{2.50}$$

$\sqrt{(\Delta x)^2+(\Delta y)^2} = |\Delta z|$ 이므로

$$\left|\frac{\sqrt{(\Delta x)^2+(\Delta y)^2}}{\Delta z}\right| = 1.$$

또한 $\varepsilon_1 + i\varepsilon_2$ 은 $(\Delta x, \Delta y) \to (0,0)$ 일 때 0 으로 수렴한다. 등식 (2.50) 의 오른쪽 마지막 항은 $\Delta z = \Delta x + i\Delta y \to 0$ 일 때 0 으로 수렴한다. 이것은 방정식 (2.50) 의 왼쪽극한이 존재하고

$$f'(z_0) = u_x(x_0,y_0) + iv_x(x_0,y_0). \tag{2.51}$$

▩

보기 2.14 함수

$$f(z) = e^x(\cos y + i\sin y)$$

라 가정하자. 여기서 y 는 호도각이다. 그러면

$$u(x,y) = e^x\cos y, \quad v(x,y) = e^x\sin y.$$

그런데 모든 곳에서 $u_x = v_y$ 이고 $u_y = -v_x$ 이고 편도함수들은 모든 곳에서 연속이므로 정리 2.5의 조건을 만족한다. 따라서 $f'(z)$ 은 모든 곳에서 존재하고

$$f'(z) = u_x + iv_x = e^x(\cos y + i\sin y) = f(z).$$

보기 2.15 함수 $f(z) = |z|^2$ 의 성분

$$u(x,y) = x^2 + y^2, \quad v(x,y) = 0$$

은 모든 곳에서 편도함수가 존재하고 연속이다. 그러나 원점에서만 Cauchy-Riemann 방정식을 만족하므로 정리 2.5에 의하여 $f'(0)$ 은 존재한다. 실제로, $f'(0) = 0$ 이다. 원점이외의 점에서는 Cauchy-Riemann 방정식을 만족하지 않으므로 주어진 함수는 미분가능하지 않다.

때로는 극좌표로 표현된 복소함수의 미분가능성을 조사하기 위해서는 직교좌표로 주어진 방정식을 극방정식으로 나타내야 한다. 극좌표 (r,θ) 로 주어진 좌표를 직교좌표 (x,y) 로 바꾸기 위해서는 치환

$$x = r\cos\theta, \quad y = r\sin\theta \tag{2.52}$$

을 사용한다. 먼저 u 와 v 의 x,y 에 관한 일계편도함수가 존재한다고 가정하자. x,y 는 (2.52) 에 의하여 r,θ 의 함수이므로 u,v 는 r,θ 의 함수이다. 따라서 연쇄법칙

$$\frac{\partial u}{\partial r} = \frac{\partial u}{\partial x}\frac{\partial x}{\partial r} + \frac{\partial u}{\partial y}\frac{\partial y}{\partial r}, \quad \frac{\partial u}{\partial \theta} = \frac{\partial u}{\partial x}\frac{\partial x}{\partial \theta} + \frac{\partial u}{\partial y}\frac{\partial y}{\partial \theta}$$

을 이용하면

$$u_r = u_x\cos\theta + u_y\sin\theta, \quad u_\theta = -u_x r\sin\theta + u_y r\cos\theta \tag{2.53}$$

을 얻는다. 같은 방법으로

$$v_r = v_x\cos\theta + v_y\sin\theta, \quad v_\theta = -v_x r\sin\theta + v_y r\cos\theta. \tag{2.54}$$

만일 x,y 에 관한 편도함수가 z_0 에서 Cauchy-Riemann 방정식

$$u_x = v_y, \quad u_y = -v_x \tag{2.55}$$

을 만족하면 식 (2.55)는 z_0 에서

$$v_r = -u_y\cos\theta + u_x\sin\theta, \quad v_\theta = u_y r\sin\theta + u_x r\cos\theta \tag{2.56}$$

이 된다. 식 (2.54)와 (2.55)로 부터 z_0 에서

$$u_r = \frac{1}{r}v_\theta, \quad \frac{1}{r}u_\theta = -v_r \tag{2.57}$$

역으로 z_0 에서 방정식 (2.57)이 성립함을 알았다면 (2.55) 는 z_0 에서 성립하여야 한다. 그러므로 (2.57)은 Cauchy-Riemann방정식의 다른 형태이다. 따라서 극좌표로 표현된 함수에 대한 Cauchy-Riemann 방정식으로 복소함수의 미분가능성 및 그 도함수를 구할 수 있다.

정리 2.6 함수

$$f(z) = u(r,\theta) + iv(r,\theta)$$

이 0 이 아닌 점 $z_0 = r_0 \exp(i\theta_0)$ *의 어떤* δ*-근방전체에서 정의되었다고 하자.* r *과* θ *에 관한* u *와* v *의 일계편도함수가 그 근방의 모든 곳에서 존재하고 또한* (r_0, θ_0) *에서 연속이라 가정하자. 그러면 만일 이러한 편도함수가* (r_0, θ_0) *에서 Cauchy-Riemann 방정식의 극좌표형식 (2.58) 을 만족하면 도함수* $f'(z_0)$ *가 존재하고*

$$f'(z_0) = e^{-i\theta}(u_r + iv_r)\Big|_{(r_0,\theta_0)} \tag{2.58}$$

이다.

보기 2.16 함수

$$f(z) = \frac{1}{z} = \frac{1}{re^{i\theta}}$$

을 생각하자.

$$u(r,\theta) = \frac{\cos\theta}{r}, \quad v(r,\theta) = -\frac{\sin\theta}{r}$$

이므로 평면위의 0 이 아닌 점 $z = re^{i\theta}$ 에서 정리 2.6의 조건을 만족한다. 따라서 f 의 도함수는 존재하고

$$f'(z) = e^{-i\theta}\left(-\frac{\cos\theta}{r^2} + i\frac{\sin\theta}{r^2}\right) = -\frac{1}{(re^{i\theta})^2} = -\frac{1}{z^2}.$$

연습문제 2.4

1. 명제 2.6의 미분공식을 사용하여 다음 함수의 도함수 $f'(z)$ 를 구하여라.
   (a) $f(z) = z^2 - 2z + 3$
   (b) $f(z) = \dfrac{z^3 - z}{z^2 + 1} \quad (z \neq \pm i)$
   (c) $f(z) = (z^3 - z + 1)^3$
   (d) $f(z) = \dfrac{(1+z)^4}{z^3} \quad (z \neq 0)$
2. 명제 2.6 의 미분공식을 사용하여 다음 사실을 증명하여라.

   (a) $n(\geq 1)$ 차 다항식

$$P(z) = a_0 + a_1 z + a_2 z^2 + \cdots + a_n z^n \quad (a_n \neq 0)$$

은 도함수

$$P'(z) = a_1 + 2a_2z + \cdots + na_nz^{n-1}$$

을 가진 복소평면전체에서 미분가능하다.

(b) (a) 에서 다항식 $P(z)$ 의 계수는

$$a_0 = P(0),\ a_1 = \frac{P'(z)}{1},\ a_2 = \frac{P''(z)}{2!}, \cdots, a_n = \frac{P^{(n)}(0)}{n!}$$

으로 쓸 수 있다.

3. 정의를 사용하여 $f(z) = 1/z\ (z \neq 0)$ 일 때 도함수가 $f'(z) = -1/z^2$ 임을 보여라.

4. $f(z_0) = g(z_0) = 0$ 이고 $f'(z_0)$ 과 $g'(z_0)$ 이 존재하고 $g'(z_0) \neq 0$ 이라고 가정하자. 도함수의 정의를 사용하여

$$\lim_{z \to z_0} \frac{f(z)}{g(z)} = \frac{f'(z_0)}{g'(z_0)}$$

임을 보여라.

5. 보기 2.13 과 같은 방법을 사용하여 $f'(z)$ 이 어떠한 z 에 대해서도 존재하지 않음을 보여라.

   (a) $f(z) = \bar{z}$
   (b) $f(z) = \mathrm{Re}\, z$
   (c) $f(z) = \mathrm{Im}\, z$

6. 함수 f 가

$$f(z) = \begin{cases} \dfrac{(\bar{z})^2}{z}, & z \neq 0 \\ 0, & z = 0 \end{cases}$$

로 정의되었다고 하자. 만일 $z = 0$ 이면 Δz 또는 $(\Delta x, \Delta y)$ 평면에서 실수와 허수축위의 각각의 영이 아닌 점에서 $\Delta w/\Delta z = 1$ 임을 보여라. 그리고 Δz 또는 $(\Delta x, \Delta y)$ 평면에서 직선 $\Delta y = \Delta x$ 위의 각각의 영이 아닌 점에서 $\Delta w/\Delta z = -1$ 임을 보여라. 따라서 이러한 사실로부터 $f'(0)$ 이 존재하지 않는다.(주의: 원점에서 주어진 함수의 미분가능성을 조사하기위해서 Δz 또는 $(\Delta x, \Delta y)$ 평면에서 실수와 허수축위의 각각의 영이 아닌 점에서 0 으로 수렴하는 극한만 생각하는 것은 충분하지 않임을 나타낸다.)

7. 정리 2.4 를 사용하여 다음 함수의 미분가능성을 조사하여라.

   (a) $f(z) = \bar{z}$
   (b) $f(z) = z + \bar{z}$
   (c) $f(z) = x^2y + ixy^2$
   (d) $f(z) = e^x e^{-iy}$

8. 정리 2.5을 사용하여 다음 함수의 미분가능성 및 도함수 $f'(z), f''(z)$ 을 구하여라.

   (a) $f(z) = iz^2 + z + 1$
   (b) $f(z) = z^4$
   (c) $f(z) = \cos x \cosh y - i \sin x \sinh y$
   (d) $f(z) = e^{-x}e^{-iy}$

9. 정리 2.4 과 2.5 를 사용하여 $f'(z)$ 이 존재하는지를 결정하고 그 값을 구하여라.

   (a) $f(z) = 1/z$
   (b) $f(z) = x^2 + iy^2$
   (c) $f(z) = z\mathrm{Re}\,z$

10. 정리 2.6를 사용하여 다음 각 함수가 주어진 정의역에서 미분가능함을 보이고 공식 (2.58) 를 이용하여 도함수를 구하여라.

    (a) $f(z) = 1/z^4\ (z \neq 0)$
    (b) $f(z) = \sqrt{r}e^{i\theta/2}\ (r > 0,\ -\pi < \theta < \pi)$
    (c) $f(z) = e^{-\theta}\cos(\ln r) + ie^{-\theta}\sin(\ln r)\ (r > 0,\ 0 < \theta < 2\pi)$

11. $f(z) = x^3 + i(1-y)^3$ 일 때 $z = i$ 에서만

$$f'(z) = u_x + iv_x = 3x^2$$

임을 보여라.

12. u 와 v 는 다음 함수

$$f(z) = \begin{cases} \dfrac{(\bar{z})^2}{z}, & z \neq 0 \\ 0, & z = 0 \end{cases}$$

의 실수부와 허수부라고 하자. 원점 $(0,0)$ 에서 Cauchy-Riemann $u_x = v_y$ 와 $u_y = -v_x$ 이 만족함을 보여라.(연습문제 6 참조)

13. 극형식 Cauchy-Riemann 방정식을 사용하여 함수 $f(z) = u + iv$ 의 도함수가

$$f'(z_0) = \frac{-i}{z_0}(u_\theta + iv_\theta)$$

임을 보여라. 이 사실을 이용하여 함수 $f(z) = z^n$ (n은 정수)의 도함수가 $f'(z) = nz^{n-1}$ 임을 보여라(힌트: Euler공식을 이용하여라).

14. (a) 만일 $z = x + iy$ 이면

$$x = \frac{z + \bar{z}}{2} \quad y = \frac{z - \bar{z}}{2i}$$

임을 상기하자. 형식적으로 연쇄법칙을 사용하여 2 변수함수 $F(x,y)$의 편도함수가

$$\frac{\partial F}{\partial \bar{z}} = \frac{\partial F}{\partial x}\frac{\partial x}{\partial \bar{z}} + \frac{\partial F}{\partial y}\frac{\partial y}{\partial \bar{z}} = \frac{1}{2}\left(\frac{\partial F}{\partial x} + i\frac{\partial F}{\partial y}\right)$$

을 유도하여라.

(b) (a) 에서 연산자

$$\frac{\partial}{\partial \bar{z}} = \frac{1}{2}\left(\frac{\partial}{\partial x} + i\frac{\partial}{\partial y}\right)$$

을 정의하자. 만일 함수 $f(z) = u(x,y) + iv(x,y)$ 의 실수부와 허수부의 일계 편도함수가 Cauchy-Riemann 방정식을 만족하면

$$\frac{\partial f}{\partial \bar{z}} = \frac{1}{2}[(u_x - v_y) + i(v_x + u_y)] = 0$$

임을 보여라. 따라서 Cauchy-Riemann 방정식의 복소형식 $\dfrac{\partial f}{\partial \bar{z}} = 0$ 을 유도하였다.

2.5 해석함수

이 절에서는 미분가능한 복소함수가 가지는 성질과 Cauchy-Riemann 조건을 이용한 새로운 개념을 소개한다.

정의 2.8 복소변수 z 의 함수 f 가 열린집합내에서 **해석적**이라 함은 f 가 열린집합내의 각 점에서 도함수를 가진다. 함수 f 가 열린집합이 아닌 집합 S 내에서 해석적이라는 함은 f 는 S 를 포함하는 열린집합내에서 해석적이다. 특히 f 가 **점** z_0 **에서 해석적**이라 함은 f 가 z_0 의 근방에서 해석적이다. 만일 함수가 복소평면 전체의 각 점에서 해석적이면 **전함수**(entire function)라 한다.

보기 2.17 (i) 함수 $f(z) = \dfrac{1}{z}$ 은 유한 평면내의 0 이 아닌 각 점에서 해석적이다.

(ii) $f(z) = |z|$ 은 어떠한 점에서도 해석적이 아니다.

(iii) 복소 다항식은 전함수이다.

정의 2.9 f 가 점 z_0 에서 해석적이 아니지만 z_0 의 모든 근방내의 어떤 점에서는 해석적이면 z_0 를 f 의 **특이점**이라 부른다.

보기 2.18 $z = 0$ 은 $f(z) = \dfrac{1}{z}$ 의 특이점이다. 그러나 $f(z) = |z|^2$ 은 특이점을 가지지 않는다.

명제 2.6와 정의 2.8로부터 다음 명제를 얻는다.

명제 2.7 *함수 f 와 g 는 정의역 D 내에서 해석적이라 하자. 그러면*

$$f+g, f-g, fg$$

은 D 에서 해석적이다. 만일 g 가 D 에서 0 이 아니면 $\dfrac{f}{g}$ 도 해석적이다.

특별히 두 다항식의 몫 $P(z)/Q(z)$ 은 $Q(z) \neq 0$ 인 임의의 정의역에서 해석적이다.

두 해석함수의 합성함수도 해석함수이다.

명제 2.8 *함수* $f(z)$ *가 정의역* D *에서 해석적이고 변환* $w = f(z)$ *하에서* D *의 상이 해석함수* $g(w)$ *의 정의역에 포함되면 합성함수* $g \circ f$ *도* D *에서 해석적이고 그 도함수는*

$$\frac{d}{dz}g[f(z)] = g'(f(z))f'(z)$$

이다.

특히 위의 명제 2.8에서 $g = f^{-1}$이면 위 식은

$$1 = g'(f(z))f'(z) \text{ 또는 } g'(f(z)) = \frac{1}{f'(z)}$$

을 얻게 된다. 이것은 1변수 실함수의 역함수정리와 비슷함을 알 수 있다. 즉

정리 2.7 $f : D \to \mathbb{C}$*가 해석함수이고* f'*가 연속이라고 가정하자. 만일* $f'(z_0) \neq 0$ *이면* z_0 *의 근방* U *와* $w_0 = f(z_0)$*의 근방* V*가 존재하여* $f : U \to V$*는 전단사이고* $f^{-1}(z)$*은 해석적이고*

$$\frac{d}{dw}f^{-1}(w) = \frac{1}{f'(z)}, \tag{2.59}$$

여기서 $w = f(z)$ *이다.*

위 정리는 2차원 역함수정리를 이용하여 증명한다. 자세한 증명은 [9]을 참고하기 바란다.

정리 2.8 *정의역* D *의 모든 점에서* $f'(z) = 0$ *이면* $f(z)$ *는* D *의 전체에서 상수함수이다.*

증명 $f(z) = u(x,y) + iv(x,y)$ 라 두자. D 에서 $f'(z) = 0$ 이라 하자. $u_x + iv_x = 0$ 이고 Cauchy-Riemann 방정식으로 부터 $v_y - iu_y = 0$ 이다. 따라서 D 의 각 점에서

$$u_x = u_y = v_x = v_y = 0$$

이다. D 의 모든 점에서 $\nabla u(x,y) = (u_x(x,y), u_y(x,y)) = (0,0)$ 이고 $\nabla v(x,y) = (v_x(x,y), v_y(x,y)) = (0,0)$ 이므로 임의의 방향벡터 $\mathbf{u}$ 에 대한 방향도함수

$D_{\mathbf{u}}u(x,y) = D_{\mathbf{u}}v(x,y) = 0$ 을 만족한다. 따라서 u 와 v 는 D 내에서 임의의 직선위에서 상수이다. D 내의 임의의 두 점은 유한개의 선분으로 연결이 가능하므로 두 점에서의 함수값은 모두 같다. 따라서 u 와 v 는 D 내에서 상수이다. 그러므로 f 는 D 내에서 상수함수이다. ▒

정의 2.10 두 변수 x 와 y 의 실함수 $u(x,y)$ 가 xy 평면의 주어진 정의역에서 **조화함수**라 함은 정의역 전체에서 u 의 연속인 1 계 및 2 계 편도함수가 존재하고 Laplace 방정식

$$u_{xx}(x,y) + u_{yy}(x,y) = 0 \tag{2.60}$$

을 만족한다.

만일 복소함수 $f = u + iv$ 가 한 점에서 해석적이면 함수 f 의 실수부 u 와 허수부 v 는 그 점에서 모든 계수의 연속인 편도함수를 가진다(따름정리 4.4). 이 사실을 이용하면 정리 2.8 을 증명할 수 있다.

보조정리 2.1 *D 는 $\mathbb{R}^2$ 내에서 열린집합, $(a,b) \in D$, $u : D \to \mathbb{R}$ 이라 하자. u 가 D 위에서 $\mathscr{C}^1$ 이고 u 의 혼합 2 계 편도함수 중 하나가 존재하고 (a,b) 에서 연속이면 (a,b) 에서 다른 하나의 혼합 2 계 편도함수가 존재하고*

$$\frac{\partial^2 u}{\partial y \partial x}(a,b) = \frac{\partial^2 u}{\partial x \partial y}(a,b).$$

증명 u_{yx} 가 D 위에서 존재하고 점 (a,b) 에서 연속이라고 가정하자. $r > 0$ 을 선택하여 $B_r(a,b) \subset D$ 을 만족하게 하고 $|h|, |k| < \frac{r}{\sqrt{2}}$ 에 대해서

$$\Delta u(h,k) = u(a+h, b+k) - u(a+h, b) - u(a, b+k) + u(a,b)$$

로 두자. 평균값정리를 두 번 사용하면 스칼라 $s,t \in (0,1)$ 를 선택하여

$$\Delta u(h,k) = k\frac{\partial u}{\partial y}(a+h, b+tk) - k\frac{\partial u}{\partial y}(a, b+tk) = hk\frac{\partial^2 u}{\partial x \partial y}(a+sh, b+tk).$$

그런데 마지막 혼합 편도함수는 점 (a,b) 에서 연속이므로

$$\lim_{k\to 0}\lim_{h\to 0} \frac{\Delta u(h,k)}{hk} = \frac{\partial^2 u}{\partial x \partial y}(a,b). \tag{2.61}$$

한편 평균값정리를 사용하면 스칼라 $p \in (0,1)$ 가 존재하여

$$\begin{aligned}\Delta u(h,k) &= u(a+h,b+k)-u(a+h,b)-u(a,b+k)+u(a,b)\\ &= h\frac{\partial u}{\partial x}(a+ph,b+k)-h\frac{\partial u}{\partial x}(a+ph,b)\end{aligned}$$

따라서 (2.61) 로부터

$$\begin{aligned}&\lim_{k\to 0}\lim_{h\to 0}\frac{1}{k}\left(\frac{\partial u}{\partial x}(a+ph,b+k)-\frac{\partial u}{\partial x}(a+ph,b)\right)\\ &\qquad = \lim_{k\to 0}\lim_{h\to 0}\frac{\Delta u(h,k)}{hk}=\frac{\partial^2 u}{\partial x\partial y}(a,b).\end{aligned}$$

그런데 u_x 는 $B_r(a,b)$ 에서 연속이므로 첫 번째 식에서 $h=0$ 이라 둘 수 있다. 정의에 의해

$$\frac{\partial^2 u}{\partial y\partial x}(a,b)=\lim_{k\to 0}\frac{1}{k}\left(\frac{\partial u}{\partial x}(a,b+k)-\frac{\partial u}{\partial x}(a,b)\right)=\frac{\partial^2 u}{\partial x\partial y}(a,b).$$

■

정리 2.9 *만일 함수 $f(z)=u(x,y)+iv(x,y)$ 이 정의역 D 내에서 해석적이면 성분함수 u 와 v 는 D 내에서 조화함수이다.*

증명 f 가 D 내에서 해석적이라고 가정하자. 그러면 성분함수의 일계 편도함수는 D 내 전체에서 Cauchy-Riemann 방정식

$$u_x = v_y, \qquad u_y = -v_x \tag{2.62}$$

을 만족한다. u 와 v 는 모든 계수의 편도함수를 가지므로 (2.62) 의 양변을 x 에 대해서 미분하면

$$u_{xx} = v_{yx}, \qquad u_{yx} = -v_{xx} \tag{2.63}$$

이고 y 에 대해서 미분하면

$$u_{xy} = v_{yy}, \qquad u_{yy} = -v_{xy} \tag{2.64}$$

을 얻는다. 보조정리 2.1 에 의하여 $u_{xy} = u_{yx}$ 이고 $v_{xy} = v_{yx}$ 이므로 (2.63) 와 (2.64) 은

$$u_{xx} + u_{yy} = 0 \text{ 와 } v_{xx} + v_{yy} = 0$$

이다. 따라서 u 와 v 는 D 내에서 조화함수이다. ■

보기 2.19 함수

$$f(z) = e^x \cos y + ie^x \sin y$$

은 전함수이다. 따라서 $u(x,y) = e^x \cos y$ 와 $v(x,y) = e^x \sin y$ 는 xy 평면전체에서 조화함수이다.

보기 2.20 함수

$$g(z) = z^3 = x^3 - 3xy^2 + i(3x^2y - y^3)$$

은 전함수이므로 곱 $f(z)g(z)$ 도 전함수이다. 여기서 $f(z)$ 는 보기 2.19의 함수이다. 따라서 함수

$$\mathrm{Re}\,[f(z)g(z)] = e^x[(x^3 - 3xy^2)\cos y - (3x^2y - y^3)\sin x]$$

은 xy 평면전체에서 조화함수이다.

정의 2.11 u 와 v 가 정의역 D 에서 정의된 실함수라 하자. v 가 u 의 **조화공액함수**(harmonic conjugate)라 함은 u, v 가 D 에서 조화함수이고 u 와 v 의 일계 편도함수들이 Cauchy-Riemann 방정식을 만족한다.

정리 2.10 *함수 $f(z) = u(x,y) + iv(x,y)$ 가 정의역 D 에서 해석적이기 위한 필요충분조건은 v 가 u 의 조화공액함수이다.*

증명 만일 v 가 D 에서 u 의 조화공액이면 정리 2.5 에 의하여 f 는 D 에서 해석함수이다. 역으로, 만일 f 가 D 에서 해석적이면 정리 2.8 로부터 u 와 v 는 D 에서 조화함수이고 정리 2.4 에의해서 Cauchy-Riemann 방정식은 만족된다. ■

참고 2.8 v 가 어떤 정의역에서 u 의 조화공액함수일 때 일반적으로 그 영역에서 u 가 v 의 조화공액은 아닐 수 있다.

보기 2.21 함수

$$u(x,y) = x^3 - 3xy^2, \quad v(x,y) = 3x^2y - y^3$$

은 전함수 $f(z) = z^3$ 의 각각 실수부와 허수부이다. 따라서 정리 2.10에 의하여 v 는 u 의 조화공액함수이지만 u 는 v 의 조화공액함수가 될 수 없다. 실제로 함수

$$3x^2y - y^3 + i(x^3 - 3xy^2)$$

은 어디에서도 해석적이 아니다.

조화공액함수의 성질을 증명없이 몇 가지 나열하면 다음과 같다:

참고 2.9 (i) 만일 두 함수 u, v 가 서로의 조화공액함수이면, u, v 는 상수이다.

(ii) 만일 v 가 어떤 정의역에서 u 의 조화공액함수이면 $-u$ 가 v 의 그 영역에서 조화공액이고 그 역도 성립한다.

(iii) 조화함수의 조화공액함수의 존재는 구역[4] 에 의존한다. 이러한 구역에서 모든 조화함수는 해석함수의 실수부이다.

(iv) 조화공액함수는 존재하면 상수를 제외하면 유일하다.

증명 편의상 (ii)만 증명한다. 함수를

$$f(z) = u(x,y) + iv(x,y), \quad -if(z) = v(x,y) - iu(x,y)$$

으로 나타내면 $f(z)$ 이 D 에서 해석적이기위한 필요충분조건은 $-if(z)$ 이 해석적이다. ■

다음 보기는 주어진 조화함수의 조화공액함수를 구하는 방법을 제시하고 있다.

보기 2.22 함수

$$u(x,y) = e^{-y}\sin x \tag{2.65}$$

---

[4]단일연결구역을 말한다. 즉 모든 단순닫힌곡선을 한 점으로 축소시킬 수 있는 구역을 말한다. 예를 들어 구멍이 없는 원판이나 구면등을 생각할 수 있다.

이 조화함수임은 쉽게 알 수 있다. v 를 u 의 조화공액함수라고 하자. Cauchy-Riemann 방정식으로 부터

$$v_y = u_x = e^{-y}\cos x$$

을 얻는다. 위 식을 x 를 고정하고 y 에 관하여 적분하면

$$v = -e^{-y}\cos x + \phi(x) \tag{2.66}$$

을 얻는다. 여기서 ϕ 은 임의의 x 에 관한 함수이다. $v_x = -u_y$ 이므로 (2.65) 와 (2.66)로 부터

$$e^{-y}\cos x = e^{-y}\cos x - \phi'(x)$$

을 얻는다. 따라서 $\phi'(x) = 0$ 이고 적분하면 $\phi(x) = c$, c 는 상수이다. 따라서 구하는 조화공액함수는

$$v(x,y) = -e^{-y}\cos x + c$$

이고 대응하는 해석함수는

$$f(z) = e^{-y}\sin x + i(e^{-y}\cos x + c) \tag{2.67}$$

이다. 더욱이 이 함수는

$$f(z) = i(e^{-iz} + c)$$

이다.

연습문제 **2.5**

1. 다음 함수가 전함수임을 보여라.
   (a) $f(z) = 2x + y + i(2y - x)$ (b) $f(z) = (z^3 - 2z)e^x e^{iy}$
   (c) $f(z) = \sin x \cosh y + i\cos x \sinh y$
   (d) $f(z) = (y^3 - 3x^2 y) + i(x^3 - 3xy^2)$

2. 다음 함수가 어느 곳에서도 해석적이 아님을 보여라.

   (a) $f(z) = xy + ix$ (b) $f(z) = 2xy + i(x^2 - y^2)$

   (c) $f(z) = e^x e^{-iy}$

3. 다음 함수의 특이점을 찾고 이러한 점을 제외한 곳에서 해석적이 되는 이유를 설명하여라.

   (a) $f(z) = \dfrac{3z+1}{z(z^3+1)}$ (b) $f(z) = \dfrac{z^3-1}{z^2-z-2}$

   (c) $f(z) = \dfrac{z-1}{(z+2)(z^2+2z+2)}$

4. 함수

$$g(z) = \sqrt{r}e^{i\theta/2} \qquad (r > 0,\ -\pi < \theta < \pi)$$

은 도함수 $g'(z) = 1/[2g(z)]$ 을 가진 해석함수이다. 이때 합성함수 $g(2z-2+i)$ 은 도함수 $1/g(2z-2+i)$ 을 가진 반평면 $x > 1$ 에서 해석적임을 보여라.(힌트 : $x > 1$ 일 때 $\mathrm{Re}\,(2z-2+i) > 0$ 임을 주의할 것.)

5. 함수

$$g(z) = \ln r + i\theta \quad (r > 0,\ 0 < \theta < 2\pi)$$

이 도함수 $g'(z) = 1/z$ 을 가진 주어진 정의역에서 해석적임을 보여라. 그러면 합성함수 $g(z^2+1)$ 은 1 사분면 $x > 0, y > 0$ 에서 도함수 $2z/(z^2+1)$ 을 가진 z 의 해석함수임을 보여라.(힌트 : $x > 0, y > 0$ 일 때 $\mathrm{Im}\,(z^2+1) > 0$ 임을 주의할 것.)

6. $f(z)$ 이 정의역 D 내에서 해석함수라 하자. 만일 다음 동치조건

   (a) $f(z)$ 이 D 내에 모든 z 에 대해서 실수값이다.

   (b) $\overline{f(z)}$ 이 D 내에서 해석적이다.

   (c) $|f(z)|$ 이 D 내에서 상수이다.

중 어느 하나라도 만족하면 $f(z)$ 은 D 내에서 상수임을 보여라. (힌트 : Cauchy-Riemann 방정식과 정리 2.7 을 사용하여 (a) 와 (b)의 경우를 보인다. (c) 의 경우 이것을 증명하기 위해서 만일 $|f(z)| = c,\ (c \neq 0)$ 이면 $\overline{f(z)} = c^2/f(z)$ 을 주의하자. 그리고 (b) 를 사용한다.)

7. 함수 $u(x,y)$ 가 어떤 정의역에서 조화함수이고 조화공액함수 $v(x,y)$ 을 구하여라.

   (a) $u(x,y) = x(y-1)$ (c) $u(x,y) = \cos x \cosh y$

   (b) $u(x,y) = 2x - x^3 + 3xy^2$ (d) $u(x,y) = y/(x^2+y^2)$

8. 다음을 증명하여라.

   (a) v 와 V 는 정의역 D 에서 u 의 조화공액함수이면 $v(x,y) = V(x,y) + C$, C 는 상수, 이다.

   (b) v 는 정의역 D 에서 u 의 조화공액함수이고 또한 u 는 v 의 조화공액함수이면 $u(x,y)$ 와 $v(x,y)$ 는 D 전체에서 상수이어야 한다.

9. 함수 $f(z) = u(r,\theta) + iv(r,\theta)$ 은 원점을 포함하지 않는 정의역에서 해석적이라 하자. 극좌표에 관한 Cauchy-Riemann 방정식을 사용하고 편도함수의 연속성을 가정하여 D 전체에서 함수 $u(r,\theta)$ 은 Laplace 방정식의 극형식인 편미분방정식

$$r^2 u_{rr}(r,\theta) + r u_r(r,\theta) + u_{\theta\theta}(r,\theta) = 0$$

   을 만족함을 보여라. 함수 $v(r,\theta)$ 이 성립함을 보여라.

10. 연습문제 9 를 이용하여 Laplace 방정식의 극형식을 만족함을 이용하여 함수 $u(r,\theta) = \ln r$ 은 정의역 $r > 0$, $0 < \theta < 2\pi$ 에서 조화함수임을 보여라. 보기 2.24 의 방법을 사용하여 조화공액함수가 $v(r,\theta) = \theta$ 임을 유도하여라. (힌트: 극형식의 Cauchy-Riemann 방정식을 이용할 것.)

11. 함수 $f(z) = u(x,y) + iv(x,y)$ 은 정의역 D 에서 해석적이라 하고 등고선 $u(x,y) = c_1$ 와 $v(x,y) = c_2$ 의 모임을 생각하자. c_1 와 c_2 은 임의의 실상수이다. 이러한 모임은 직교이다. 좀 더 정확하게 만일 $z_0 = (x_0, y_0)$ 이 두 개의 특별한 곡선 $u(x,y) = c_1$ 와 $v(x,y) = c_2$ 의 D 내의 공통점이고 $f'(z_0) \neq 0$ 이면 점 (x_0, y_0) 에서 이 곡선의 접선은 직교한다. (힌트: 방정식 $u(x,y) = c_1$ 와 $v(x,y) = c_2$ 로 부터

$$\frac{\partial u}{\partial x} + \frac{\partial u}{\partial y}\frac{dy}{dx} = 0 \text{ 와 } \frac{\partial v}{\partial x} + \frac{\partial v}{\partial y}\frac{dy}{dx} = 0$$

   을 어떻게 얻을 수 있는지 주의할 것.)

12. $f(z) = z^2$ 일 때 성분함수들의 등고선 $u(x,y) = c_1$ 와 $v(x,y) = c_2$ 은 쌍곡선이다. 연습문제 에의하여 이러한 곡선은 직교이다. 곡선 $u(x,y) = 0$ 와 $v(x,y) = 0$ 은 원점에서 만나지만 직교하지 않음을 보아라. 이러한 사실이 연습문제 11 의 결과와 일치하는 이유를 설명하여라.

13. $f(z) = 1/z$ 일 때 성분함수 u 와 v 의 등고선들의 모임을 그리고 직교성을 밝여라. 극좌표를 사용하여 설명하여라.

14. 함수

$$f(z) = \frac{z-1}{z+1}$$

일 때 성분함수 u 와 v 의 등고선들의 모임을 그리고 직교성을 밝여라.

15. 복소함수에 대해서 평균값정리가 만족하는가? 만일 만족하지 않는다면 그 이유는 무엇인가? 만족하기 위해서는 어떤 조건이 만족되어야 하는가 조사하여라.

3 기본적인 복소함수

우리는 미적분학에서 기본적인 실함수의 성질 및 미분, 적분에 대해서 공부를 하였다. 이 장에서는 여러 가지 기본적인 복소함수의 성질과 미분의 성질에 대해 살펴보기로 한다.

3.1 자연지수함수 e^z

복소변수 $z = x + iy$ 의 함수가 z 가 실수일 때는 미적분학에서 다룬 자연 지수함수로 되려면 모든 실수 x 에 대해서

$$f(x + i0) = e^x \tag{3.1}$$

이어야 한다. 또한 실변수 함수 e^x 은 모든 실수 x 에 대해서

$$\frac{d}{dx}e^x = e^x$$

이므로 우리가 원하는 복소변수의 지수함수에 다음 조건

$$f \text{ 는 전함수 이고 모든 } z \text{ 에 대해서 } f'(z) = f(z) \tag{3.2}$$

부여하는 것이 자연스럽다. 그런데 보기 2.12에서

$$f(z) = e^x(\cos y + i\sin y) \tag{3.3}$$

가 전함수이고 $f'(z) = f(z)$ 임을 증명하였다. 더욱이 (3.1) 과 (3.2) 를 만족

하는 함수는 유일하게 존재한다(연습문제 14). 따라서 (3.3)을

$$f(z) = e^z \text{ 또는 } f(z) = \exp z \tag{3.4}$$

으로 쓰기로 한다. 따라서 **복소자연지수함수** e^z를 다음과 같이 정의할 수 있다.

정의 3.1 모든 복소수 $z = x + iy$ 에 대해서

$$e^z = e^x(\cos y + i \sin y). \tag{3.5}$$

정의 3.1로 부터 $y = 0$ 일 때 실변수 지수함수의 경우로 환원됨을 알 수 있다. 또한 $z = i\theta$ 일 때는 Euler 공식

$$e^{i\theta} = \cos\theta + i\sin\theta$$

로 환원됨을 알 수 있다. 따라서 식 (3.5) 를 Euler 공식을 이용하여 다시 쓰면

$$e^z = e^x e^{iy} \tag{3.6}$$

로 간편하게 쓸 수 있다. 미적분학에서 e 의 양의 n 제곱근 $\sqrt[n]{e}$ 은 $x = 1/n$ 일 때 e^x 에 대응하는 값이다. 따라서 정의 3.1에 의하면 $z = 1/n$ 일 때 e^z 의 값은 $\sqrt[n]{e}$ 이다. 여기서 $e^{1/n}$ 은 $z^n = e$ 을 만족하는 복소근들의 집합을 나타내기로 하였다.

명제 3.1 *$z_1, z_2, z = x + iy$ 가 복소수일 때 다음이 성립한다.*

(i) $\dfrac{d}{dz}e^z = e^z$

(ii) $|e^z| = e^x$ *이고* $\arg(e^z) = y + 2n\pi$, *n 은 정수*

(iii) *임의의 복소수 z 에 대해서* $e^z \neq 0$

(iv) $\exp(z_1)\exp(z_2) = \exp(z_1 + z_2)$

(v) $\dfrac{\exp(z_1)}{\exp(z_2)} = \exp(z_1 - z_2)$

(vi) $\exp(z + 2\pi i) = \exp z$

증명 (i) 정의 3.1과 보기 2.12로 부터 성립한다. (ii) $e^z = \rho e^{i\phi}$ 이라 하면 (3.6) 으로부터 $e^z = e^x e^{iy}$ 이므로

$$\rho = e^x \text{ 이고 } \phi = y + 2n\pi \tag{3.7}$$

이다. $\rho = |e^z|$ 이고 $\arg(e^z) = \phi$ 이므로 (3.7) 로 부터 결과를 얻는다.

(iii) $|e^z| = e^x > 0$ 이므로 모든 복소수 z 에 대해 $e^z \neq 0$ 이다.

(iv) $z_j = x_j + iy_j,\ j = 1,2$ 라 두자. 식 (3.6) 으로 부터

$$e^{z_1} e^{z_2} = (e^{x_1} e^{iy_1})(e^{x_2} e^{iy_2}) = (e^{x_1} e^{x_2})(e^{iy_1} e^{iy_2})$$

실수 x_1, x_2 에 대해서 지수법칙 $e^{x_1} e^{x_2} = e^{x_1 + x_2}$ 이 성립하고 de Moivre 공식으로부터 $e^{iy_1} e^{iy_2} = e^{i(y_1 + y_2)}$ 이 성립한다. 따라서 $(x_1 + x_2) + i(y_1 + y_2) = z_1 + z_2$ 이므로

$$e^{z_1} e^{z_2} = e^{x_1 + x_2} e^{i(y_1 + y_2)} = e^{z_1 + z_2}.$$

(v) 식 (iv)에서 z_1 대신 $z_1 - z_2$ 을 대입하면

$$e^{z_1 - z_2} e^{z_2} = e^{z_1}$$

을 얻는다. $e^{z_2} \neq 0$ 이므로 위 식의 양변을 나누면 주어진 결과를 얻는다. (vi) $e^{2\pi i} = 1$ 을 (v) 식에 대입하면 구하는 식을 얻을 수 있다. ▒

명제 3.1(vi) 은 복소함수 e^z 는 주기가 $2\pi i$ 인 **주기함수**임을 나타내고 있다. 이에 반해 실함수 e^x는 모든 실수 x에 대해서 순증가함수이다.

따름정리 3.1 (i) $e^0 = 1$

(ii) $1/e^z = e^{-z}$

(iii) $(\exp z)^n = \exp(nz)$, *n 은 정수.*

증명 (i) Euler 공식에 대입하면 얻을 수 있다. (ii) (i) 의 결과를 명제 3.1(v) 에 대입하면 된다. (iii) n 이 양의 정수일 때 명제 3.1(iv) 의 $z_1 = z_2 = z$을 대입하면 결과를 얻을 수 있다. $n = 0$ 일 때 (i)에 의해 성립한다. n 이 음의 정수일 때 (ii)의 사실을 이용하면 증명된다. ▒

참고 3.1 실 자연지수함수 e^x 은 모든 실수 x 에 대해서 양의 함수이다. 그러나, 복소 자연지수함수 e^z 는 그렇지 않다.

보기 3.1 $e^z = a + ib$ 을 만족하는 복소수 z 를 구하여라. 여기서 a와 b는 주어진 실수이다.

풀이 $e^z = e^x(\cos y + i\sin y)$ 이므로 실수부와 허수부의 비교에 의하여

$$e^x \cos y = a \text{ 이고 } e^x \sin y = b \tag{3.8}$$

이다. 식 (3.8) 을 각각 제곱하여 더하면

$$e^{2x} = a^2 + b^2$$

이고 따라서 로그를 취하면

$$x = \frac{1}{2}\ln(a^2 + b^2)$$

을 얻는다. 만일 $a \neq 0$ 이면 식 (3.8)을 나누어

$$\tan y = \frac{b}{a} \text{ 또는 } y = \tan^{-1}\frac{b}{a}$$

을 얻는다. 따라서 구하는 해는

$$z = \frac{1}{2}\ln(a^2 + b^2) + i\tan^{-1}\frac{b}{a}$$

이다. 여기서 $\tan^{-1}\frac{b}{a}$는 실변수 다가함수이다. 만일 $\tan^{-1}\frac{b}{a}$의 주요값을 $\mathrm{Tan}^{-1}\frac{b}{a} \in \left(-\frac{\pi}{2}, \frac{\pi}{2}\right)$ 라 하면, 해는

$$z = \frac{1}{2}\ln(a^2 + b^2) + i(\mathrm{Tan}^{-1}\frac{b}{a} + 2n\pi), \quad n\text{은 정수}$$

이다. 만일 $a = 0$이면 (3.8)은 $e^x \neq 0$이므로

$$\cos y = 0 \text{ 이고 } e^x \sin y = b \tag{3.9}$$

가 된다. 따라서 $y = \left(2n \pm \frac{1}{2}\right)\pi$ 이고 $e^x > 0$이므로 b의 부호에 따라서 y의 값이 결정된다. 만일 $b > 0$ 이면 $\sin y > 0$이어야 하고 따라서 $y = \left(2n + \frac{1}{2}\right)\pi$ 이고 $e^x = b$ 이므로

$$x = \ln b$$

이다. 만일 $b < 0$이면 $\sin y < 0$이어야 하고 따라서 $y = \left(2n - \frac{1}{2}\right)\pi$ 이고 $e^x = -b$ 이므로

$$x = \ln(-b)$$

가 된다. 따라서 이것을 정리하면

$$z = \begin{cases} \frac{1}{2}\ln(a^2+b^2) + i\tan^{-1}\frac{b}{a}, & a \neq 0 \\ \ln|b| + i\left(2n + \frac{1}{2}\right), & a = 0, b > 0 \\ \ln|b| + i\left(2n - \frac{1}{2}\right), & a = 0, b < 0 \end{cases} \tag{3.10}$$

을 얻는다. ▩

연습문제 3.1

1. 다음을 보여라.

   (a) $\exp(-1 \pm 3\pi i) = -e^{-1}$ (b) $\exp\left(\frac{2+\pi i}{4}\right) = \sqrt{\frac{e}{2}}(1+i)$

   (c) $\exp(z + (2n+1)\pi i) = -\exp z$, n 은 정수

2. 함수 $3z^2 - 3z - z^2 e^z + e^{-z}$ 이 전함수인 이유를 설명하여라.

3. 함수 $\exp \bar{z}$ 이 어떠한 곳에서도 해석적이 아님을 증명하여라.

4. 함수 $\exp(z^2)$ 이 전함수임을 두가지 방법으로 증명하고 도함수를 구하여라.

5. $|\exp(2z+i)|$ 와 $|\exp(iz^2)|$ 을 x 와 y 로 표현하여라. 또한

   $$|\exp(2z+i) + \exp(iz^2)| \leq e^{2x} + e^{-2xy}$$

   임을 보여라.

6. $|\exp(z^2)| \le \exp(|z|^2)$ 임을 보여라.

7. $|\exp(-2z)| < 1$ 이기 위한 필요충분조건은 $\mathrm{Re}\, z > 0$ 임을 보여라.

8. 다음 방정식을 만족하는 z 를 구하여라.

   (a) $e^z = -1$　　(b) $e^z = 1 + \sqrt{3}i$

   (c) $\exp(3z - 1) = 1$

9. $\overline{\exp(iz)} = \exp(i\bar{z})$ 이기 위한 필요충분조건은 $z = n\pi$ (n은 정수)임을 보여라.

10. (a) 만일 e^z 이 실수이면 $\mathrm{Im}\, z = n\pi$(n 은 정수) 임을 보여라.

    (b) 만일 e^z 이 순허수이면 z 에 대한 조건은 무엇인가?

11. $\exp(x + iy)$ 의 거동을 써라.

    (a) $x \to -\infty$ 일 때

    (b) $y \to \infty$ 일 때

12. $\mathrm{Re}\,(e^{1/z})$ 을 x 와 y 의 항으로 써라. 이 함수가 원점을 포함하지 않는 모든 열린 구역에서 해석적인 이유를 써라.

13. 함수 $f(z) = u(x,y) + iv(x,y)$ 이 어떤 열린 구역에서 해석적이라 하자. 함수

$$U(x,y) = e^{u(x,y)} \cos v(x,y), \quad V(x,y) = e^{u(x,y)} \sin v(x,y)$$

    이 D 에서 조화인 이유를 쓰고 $V(x,y)$ 이 $U(x,y)$ 의 조화공액인 이유를 써라.

14. 함수 $f(z) = u(x,y) + iv(x,y)$ 이 조건 (3.1) 과 (3.2)를 만족한다고 가정하자. 아래의 단계를 따라 $f(z)$ 은

$$f(z) = e^x(\cos y + i \sin y)$$

    임을 보여라.

    (a) 방정식 $u_x = u,\ v_x = v$ 을 증명하고 이것을 이용하여 실변수 y 의 실수값 함수 ϕ 와 ψ 가 존재하여

$$u(x,y) = e^x \phi(y), \quad v(x,y) = e^x \psi(y)$$

    임을 보여라.

(b) u 가 조화임을 이용하여 미분방정식

$$\phi''(y) + \phi(y) = 0$$

을 얻고 $\phi(y) = A\cos y + B\sin y$를 보여라. 여기서 A와 B는 실상수이다.

(c) $\psi(y) = A\sin y - B\cos y$ 인 이유를 설명하고 $\phi(0) + i\psi(0) = 0$ 임에 주의하여 A 와 B 를 구한다. 그러면

$$u(x,y) = e^x \cos y, \quad v(x,y) = e^x \sin y$$

를 얻는다.

3.2 삼각함수

Euler 공식에 의하면 모든 실수 x 에 대해서

$$\cos x = \frac{e^{ix}+e^{-ix}}{2}, \qquad \sin x = \frac{e^{ix}-e^{-ix}}{2i} \tag{3.11}$$

이다. 따라서 복소변수에 대한 삼각함수는 식 (3.11)의 실수 x 대신 복소수 z 를 치환하여 정의하는 것이 자연스럽다.

정의 3.2 복소수 z 에 대해서

$$\cos z = \frac{e^{iz}+e^{-iz}}{2}, \qquad \sin z = \frac{e^{iz}-e^{-iz}}{2i} \tag{3.12}$$

으로 정의한다. 마찬가지로 다른 삼각함수도 실삼각함수와 같은 형태로 정의한다.

$$\tan z = \frac{\sin z}{\cos z}, \qquad \cot z = \frac{\cos z}{\sin z} \tag{3.13}$$

$$\sec z = \frac{1}{\cos z}, \quad \csc z = \frac{1}{\sin z} \tag{3.14}$$

실함수의 삼각함수와 같이 대칭성, 주기성을 가진다.

명제 3.2 *z 가 복소수일 때*

(i) $\cos(-z) = \cos z, \quad \sin(-z) = -\sin z$

(ii) $\sin^2 z + \cos^2 z = 1,\ 1+\tan^2 z = \sec^2 z,\ 1+\cot^2 z = \csc^2 z$

(iii) $\sin\left(z+\frac{\pi}{2}\right) = \cos z, \qquad \sin\left(z-\frac{\pi}{2}\right) = -\cos z$

(iv) $\sin(z+\pi) = -\sin z, \qquad \sin(z+2\pi) = \sin z$

(v) $\cos(z+\pi) = -\cos z, \qquad \cos(z+2\pi) = \cos z$

(vi) $\tan(z+\pi) = \tan z$

증명 (i) 정의로부터 바로 나온다. (ii) 정의로부터

$$\begin{aligned}\sin^2 z + \cos^2 z &= \left(\frac{e^{iz}-e^{-iz}}{2i}\right)^2 + \left(\frac{e^{iz}+e^{-iz}}{2}\right)^2 \\ &= 1\end{aligned}$$

나머지로 정의로부터 얻을 수 있다.

(iii) – (vi) 정의와 $\exp(\pm\frac{\pi}{2}i) = \pm i$ 로부터

$$\begin{aligned}\sin\left(z+\frac{\pi}{2}\right) &= \frac{e^{i(z+\frac{\pi}{2})} - e^{-i(z+\frac{\pi}{2})}}{2i} \\ &= \frac{e^{iz}e^{\frac{\pi}{2}i} - e^{-iz}e^{-\frac{\pi}{2}i}}{2i} \\ &= \cos z\end{aligned}$$

나머지도 비슷하게 증명된다. ■

실삼각함수와 같이 복소삼각함수도 똑같은 덧셈공식을 만족한다.

명제 3.3 (i) $\sin(z_1+z_2) = \sin z_1 \cos z_2 + \cos z_1 \sin z_2$

(ii) $\cos(z_1+z_2) = \cos z_1 \cos z_2 - \sin z_1 \sin z_2$

(iii) $\sin 2z = 2\sin z \cos z, \quad \cos 2z = \cos^2 z - \sin^2 z$

증명 (i) 정의를 사용하여

$$\begin{aligned}&\sin z_1 \cos z_2 + \cos z_1 \sin z_2 \\ &= \left(\frac{e^{iz_1} - e^{-iz_1}}{2i}\right)\left(\frac{e^{iz_2} + e^{-iz_2}}{2}\right) + \left(\frac{e^{iz_1} + e^{-iz_1}}{2}\right)\left(\frac{e^{iz_2} - e^{-iz_2}}{2i}\right) \\ &= \frac{e^{i(z_1+z_2)} - e^{-i(z_1+z_2)}}{2i} \\ &= \sin(z_1+z_2)\end{aligned}$$

(ii) (i)과 비슷하게 증명된다. (iii) (i)과 (ii)에 $z_1 = z_2 = z$를 대입하면 얻어진다. ■

y 가 실수일 때 쌍곡선 함수

$$\sinh y = \frac{e^y - e^{-y}}{2}, \quad \cosh y = \frac{e^y + e^{-y}}{2}$$

을 이용하면 다음 명제를 얻는다.

명제 3.4 x, y 가 실수이고 $z = x + iy$ 일 때

(i) $\sin(iy) = i\sinh y, \qquad \cos(iy) = \cosh y$

(ii) $\sin z = \sin x \cosh y + i\cos x \sinh y$

(iii) $\cos z = \cos x \cosh y - i\sin x \sinh y$

(iv) $|\sin z|^2 = \sin^2 x + \sinh^2 y$

(v) $|\cos z|^2 = \cos^2 x + \sinh^2 y$

증명 (i) 정의로부터

$$\sin(iy) = \frac{e^{i(iy)} - e^{-i(iy)}}{2i} = \frac{e^{-y} - e^{y}}{2i} = i\frac{e^{y} - e^{-y}}{2} = i\sinh y$$

나머지도 비슷하게 증명된다.

(ii) 명제 3.3(i)과 (i)로 부터

$$\begin{aligned} \sin z = \sin(x + iy) &= \sin x \cos(iy) + \cos x \sin(iy) \\ &= \sin x \cosh y + i\cos x \sinh y \end{aligned}$$

(iii) (ii)와 비슷한 방법으로 증명된다.

(iv) (ii)와 $\cosh^2 y - \sinh^2 y = 1$ 로부터

$$\begin{aligned} |\sin z|^2 &= \sin^2 x \cosh^2 y + \cos^2 x \sinh^2 y \\ &= \sin^2 x(1 + \sinh^2 y) + \cos^2 x \sinh^2 y \\ &= \sin^2 x + \sinh^2 y \end{aligned}$$

(v) 도 비슷한 방법으로 증명된다. ■

참고 3.2 실삼각함수의 사인함수나 코사인함수는 상수 1에 의해 유계이다. 그러나 명제 3.4 에 의하여 복소삼각함수는 일반적으로 유계가 아니다.

명제 3.4(iv) 와 (v) 을 이용하면 따름정리 3.2 를 얻는다.

따름정리 3.2 z 는 복소수일 때

(i) $\sin z = 0 \iff z = n\pi$ (n 은 정수)

(ii) $\cos z = 0 \iff z = \dfrac{\pi}{2} + n\pi$ (n 은 정수)

복소삼각함수의 미분공식도 실삼각함수의 경우와 같다.

명제 3.5 z 는 복소변수일 때

(i) $\dfrac{d}{dz}\sin z = \cos z, \qquad \dfrac{d}{dz}\cos z = -\sin z$

(ii) $\dfrac{d}{dz}\tan z = \sec^2 z, \qquad \dfrac{d}{dz}\cot z = -\csc^2 z$

(iii) $\dfrac{d}{dz}\sec z = \sec z \tan z, \qquad \dfrac{d}{dz}\csc z = -\csc z \cot z$

$\sin z$ 와 $\cos z$ 는 전함수 e^z 와 e^{-z} 의 일차결합이므로 전함수이다. 그러나 다른 삼각함수들은 분모가 0 이 아닌 점에서 해석함수임을 알 수 있다.

연습문제 3.2

1. 함수 $f(z)$ 이 영역 D 에서 해석적이라 하자. 함수 $\sin f(z)$ 와 $\cos f(z)$ 가 D 에서 해석적인 이유를 설명하고 $w = f(z)$ 라 할 때

$$\frac{d}{dz}\sin w = \cos w \frac{dw}{dz}, \quad \frac{d}{dz}\cos w = -\sin w \frac{dw}{dz}$$

임을 설명하여라.

2. 다음 등식을 보여라.

   (a) 모든 복소수 z 에대해서 $e^{iz} = \cos z + i \sin z$.

   (b) $2\sin(z_1 + z_2)\sin(z_1 - z_2) = \cos 2z_2 - \cos 2z_1$.

   (c) $\overline{\sin z} = \sin \bar{z}$ (d) $\overline{\cos z} = \cos \bar{z}$

3. 다음을 보여라.

   (a) 모든 복소수 z 에 대해서 $\overline{\cos(iz)} = \cos(i\bar{z})$

   (b) $\overline{\sin(iz)} = \sin(i\bar{z}) \iff z = n\pi i$ 여기서 n 은 정수이다.

4. 다음 함수가 모든 곳에서 조화함수임을 두 가지 방법으로 증명하여라.

(a) $\sin x \sinh y$.

(b) $\cos 2x \sinh 2y$.

5. 다음 부등식을 보여라.

(a) $|\sin x| \le |\sin z|$

(b) $|\cos x| \le |\cos z|$

(c) $|\sinh y| \le |\sin z| \le \cosh y$

(d) $|\sinh y| \le |\cos z| \le \cosh y$

6. 복소방정식을 풀어라.

(a) $\sin z = \cosh 4$

(b) $\sin z = i$

(c) $\cos z = \sqrt{3}i$

(d) $\cos z = 2$

3.3 쌍곡형함수

실수 x 에 대해서 쌍곡형함수를

$$\sinh x = \frac{e^x - e^{-x}}{2}, \qquad \cosh x = \frac{e^x + e^{-x}}{2}$$

로 정의하였다. 복소수에 관한 쌍곡형함수도 이와 같은 형태로 정의한다.

정의 3.3 *z 가 복소수일 때*

$$\sinh z = \frac{e^z - e^{-z}}{2}, \qquad \cosh z = \frac{e^z + e^{-z}}{2} \tag{3.15}$$

으로 정의한다. 나머지 삼각함수도 실함수의 경우와 같은 방법으로 정의하면 된다.

$$\tanh z = \frac{\sinh z}{\cosh z}, \qquad \coth z = \frac{\cosh z}{\sinh z} \tag{3.16}$$

$$\operatorname{sech} z = \frac{1}{\cosh z}, \qquad \operatorname{csch} z = \frac{1}{\sinh z} \tag{3.17}$$

실함수의 쌍곡형 삼각함수와 같이 대칭성, 주기성, 가법공식등이 있다. 아래 명제의 성질들은 대부분은 3.2절의 명제의 증명방법과 비슷하게 정의를 이용하면 바로 얻을 수 있다.

명제 3.6 *x, y 는 실수이고 $z = x + iy$ 가 복소수일 때*

(i) $\sinh(iz) = i\sin z, \qquad \cosh(iz) = \cos z$

(ii) $\sin(iz) = i\sinh z, \qquad \cos(iz) = \cosh z$

(iii) $\sinh(-z) = -\sinh z, \qquad \cosh(-z) = \cosh z$

(iv) $\sinh(z + 2\pi i) = \sinh z, \qquad \cosh(z + 2\pi i) = \cosh z$

(v) $\cosh^2 z - \sinh^2 z = 1$

(vi) $\sinh(z_1 + z_2) = \sinh z_1 \cosh z_2 + \cosh z_1 \sinh z_2$

(vii) $\cosh(z_1 + z_2) = \cosh z_1 \cosh z_2 + \sinh z_1 \sinh z_2$

(viii) $\sinh z = \sinh x \cos y + i\cosh x \sin y$

(ix) $\cosh z = \cosh x \cos y + i \sinh x \sin y$

(x) $|\sinh z|^2 = \sinh^2 x + \sin^2 y$

(xi) $|\cosh z|^2 = \sinh^2 x + \cos^2 y$

명제 3.6(iv) 로부터 $\sinh z$ 와 $\cosh z$ 은 주기가 $2\pi i$ 인 주기함수임을 나타내고 있다. 명제 3.6(x) 와 (xi)로 부터 따름정리 3.3을 얻는다.

따름정리 3.3 *z 가 복소수일 때*

(i) $\sinh z = 0 \iff z = n\pi i$ (n 은 정수)

(ii) $\cosh z = 0 \iff z = \left(\frac{\pi}{2} + n\pi\right) i$ (n 은 정수)

보기 3.2 방정식

$$\cosh z = i$$

을 풀어라.

풀이 명제 3.6(ix)을 이용하면

$$\cosh x \cos y = 0, \quad \sinh x \sin y = 1$$

이다. $\cosh x > 0$이므로 $\cos y = 0$ 이다. 따라서

$$y = \left(2n \pm \frac{1}{2}\right)\pi.$$

먼저 $y = \left(2n + \frac{1}{2}\right)\pi$ 일 때 $\sin y = 1$ 이므로 $\sinh x = 1$ 이고 정의에 의하여

$$\frac{e^x - e^{-x}}{2} = 1$$

이고 양변에 e^x를 곱하여 정리하면

$$e^{2x} - 2e^x - 1 = 0$$

따라서 이것을 풀면 $e^x > 0$이므로

$$e^x = 1+\sqrt{2}.$$

로그를 취하여 x를 구하면 $x = \ln(1+\sqrt{2})$ 을 얻는다.

$y = \left(2n - \frac{1}{2}\right)\pi$ 일 때 비슷하게

$$x = -\ln(1+\sqrt{2})$$

임을 알 수 있다. 따라서 구하는 해는

$$z = \pm\ln(1+\sqrt{2}) + i\left(2n \pm \frac{1}{2}\right)\pi, \quad n\text{은 정수}$$

이다. 여기서 부호는 복호동순이다. ▨

명제 3.7 (i) $\frac{d}{dz}\sinh z = \cosh z,\qquad \frac{d}{dz}\cosh z = \sinh z$

(ii) $\frac{d}{dz}\tanh z = \operatorname{sech}^2 z,\qquad \frac{d}{dz}\coth z = -\operatorname{csch}^2 z$

(iii) $\frac{d}{dz}\operatorname{sech} z = -\operatorname{sech} z\tanh z,\qquad \frac{d}{dz}cschz = -\operatorname{csch} z\coth z$

$\sinh z$ 와 $\cosh z$ 는 정의 3.3으로 부터 전함수임을 알 수 있다. 그러나 나머지 함수는 분보가 0 이 아닌 곳에서 해석함수이다.

연습문제 3.3

1. 모든 복소수 z 에대해서 다음을 보여라.
   (a) $|\sinh x| \le |\cosh z| \le \cosh x.$
   (b) $\sinh(z+\pi i) = -\sinh z$
   (c) $\cosh(z+\pi i) = -\cosh z.$
   (d) $\tanh(z+\pi i) = \tanh z.$

2. 다음을 보여라.
   (a) 모든 z 에 대해서 $\overline{\cosh z} = \cosh \bar{z}.$
   (b) 모든 z 에 대해서 $\overline{\sinh z} = \sinh \bar{z}.$
   (c) $\cosh z \ne 0$ 인 z 에 대해서 $\overline{\tanh z} = \tanh \bar{z}.$

3. $\sinh(e^z)$ 이 전함수인 이유를 설명하고 이 함수를 실수부와 허수부로 나누어 써라. 각 부분이 조화함수임을 보여라.

4. 다음 삼각방정식의 모든 근을 구하여라.
   (a) $\sinh z = 2$
   (b) $\cosh z = \frac{1}{2}$
   (c) $\sinh z = i.$
   (d) $\cosh z = -2.$

3.4 로그함수와 가지

$x > 0$, y 가 실수일 때 로그함수는

$$x = e^y \iff y = \ln x \tag{3.18}$$

으로 정의하였다.

정의 3.4 $z \neq 0$와 w 가 복소수일 때 실수의 경우와 같이

$$z = e^w \iff w = \log z \tag{3.19}$$

으로 정의하자.

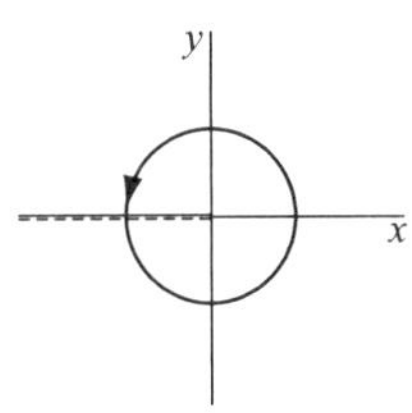

그림 3.1

이제 w 의 실수부와 허수부를 z 를 이용하여 구하여 보기로 하자.

$$z = re^{i\Theta}\ (-\pi < \Theta \leq \pi) \text{ 이고 } w = u + iv \tag{3.20}$$

라 가정하고

$$e^w = z \tag{3.21}$$

을 w 에 관하여 풀기로 하자(그림 3.1). (3.20) 을 (3.21) 에 대입하면 관계식

$$e^u e^{iv} = re^{i\Theta} \tag{3.22}$$

을 얻고 (3.22) 로부터

$$e^u = r \text{ 이고 } v = \Theta + 2n\pi \quad n \text{ 은 정수}$$

을 얻는다. 여기서 r,u 는 실수이므로 (3.18) 에 의하여 $u = \ln r$ 이다. 따라서 (3.19) 이 성립하기 위한 필요충분조건은 w 는

$$w = \ln r + i(\Theta + 2n\pi) \qquad (n = 0, \pm 1, \pm 2, \ldots)$$

를 만족한다. 따라서 정의 3.4에의하여

$$\log z = \ln r + i(\Theta + 2n\pi) \qquad (n = 0, \pm 1, \pm 2, \ldots) \tag{3.23}$$

로 쓸 수 있다.[1] 여기서 $\log z$ 는 다가함수임을 알 수 있다[2]. 만일 θ 가 $\Theta + 2n\pi$, $(n = 0, \pm 1, \pm 2, \ldots)$ 중 하나이면 식 (3.23) 은

$$\log z = \ln r + i\theta \tag{3.24}$$

으로 쓸 수 있다. 즉

$$\log z = \ln |z| + i \arg z. \tag{3.25}$$

특히 $n = 0$ 일 때 $\log z$ 를 $\mathrm{Log}\, z$ 로 나타내고 로그함수의 주요값(pricipal value) 이라 부른다. 따라서

$$\mathrm{Log}\, z = \ln |z| + i \mathrm{Arg}\, z \qquad (z \neq 0). \tag{3.26}$$

여기서 $\mathrm{Arg}\, z = \Theta$, $-\pi < \Theta \leq \pi$ 이다. 함수 $\mathrm{Log}\, z$ 는 잘 정의되어 있고 단가함수이다(그림 3.1). 식 (3.25) 와 (3.26) 으로 부터

$$\log z \equiv \mathrm{Log}\, z \qquad \mod 2\pi i.$$

명제 3.8 *$z = x + iy$ 일 때*

(i) *모든 복소수 $z (\neq 0)$ 에 대해서 $e^{\log z} = z$.*

---

[1] 로그함수 $\ln x$ 와 $\log x$ 를 혼돈하지 말 것. 여기서 전자는 실함수의 로그함수이고 후자는 복소함수의 로그함수이다.

[2] 음수의 로그에 관한 성질은 Leibniz와 J. Bernoulli사이에 오랫동안 열띤 논쟁거리를 제공하였다. 이러한 논쟁은 엄밀한 과학으로서의 수학의 순수성에 손상을 끼칠 것을 우려하여 최대한 은밀하게 유지했지만, 1751년에 Euler가 이러한 논의들의 놀라운 결과들을 제시하였다. 음수와 복소수의 로그의 참된 성질은 Euler에 의해 Euler공식 (1.15)에 의해 드러났다[5].

(ii) *모든 복소수 z 에 대해서*

$$\log(e^z) \equiv z \qquad \bmod 2\pi i. \tag{3.27}$$

(iii) *$z = r$, r 은 양의 실수 일 때,*

$$\operatorname{Log} r = \ln r. \tag{3.28}$$

증명 (i) 은 식 (3.19) 와 정의 3.4에 의해 성립함을 알 수 있다.

(ii) $z = x + iy$ 에 대해서

$$|e^z| = e^x \text{ 이고 } \arg(e^z) = y + 2n\pi \quad (n \text{ 은 정수})$$

이므로 식 (3.25)에 의하여

$$\log(e^z) = \ln|e^z| + i\arg(e^z) = x + i(y + 2n\pi)$$

이 성립한다. 따라서 (ii) 이 성립한다.

(iii) 양의 실수 r 에 대해서 $r = re^{i0}$ 이므로 (3.26)에 의하여

$$\operatorname{Log} r = \ln r.$$

∎

지금까지 실함수에서 로그함수는 진수가 음이 아닌 실수인 경우에만 정의되었다. 그러나 복소함수인 경우에는 진수가 0이 아닌 모든 복소수에 대해서 로그가 정의될 수 있다.

보기 3.3 식 (3.25)에 의하여

$$\log 1 = 2n\pi i \qquad (n \text{ 은 정수 })$$
$$\log(-1) = (2n+1)\pi i \qquad (n \text{ 은 정수 })$$
$$\log i = \left(2n + \frac{1}{2}\right)\pi i \qquad (n \text{ 은 정수 })$$
$$\log(-i) = \left(2n - \frac{1}{2}\right)\pi i \qquad (n \text{ 은 정수 })$$
$$\log(1+i) = \frac{1}{2}\ln 2 + \left(2n + \frac{1}{4}\right)\pi i \qquad (n \text{ 은 정수 }).$$

특히, $\operatorname{Log} 1 = 0$, $\operatorname{Log}(-1) = \pi$, $\operatorname{Log} i = \frac{\pi}{2}$, $\operatorname{Log}(-i) = -\frac{\pi}{2}$ 이다.

지금까지는 복소평면상의 점 $z = re^{\Theta}$ 가

$$r > 0, \qquad -\pi < \Theta \leq \pi$$

인 경우에 대해서 살펴보았다. 로그함수 $\log z$는 복소평면에서 정의된 다가함수이고 그림과 같이 여러 개의 판을 겹쳐놓은 것같은 모습을 가지고 있다(그림 3.2참조). 이러한 곡면의 형태를 Riemann**곡면**이라고 한다. 지금까지는 이러한 곡면을 특별한 각의 범위인 $-\pi < \theta \leq \pi$ 만을 제한하여 단가함수로 생각하였다. 그러나 이러한 곡면을 임의의 각 $\alpha < \theta < \alpha + 2\pi$로 제한하여 생각할 수 있다.

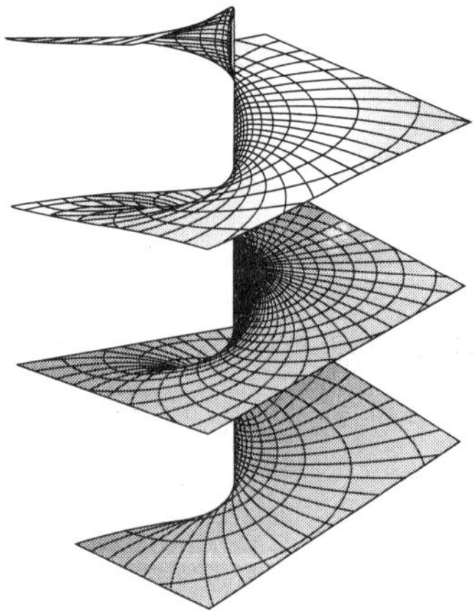

그림 3.2 $\log z$의 Riemann곡면

α 는 임의의 실수라고 가정하자(그림 3.3). $z = re^{i\theta}, r > 0, \alpha < \theta < \alpha +$ 2π 일 때 로그함수

$$\log z = \ln r + i\theta \qquad (r > 0,\ \alpha < \theta < \alpha + 2\pi) \tag{3.29}$$

은 성분

$$u(r,\theta) = \ln r, \qquad v(r,\theta) = \theta \tag{3.30}$$

을 가진 **단가함수**이고 위에서 명시된 영역에서 연속이다(그림 3.3).

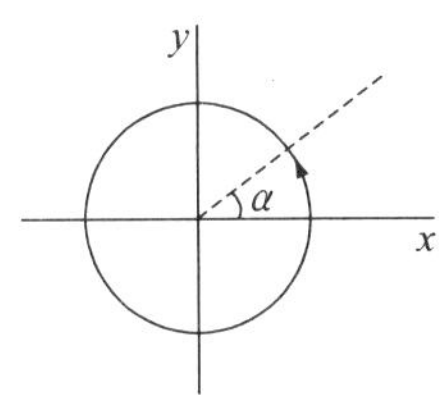

그림 3.3

참고 3.3 만일 함수 (3.29) 이 방사선 $\theta = \alpha$ 에서 정의되었다면 이 함수는 $\theta = \alpha$ 에서 연속이 아니다. 또한 방사선 $\theta = \alpha + 2\pi$ 위의 점에서의 연속은 오른쪽연속[3]이다.

증명 만일 z 가 이 방사선위의 점이면 z 를 중심으로 하고 반지름이 $\delta > 0$ 인 원판 $D(z,\delta)$ 를 생각하자. 그러면 충분히 작은 δ 에 대해 방사선 왼쪽에 있는 원판들의 점은 v 의 값이 α 근처에 있고 방사선오른쪽의 원판의 점들은 v 의 값이 $\alpha + 2\pi$ 근처에 있다. ▒

따라서, 로그함수의 미분가능성을 논하기 위해서는 (3.29)과 같은 열린 연결영역에서 생각한다[4]. 더욱이

참고 3.4 함수 (3.26) 은 구역 $\alpha < \theta < \alpha + 2\pi$ 에서 해석적이고

$$\frac{d}{dz}\log z = \frac{1}{z} \qquad (|z| > 0,\ \alpha < \arg z < \alpha + 2\pi) \tag{3.31}$$

---

[3] z_0 가 방사선 $\theta = \alpha + 2\pi$ 위의 점일 때 $\alpha < \arg z \le \alpha + 2\pi$ 를 만족하는 점 z 가 z_0 로 다가갈 때 $\log z \to \log z_0$ 라는 의미이다.

[4] 구간에서 정의된 실함수의 미분가능을 논의하기 위해서 통상 구간의 양끝점을 뺀 열린 구간에서 다루는 것이 편리하다.

이다.

증명 함수 (3.29)의 실수부 $u(r,\theta) = 1/r$ 와 허수부 $v(r,\theta) = \theta$ 의 일계 편도함수들이 존재하고 극형식의 Cauchy-Riemann 방정식

$$u_r = \frac{1}{r}v_\theta, \quad \frac{1}{r}u_\theta = -v_r$$

을 만족하므로

$$\frac{d}{dz}\log z = e^{-i\theta}(u_r + iv_r) = e^{-i\theta}\left(\frac{1}{r} + i0\right) = \frac{1}{re^{i\theta}}.$$

■

특히

$$\frac{d}{dz}\text{Log}\, z = \frac{1}{z} \qquad (|z| > 0,\ -\pi < \text{Arg}\, z < \pi). \tag{3.32}$$

이제 일반적인 다가함수에 대한 가지를 정의하기로 한다.

정의 3.5 다가함수 f의 가지(branch)[5]란 다음 조건을 만족하는 함수 $F(z)$이다:

(i) $F(z)$는 영역 $D(F)$에서 단가함수이다;

(ii) $F(z) = f(z), \forall z \in D(F)$;

(iii) $F(z)$는 $D(F)$에서 해석함수이다.

참고 3.5 함수의 해석성의 요구는 F 를 f 의 값들을 임의로 선택을 하는데 방해가 된다.

각 고정된 α 에 대해서 단가함수 (3.29) 는 다가함수 (3.24)의 가지임에 주의하자. 함수

$$\text{Log}\, z = \ln r + i\Theta, \quad -\pi < \Theta < \pi \tag{3.33}$$

을 **주요가지**(principal branch)라 한다.

정의 3.6 가지절단(branch cut)이란 다가함수 f 의 한 가지 F 를 정의하기 위해 도입된 직선이나 곡선의 일부분이다.

[5] '분지'라고 번역하기도 한다.

참고 3.6 F 에 대한 가지절단위의 점들은 F 의 특이점들이다.

정의 3.7 f 의 모든 가지절단에 대한 공통인 임의의 점을 **가지점**(branch point) 이라 한다.

원점과 방사선 $\theta = \alpha$ 은 로그함수의 가지 (3.29) 에 대한 가지절단을 형성한다. 주요가지 (3.33) 에 대한 가지절단은 원점과 방사선 $\Theta = \pi$ 로 이루어져 있다. 원점은 다가 로그함수의 가지들의 가지점이다.

정리 3.1 *z_1 와 z_2 이 영이 아닌 복소수 일 때*

(i) $\log(z_1z_2) \equiv \log z_1 + \log z_2 \mod 2\pi i,$

(ii) $\log\left(\dfrac{z_1}{z_2}\right) \equiv \log z_1 - \log z_2 \mod 2\pi i$

(iii) $\log(1/z) \equiv -\log z \mod 2\pi i,\ z \neq 0$

이다.

증명 영이 아닌 복소수 z_1 와 z_2 에 대해서

$$\begin{aligned} \arg(z_1z_2) &\equiv \arg z_1 + \arg z_2 \mod 2\pi i, \\ \arg\left(\frac{z_1}{z_2}\right) &\equiv \arg z_1 - \arg z_2 \mod 2\pi i \end{aligned} \tag{3.34}$$

이고 등식

$$\ln|z_1z_2| = \ln|z_1| + \ln|z_2|, \quad \ln\left|\frac{z_1}{z_2}\right| = \ln|z_1| - \ln|z_2|$$

으로 부터 자명하다. ∎

일반적으로 다가 log 함수 대신 단가 Log 함수로 바뀌면 정리 3.1 은 성립하지 않는다.

보기 3.4 점 $z_1 = z_2 = -1$ 이라 하자. 그러면 $z_1z_2 = 1$ 이다. $\log z_1 \equiv \pi i \mod 2\pi i$ 이고 $\log z_2 \equiv \pi i \mod 2\pi i$ 이므로 $\log z_1 + \log z_2 \equiv 0 \mod 2\pi i$ 이다.

또한 $\log(z_1 z_2) \equiv 0 \mod 2\pi i$ 이므로 정리 3.1(i) 은 성립한다. 그러나 같은 복소수 z_1 와 z_2 에 대해서

$$\operatorname{Log}(z_1 z_2) = 0 \text{ 이고 } \operatorname{Log} z_1 + \operatorname{Log} z_2 = \pi i + \pi i = 2\pi i$$

이므로 정리 3.1(i)은 성립하지 않는다.

정리 3.2 *n 은 정수, z 가 영이 아닌 복소수일 때*

(i) $z^n = e^{n \log z}$,

(ii) $z^{1/n} = \exp\left(\frac{1}{n}\log z\right)$.

증명 (i) 은 자명하다. (ii) $z = r\exp(i\Theta)$ 라하자. 여기서 Θ 은 $\arg z$ 의 주요값이다. $\log z$ 에 대한 식 (3.23)을 사용하면

$$\exp\left(\frac{1}{n}\log z\right) = \exp\left[\frac{1}{n}\ln r + \frac{i(\Theta + 2k\pi)}{n}\right].$$

여기서 k 은 정수이다. 따라서

$$\exp\left(\frac{1}{n}\log z\right) = \sqrt[n]{r}\exp\left[i\left(\frac{\Theta}{n} + \frac{2k\pi}{n}\right)\right] \quad (k \text{ 는 정수 }). \tag{3.35}$$

$\exp(i2k\pi/n)$ 은 $k = 0, 1, \ldots, n-1$ 일 때만 서로 다른 값을 가지므로 등식 (3.35) 의 오른쪽은 n 개 값만 가진다. 실제로 오른쪽은 z 의 n 근호에 관한 식이고 이것은 $z^{1/n}$ 으로 쓸 수 있다. 등식 (3.35) 은 n 이 음의 정수일 때도 성립한다. ▪

참고 3.7 정리 3.2(ii)의 우변은 n 개의 서로 다른 값을 가지고 이러한 값은 z 의 n 제곱근의 값이다. 특히 $z^{1/2}$는 그림 3.4과 같이 2가 함수, $z^{1/3}$는 그림 3.5과 같이 3가 함수의 Riemann곡면의 형태이다.

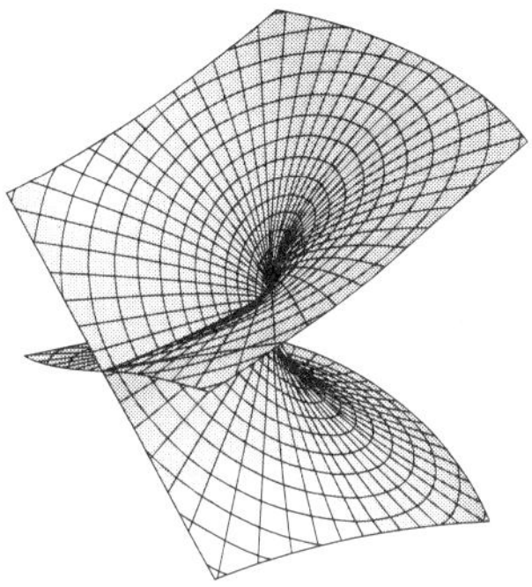

그림 3.4 $w = z^{1/2}$

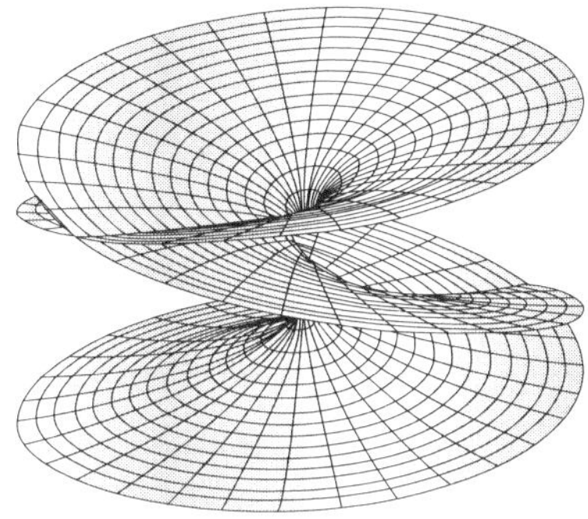

그림 3.5 $w = z^{1/3}$

연습문제 **3.4**

1. 다음을 보여라.

   (a) $\operatorname{Log}(1+i)^2 = 2\operatorname{Log}(1+i)$

   (b) $\operatorname{Log}(1-i) = \dfrac{1}{2}\ln 2 - \dfrac{\pi}{4}i$

   (c) $\operatorname{Log}(-ei) = 1 - \dfrac{\pi}{2}i$

   (d) $\operatorname{Log}(-1+i)^2 \neq 2\operatorname{Log}(-1+i)$

2. n 이 정수일 때 다음을 보여라.

   (a) $\log e = 1 + 2n\pi i$

   (b) $\log i = \left(2n + \frac{1}{2}\right)\pi i$

   (c) $\log(-1+\sqrt{3}i) = \ln 2 + 2\left(n + \dfrac{1}{3}\right)\pi i$

3. 다음을 보여라.

   (a) $\log z = \ln r + i\theta \left(r > 0, \dfrac{\pi}{4} < \theta < \dfrac{9\pi}{4}\right)$ 일 때 $\log(i^2) = 2\log i$.

   (b) $\log z = \ln r + i\theta \left(r > 0, \dfrac{3\pi}{4} < \theta < \dfrac{11\pi}{4}\right)$ 일 때 $\log(i^2) \neq 2\log i$.

   (c) $\log(i^{1/2})$ 의 값들의 집합은 $\left(n + \dfrac{1}{4}\right)\pi i$ (n 은 정수) 이고 $\dfrac{1}{2}\log i$ 에 대해서도 성립한다.

   (d) $\log(i^2)$ 의 값들의 집합은 $2\log i$ 의 값들의 집합과 같지 않다.

   (e) $\operatorname{Re} z_1 > 0, \operatorname{Re} z_2 > 0$ 일 때

   $$\operatorname{Log}(z_1 z_2) = \operatorname{Log} z_1 + \operatorname{Log} z_2.$$

   (f) 임의의 두 개의 영이 아닌 복소수 z_1, z_2 에 대해서

   $$\operatorname{Log}(z_1 z_2) = \operatorname{Log} z_1 + \operatorname{Log} z_2 + 2N\pi i.$$

여기서 N 은 $0, \pm 1$ 의 값중 하나이다.

4. 로그함수의 가지 $\log z = \ln r + i\theta (r > 0, \alpha < \theta < \alpha + 2\pi)$ 이 언급된 구역내의 각 점 z 에서 해석적으로 주어졌을 때 등식 $\exp(\log z) = z$ 의 각 변을 미분하고 연쇄법칙을 사용하여 도함수를 구하여라.

5. 등식 $\log z = (\pi/2)i$ 의 모든 근을 구하여라.

6. 점 $z = x + iy$ 이 수평띠 $\alpha < y < \alpha + 2\pi$ 에 놓여있다고 가정하자. 로그함수의 가지 $\log z = \ln r + i\theta$ $(r > 0, \alpha < \theta < \alpha + 2\pi)$ 이 사용될 때 $\log(e^z) = z$ 임을 보여라.

7. 다음을 보여라.

   (a) 함수 $\text{Log}\,(z - i)$ 은 반직선 $y = 1$ $(x \leq 0)$ 을 제외한 모든 곳에서 해석적이다.

   (b) 함수
   $$\frac{\text{Log}\,(z+4)}{z^2+i}$$
   은 점 $\pm(1-i)/\sqrt{2}$ 와 실수축 $x \leq -4$ 부분을 제외한 모든 곳에서 해석적임을 보여라.

8. 함수 $\ln(x^2 + y^2)$ 은 원점을 포함하지 않는 모든 영역에서 조화임을 두 가지 방법으로 보여라.

9. 다음 식을 보여라.
   $$\text{Re}\,[\log(z-1)] = \frac{1}{2}\ln[(x-1)^2 + y^2] \quad (z \neq 1)$$
   $z \neq 1$ 일때 이 함수가 Laplace 방정식을 만족해야 하는 이유는?

10. z 는 영이 아닌 복소수, $z = re^{i\Theta}$ $(-\pi < \Theta \leq \pi)$ 라 쓰고 n 은 임의의 고정된 양의 정수라 하자. $\log(z^{1/n})$ 의 모든 값은 방정식
    $$\log(z^{1/n}) = \frac{1}{n}\ln r + i\frac{\Theta + 2(pn+k)\pi}{n},$$
    임을 보여라. 여기서 $p = 0, \pm 1, \pm 2, \ldots$ 이고 $k = 0, 1, 2, \ldots, n-1$. 그러면
    $$\frac{1}{n}\log z = \frac{1}{n}\ln r + i\frac{\Theta + 2q\pi}{n}, \quad q \text{ 는 정수}$$
    라 쓰고 난 후에 $\log(z^{1/n})$ 의 값의 집합이 $(1/n)\log z$ 의 값의 집합과 같음을 보여라. 따라서 $\log(z^{1/n}) = (1/n)\log z$ 임을 보여라. 여기서 왼쪽에서 택한

$\log(z^{1/n})$ 의 값에 대응하여 $\log z$의 적당한 값은 오른쪽에서 선택되었고 그 역도 성립한다. (힌트: 양의 정수 n 에의해 나누어진 정수의 나머지는 0 과 $n-1$ 사이의 수이다. n 이 주어졌을 때 임의의 정수 q 는 $q = pn + k$ 으로 쓰여진다. 여기서 p 는 정수 k 는 $k = 0, 1, 2, \ldots, n-1$ 중 하나이다.

3.5 복소 지수

$x > 0$, a 가 실수일 때 실수의 지수 x^a 는

$$x^a = \exp(a \ln x) \tag{3.36}$$

으로 정의하였다. 그러면 실수 지수에 관한 지수법칙도 증명할 수 있다. 이와 마찬가지로 복소수의 복소지수에 대해서도 이와 유사하게 정의한다.

정의 3.8 $z \neq 0$ 와 c 가 임의의 복소수일 때 함수 z^c 은

$$z^c = \exp(c \log z) \tag{3.37}$$

이라 정의한다. 여기서 $\log z$ 는 다가 로그함수이다.

참고 3.8 (i) $c = n$ 또는 $c = 1/n$ 일 때는 정리 3.2 에의하여 정의 3.8 이 성립함을 알고 있다.

(ii) z^c 는 일반적으로 다가함수이다.

보기 3.5 $(1+i)^{-i}$ 의 값을 구하라.

풀이 정의 3.8에 의하여

$$\begin{aligned}
(1+i)^{-i} = \exp(-i\log(1+i)) &= \exp\left[-i\left\{\frac{1}{2}\ln 2 + \left(2n+\frac{1}{4}\right)\pi i\right\}\right] \\
&= \exp\left[\left(2n+\frac{1}{4}\right)\pi - i\frac{1}{2}\ln 2\right] \\
&= \exp\left[\left(2n+\frac{1}{4}\right)\pi\right]\left[\cos\left(\frac{1}{2}\ln 2\right) - i\sin\left(\frac{1}{2}\ln 2\right)\right].
\end{aligned}$$

여기서 n 은 정수이다. ▒

참고 3.9 지수함수는 $1/e^z = e^{-z}$ 이므로 두 집합 $1/z^c$ 와 z^{-c} 은 같다. 따라서

$$\frac{1}{z^c} = z^{-c} \tag{3.38}$$

으로 쓸 수 있다.

식 (3.38)와 보기 3.5로 부터

$$\frac{1}{(1+i)^i} = \exp\left[\left(2n+\frac{1}{4}\right)\pi\right]\left[\cos\left(\frac{1}{2}\ln 2\right) - i\sin\left(\frac{1}{2}\ln 2\right)\right], \quad n \text{ 은 정수}.$$

임을 알 수 있다.

$z = re^{i\theta}$ 이고 α 은 임의의 실수라 하자. 로그함수의 가지

$$\log z = \ln r + i\theta \quad (r > 0, \alpha < \theta < \alpha + 2\pi)$$

은 제시된 영역에서 단가함수이고 해석적이다. 이 가지가 사용될 때 함수 $z^c = \exp(c\log z)$ 은 위 영역에서 단가이고 해석적이다. 따라서 z^c 의 이러한 가지에 대한 도함수를 구할 수 있다[6].

$z^c = \exp(c\log z)$ 의 양변을 미분하면

$$\begin{aligned}\frac{d}{dz}z^c &= \frac{d}{dz}\exp(c\log z) = [\exp(c\log z)]\frac{c}{z} \\ &= c\frac{\exp(c\log z)}{\exp(\log z)} = c\exp[(c-1)\log z] = cz^{c-1}\end{aligned}$$

즉,

$$\frac{d}{dz}z^c = cz^{c-1} \ (|z| > 0, \alpha < \theta < \alpha + 2\pi) \tag{3.39}$$

위 식은 실함수 $f(x) = x^r$의 미분공식 $f'(x) = rx^{r-1}$과 유사하다.

z^c 의 **주요값**은 영역 $|z| > 0,\ -\pi < \operatorname{Arg} z < \pi$ 위에서

$$z^c = e^{c\operatorname{Log} z} \tag{3.40}$$

으로 정의한다.

---

[6] 실함수에서 다가함수인 역삼각함수들의 경우에도 주요값으로 제한하여 역함수를 구하고 역함수의 미분공식을 이용하여 역삼각함수들의 미분공식을 구하였다.

보기 3.6 $(-1+i)^{-i}$ 의 주요값은

$$\begin{aligned}\exp[i\mathrm{Log}(1+i)] &= \exp\left[-i\left(\frac{1}{2}\ln 2+\frac{3\pi}{4}i\right)\right]\\ &= \exp\left(\frac{3\pi}{4}-i\frac{1}{2}\ln 2\right)\\ &= \exp\left(\frac{3\pi}{4}\right)\left[\cos\left(\frac{1}{2}\ln 2\right)-i\sin\left(\frac{1}{2}\ln 2\right)\right].\end{aligned}$$

보기 3.7 $z^{1/3}$ 의 주요가지는

$$\exp\left(\frac{1}{3}\mathrm{Log}\,z\right)=\exp\left(\frac{1}{3}\ln r+\frac{1}{3}i\Theta\right)=\sqrt[3]{r}\exp\left(i\frac{\Theta}{3}\right)$$

로 쓸 수 있다. 이 함수는 영역 $r>0,\ -\pi<\Theta<\pi$ 에서 해석적이다.

정의 3.9 c 가 영이 아닌 복소상수라 하자. c 가 밑인 지수함수는

$$c^z = e^{z\log c} \tag{3.41}$$

으로 쓸 수 있다.

참고 3.10 정의 3.9에 의하여 비록 c^z 이 다가함수일지라도 로그함수의 주요값이 취해질 때 c^z 의 일상적인 설명이 가능하다.

$\log c$ 의 값이 정해지면 c^z 은 z 의 전함수이고 그 도함수는

$$\frac{d}{dz}c^z = c^z\log c. \tag{3.42}$$

연습문제 3.5

1. n 이 정수일 때 다음을 보여라.

   (a) $(1+i)^i = \exp\left(-\frac{\pi}{4}+2n\pi\right)\exp\left(\frac{i}{2}\ln 2\right)$

   (b) $(-1)^{1/\pi} = e^{(2n+1)i}$

2. 다음의 주요값을 구하여라.
   (a) i^{-2i}
   (b) $i^{1/2}$
   (c) $\left[\frac{e}{2}(-1-\sqrt{3}i)\right]^{3\pi i}$
   (d) $(1-i)^{1+i}$

3. 정의 3.9 를 사용하여
   (a) $(-1+\sqrt{3}i)^{3/2} = \pm 2\sqrt{2}$ 임을 보여라.
   (b) (a) 을 이용하여 $(-1+\sqrt{3}i)^{3/2} = [(-1+\sqrt{3}i)^{1/2}]^3$ 로 쓸 수 있음을 보이고 $-1+\sqrt{3}i$ 의 첫 번째 제곱근을 구하여라.
   (c) (a) 을 이용하여 $(-1+\sqrt{3}i)^{3/2} = [(-1+\sqrt{3}i)^3]^{1/2}$ 로 쓸 수 있음을 보이고 $-1+\sqrt{3}i$ 의 첫 번째 세제곱근을 구하여라.

4. 만일 $z \neq 0$ 이고 a 는 실수이면 $|z^a| = \exp(a \ln|z|) = |z|^a$ 임을 보여라. 여기서 $|z|^a$ 의 주요값이 취하여 졌다.

5. $c = a+ib$ 가 고정된 복소수이고 c 는 정수가 아니라고 하고 i^c 가 다가임에 주의하자. $|i^c|$ 이 모두 같은 값이 되기위해서 상수 c 는 어떠한 제약이 필요한가?

6. c, d 와 z 는 복소수이고 $z \neq 0$ 이라 하자. 만일 포함된 멱들의 모든 값이 주요값이면 다음 지수 법칙이 성립함을 보여라.
   (a) $1/z^c = z^{-c}$
   (b) $(z^c)^n = z^{cn}$, (n 은 자연수)
   (c) $z^c z^d = z^{c+d}$
   (d) $z^c / z^d = z^{c-d}$

7. $f'(z)$ 가 존재할 때 $d[c^{f(z)}]/dz$ 에 대한 미분공식을 써라.

8. 다음 함수가 해석적이 되는 구역을 찾고 도함수를 구하여라.
   (a) z^z
   (b) 3^z
   (c) $\sqrt{e^z+1}$
   (d) z^{1+i}
   (e) $\sin\sqrt{z}$
   (f) $\log(e^z+1)$

9. 복소지수법칙은 일반적으로 성립하지 않음을 보여라. (힌트: α, β가 복소수이고 z_1, z_2, z는 모두 0 이 아닌 복소수일 때, $(z_1 z_2)^\alpha$ 가 $z_1^\alpha z_2^\alpha$ 와 같은지를 점검하고, $(z^\alpha)^\beta \neq z^{\alpha\beta}$ 임을 보여라.)

3.6 역삼각함수와 역쌍곡함수

역사인함수 $\sin^{-1}z$ 를 정의하기 위해 앞 절에서와 같이 $z=\sin w$ 일 때 $w=\sin^{-1}z$ 라 쓰자. 즉

$$z=\frac{e^{iw}-e^{-iw}}{2i}$$

일 때 $w=\sin^{-1}z$ 이다. 위 식을 정리하면 e^{iw} 에 관한 2 차 방정식

$$(e^{iw})^2-2iz(e^{iw})-1=0$$

을 얻는다. e^{iw} 을 풀면

$$e^{iw}=iz+(1-z^2)^{1/2} \tag{3.43}$$

을 얻는다. 여기서 $(1-z^2)^{1/2}$ 은 z 의 이가함수이다. 식 (3.40) 의 양변을 로그를 취하면

$$\sin^{-1}z=-i\log[iz+(1-z^2)^{1/2}] \tag{3.44}$$

을 얻는다. 같은 방법으로 다음 정리를 얻는다.

정리 3.3 *z 가 복소수 일 때*

(i) $\sin^{-1}z=-i\log[iz+(1-z^2)^{1/2}]=-i\log i[z+(z^2-1)^{1/2}]$.

(ii) $\cos^{-1}z=-i\log[z+i(1-z^2)^{1/2}]=-i\log[z+(z^2-1)^{1/2}]$.

(iii) $\tan^{-1}z=\dfrac{i}{2}\log\dfrac{i+z}{i-z}=\dfrac{1}{2i}\log\dfrac{1+iz}{1-iz}$.

(iv) $\sinh^{-1}z=\log[z+(z^2+1)^{1/2}]$.

(v) $\cosh^{-1}z=\log[z+(z^2-1)^{1/2}]$.

(vi) $\tanh^{-1}z=\dfrac{1}{2}\log\dfrac{1+z}{1-z}$.

참고 3.11 역삼각함수는 다가함수이다. 또한 제곱근와 로그함수의 특별한 값이 사용될 때 모든 역삼각함수는 단가함수이다.

보기 3.8 식 (3.44) 에 의하여

$$\sin^{-1} i = -i\log(-1 \pm \sqrt{2})$$

이고

$$\log(-1+\sqrt{2}) = \ln(-1+\sqrt{2}) + 2n\pi i \quad (n \text{ 은 정수})$$

와

$$\log(-1-\sqrt{2}) = \ln(1+\sqrt{2}) + (2n+1)\pi i \quad (n \text{ 은 정수})$$

로 부터 무한히 많은 값을 가지는 다가함수이다. 그런데

$$\ln(\sqrt{2}-1) = -\ln(1+\sqrt{2})$$

이므로 수

$$(-1)^{n+1}\ln(1+\sqrt{2}) + n\pi i \quad (n \text{ 은 정수})$$

은 $\log(1 \pm \sqrt{2})$ 의 값들의 집합을 이룬다. 따라서

$$\sin^{-1}(i) = n\pi + i(-1)^n \ln(1+\sqrt{2}) \quad (n \text{ 은 정수}).$$

정리 3.3의 식을 미분하면

정리 3.4 *z 가 복소수일 때*

(i) $\dfrac{d}{dz}\sin^{-1} z = \dfrac{1}{(1-z^2)^{1/2}},$

(ii) $\dfrac{d}{dz}\cos^{-1} z = \dfrac{-1}{(1-z^2)^{1/2}},$

(iii) $\dfrac{d}{dz}\tan^{-1} z = \dfrac{1}{(1+z^2)},$

연습문제 **3.6**

1. 다음 등식을 증명하여라.

   (a) $\sec^{-1} z = \dfrac{1}{i} \log \dfrac{1+(1-z^2)^{1/2}}{z}$

   (b) $\csc^{-1} z = \dfrac{1}{i} \log \dfrac{i+(z^2-1)^{1/2}}{z}$

   (c) $\cot^{-1} z = \dfrac{1}{2i} \log \dfrac{z+i}{z-i}$

   (d) $\coth^{-1} z = \dfrac{1}{2} \log \dfrac{z+1}{z-1}$

2. 다음 함수의 값을 구하여라.

   (a) $\sin^{-1} 1$

   (b) $\tan^{-1}(i)$

   (c) $\tan^{-1}(1+i)$

   (d) $\cos^{-1}(\pi i)$

   (e) $\cosh^{-1}(-1)$

   (f) $\tanh^{-1} 0$

3. z 에 관한 방정식 $\sin z = 2$ 을 다음 방법으로 풀어라.

   (a) 방정식의 실수부와 허수부를 비교하여 구할 것.

   (b) $\sin^{-1} z$ 의 공식을 이용하여 구할 것.

4. 3번의 방법을 사용하여 z 에 관한 방정식 $\cos z = 2$ 을 풀어라.

5. 정리 3.3을 사용하여 다음 방정식을 풀어라.

   (a) $\sin z = 1+i$

   (b) $\cos z = \sqrt{3} - i$

   (c) $\tan z = -1+\sqrt{2}$

   (d) $\cot z = 1+i$

4 복소적분

4.1 복소값을 가지는 함수 $w(t)$

복소함수의 복소적분을 정의하는 방법은 두 가지로 요약할 수 있는데, 첫번째 방법은 구간 $[a,b]$위에서 정의된 복소평면위의 유계변동을 가지는 곡선을 이용한 복소함수 f 의 선적분을 정의하는 방법과 구간 $[a,b]$에서 정의된 복소함수를 실 및 허수 부분으로 나누어 각 부분이 실함수이므로 실함수의 적분이 정의되고 이를 이용하여 복소적분을 실 및 허수부분의 적분으로 형식적으로 정의하는 방법을 고려 할 수 있다.

우리는 편의상 후자의 방법을 이용하여 복소함수 $f(z)$의 적분을 정의하고자 한다. 먼저 실수의 적당한 구간 $[a,b]$ 에서 정의된 복소함수 $w(t)$ 의 미분과 적분을 생각하자. 함수

$$w(t) = u(t) + iv(t) \tag{4.1}$$

라 하자. 여기서 $u(t)$ 와 $v(t)$ 는 구간 $[a,b]$ 에서 정의된 실함수이다.

정의 4.1 u 와 v 가 점 t 에서 미분가능할 때 함수 (4.1) 의 도함수 $w'(t)$(또는 $\frac{dw}{dt}(t)$)를

$$w'(t) = u'(t) + iv'(t) \tag{4.2}$$

으로 정의한다.

정의 4.1로 부터 다음 사실을 얻을 수 있다.

명제 4.1 z_0 는 복소상수, $f(t)$ 와 $g(t)$ 가 구간 $[a,b]$ 위에서 정의된 복소함수일 때

(i) $(f+g)'(t) = f'(t) + g'(t)$.

(ii) $(z_0 f)'(t) = z_0 f'(t)$.

(iii) $\frac{d}{dt}e^{z_0 t} = z_0 e^{z_0 t}$.

증명 (i) $f(t) = u(t) + iv(t)$, $g(t) = r(t) + is(t)$ 라 하자. 그러면 $(f+g)(t) = f(t) + g(t) = (u+r)(t) + i(v+s)(t)$ 이므로 정의 4.1에 의하여

$$
\begin{aligned}
(f+g)'(t) &= (u+r)'(t) + i(v+s)'(t) \\
&= [u'(t) + r'(t)] + i[v'(t) + s'(t)] = f'(t) + g'(t)
\end{aligned}
$$

(ii) 복소 상수를 $z_0 = x_0 + iy_0$ 라 가정하자. 그러면

$$(z_0 f)(t) = (x_0 u(t) - y_0 v(t)) + i(x_0 v(t) + y_0 u(t))$$

이므로 t 로 미분하면

$$
\begin{aligned}
(z_0 f)'(t) &= (x_0 u(t) - y_0 v(t))' + i(x_0 v(t) + y_0 u(t))' \\
&= (x_0 + iy_0)(u'(t) + iv'(t)) = z_0 f'(t)
\end{aligned}
$$

이다.

(iii) $e^{z_0 t} = e^{x_0 t + iy_0 t} = e^{x_0 t}\cos(y_0 t) + ie^{x_0 t}\sin(y_0 t)$ 이므로 미분하면

$$
\begin{aligned}
\frac{d}{dt}e^{z_0 t} &= (e^{x_0 t}\cos(y_0 t))' + i(e^{x_0 t}\sin(y_0 t))' \\
&= e^{x_0 t}[(x_0 + iy_0)\cos y_0 t + i(x_0 + iy_0)\sin(y_0 t)] \\
&= z_0 e^{z_0 t}
\end{aligned}
$$

■

참고 4.1 미적분학의 모든 정리가 복소함수에 대해서 성립하지는 않는다. $w(t)$ 가 구간 $[a,b]$ 위에서 연속함수이고 $w(t)$ 이 구간 (a,b) 위에서 미분가

능하다고 하자. 그러나 $w(t)$ 는 평균값 정리을 만족하지 않는다[1].

보기 4.1 $w(t) = e^{2\pi it}$ 는 구간 $[0,1]$ 위에서 연속이고 $(0,1)$ 에서 미분가능하다. 또한 모든 $t \in [a,b]$ 에 대해서 $|w'(t)| = |2\pi ie^{2\pi it}| = 2\pi$ 이다. 그러나 $w(1) - w(0) = 0$ 이므로

$$\frac{w(1) - w(0)}{1 - 0} = w'(c)$$

을 만족하는 $c \in (0,1)$ 는 존재하지 않는다.

정의 4.2 만일 u 와 v 가 구간 $[a,b]$ 위에서 적분가능할 때 (4.1) 의 적분을

$$\int_a^b w(t)\,dt = \int_a^b u(t)\,dt + i\int_a^b v(t)\,dt \tag{4.3}$$

으로 정의한다. 또한 이 경우 $w(t)$ 가 구간 $[a,b]$ 위에서 **적분가능하다고** 말한다.

정의 4.2로 부터 $f, g; [a,b] \to \mathbb{C}$ 가 적분가능하고 z_0 가 복소상수일 때

(i) $\displaystyle\int_a^b [f(t) + g(t)]\,dt = \int_a^b f(t)\,dt + \int_a^b g(t)\,dt$

(ii) $\displaystyle\int_a^b z_0 f(t)\,dt = z_0 \int_a^b f(t)\,dt$

을 얻을 수 있다.

명제 4.2 *복소함수 w 가 구간 $[a,b]$ 위에서 적분가능할 때*

(i) $\displaystyle\operatorname{Re}\int_a^b w(t)\,dt = \int_a^b \operatorname{Re} w(t)\,dt,\ \operatorname{Im}\int_a^b w(t)\,dt = \int_a^b \operatorname{Im} w(t)\,dt$

---

[1] 일반적으로 복소함수에서는 평균값정리가 성립하지 않지만 특별한 경우에는 성립할 수도 있다.

복소함수의 평균값정리. Ω는 복소평면의 열린볼록집합이고, $f : \Omega \to \mathbb{C}$는 해석함수, a, b는 Ω내의 서로 다른 점이라 하자. 그러면 a와 b를 포함하지 않고 연결하는 직선 L_{ab} 위에 두 점 u, v가 존재하여

$$\operatorname{Re}\left\{\frac{f(b) - f(a)}{b - a}\right\} = \operatorname{Re} f'(u), \quad \operatorname{Im}\left\{\frac{f(b) - f(a)}{b - a}\right\} = \operatorname{Im} f'(v).$$

이 성립한다. 자세한 사항은 J.-Cl. Evard, F. Jafari, *A Complex Rolle's Theorem*, American Mathematical Monthly, Vol. 99, Issue 9, (Nov. 1992), pp. 858-861 을 보라.

(ii) $\int_a^b w(t)\,dt = \int_a^c w(t)\,dt + \int_c^b w(t)\,dt$

(iii) $\int_a^b w(t)\,dt = W(b) - W(a)$, 여기서 $W'(t) = w(t)$.

(iv) $\left|\int_a^b w(t)\,dt\right| \le \int_a^b |w(t)|\,dt, \quad a \le b.$

증명 (i) 은 정의에 의하여 자명하다.

(ii), (iii)은 실함수의 적분의 성질

$$\int_a^b u(t)\,dt = \int_a^c u(t)\,dt + \int_c^b u(t)\,dt$$

$$\int_a^b u(t)\,dt = U(b) - U(a) \text{ 여기서 } U'(t) = u(t)$$

에 의하여 성립한다.

(iv) $a = b$ 일 때 자명하다. $a < b$ 라고 가정하자. $\int_a^b w(t)\,dt$ 의 값이 복소수이므로 극형식으로 표현하면

$$\int_a^b w(t)\,dt = r_0 e^{i\theta_0} \tag{4.4}$$

으로 나타낼 수 있다. 여기서

$$r_0 = \left|\int_a^b w(t)\,dt\right| \tag{4.5}$$

이고 θ_0 은 $\int_a^b w(t)\,dt$ 의 편각이다. 식 (4.4) 에서 r_0 에 관하여 풀면

$$r_0 = \int_a^b e^{-i\theta_0} w(t)\,dt \tag{4.6}$$

이다. 식 (4.6) 의 왼쪽은 실수이므로 오른쪽 또한 실수이어야 한다. (i) 에 의하여 (4.6) 의 오른쪽은

$$\int_a^b e^{-i\theta_0} w\,dt = \mathrm{Re} \int_a^b e^{-i\theta_0} w\,dt = \int_a^b \mathrm{Re}(e^{-i\theta_0} w)\,dt$$

로 쓸 수 있다. 따라서 식 (4.6) 은

$$r_0 = \int_a^b \mathrm{Re}(e^{-i\theta_0} w)\, dt \tag{4.7}$$

인 형태를 가진다. 그런데

$$\mathrm{Re}(e^{-i\theta_0} w) \le |e^{-i\theta_0} w| = |e^{-i\theta_0}||w| = |w|$$

이므로 (4.7) 에의하여

$$r_o \le \int_a^b |w|\, dt$$

이다. 적분값이 0 이 아니면 r_0 는 (4.5) 의 왼쪽이므로 증명이 끝난다. ▒

복소 이상적분을 다음과 같이 정의하자. 만일 다음 극한

$$\lim_{b \to \infty} \int_a^b w(t)\, dt \tag{4.8}$$

이 존재하면 극한 (4.8) 을

$$\int_a^\infty w(t)\, dt$$

로 나타내고 이 적분을 **복소이상적분**이라 한다. 비슷한 방법으로 $\int_{-\infty}^b w(t)\, dt$ 를 정의할 수 있다.

명제 (iv)는 복소이상적분에 대해서도 성립한다.

따름정리 4.1 *두 이상적분이 존재하면*

$$\left| \int_a^\infty w(t)\, dt \right| \le \int_a^\infty |w(t)|\, dt$$

이 성립한다.

연습문제 4.1

1. 다음 적분을 계산하여라.

(a) $\int_1^2 \left(\frac{1}{t}+it\right)^2 dt$

(b) $\int_0^\infty e^{-zt}\,dt,\quad \mathrm{Re}\,z>0$

(c) $\int_1^e (\frac{1}{t}+i\ln t)\,dt$

(d) $\int_0^{\pi/3} e^{i3t}\,dt$

2. m 과 n 이 정수일 때

$$\int_0^{2\pi} e^{im\theta}e^{-in\theta}\,d\theta = \begin{cases} 0, & m\neq n, \\ 2\pi, & m=n \end{cases}$$

임을 보여라.

3. 다음을 보여라.

(a) $w(t)=u(t)+iv(t)$ 이 실변수 t 의 복소함수이고 $w'(t)$ 이 존재할 때

$$\frac{d}{dt}[w(t)]^2 = 2w(t)w'(t).$$

(b) $w(t)=u(t)+iv(t)$ 이 구간 $[a,b]$ 위에서 연속이면

$$\int_{-b}^{-a} w(-t)\,dt = \int_a^b w(t)\,dt.$$

(c) $w(t)=u(t)+iv(t)$ 이 구간 $[-a,a]$ 위에서 연속인 복소함수일 때

i. 만일 $w(-t)=w(t)$, 즉 w 가 우함수이면

$$\int_{-a}^{a} w(t)\,dt = 2\int_0^a w(t)\,dt.$$

ii. 만일 $w(-t)=-w(t)$, 즉 w 가 기함수이면

$$\int_{-a}^{a} w(t)\,dt = 0.$$

iii. (c) 의 사실을 이용하여 적분 $\int_{-\pi/2}^{\pi/2} e^{i\theta t}\,dt$ 를 구하여라.

4. $w(t)$ 이 구간 $[a,b]$ 위에서 정의된 연속 복소함수라 하자. 그러면 구간 $[0,2\pi]$ 에서 정의된 $w(t)=e^{it}$ 를 생각하여 적분의 평균값 정리가 성립하

지 않음을 보여라. 즉

$$\int_a^b w(t)\,dt = w(c)(b-a)$$

를 만족하는 c 가 구간 $[a,b]$ 내에 존재하지 않음을 보여라.

5. C 를 시계반대방향의 원 $|z| = r, r > 0$ 의 오른쪽반원을 나타낸다고 하자. 그러면 C 는 두 가지 매개변수표현

$$z = z(\theta) = re^{i\theta} \qquad \left(-\frac{\pi}{2} \le \theta \le \frac{\pi}{2}\right)$$

와

$$z = Z(t) = \sqrt{r^2 - t^2} + it \qquad (-r \le t \le r).$$

이다. 다음을 보여라.

(a) $Z(t) = z[\phi(t)]$. 여기서

$$\phi(t) = \arctan\frac{t}{\sqrt{r^2-t^2}} \qquad \left(-\frac{\pi}{2} < \arctan\theta < \frac{\pi}{2}\right).$$

(b) $\phi'(t) > 0, \quad t \in (-r, r)$.

(c) $\displaystyle\int_{-\pi/2}^{\pi/2} z(\theta)\,d\theta = \int_{-r}^{r} Z(t)\,dt$.

6. 함수 $f(z)$ 이 매끄러운 호 $z = z(t)$ $(a \le t \le b)$위의 점 $z_0 = z(t_0)$ 에서 해석적이라고 가정하자. 만일 $w(t) = f[z(t)]$ 이면 $t = t_0$ 일 때

$$w'(t) = f'[z(t)]z'(t)$$

임을 보여라. (힌트 : $f(z) = u(x,y) + iv(x,y)$ 이고 $z(t) = x(t) + iy(t)$ 라 두면

$$w(t) = u[x(t), y(t)] + iv[x(t), y(t)].$$

이고 두 실변수의 실함수에서의 연쇄법칙을 사용하면

$$w'(t) = (u_x x' + u_y y') + (v_x x' + v_y y')$$

을 얻는다. 그리고 Cauchy-Riemann 정리를 사용하면 된다.)

7. $y = y(x)$ 는 구간 $0 \le x \le 1$ 위에서

$$y(x) = \begin{cases} x^3 \sin\left(\dfrac{\pi}{x}\right), & 0 < x \le 1, \\ 0, & x = 0 \end{cases}$$

으로 정의된 실수값함수이라 하자.

(a) 방정식

$$z = x + iy(x) \qquad (0 \le x \le 1)$$

이 $z = 0$ 과 $z = \dfrac{1}{n}$ $(n = 1, 2, \ldots)$ 에서 실수축과 만나는 호 C_1 을 나타냄을 보여라.

(b) (a) 의 호 C_1 이 매끄러운 호임을 보여라. (힌트 : $x = 0$ 에서 $y(x)$ 의 연속성을 보이기 위해서 $x > 0$ 일 때

$$0 \le \left| x^3 \sin\left(\frac{\pi}{x}\right) \right| \le x^3$$

임을 참고한다. $y'(0)$ 을 구하고 $x = 0$ 에서 $y'(x)$ 이 연속임을 보인다.)

4.2 등심선과 등심선적분

1 절에서는 실수 구간위에서 정의된 복소함수의 적분을 정의하였다. 복소변수의 복소함수의 적분은 실수의 구간에서 정의되기 보다는 복소평면위의 곡선위에서 정의된다. 따라서 이러한 형태의 적분을 구하는데 필요한 곡선을 구별할 필요가 있다.

정의 4.3 복소평면의 점 $z = (x, y)$ 들의 집합 C 가 **호**(arc)라 함은

$$x = x(t), \qquad y = y(t) \qquad (a \le t \le b), \tag{4.9}$$

여기서 $x(t)$ 와 $y(t)$ 는 실매개변수 t 의 연속함수이다. 이것을 실매개변수 t 의 복소함수

$$z = z(t) \qquad (a \le t \le b), \tag{4.10}$$

를 사용하여 C 의 집합을 표현한다. 여기서

$$z(t) = x(t) + iy(t) \tag{4.11}$$

이다. 구간 $[a, b]$에서 정의된 호 C 가 **단순호** 또는 **Jordan 호**라 함은 구간 $[a, b]$내의 임의의 두 점이 $t_1 \neq t_2$ 이면 $z(t_1) \neq z(t_2)$, 즉 $z(t)$는 일대일함수이다. 호 C 가 양 끝점 a, b 에서 일치하면, 즉 $z(a) = z(b)$ 이면 **닫힌곡선**이라고 한다. 만일 닫힌곡선 C 가 양 끝점 a, b 를 제외한 나머지 부분에서 단순호를 **단순닫힌곡선** 또는 **Jordan 곡선**이라 한다.

보기 4.2 다항곡선

$$z = \begin{cases} t + it^2 & 0 \le t \le 1, \\ t + i & 1 \le t \le 2, \end{cases} \tag{4.12}$$

은 단순호 이다.

보기 4.3 원점을 중심으로 하는 단위원

$$z = e^{i\theta} \qquad (0 \le \theta \le 2\pi) \tag{4.13}$$

은 시계 반대방향으로 향하는 단순닫힌곡선이다. 중심이 점 z_0 이고 반지름 R 인 원은

$$z = z_0 + Re^{i\theta} \qquad (0 \le \theta \le 2\pi) \tag{4.14}$$

이다.

같은 단위원도 다르게 표현될 수 있다.

보기 4.4 호

$$z = e^{-i\theta} \qquad (0 \le \theta \le 2\pi) \tag{4.15}$$

은 집합으로는 (4.13) 와 동일하지만 시계 방향으로 향하는 단순닫힌곡선이다. 또한 호

$$z = e^{2i\theta} \qquad (0 \le \theta \le 2\pi) \tag{4.16}$$

은 집합으로는 (4.13), (4.15) 와 동일하지만 시계 반대방향으로 두바퀴 돈다.

호 $C : z = z(t) = x(t) + iy(t)$ 의 성분들의 도함수 $x'(t), y'(t)$ 이 정의된 구간 $[a,b]$ 위에서 존재하고 연속이라 할 때 C 를 **미분가능한 호**라 한다.

미분가능한 호 $z(t) = x(t) + iy(t), a \le t \le b,$ 의 도함수는 정의 4.1에 의하여

$$z'(t) = x'(t) + iy'(t) \tag{4.17}$$

이고 실함수

$$|z'(t)| = \sqrt{[x'(t)]^2 + [y'(t)]^2} \tag{4.18}$$

은 구간 $[a,b]$ 위에서 연속이므로 적분가능하다. 그런데 미적분학에서 평면상의 미분가능한 곡선 $\mathbf{r}(t) = (x(t), y(t)), a \le t \le b$ 의 길이는

$$L = \int_a^b \sqrt{[x'(t)]^2 + [y'(t)]^2}\, dt \tag{4.19}$$

이므로 식 (4.18) 의 표현을 사용하면 미분가능한 호 $z(t) = x(t) + iy(t)$ 의 길이는

$$L = \int_a^b |z'(t)|\, dt \tag{4.20}$$

이다.

참고 4.2 곡선 C 의 매개표현 방법은 유일하지 않으나 곡선의 길이는 매개표현에 관계없이 일정하다.

증명 $\alpha \le \tau \le \beta$ 에 대해서

$$t = \phi(\tau) \tag{4.21}$$

이라 가정하자. 여기서 ϕ 는 구간 $\alpha \le \tau \le \beta$ 에서 구간 $a \le t \le b$ 위로의 실함수이다. ϕ 를 연속 도함수를 가지는 연속함수라고 하자. 또한 각 τ 에 대해서 $\phi'(\tau) > 0$ 이라고 가정하자. 호 C 의 길이는 변수변환식 (4.21), 식(4.20)과 합성함수의 미분 $z'(t) = z'[\phi(\tau)]\phi'(\tau)$ 을 사용하면

$$L = \int_{\alpha}^{\beta} |z'[\phi(\tau)]|\phi'(\tau)\,d\tau.$$

따라서 만일 C 를

$$z = Z(\tau) = z[\phi(\tau)] \qquad (\alpha \le \tau \le \beta), \tag{4.22}$$

으로 나타내면 합성함수의 미분법에 의하여

$$Z'(\tau) = z'[\phi(\tau)]\phi'(\tau) \tag{4.23}$$

이므로

$$L = \int_{\alpha}^{\beta} |Z'(\tau)|\,d\tau \tag{4.24}$$

은 (4.20)과 동일한 형태를 가진다. 만일 C 가 (4.22) 와 같이 표현되면, C 는 같은 길이가 얻어진다. ▨

미적분학에서 평면상의 곡선 $\mathbf{r}(t) = (x(t), y(t))$ 이 매끄러운 곡선을 $\mathbf{r}(t)$ 이 연속적으로 미분가능하고 모든 $t \in [a,b]$ 에서 $\mathbf{r}'(t) = (x'(t), y'(t)) \ne (0,0)$으로 정의하였다. 따라서 매끄러운 곡선의 접선 벡터

$$\mathbf{T}(t) = \frac{\mathbf{r}'(t)}{|\mathbf{r}'(t)|}$$

의 정의가 가능하다. 같은 방법으로 복소평면상의 호에 관하여 매끄러운 호를 정의할 수 있다.

정의 4.4 호 $C : z = z(t)$ 가 구간 $[a,b]$ 위에서 연속적으로 미분가능하고 (a,b) 에서 $z'(t) \neq 0$ 일 때 호 C 를 **매끄러운 호**라고 한다. 유한개의 매끄러운 호들이 서로 연결되어 있는 호를 **등심선**(Contour) 또는 **조각적으로 매끄러운 호**(piecewise smooth arc)라 한다. 만일 등심선의 시작점과 끝점이 일치하고 다른 점에서 만나지 않으면 이것을 **단순닫힌등심선**(simply closed contour)라 한다.

예를 들어, 방향을 가진 원, 삼각형 또는 사각형의 경계등이 단순닫힌등심선이다.

참고 4.3 만일 $z = z(t)$, $a \leq t \leq b$, 가 등심선이라면 $z(t)$ 는 연속함수이고 $z'(t)$ 은 조각적으로 연속이다. 등심선 또는 단순닫힌등심선의 길이는 등심선을 이루는 각각의 매끄러운 호의 길이들의 합이다.

다음 정리는 단순닫힌곡선에 관한 성질을 나타내고 있다.

정리 4.1 (Jordan 곡선론) [2] *복소평면내의 단순닫힌곡선(또는 단순닫힌등심선) C 는 평면을 내부와 외부라 부르는 공통경계 C 를 가지는 두 개의 열린 연결집합으로 나눈다. 이 둘 중 내부는 유계집합이고, 외부는 유계가 아닌 집합이다.*

f 는 복소변수 z 의 복소함수라고 하자. 복소평면상의 두 점을 연결하는 등심선 C 위에서 정의된 함수의 적분에 관하여 생각하기로 한다. 이러한 적분을

$$\int_C f(z)\,dz \tag{4.25}$$

으로 나타내고 이러한 적분을 **선적분** 또는 **등심선적분**이라 한다. 실수상에서의 적분은 두 점을 연결하는 방법은 유일하지만 복소평면상의 두 점을 연결하는 곡선은 유일하지 않다. 따라서 선적분은 두 점을 연결하는 등심

[2] 이 정리는 1892 년 Jordan 에의해 제기되었으며 대수적 위상수학의 도구를 사용하여 1905 년 Oswald Veblen에 의하여 해결되었다. 좀 더 관심있는 독자들은 인터넷사이트 http://www.maths.ed.ac.uk/~aar/jordan/ 을 참고하기 바란다.

선에 의존하게 된다. 만일 선적분이 등심선에 의존하지 않는다면 선적분 (4.25)를

$$\int_{z_1}^{z_2} f(z)\,dz \tag{4.26}$$

으로 나타내기로 하자.

실매개변수 t에 관한 곡선

$$z = z(t) \qquad (a \le t \le b) \tag{4.27}$$

을 점 $z_1 = z(a)$에서 점 $z_2 = z(b)$ 까지 연결하는 등심선 C 라 하자. 함수 $f(z)$ 는 등심선 C 위에서 조각적 연속이라 하자. 즉, $f[z(t)]$ 는 구간 $a \le t \le b$ 위에서 조각적 연속이다.

정의 4.5 등심선 C 를 따르는 복소함수 f 의 **선적분**(또는 **등심선 적분**)을 다음과 같이 정의한다:

$$\int_C f(z)\,dz = \int_a^b f[z(t)]z'(t)\,dt. \tag{4.28}$$

참고 4.4 C 가 등심선이므로 $z'(t)$ 은 구간 $a \le t \le b$ 위에서 조각적 연속이고 적분 (4.28) 이 존재한다.

참고 4.5 선적분 (4.28) 은 잘 정의되었다. 즉, $C : z = Z(\tau) = z(\phi(\tau))$, $\alpha \le \tau \le \beta$의 다른 매개변수표현에 대한 선적분은 (4.28)과 같다.

증명 $\phi'(\tau) > 0$이라 가정하자. 등심선 $C : z = z(t)$, $a \le t \le b$ 에 관한 선적분은 정의 4.5 에 의하면

$$\begin{aligned}\int_C f(z)\,dz &= \int_a^b f[z(t)]z'(t)\,dt \\ &= \int_\alpha^\beta f[z(\phi(\tau))]z'[\phi(\tau)]\phi'(\tau)\,d\tau \\ &= \int_\alpha^\beta f[Z(\tau)]Z'(\tau)\,d\tau\end{aligned}$$

■

f 가 실구간 $[a,b]$ 에서 정의된 적분가능한 실함수라 하자. 그러면

$$\int_b^a f(x)\,dx = -\int_a^b f(x)\,dx \tag{4.29}$$

이 성립한다. 이와 같이 일반적으로 적분은 적분하는 방향에 따라 부호가 달라진다. 따라서 선적분에서도 등심선의 방향을 정의해야 한다.

$C : z = z(t)\,(a \le t \le b)$ 를 등심선이라 하자. C 의 반대방향을 가지는 등심선을 $-C$ 으로 나타내기로 하자(그림 4.1 왼쪽). $-C$를 매개변수로 바꾸면 $-C : z = z(-t)\ (-b \le t \le -a)$ 이다.

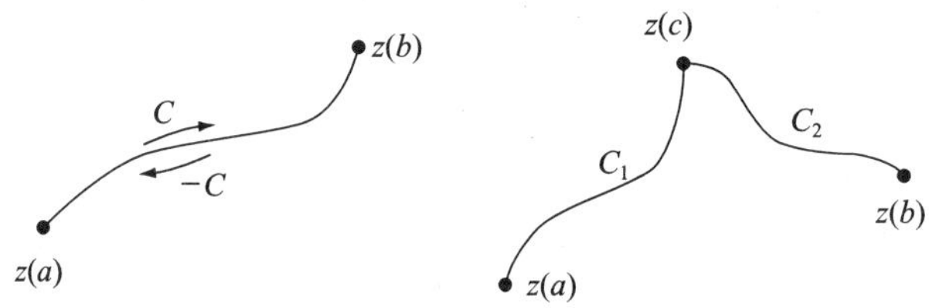

그림 4.1 등심선의 방향, 등심선의 합

f 가 실구간 $[a,b]$ 에서 정의된 적분가능한 실함수라 하자. c 를 구간 $[a,b]$ 의 임의의 점이라 하자. 그러면

$$\int_b^a f(x)\,dx = \int_a^c f(x)\,dx + \int_c^b f(x)\,dx \tag{4.30}$$

이 성립한다. 이와 같이 두 적분구간의 합집합에서 적분은 각 구간에서의 적분의 합임을 알 수 있다. 따라서 선적분에서도 두 등심선의 합을 정의하여야 한다.

두 등심선 C_1 과 C_2 의 합 $C = C_1 + C_2$ 은 C_1 의 끝점과 C_2 의 시작점을 잇는 등심선이다(그림 4.1 오른쪽). 즉, $C_1 : z = z_1(t), a \le t \le c$ 와 $C_2 : z = z_2(t), c \le t \le b$ 일 때 C_1 과 C_2 의 합 $C = C_1 + C_2 : z = z(t), a \le t \le b$ 은

$$z = z(t) = \begin{cases} z_1(t), & a \le t \le c, \\ z_2(t), & c \le t \le b \end{cases} \tag{4.31}$$

으로 정의한다.

실함수의 성질 (4.29), (4.30) 을 적용하면 선적분에서도 이와 같은 성질이 성립한다.

정리 4.2 (i) z_0 가 복소상수일 때 $\int_C z_0 f(z)\,dz = z_0 \int_C f(z)\,dz$.

(ii) $\int_C [f(z) \pm g(z)]\,dz = \int_C f(z)\,dz \pm \int_C g(z)\,dz$.

(iii) $\int_{-C} f(z)\,dz = -\int_C f(z)\,dz$.

(iv) $\int_{C_1+C_2} f(z)\,dz = \int_{C_1} f(z)\,dz + \int_{C_2} f(z)\,dz$.

(v) C 위에서 $|f| \le M$ 이고 L 이 C 의 길이일 때

$$\left| \int_C f(z)\,dz \right| \le ML. \tag{4.32}$$

일반적으로

$$\left| \int_C f(z)\,dz \right| \le \int_C |f(z)|\,|dz|.$$

여기서 $|dz| = |z'(t)|\,dt$ 이다. 특히

$$L = \int_C |dz| = \int_a^b |z'(t)|\,dt; \quad C : z = z(t), (a \le t \le b)$$

증명 (i) (ii) : 정의와 복소함수 $w(t)$ 의 적분성질로 부터 증명된다.

(iii) $C : z = z(t), a \le t \le b$ 라 하면 $-C : z = z(-t), -b \le t \le -a$ 이다. 그러면 (4.29) 에 의하여

$$\begin{aligned}\int_{-C} f(z)\,dz &= \int_{-b}^{-a} f[z(-t)][-z'(-t)]\,dt \\ &= -\int_a^b f[z(t)]z'(t)\,dt \\ &= -\int_C f(z)\,dz.\end{aligned}$$

(iv) C 를 (4.31) 로 표현되었다 하자. (4.30) 을 이용하면

$$\int_{C_1+C_2} f(z)\,dz = \int_a^c f[z(t)]z'(t)\,dt + \int_c^b f[z(t)]z'(t)\,dt$$
$$= \int_{C_1} f(z)\,dz + \int_{C_2} f(z)\,dz$$

(v) 명제 4.1(iv) 를 이용하면 $|dz| = |z'(t)|\,dt$ 라고 정의하면

$$\left|\int_C f(z)\,dz\right| \le \int_a^b |f[z(t)]z'(t)|\,dt$$
$$\le \int_a^b |f[z(t)]||z'(t)|\,dt$$
$$\le \int_C |f(z)|\,|dz|.$$

특히 C위에서 $|f(z)| \le M$ 이면 위 부등식은

$$\left|\int_C f(z)\,dz\right| \le M\int_C |dz| = ML.$$

■

참고 4.6 f 가 C 위에서 조각적으로 연속이라도 (4.32) 가 성립한다.

보기 4.5 적분

$$I = \int_C \bar{z}\,dz$$

을 구하여라. 여기서 C 는 $z=-1$ 로부터 $z=1$ 까지의 아래쪽 반원(그림 4.2왼쪽)

$$C : z = e^{i\theta}, \qquad -\pi \le \theta \le 0$$

이다.

풀이 정의에 의하여

$$I = \int_{-\pi}^{0} \overline{e^{i\theta}}(e^{i\theta})'\,d\theta$$

이고

$$\overline{e^{i\theta}} = e^{-i\theta} \text{ 이고 } (e^{i\theta})' = ie^{i\theta}$$

이므로

$$I = \int_{-\pi}^{0} e^{-i\theta} i e^{i\theta}\, d\theta = i \int_{-\pi}^{0} d\theta = \pi i.$$

■

참고 4.7 점 z 이 원 $|z| = 1$ 위에 있을 때 $z\bar{z} = 1$ 또는 $\bar{z} = 1/z$ 로 부터 $I = \pi i$ 은

$$\int_C \frac{dz}{z} = \pi i.$$

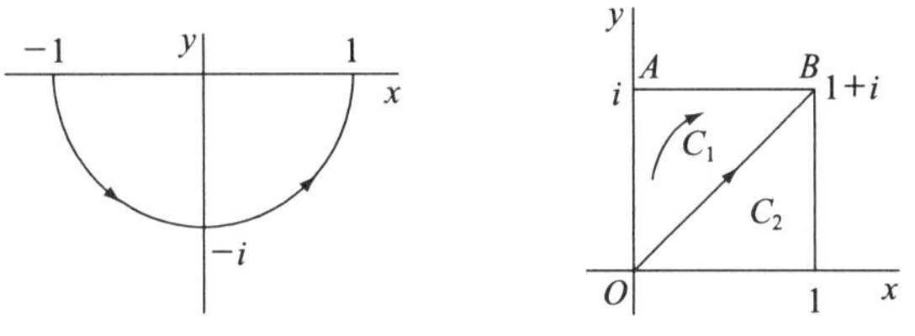

그림 4.2

다음 보기는 등심선 적분은 등심선에 의존함을 보인다.

보기 4.6 $f(z) = y + 2x - i3x^2$, $z = x + iy$ 일 때

$$\int_{C_j} f(z)\, dz \qquad j = 1, 2$$

의 값을 각각 구하여라. 여기서 C_1 은 원점 O 에서 $A(i)$ 와 $A(i)$ 에서 $B(1+i)$ 를 직선으로 잇는 등심선이고 C_2 는 원점 O 에서 $B(1+i)$ 를 직선으로 잇는 선분이다(그림 4.2오른쪽).

풀이 1. 먼저

$$\int_{C_1} f(z)\, dz = \int_{OA} f(z)\, dz + \int_{AB} f(z)\, dz \tag{4.33}$$

을 계산한다. 선분 OA 를 매개변수로 표현하면 $z = 0 + iy$ ($0 \le y \le 1$ 이고 OA 위에서 $x = 0$ 이므로 $f(z) = y$ ($0 \le y \le 1$ 이다. 따라서

$$\int_{OA} f(z)\, dz = \int_0^1 iy\, dy = i \int_0^1 y\, dy = \frac{1}{2} i.$$

선분 AB 를 매개변수로 나타내면 $z = x + i\ (0 \le x \le 1)$ 이고 따라서

$$\int_{AB} f(z)\,dz = \int_0^1 (1+2x-i3x^2)\cdot 1\,dx = \int_0^1 (1+2x)\,dx - 3i\int_0^1 x^2\,dx = 2-i.$$

따라서 (4.33) 으로부터

$$\int_{C_1} f(z)\,dz = 2 - \frac{i}{2}. \tag{4.34}$$

2. 선분 OB 는 직선 $y = x$ 위의 점이므로 선분 C_2 를 매개표현하면 $z = x + ix\ (0 \le x \le 1)$ 이다. 따라서

$$\begin{aligned}\int_{C_2} f(z)\,dz &= \int_0^1 (3x-3ix^2)(1+i)\,dx \\ &= (1+i)\int_0^1 (3x-3ix^2)\,dx = (1+i)\left(\frac{3}{2}-i\right).\end{aligned} \tag{4.35}$$

■

실변수함수에서 $\int_a^a f(x)\,dx = 0$ 와 같이 적분의 시작점과 끝점이 같으면 적분값이 0 이다. 그러나 복소 선적분에서는 일반적으로 그렇지 않다.

참고 4.8 보기 4.6에서 $C = C_2 - C_1$ 은 시계 반대방향의 단순닫힌곡선임을 알 수 있다.

$$\int_C f(z)\,dz = \int_{C_2} f(z)\,dz - \int_{C_1} f(z)\,dz = \frac{1}{2} + i$$

다가함수의 가지들을 포함하는 적분을 계산할 때는 몇몇은 주의해야 한다.

보기 4.7 주어진 원 $C : |z| = 1$ 위의 선적분 $\int_C z^{-1/2}\,dz$를 구하여라.

풀이 먼저 0은 피적분함수 $z^{-1/2}$의 가지점이고 이가함수임을 주의하자. 먼저 가지를

$$z^{1/2} = \sqrt{r}e^{i\theta/2}$$

으로 나타내자. 여기서 $r = |z|$, $\theta = \text{Arg}z$, $-\pi < \theta \le \pi$이다. 따라서 원을 매개변수로 바꾸면

$$z(\theta) = e^{i\theta}, \quad -\pi \le \theta \le \pi$$

으로 표현된다. 그러면 정의에 의하여

$$\int_C z^{-1/2}\,dz = \int_{-\pi}^{\pi} ie^{i\theta}e^{-i\theta/2}\,d\theta = i\int_{-\pi}^{\pi}\cos(\theta/2)\,d\theta - \int_{-\pi}^{\pi}\sin(\theta/2)\,d\theta = 4i$$

이다. C의 다른 매개화는 $z(t)=e^{it},\ 0\le t\le 2\pi$이고, 따라서

$$\int_C z^{-1/2}\,dz = \int_0^{\pi} ie^{it}e^{-it/2}\,dt + \int_{\pi}^{2\pi} ie^{it}e^{-i(t-2\pi)/2}\,dt = 4i$$

그러나, 만일 가지를 $0\le \text{Arg z} < 2\pi$로 택하면,

$$\int_C z^{-1/2}\,dz = \int_0^{2\pi} ie^{it}e^{-it/2}\,dt = -4$$

이 된다. ■

보기 4.7에서 보면 선적분의 값은 피적분함수의 가지에 따라 적분값이 다름을 알 수 있다.

보기 4.8 C 를 고정점 z_1 으로 부터 z_2 까지 잇는 임의의 매끄러운 호 $z=z(t)$ $(a\le t\le b)$ 라 하자.

$$I=\int_C z^n\,dz,\quad n\text{은 자연수}$$

을 구하라.

풀이 정의 4.5에 의하여

$$I=\int_a^b [z(t)]^n z'(t)\,dt$$

이다. 그런데

$$\frac{d}{dt}\frac{[z(t)]^{n+1}}{n+1} = [z(t)]^n z'(t)$$

이므로

$$I=\left.\frac{[z(t)]^{n+1}}{n+1}\right|_a^b = \frac{[z(b)]^{n+1}-[z(a)]^{n+1}}{n+1} = \frac{z_2^{n+1}-z_1^{n+1}}{n+1}.$$

■

참고 4.9 보기 4.8은 선적분의 값이 등심선에 의존하지 않고 양 끝점에만 의존하는 것을 알 수 있다. 따라서 만일 C 가 점 $z_1, z_2, \cdots, z_{k+1}$ 을 각각 연결하는 등심선 $C_j,\ j = 1, \cdots, k$ 으로 이루어졌다면

$$\int_C z^n\,dz = \sum_{j=1}^{k} \int_{C_j} z\,dz = \sum_{j=1}^{k} \frac{z_{j+1}^{n+1} - z_j^{n+1}}{n+1} = \frac{z_{k+1}^{n+1} - z_1^{n+1}}{n+1}$$

이다. 따라서 C 가 닫힌 등심선이면 $z_{k+1} = z_1$ 이므로

$$\int_C z^n\,dz = 0.$$

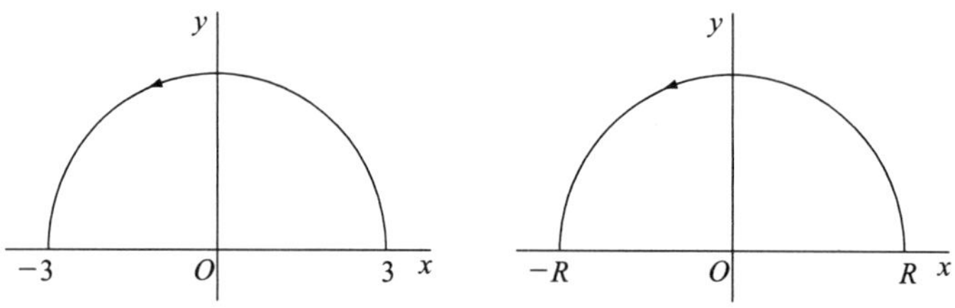

그림 4.3

보기 4.9 C를 점 $z = 3$ 에서 $z = -3$ 까지 반원경로

$$z = 3e^{i\theta} \qquad (0 \le \theta \le \pi)$$

을 나타낸다고 하자(그림 4.3왼쪽). 이 때 적분

$$I = \int_C z^{1/2}\,dz \tag{4.36}$$

을 구하라.

풀이 1. 등심선이 상반구이므로 다가함수 $z^{1/2}$ 의 가지 중

$$f(z) = \sqrt{r}e^{i\theta/2} \qquad (r > 0, 0 < \theta < 2\pi) \tag{4.37}$$

를 잡자. 그러면 $f(z)$ 는 C 의 $\theta = 0$인 시작점 $z = 3$ 에서 정의되지 않지만 $0 < \theta < 2\pi$에서 연속이므로 적분값 (4.36) 이 존재한다.

2. $f(z)$ 가 C 위에서 조각연속임을 보이자. $C: z(\theta) = 3e^{i\theta}, 0 \leq \theta \leq \pi$, 일 때

$$f[z(\theta)] = \sqrt{3}e^{i\theta/2} = \sqrt{3}\cos\frac{\theta}{2} + i\sqrt{3}\sin\frac{\theta}{2} \qquad (0 < \theta \leq \pi)^3$$

이므로 $\theta = 0$ 에서 $f[z(\theta)]$ 의 실수부와 허수부의 오른쪽극한은 각각 $\sqrt{3}, 0$ 이다. 따라서 $f[z(\theta)]$ 은 $\theta = 0$ 에서 f 의 값을 $\sqrt{3}$ 으로 정의할 때 닫힌 구간 $[0, \pi]$ 위에서 연속이다.

3. 그러므로

$$\begin{aligned} I &= \int_0^{\pi} \sqrt{3}e^{i\theta/2} 3ie^{i\theta}\, d\theta = 3\sqrt{3}i \int_0^{\pi} e^{3i\theta/2}\, d\theta \\ &= 2\sqrt{3}\left[e^{3i\theta/2}\right]_0^{\pi} = -2\sqrt{3}(1+i). \end{aligned}$$

■

또한, 위의 보기에서 피적분함수 $z^{1/2}$의 가지를

$$z^{1/2} = \sqrt{r}e^{i\theta/2} \qquad \left(r > 0, -\frac{\pi}{2} < \theta < \frac{3\pi}{2}\right)$$

라 두어도 같은 결과를 얻는다.

보기 4.10 C_R 이 반원

$$z = Re^{i\theta} \qquad (0 \leq \theta \leq \pi)$$

을 나타낸다고 하자(그림 4.3오른쪽). 이때

$$\lim_{R\to\infty} \int_{C_R} \frac{z^{1/2}}{z^2+1}\, dz = 0 \tag{4.38}$$

임을 보여라.

---

[3] 이것은 C의 매개변수 정의역 $0 \leq \theta \leq \pi$ 와 가지 $f(z)$의 정의역 $0 < \theta < 2\pi$의 공통영역이다.

증명 먼저 $z^{1/2}$의 가지를 보기 4.10의 (4.37)과 같이 잡자. 그러면 $|z| = R > 1$ 일 때

$$|z^{1/2}| = |\sqrt{R}e^{i\theta/2}| = \sqrt{R} \quad (0 < \theta < 2\pi)$$

이고

$$|z^2+1| \geq ||z|^2 - 1| = R^2 - 1$$

이므로 경로 C_R 위에서 피적분함수는

$$\left|\frac{z^{1/2}}{z^2+1}\right| \leq M_R \text{ 여기서 } M_R = \frac{\sqrt{R}}{R^2-1}$$

이다. 또한 C_R 의 길이는 $L = \pi R$ 이므로 정리 4.2(v) 에의하여

$$\left|\int_{C_R} \frac{z^{1/2}}{z^2+1} dz\right| \leq M_R L = \frac{\pi/\sqrt{R}}{1-(1/R)^2} \tag{4.39}$$

이다. $R \to \infty$ 이면 (4.39)의 오른쪽이 0 이므로 극한 (4.38)을 얻는다. ■

일반적으로 선적분의 값은 두 점을 연결하는 등심선에 의존한다. 그러나 보기 4.8과 같이 어떤 함수는 등심선에 의존하지 않고 미적분학의 기본 정리와 같이 등심선의 양 끝점에만 의존한다. 다음 정리는 이와 같이 선적분이 적분의 경로에 의존하지 않고 등심선의 양 끝점에 의존하는 함수의 경우를 제시하고 있다. 먼저 다음 용어를 도입하자.

정의 4.6 f 는 구역 D 에서 정의된 연속함수라 하자. D 내의 모든 z 에 대해서 $F'(z) = f(z)$ 를 만족하는 함수 F를 f 의 **부정적분**이라 한다.

참고 4.10 (i) 부정적분은 해석함수이다.

(ii) 부정적분이 존재한다면 복소상수를 제외하면 유일하다.

정리 4.3 *f 는 구역 D에서 정의된 연속함수라 가정하자. 다음 명제는 모두 동치이다.*

(i) *f 는 D 에서 부정적분을 가진다.*

(ii) *D 내의 임의의 두 고정점 z_1 과 z_2 를 연결하는 D 내에 완전히 포함된 등심선을 따르는 $f(z)$ 의 선적분은 모두 같은 값을 가진다.*

(iii) D *내에 완전히 포함된 닫힌 등심선을 따르는* $f(z)$ *의 선적분은 모두 값* 0 *을 가진다.*

증명 (i) $\Rightarrow$ (ii). 만일 등심선 C 는 D 에 포함된 z_1 과 z_2 를 연결하는 매끄러운 호라 하고 매개변수식이 $z = z(t)$ $(a \le t \le b)$ 이면 합성함수의 미분법으로 부터

$$\frac{d}{dt}F[z(t)] = F'[z(t)]z'(t) = f[z(t)]z'(t) \ (a \le t \le b).$$

미적분학의 기본정리는 실변수의 복소함수에 적용할 수 있으므로(연습문제 2)

$$\int_C f(z)\,dz = \int_a^b f[z(t)]z'(t)\,dt = [F[z(t)]]_a^b = F[z(b)] - F[z(a)].$$

그런데 $z(b) = z_2, z(a) = z_1$ 이므로 이 선적분값은 $F(z_2) - F(z_1)$ 이고 이 값은 z_1 과 z_2 를 연결하는 등심선 C 에 의존하지 않는다. 즉

$$\int_{z_1}^{z_2} f(z)\,dz = [F(z)]_{z_1}^{z_2} = F(z_2) - F(z_1). \tag{4.40}$$

만일 C 가 매끄럽지 않은 임의의 등심선이면 C 는 유한개의 매끄러운 호 $C_1, \ldots, C_n$ 들의 합

$$C = C_1 + \cdots + C_n$$

으로 표현할 수 있다. 여기서 C_k 는 점 z_k 와 z_{k+1} 을 연결하는 매끄러운 호이다. 그러면

$$\int_C f(z)\,dz = \sum_{k=1}^{n} \int_{C_k} f(z)\,dz = \sum_{k=1}^{n} [F(z)]_{z_k}^{z_{k+1}} = F(z_{n+1}) - F(z_1).$$

따라서 (i) 로 부터 (ii) 가 성립한다.

(ii) $\Rightarrow$ (iii). z_1 과 z_2 는 D 내에 놓여 있는 닫힌 등심선 C 위에 놓여있는 임의의 점이라 하자. C_1 과 C_2 는 시작점 z_1 과 끝점 z_2 을 연결하고 $C = C_1 - C_2$ 를 만족하는 등심선이라 하자. (ii) 가 성립하므로

$$\int_{C_1} f(z)\,dz = \int_{C_2} f(z)\,dz \tag{4.41}$$

또는

$$\int_{C_1} f(z)\,dz + \int_{-C_2} f(z)\,dz = 0 \tag{4.42}$$

로 쓸 수 있다. 따라서 $\int_C f(z)\,dz = 0$ 이다.

(iii) ⇒ (i). 이것을 증명하기 위해서는 (iii) ⇒ (ii) 와 (ii) ⇒ (i) 으로 나누어 증명한다. (iii) ⇒ (ii) 은 자명하게 성립한다. (ii) 가 성립하므로 등심선 적분은 등심선에 의존하지 않으므로 함수

$$F(z) = \int_{z_0}^{z} f(s)\,ds$$

로 정의할 수 있다. 이제 $F(z)$ 가 D 내에서 f 의 부정적분임을 보이자. $z+\Delta z$ 는 D 내에 포함되는 충분히 작은 z 의 근방내의 점이라 하자(그림 4.4). 그러면

$$F(z+\Delta z) - F(z) = \int_{z_0}^{z+\Delta z} f(s)\,ds - \int_{z_0}^{z} f(s)\,ds = \int_{z}^{z+\Delta z} f(s)\,ds$$

이다. 여기서 z 와 $z+\Delta z$ 를 직선으로 연결한 경로로 택한다(그림 4.4).

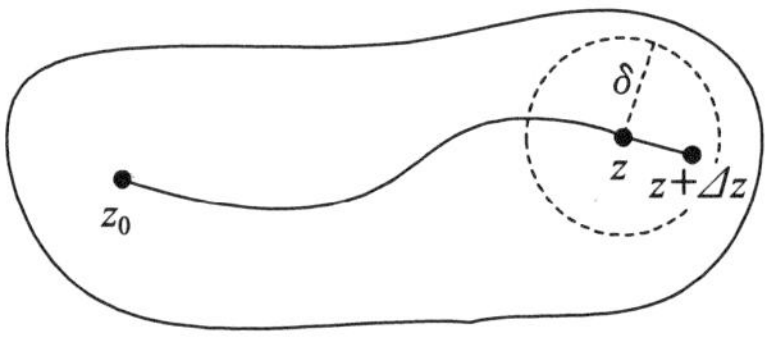

그림 4.4

그러면

$$\int_{z}^{z+\Delta z} ds = \Delta z$$

이므로

$$f(z) = \frac{1}{\Delta z}\int_{z}^{z+\Delta z} f(z)\,ds$$

로 쓸 수 있다. 그러므로

$$\frac{F(z+\Delta z) - F(z)}{\Delta z} - f(z) = \frac{1}{\Delta z}\int_{z}^{z+\Delta z} [f(s) - f(z)]\,ds$$

이다. f 가 점 z 에서 연속이므로 주어진 $\varepsilon > 0$ 에 대해서 $\delta > 0$ 가 존재하여

$$|s-z| < \delta \text{ 이면 } |f(s)-f(z)| < \varepsilon.$$

따라서 만일 점 $z+\Delta z$ 가 $|\Delta z| < \delta$ 가 되도록 z 에 충분히 가까우면

$$\left|\frac{F(z+\Delta z)-F(z)}{\Delta z} - f(z)\right| < \frac{1}{|\Delta z|}\varepsilon|\Delta z| = \varepsilon.$$

그러므로 $F'(z) = f(z)$. ■

참고 4.11 정리 4.3은 임의의 함수 f 와 임의의 구역에서 성립한다는 것은 아니다. 다만 하나의 명제가 성립하면 다른 명제도 또한 성립한다는 뜻이다. 우리는 다음 절에서 정리 4.3의 명제 중 하나가 성립할 함수나 구역의 조건들을 살펴볼 것이다.

보기 4.11 연속함수 $f(z) = z^n$ (n 은 자연수)는 복소평면 전체에서 부정적분 $F(z) = z^{n+1}/(n+1)$ 을 가지므로 $z = 0$ 에서 $z = 1+i$ 를 연결하는 모든 등심선에 대해서

$$\int_0^{1+i} z^n\,dz = \left.\frac{z^{n+1}}{n+1}\right|_0^{1+i} = \frac{1}{n+1}(1+i)^{n+1}.$$

보기 4.12 원점을 제외한 복소평면전체에서 연속인 함수 $1/z^n$ ($n \neq 1$ 은 자연수) 는 영역 $|z| > 0$ 에서 부정적분 $\dfrac{1}{-n+1}z^{-n+1}$ 를 가진다. 따라서 원점을 지나지 않는 z_1 부터 z_2 까지 연결하는 임의의 등심선에 대해서

$$\int_{z_1}^{z_2} \frac{dz}{z^n} = \left.\frac{1}{-n+1}z^{-n+1}\right|_{z_1}^{z_2} = \frac{1}{-n+1}\left(\frac{1}{z_2^{n-1}} - \frac{1}{z_1^{n-1}}\right) \qquad (z_1 \neq 0, z_2 \neq 0).$$

특별히 C 가 원점이 중심이고 반지름이 $r > 0$ 인 원 $z = re^{i\theta}$ $(-\pi < \theta \leq \pi)$ 일 때

$$\int_C \frac{dz}{z^n} = 0.$$

참고 4.12 보기 4.12에서와 같은 원에서 함수 $f(z) = \dfrac{1}{z}$ 의 선적분은 비슷하게 계산할 수 없다. 왜냐하면 $\log z$ 의 임의의 가지 $F(z)$ 의 도함수가 $1/z$ 이라고 해도, 원 C 가 지나는 구역때문에 임의로 선택된 가지 $F(z)$ 가 가지절단을 따라 정의된다고 해도 미분가능하지 않다. 특히, 원점에서 시작되는

방사선 $\theta = \alpha$ 가 가지절단이면, $F'(z)$ 는 방사선과 원 C 가 만나는 점에서 존재하지 않는다. 따라서 C 는 $F'(z) = 1/z$ 인 구역내에 놓여있지 않다. 그러므로, 부정적분방법을 직접 사용할 수 없다.

그러나 적당한 가지를 선택하면 가지내의 임의의 두 점을 잇는 선적분은 부정적분법을 사용할 수 있다.

보기 4.13 $D = \{z \in \mathbb{C} : |z| > 0, -\pi < \operatorname{Arg} z < \pi\}$ 일 때 함수 $1/z$ 의 부정적분은 $\log z$ 의 주요가지 $\operatorname{Log} z$ 이다. 따라서 적분경로가 $-2i$ 부터 $2i$ 까지 일 때(그림 4.5왼쪽)

$$\int_{-2i}^{2i} \frac{dz}{z} = \operatorname{Log} z\Big|_{-2i}^{2i} = \operatorname{Log}(2i) - \operatorname{Log}(-2i)$$
$$= \left(\ln 2 + i\frac{\pi}{2}\right) - \left(\ln 2 - i\frac{\pi}{2}\right) = \pi i.$$

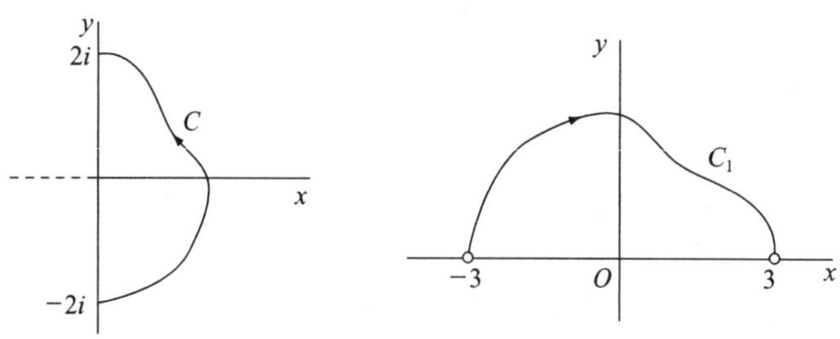

그림 4.5

보기 4.14 부정적분을 사용하여

$$z^{1/2} = \sqrt{r}e^{i\theta/2}\ (r > 0, 0 < \theta < 2\pi) \tag{4.43}$$

일 때 각 경우에 대해 선적분

$$\int_{C_k} z^{1/2}\, dz \quad k = 1, 2, 3$$

을 구하여라.

(i) C_1 은 x 축 위쪽에 놓여있는 $z = -3$ 부터 $z = 3$ 까지 연결하고 양 끝점을 제외한 임의의 등심선(그림 4.5오른쪽).

(ii) C_2 은 x 축 아래쪽에 놓여있는 $z = -3$ 부터 $z = 3$ 까지 연결하고 양 끝점을 제외한 임의의 등심선(그림 4.6왼쪽).

(iii) C_3 은 x 축 아래쪽에 놓여있는 $z = -3$ 부터 $z = 3$ 까지 연결하고 다시 x 축 위로 $z = 3$ 부터 $z = -3$ 까지 연결한 임의의 등심선(그림 4.6오른쪽).

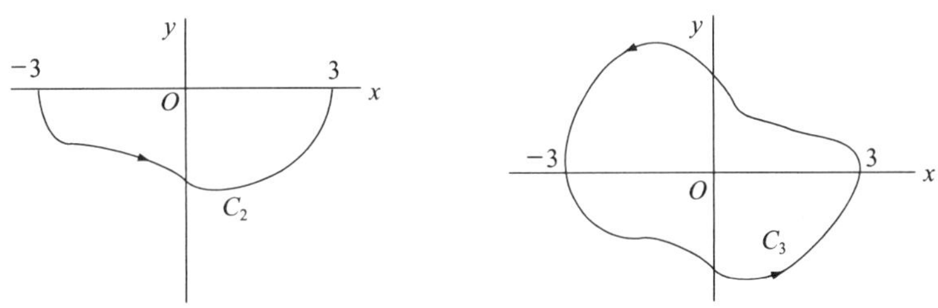

그림 4.6

풀이 (i) 비록 피적분함수가 C_1 위에서 조각연속일지라도(따라서, 적분값은 존재한다), $z^{1/2}$ 의 가지 (4.43) 은 방사선 $\theta = 0$ (특히 점 $z = 3$) 위에서 정의되지 않는다. 그러나 점 $z = 3$을 피하여 가지절단 $\theta = -\dfrac{\pi}{2}$ 을 갖는 다른 가지

$$f_1(z) = \sqrt{r}e^{i\theta/2} \qquad \left(r > 0, -\frac{\pi}{2} < \theta < \frac{3\pi}{2}\right)$$

은 C_1 위에서 정의되고 연속이다. $z = 3$ 을 제외한 C_1 위의 모든 점에서 $f_1(z)$ 의 값은 피적분 함수 (4.43) 의 값과 일치한다. 따라서 피적분함수를 $f_1(z)$ 로 대체할 수 있다. 그런데 $f_1(z)$ 의 부정적분은 함수

$$F_1(z) = \frac{2}{3}z^{3/2} = \frac{2}{3}r\sqrt{r}e^{i3\theta/2} \qquad \left(r > 0, -\frac{\pi}{2} < \theta < \frac{3\pi}{2}\right)$$

이므로

$$\int_{C_1} z^{1/2}\,dz = \int_{-3}^{3} f_1(z)\,dz = F_1(z)\Big|_{-3}^{3} = 2\sqrt{3}(e^{i0} - e^{i3\pi/2}) = 2\sqrt{3}(1+i).$$

(ii) 이 경우도 (i)과 유사하게 하여 피적분함수는 아래쪽 반평면 내에서 가지 (4.43) 와 일치하는 가지

$$f_2(z) = \sqrt{r}e^{i\theta/2} \qquad \left(r > 0, \frac{\pi}{2} < \theta < \frac{5\pi}{2}\right)$$

으로 대체할 수 있다. 해석함수

$$F_2(z) = \frac{2}{3}z^{3/2} = \frac{2}{3}r\sqrt{r}e^{i3\theta/2} \qquad \left(r > 0, \frac{\pi}{2} < \theta < \frac{5\pi}{2}\right)$$

은 $f_2(z)$ 의 부정적분이다. 따라서

$$\int_{C_2} z^{1/2}\,dz = \int_{-3}^{3} f_2(z)\,dz = F_2(z)\Big|_{-3}^{3} = 2\sqrt{3}(e^{i3\pi} - e^{i3\pi/2}) = 2\sqrt{3}(-1+i).$$

(iii) $C_3 = C_2 - C_1$ 이므로 C_3 에 따른 함수 (4.43)의 적분값은

$$\int_{C_3} f(z)\,dz = \int_{C_2} f(z)\,dz - \int_{C_1} f(z)\,dz = 2\sqrt{3}(-1+i) - 2\sqrt{3}(1+i) = -4\sqrt{3}.$$

■

연습문제 4.2

1. 주어진 함수 f 와 등심선 C 에 대해서 선적분

$$\int_C f(z)\,dz$$

을 계산하여라.

(a) $f(z) = (z+2)/z$ 이고 C 는
   i. 반원 $z = 2e^{i\theta}$ $(0 \le \theta \le \pi)$; ii. 반원 $z = 2e^{i\theta}$ $(\pi \le \theta \le 2\pi)$;
   iii. 원 $z = 2e^{i\theta}$ $(0 \le \theta \le 2\pi)$;

(b) $f(z) = z - 1$ 이고 C 는 다음과 같이 $z = 0$ 부터 $z = 2$ 까지 연결된 호일 때
   i. 반원 $z = 1 + e^{i\theta}$ $(\pi \le \theta \le 2\pi)$; ii. 실수축 상의 선분 $0 \le x \le 2$;

(c) $f(z) = \pi\exp(\pi\bar{z})$ 이고 C 는 점 $0, 1, 1+i, i$ 를 꼭지점으로하고 시계반대방향을 가지는 사각형의 경계이다.

(d) $f(z) = z\sin z^2$ 이고 C 는 단위원이다.

(e) $f(z) = ze^{z^2}$ 이고 C 는 단위원이다.

(f) $f(z)$ 는 등식

$$f(z) = \begin{cases} 1, & x < 0, \\ 3y, & x > 0 \end{cases}$$

으로 정의되어 있고 C 는 곡선 $y = x^2$ 을 따라 $z = -1+i$ 부터 $z = 1+i$ 까지의 호이다.

(g) $f(z) = 1$ 이고 C 는 평면상의 임의의 고정점 z_1 부터 임의의 고정점 z_2 까지 임의의 등심선이다.

(h) $f(z)$ 는 멱함수 z^{-1+i} 의 가지

$$z^{-1+i} = \exp[(-1+i)\log z] \qquad (|z| > 0, \quad 0 < \arg z < 2\pi)$$

이고 C 는 양의 방향의 단위원 $|z| = 1$ 이다.

2. $f(t)$ 는 구간 $[a, b]$ 위에서 정의된 복소함수라 하고 $F'(t) = f(t)$ 라 할 때

$$\int_a^b f(t)\,dt = F(b) - F(a)$$

임을 보여라.

3. m, n 은 정수이고 C 는 시계반대방향의 단위원일 때 적분

$$\int_C z^m \bar{z}^n\,dz$$

을 구하여라.

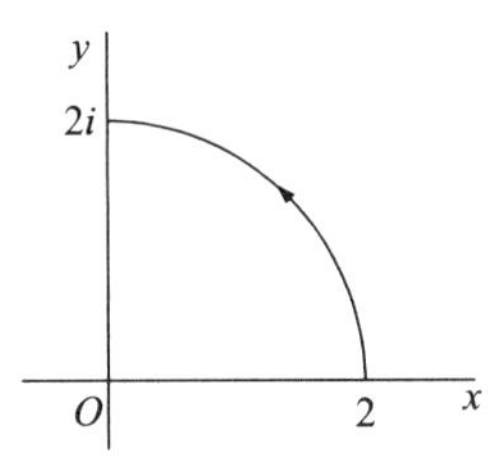

그림 4.7

4. 적분을 계산하지 않고 다음 부등식을 증명하여라.

(a) C 은 제 1 사분면에 놓여있는 $z=2$ 부터 $z=2i$ 까지 원의 한 부분일 때(그림 4.7)

$$\left|\int_C \frac{dz}{z^2+1}\right| \le \frac{\pi}{3}.$$

(b) C 가 $z=i$ 부터 $z=1$ 까지의 선분일 때

$$\left|\int_C \frac{dz}{z^4}\right| \le 4\sqrt{2}.$$

(c) C 가 꼭지점 $0, 3i, -4$ 를 갖고 시계반대 방향의 삼각형일 때

$$\left|\int_C (e^z - \bar{z})\, dz\right| \le 60.$$

(d) C_R 은 시계반대방향의 상반원 $|z| = R\ (R > 2)$ 이라 하자.

$$\left|\int_{C_R} \frac{2z^2-1}{z^4+5z^2+4}\, dz\right| \le \frac{\pi R(2R^2+1)}{(R^2-1)(R^2-4)}.$$

(e) C_R 은 시계반대방향의 원 $|z| = R\ (R > 1)$ 이라 하자.

$$\left|\int_{C_R} \frac{\operatorname{Log} z}{z^2}\, dz\right| \le 2\pi\left(\frac{\pi + \ln R}{R}\right).$$

(f) C 은 시계반대방향의 상반원 $|z| = R\ (0 \le \theta \le \pi)$ 이라 하자.

$$\left|\int_C \frac{e^z}{z^2}\, dz\right| \le \frac{\pi e^R}{R}.$$

(g) C 은 시계반대방향의 단위원 $|z| = 1\ (0 \le \theta \le 2\pi)$ 이라 하자.

$$\left|\int_C \frac{\sin z}{z^2}\, dz\right| \le 2\pi e.$$

(h) C_ρ 은 시계반대방향의 원 $|z| = \rho\ (0 < \rho < 1)$ 이라 하고 $f(z)$ 는 원판 $|z| \le 1$ 내에서 해석적이라고 가정하자. 만일 $z^{-1/2}$ 이 z 의 멱의 특별한 가지이면 ρ 와 무관한 음이 아닌 상수 M 이 존재하여

$$\left|\int_{C_\rho} z^{-1/2} f(z)\, dz\right| \le 2\pi M\sqrt{\rho}.$$

(i) C_N 은 직선

$$x = \pm\left(N+\frac{1}{2}\right)\pi \text{ 와 } y = \pm\left(N+\frac{1}{2}\right)\pi$$

에 의해 둘러싸인 사각형의 경계를 나타낸다. 여기서 N 은 양의 정수이고 C_N 의 방향은 시계반대방향이다.

i. 부등식

$$|\sin x| \le |\sin z| \text{ 와 } |\sinh y| \le |\sin z|$$

을 사용하여 사각형의 수직선분부분에서 $|\sin z| \ge 1$ 이고 수평부분에서는 $|\sin z| > \sinh(\pi/2)$ 임을 보여라. 따라서 N 에 무관한 양수 A 가 존재하여 등심선 C_N 위에 놓여있는 모든 점 z 에 대해 $|\sin z| \ge A$ 임을 보여라.

ii. (i) 를 사용하여

$$\left|\int_{C_N} \frac{dz}{z^2 \sin z}\right| \le \frac{16}{(2N+1)\pi A}.$$

5. C 와 C_0 은 각각 원 $z = Re^{i\theta}(0 \le \theta 2\pi)$ 와 $z = z_0 + Re^{i\theta}(0 \le \theta \le 2\pi)$ 이라 하자. 이러한 매개변수 표현을 사용하여 f 가 C 위에서 조각적 연속함수이면

$$\int_C f(z)\,dz = \int_{C_0} f(z-z_0)\,dz$$

임을 보여라.

4.3 Cauchy-Goursat 정리

정리 4.3에서 연속함수 f 가 구역 D 에서 부정적분을 가질 때 D 내에 완전히 놓여있는 임의의 주어진 닫힌등심선 C 를 따른 선적분

$$\int_C f(z)\,dz = 0 \tag{4.44}$$

임을 기억할 것이다. 이 절에서는 단순닫힌등심선 C 위의 선적분이 (4.44) 을 만족하는 함수의 다른 조건을 찾으려 한다. 또한 다른 형태의 구역에서 선적분에 관한 내용도 또한 다룬다.

C 는 반시계방향(양의 방향)을 가리키는 단순닫힌등심선 $z = z(t)$ $(a \le t \le b)$ 이라 하고 f 는 C 위와 내부의 모든 점에서 해석적이라 가정하자. 정의 4.5에 의하여

$$\int_C f(z)\,dz = \int_a^b f[z(t)]z'(t)\,dt \tag{4.45}$$

이고 만일 $f(z) = u(x,y) + iv(x,y)$ 이고 $z(t) = x(t) + iy(t)$ 이면 (4.45) 의 오른쪽 피적분함수

$$\begin{aligned} f[z(t)]z'(t) &= u(x(t),y(t))x'(t) - v(x(t),y(t))y'(t) \\ &\quad + i(u(x(t),y(t))y'(t) + v(x(t),y(t))x'(t)) \end{aligned}$$

는 실변수 t 에 관한 복소함수이므로 정의 4.2를 사용하면

$$\int_C f(z)\,dz = \int_a^b (ux' - vy')\,dt + i\int_a^b (vx' + uy')\,dt \tag{4.46}$$

이다. 두 개의 실변수를 사용하여 실함수들의 선적분으로 나타내면

$$\int_C f(z)\,dz = \int_C u\,dx - v\,dy + i\int_C v\,dx + u\,dy. \tag{4.47}$$

식 (4.47) 은 형식적인 계산으로 $f(z)$ 대신 $u + iv$, dz 대신 $dx + idy$ 로 바꾸고 곱을 전개하면 얻을 수 있다. 또한 (4.47) 은 C 가 단순닫힌등심선이 아닌 임의의 등심선이고 $f[z(t)]$ 가 C 위에서 조각적연속일 때도 성립한다.

정리 4.4 (Green 정리) *$R \subset \mathbb{R}^2$ 은 경계 $C = \partial R$ 가 시계반대방향으로 조각적 매끄러운 곡선을 가진 평면상의 구역이라 하자(그림 4.8). 만일 P, Q :*

$R \to \mathbb{R}$ 이 연속적으로 미분가능한 함수이면

$$\int_C P\,dx + Q\,dy = \iint_R (Q_x - P_y)\,dA. \tag{4.48}$$

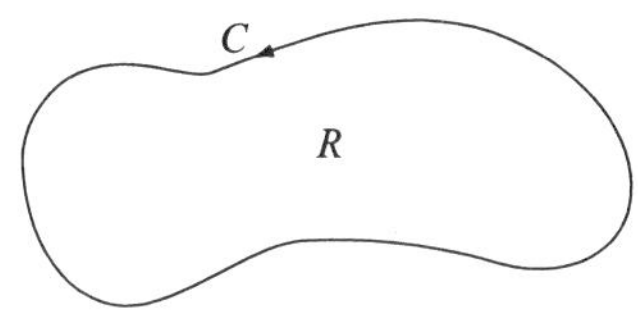

그림 4.8

f 가 R 위에서 해석 함수이므로 R 위에서 연속이다. 따라서 실함수 u 와 v 는 또한 R 위에서 연속이다. 만일 f 의 도함수 f' 가 R 위에서 연속이면 u 와 v 는 R 위에서 연속적으로 미분가능이다. 그린정리를 사용하면

$$\int_C f(z)\,dz = \iint_R (-v_x - u_y)\,dA + i\iint_R (u_x - v_y)\,dA \tag{4.49}$$

을 얻을 수 있다. f 가 해석함수이므로 Cauchy-Riemann 방정식

$$u_x = v_y, \qquad u_y = -v_x$$

을 만족한다. 따라서 (4.49) 의 오른쪽 피적분함수는 R 전체에서 0 이다. 그러므로 다음 결과를 얻는다.

정리 4.5 (Cauchy) *C는 단순닫힌등심선이라 하고, f 가 C로 둘러싸인 구역 R 에서 해석함수이고 f' 가 R 에서 연속이면*

$$\int_C f(z)\,dz = 0. \tag{4.50}$$

참고 4.13 *적분값이 0 이면 C 의 방향은 무의미하다. 만일 C 가 시계방향이라면*

$$\int_C f(z)\,dz = -\int_{-C} f(z)\,dz$$

이므로 (4.50) 은 또한 성립한다.

Cauchy 정리의 가정 "f'은 연속"은 Goursat에 의해 제거되었다.

정리 4.6 (Cauchy-Goursat) *C 가 단순닫힌등심선이라 하자. f 가 C 위와 내부에서 해석적이면*

$$\int_C f(z)\,dz = 0.$$

특별한 언급이 없는 한 단순닫힌등심선 C 는 시계반대방향을 나타내기로 하자. R 은 C 의 위와 내부점으로 이루어진 구역이라 하자. R 을 x 축과 y 축과 나란하게 같은 간격으로 나눈다. 이렇게 해서 얻은 부분구역을 간단히 **사각형**이라 하자. 사각형은 경계를 포함하여 내부의 점을 말한다. 만일 특별한 사각형이 R 에 있지 않은 점을 포함한다면 이 점들을 제거하고 나머지를 **부분사각형**이라 한다. 구역 R 은 유한개의 사각형과 부분사각형들로 덮힌다.

보조정리 4.1 *f 가 닫힌구역 R 전체에서 해석적이라 하자. 임의의 양수 ε 에 대해서 구역 R 은 유한개의 사각형과 부분사각형 $\sigma_1, \cdots, \sigma_n$ 에 의하여 덮히고 각 σ_j 내에 고정점 z_j 가 존재하여 모든 $z \in \sigma_j$ 에대해서 부등식*

$$\left|\frac{f(z)-f(z_j)}{z-z_j} - f'(z_j)\right| < \varepsilon \qquad (z \neq z_j) \tag{4.51}$$

이 만족된다.

증명 1. 먼저 부등식 (4.51) 이 σ_j 내의 모든 다른 점 z 에 대해서 성립하는 점 z_j 가 존재하지 않는 사각형또는 부분 사각형 σ_j 이 존재할 가능성에 대해 생각하자.

만일 σ_j 이 사각형이면 한변을 2 등분하여 4 개의 작은 사각형을 만든다. 만일 σ_j 이 부분사각형이면 사각형과 같이 작은 사각형으로 나누고 R 바깥부분에 놓여있는 부분은 제거한다. 만일 이러한 작은 사각형중 어느하나가 이 사각형내의 모든 다른 점 z 에 대해서 부등식 (4.51) 이 성립하는 점 z_j 가 존재하지 않으면 이 사각형을 좀더 세분을 계속한다. 이러한 과정이 각 부분 구역에 대해 요구한 대로 모두 완료되었을 때 유한번 반복후 R 은 보조정리 4.1이 성립하는 유한개의 사각형과 부분사각형들로 덮힐 수 있다.

2. 원래의 부분 구역들중 하나를 유한번 분할한 후 필요한 점들 z_j 가 존재하지 않고 모순에 이른다고 가정하자.

만일 그러한 부분구역이 사각형이면 그 구역를 σ_0 으로 나타내고 부분사각형이면 이 부분사각형의 전체 사각형을 σ_0 으로 나타내자. σ_0 을 다시 분할한 후에 4 개의 작은 사각형중 족어도 하나는 R 의 점을 포함하지만 적당한 z_j 가 없는 것을 σ_1 로 표시하자(그림 4.9왼쪽). 다시 σ_1 을 분할하고 이 과정을 반복하자. 사각형 σ_{k-1} $(k = 1, 2, \cdots)$ 을 분할한 후에 이것으로 만들어진 4 개의 사각형중 하나 이상은 선택될 수 있다. 특별한 선택을 하기 위해 σ_k 를 가장 아래쪽과 왼쪽에서 가장 먼 쪽의 것을 택한다. 이러한 방식으로 택한 사각형는 축차 무한 집합열

$$\sigma_0, \sigma_1, \sigma_2, \ldots, \sigma_{k-1}, \sigma_k, \ldots \tag{4.52}$$

을 이루므로 각 σ_k 에 공통인 점 z_0 가 존재한다. 또한 이러한 사각형들의 각각은 가능한 z_0 와 다른 R 의 점들을 포함한다. 집합열의 사각형들의 크기는 감소하고 z_0 의 임의의 δ-근방 $|z - z_0| < \delta$ 는 사각형의 대각선의 길이가 δ 보다 작을 때 그러한 사각형을 포함한다(그림 4.9오른쪽). 그러므로 모든 δ-근방 $|z - z_0| < \delta$ 은 z_0 와 다른 R 의 점들을 포함한다. 따라서 z_o 는 R 의 집적점이다.

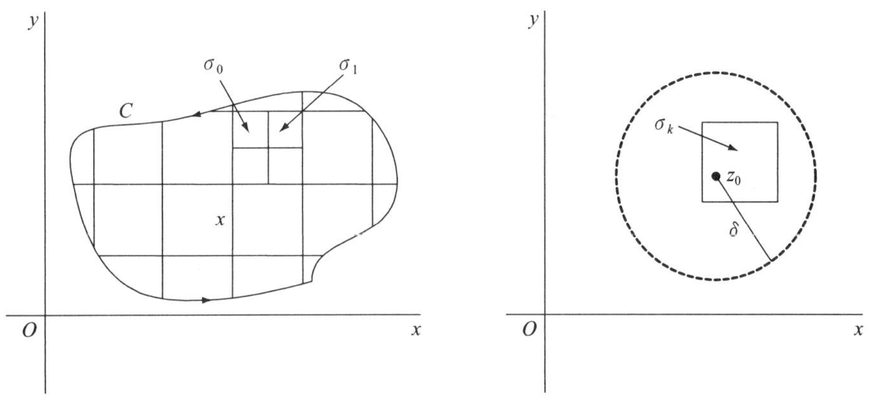

그림 4.9

함수 f 가 R 전체에서 해석이므로 z_0 에서 해석이고 따라서 $f'(z_0)$ 이 존재한다. 도함수의 정의에의하여 각 $\varepsilon > 0$ 에 대해서 δ-근방 $|z - z_0| < \delta$ 이 존재하여 근방내의 z_0 와 다른 모든 점에 대해서

$$\left| \frac{f(z) - f(z_0)}{z - z_0} - f'(z_0) \right| < \varepsilon \qquad (z \neq z_0)$$

이 성립한다. 사각형 σ_K 의 대각선의 길이가 δ 보다 작도록 K 가 충분히 클

때 δ-근방 $|z-z_0|<\delta$ 은 사각형 σ_K 을 포함한다. 따라서 z_0 는 사각형 σ_K 또는 σ_K 의 부분으로 이루어진 부분구역에 대해 부등식 (4.51) 내의 z_j 와 같은 역활을 한다. 그런데 이것은 집합열을 만든 방법에 모순이다. ■

증명 **(Cauchy-Goursat)** 주어진 임의의 양수 ε 에 대해서 보조정리 4.1 에 있는 R 의 덮개를 생각하자. j 번째 사각형이나 부분사각형위에서 다음 함수

$$\delta_j(z)=\begin{cases}\dfrac{f(z)-f(z_j)}{z-z_j}-f'(z_j) & z\neq z_j,\\ 0 & z=z_j\end{cases}\tag{4.53}$$

여기서 z_j 이 부등식 (4.51) 이 성립하는 j 번째 사각형이나 부분사각형내의 고정점이다. (4.51) 에 의하여 $\delta_j(z)$이 정의되는 구역내의 모든 점 z 에서

$$|\delta_j(z)|<\varepsilon.\tag{4.54}$$

또한 $f(z)$ 는 부분구역에서 연속이고

$$\lim_{z\to z_j}\delta_j(z)=f'(z_j)-f'(z_j)=0$$

이므로 $\delta_j(z)$ 은 부분구역전체에서 연속이다. 다음으로 C_j $(j=1,\ldots,n)$ 은 R 을 덮는 위의 사각형과 부분사각형들의 양방향의 경계를 나타내자. (4.53)의 정의에 의하여 임의의 특별한 C_j 위의 점에서 f 의 값은

$$f(z)=f(z_j)-z_jf'(z_j)+f'(z_j)z+(z-z_j)\delta_j(z)$$

으로 쓸 수 있다. 위 식의 양변을 C_j 에서 선적분을 취하면

$$\begin{aligned}\int_{C_j}f(z)\,dz=[f(z_j)-z_jf'(z_j)]\int_{C_j}dz+f'(z_j)\int_{C_j}z\,dz\\ +\int_{C_j}(z-z_j)\delta_j(z)\,dz.\end{aligned}\tag{4.55}$$

그러나 함수 1 과 z 는 유한 평면내에의 모든 곳에서 부정적분을 가지므로

$$\int_{C_j}dz=\int_{C_j}z\,dz=0.$$

따라서 (4.55) 는

$$\int_{C_j} f(z)\,dz = \int_{C_j} (z - z_j)\delta_j(z)\,dz \qquad (j = 1, 2, \ldots, n) \tag{4.56}$$

으로 축소된다. 식 (4.55) 의 왼쪽에 있는 모든 n 개의 적분들의 합은 서로 이웃한 부분구역들의 모든 쌍의 공통 경계를 따라 두 적분은 한 구역의 선분을 따라서 한 쪽방향의 적분과 다른 쪽에서는 반대방향의 적분으로 서로 상쇄되므로

$$\sum_{j=1}^{n} \int_{C_j} f(z)\,dz = \int_C f(z)\,dz$$

으로 쓸 수 있다(그림 4.10). 오직 C 위의 선적분들만 남는다. 그러므로 (4.56) 과 위 식에 의하여

$$\int_C f(z)\,dz = \sum_{j=1}^{n} \int_{C_j} (z - z_j)\delta_j(z)\,dz$$

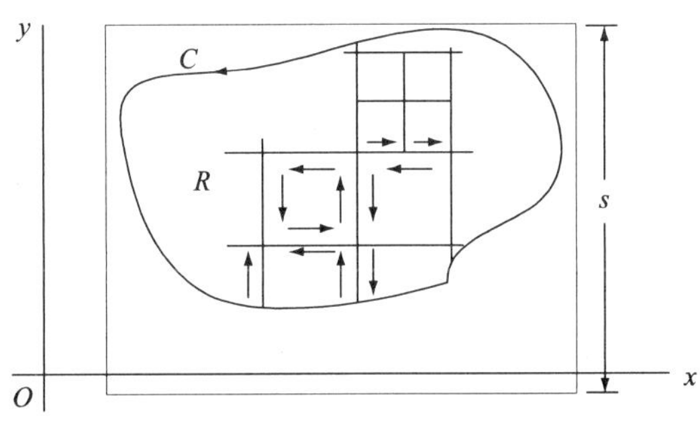

그림 4.10

이고, 따라서

$$\left| \int_C f(z)\,dz \right| = \sum_{j=1}^{n} \left| \int_{C_j} (z - z_j)\delta_j(z)\,dz \right|. \tag{4.57}$$

이제 (4.57) 의 오른쪽에 있는 적분의 상계를 구하자. 각 C_j 는 사각형의 경계를 가진 전부 또는 부분적으로 일치한다. 두 경우, s_j 를 사각형의 한변의 길이라고 하자. j-번째 적분에서 변수 z 와 점 z_j 가 모두 이 사각형내에 놓여있으므로

$$|z - z_j| \le \sqrt{2}s_j.$$

부등식 (4.54) 에의해서 부등식 (4.57)의 오른쪽에 있는 각 피적분함수는 조건

$$|(z-z_j)\delta_j(z)| < \sqrt{2}s_j\varepsilon \tag{4.58}$$

을 만족한다. C_j 가 사각형의 경계일 때 경로의 길이는 $4s_j$ 이고 사각형의 넓이를 A_j 라 하면

$$\left|\int_{C_j}(z-z_j)\delta_j(z)\,dz\right| < \sqrt{2}s_j\varepsilon 4s_j = 4\sqrt{2}A_j\varepsilon. \tag{4.59}$$

만일 C_j 는 부분 사각형의 경계이면 이 길이는 $4s_j+L_j$ 을 넘지 않는다. 여기서 L_j 는 C 의 한 부분인 C_j 의 그 부분의 길이이다. 다시 A_j 를 C_j 를 포함하는 사각형전체의 넓이라고 하면

$$\left|\int_{C_j}(z-z_j)\delta_j(z)\,dz\right| < \sqrt{2}s_j\varepsilon(4s_j+L_j) < 4\sqrt{2}A_j\varepsilon+\sqrt{2}SL_j\varepsilon. \tag{4.60}$$

여기서 S 는 R 을 덮는데 사용된 원래의 사각들 뿐 만 아니라 등심선 전체 C 를 둘러싸는 어떤 사각형의 한변의 길이이다. A_j 전체의 합은 S^2 을 넘지 않음에 주의하자.

만일 L 을 C 의 길이라고 하면 부등식 (4.57), (4.59), (4.60) 으로 부터

$$\left|\int_C f(z)\,dz\right| < (4\sqrt{2}S^2+\sqrt{2}SL)\varepsilon.$$

ε 은 임의의 양수이므로 위 부등식의 오른쪽은 원하는 만큼 작게할 수 있다. ∎

지금까지는 단순닫힌등심선으로 둘러싸인 구역에서 해석함수의 선적분의 값이 0 임을 증명하였다. 이제는 보다 다양한 구역으로 Cauchy-Goursat 정리를 확장하도록 한다.

정의 4.7 *단일연결영역(simply connected domain) D 는 구역 D 내의 모든 단순닫힌등심선이 D 내에서 연속적으로 한 점으로 줄어들 수 있는 구역이다. 단일연결구역이 아닌 구역을* ***다중연결영역(multiply connected domain)****이라 한다.*

보기 4.15 *단순닫힌등심선으로 둘러싸인 구역은 단일연결영역이다. 그러나 두 개의 원으로 둘러싸인 원환은 단순연결영역이 아니다.*

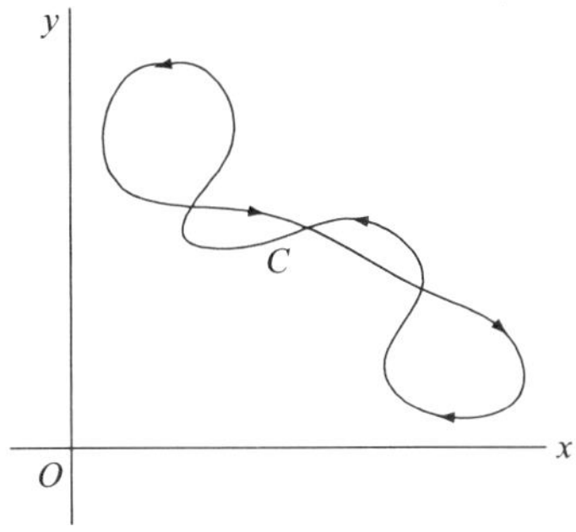

그림 4.11

Cauchy-Goursat 정리는 단일연결영역으로 확장할 수 있다.

정리 4.7 *만일 함수 f 가 단일연결영역 D 전체에서 해석적이면 D 내에 놓여있는 모든 닫힌등심선 C 에 대해서*

$$\int_C f(z)\,dz = 0.$$

증명 만일 C 가 단순닫힌등심선이면 Cauchy-Goursat 정리에 의하여 당연하다. 만일 C 가 유한번 만나는 닫힌 등심선인 경우(그림 4.11) C 는 유한개의 단순닫힌등심선들의 합으로 표현할 수 있다. 각각의 단순닫힌등심선에 Cauchy-Goursat 정리를 적용하면 C 에 대해 원하는 결과를 증명할 수 있다. 만일 닫힌등심선이 무한번 만난 경우인데 보다 자세한 증명은 이 책의 수준을 넘는다.[4] ■

따름정리 4.2 *단일연결영역 D 전체에서 해석함수 f 는 D 내에서 부정적분을 가진다.*

증명 정리 4.3과 정리 4.7에 의해 성립한다. ■

정리 4.8 *D는 단일연결영역이고 $0 \notin D$ 라 하자. 그러면 해석함수 $F(z)$ 가 존재하여 $e^{F(z)} = z$ 를 만족한다. 여기서 $F(z)$는* $\bmod 2\pi i$*의 의미로 유일하다.*

---

[4] 이것에 대한 상세한 증명은 Markushevich[8]의 책 1 권 63 절 - 65 절을 보라.

$F(z) = \log z$ 라 쓰고 F 의 선택은 구역 D 에서 log 의 가지라 부른다.

증명 1. 존재성. 따름정리 4.2에 의하여 D 위에서 $F'(z) = 1/z$ 인 해석함수 $F(z)$ 가 존재한다. 점 $z_0 \in D$ 를 고정하자. 그러면 z_0 는 3 장 4 절에서 정의한 로그함수의 적당한 가지의 영역의 점이다. 만일 F 에 적당한 상수를 더하여 $F(z_0) = \log z_0$ 가 되도록하면 z_0 에서 $e^{F(z_0)} = z_0$ 가 된다. 이제 모든 $z \in D$ 에 대해서 $e^{F(z)} = z$ 임을 보이자. 이것을 보이기 위해서 $g(z) = e^{F(z)}/z$ 라 두자. $0 \notin D$ 이므로 g 는 D 위에서 해석적이고 $F'(z) = 1/z$ 이므로

$$g'(z) = \frac{z \cdot \dfrac{1}{z} \cdot e^{F(z)} - 1 \cdot e^{F(z)}}{z^2} = 0.$$

따라서, g 는 D 위에서 상수이다. 그런데 z_0 에서 $g(z_0) = 1$ 이므로 D 위에서 $g = 1$ 이다. 그러므로 D 위에서 $e^{F(z)} = z$.

2. 유일성. F 와 G 가 D 위에서 해석함수이고 $e^{F(z)} = e^{G(z)} = z$ 를 만족한다고 하자. 그러면 $e^{F(z)-G(z)} = 1$ 이고 고정된 z_0 에서 적당한 정수 n 에 대해서 $F(z_0) - G(z_0) = 2\pi ni$ 이다. 그런데 $F'(z) = 1/z = G'(z)$ 이므로 $\frac{d}{dz}(F-G)(z) = 0$ 이고, 따라서, D 위에서 $F - G = 2\pi ni$ 이다. ■

따름정리 4.3 *만일 f가 단일연결영역 D에서 해석적이고 0이 아니라면, $f(z))^{1/n}$의 가지는 D에서 정의될 수 있다.*

증명 $f(z) = e^{g(z)}$라 두자. 여기서 $g(z)$는 D에서 해석적이다. $(f(z))^{1/n}$을 $(f(z))^{1/n} = \exp\{g(z)/n\}$으로 정의한다. ■

참고 4.14 일반적으로 n 개의 함수 $\exp\{(g(z)+2k\pi i)/n\}$ $k = 0, 1, \ldots, n-1$ 은 $(f(z))^{1/n}$의 가지이다.

참고 4.15 만일 f 가 단일연결영역에서 해석적이 아니면 Cauchy-Goursat 정리는 성립하지 않는다.

보기 4.16 함수 $1/(z-a)$ 은 $z = a$ 을 제외한 모든 점에서 해석적이다. 그러나 $z = a$ 를 중심으로 하는 임의의 원 C 에서

$$\int_C \frac{1}{z-a}\,dz = 2\pi i.$$

풀이 원 C 를 매개변수로 나타내면 $z-a=re^{i\theta}$, $0<r<\infty$, $0\le\theta\le 2\pi$ 로 쓸 수 있다. 따라서 정의 4.5에 의하여

$$\begin{aligned}\int_C \frac{1}{z-a}\,dz &= \int_0^{2\pi} \frac{1}{re^{i\theta}} ie^{i\theta}\,d\theta \\ &= i\int_0^{2\pi} d\theta = 2\pi i.\end{aligned}$$

▒

보기 4.16에서 $C:|z|=r,\quad 0<r<\infty$ 일 때

$$\int_C \frac{1}{z}\,dz = 2\pi i. \tag{4.61}$$

유한평면은 단일연결이므로 **전함수는 언제나 부정적분을 가진다.** 예를 들어, 다항함수, $\sin z$, $\cos z$, e^z 등은 언제나 부정적분을 가진다.

Cauchy-Goursat 정리는 다중연결영역에서도 적용할 수 있다.

정리 4.9 *등심선 C 와 C_k 는 다음 두 조건을 만족한다고 하자:*

(i) *C 는 시계반대방향의 단순닫힌등심선이다;*

(ii) *C_k $(k=1,2,\ldots,n)$ 는 C 의 내부에 있으며 서로 만나지 않는 시계방향의 단순닫힌등심선이다.*

만일 함수 f 가 $C_k, k=1,2,\ldots,n$ 의 내부를 제외한 C 위와 내부전체에서 해석적이면

$$\int_C f(z)\,dz + \sum_{k=1}^{n}\int_{C_k} f(z)\,dz = 0. \tag{4.62}$$

식 (4.62) 에서 적분의 각 경로의 방향은 닫힌구역의 내부가 그 경로의 **왼쪽**에 놓여 있음에 주의하자. 이러한 방향을 **양의 방향**이라고 한다.

증명 바깥 등심선 C 에서 내부 등심선 C_1 을 연결하는 끝과 끝을 연결하는 유한개의 선분으로 이루어진 다항선분경로를 L_1 이라 하자. C_1 과 C_2 를 연결하는 다항선분경로를 L_2 라 한다. 이러한 방식으로 계속하면 C_{n+1} 과 C 를 연결하는 다항선분경로를 L_{n+1} 라 하자. 그림 4.12와 같이 한쪽으로 가리키는 방향을 따라 도는 두 개의 단순닫힌등심선 Γ_1 과 Γ_2 를 형성한다.

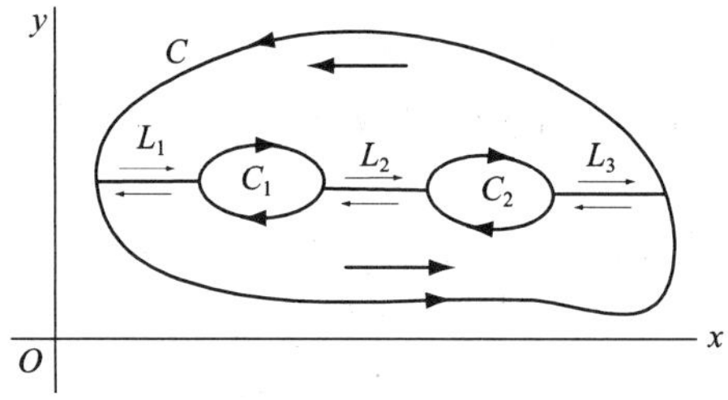

그림 4.12

각각은 다항곡선 L_k 또는 $-L_k$ 와 C 및 C_k 의 일부로 이루어진 내부의 점이 왼쪽에 있도록 방향을 택한 등심선이다. 편의상 등심선 Γ_1 과 Γ_2 를

$$\Gamma_1 = U + L_1 + U_1 + \cdots + U_n + L_{n+1}, \quad \Gamma_2 = D + (-L_1) + D_1 + \cdots + D_n + (-L_{n+1})$$

으로 나타내자. 여기서 U 와 D 는 $C = U + D$ 를 만족하는 각각 반시계방향의 C 의 위쪽과 아래쪽 등심선이고, U_k 와 D_k 는 $C_k = U_k + D_k$ 를 만족하는 각각 시계방향의 C_k 의 위쪽과 아래쪽 등심선이다. 이제 Γ_1 과 Γ_2 위에서 f 에 Cauchy-Goursat 정리를 적용하면

$$\begin{aligned}
0 = \int_{\Gamma_1} f(z)\,dz &= \int_U f(z)\,dz + \int_{L_1} f(z)\,dz + \int_{U_1} f(z)\,dz \\
&\quad + \cdots + \int_{U_n} f(z)\,dz + \int_{L_{n+1}} f(z)\,dz, \\
0 = \int_{\Gamma_2} f(z)\,dz &= \int_D f(z)\,dz + \int_{-L_1} f(z)\,dz + \int_{D_1} f(z)\,dz \\
&\quad + \cdots + \int_{D_n} f(z)\,dz + \int_{-L_{n+1}} f(z)\,dz.
\end{aligned}$$

위의 두 식을 합하면 각 k 에 대해서 $\int_{L_k} f(z)\,dz + \int_{-L_k} f(z)\,dz = 0$, $\int_{U_k} f(z)\,dz + \int_{D_k} f(z)\,dz = \int_{C_k} f(z)\,dz$ 이고 $\int_U f(z)\,dz + \int_D f(z)\,dz = \int_C f(z)\,dz$ 이므로

$$\int_C f(z)\,dz + \sum_{k=1}^{n} \int_{C_k} f(z)\,dz = 0$$

이 된다. ▒

따름정리 4.4 *(경로변형원리) C_1 과 C_2 는 양의 방향을 갖는 단순닫힌등심선이라 하자. C_2 는 C_1 의 내부에 있다(그림 4.13왼쪽). 만일 함수 f 가 이*

러한 등심선과 그 사이의 점들로 이루어진 닫힌구역내에서 해석적이면

$$\int_{C_1} f(z)\,dz = \int_{C_2} f(z)\,dz. \tag{4.63}$$

따름정리 4.4은 f 가 해석적인 구역내에서 C_1 이 연속적으로 C_2 로 변형될 수 있을 때 C_1 위의 선적분값이 변하지 않음을 보여주고 있다. 다음 보기는 이것을 응용한 것이다.

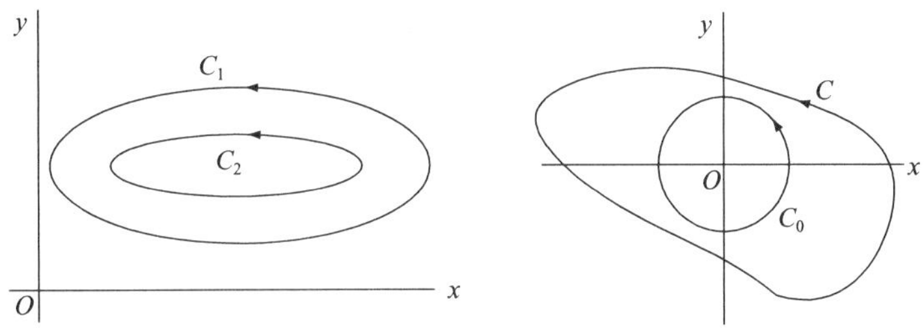

그림 4.13

보기 4.17 C 는 원점 주위를 양의 방향으로 회전하는 단순닫힌등심선이라 하자. 이 때 선적분

$$\int_C \frac{1}{z}\,dz$$

을 구하여라.

풀이 C 의 안쪽에 원점을 중심으로 하고 반경이 충분히 작은 양의 방향의 원 C_0 을 넣을 수 있다(그림 4.13 오른쪽). 그러면 $\frac{1}{z}$ 는 원점을 제외한 모든 구역에서 해석함수이므로 C 와 C_0 로 둘어싸인 구역의 내부에서 해석적이다. 따름정리 4.3에 의하여

$$\int_C \frac{1}{z}\,dz = \int_{C_0} \frac{1}{z}\,dz.$$

그런데 보기 4.16에 의하여

$$\int_{C_0} \frac{1}{z}\,dz = 2\pi i$$

이므로 구하는 적분값은 $2\pi i$ 이다. ▩

풀이에서 사용된 원 C_0 는 C 를 완전히 포함할 수 있는 큰 원이라도 같은 결과를 얻는다. 일반적으로 같은 방법으로 C 가 점 a 를 주위로 양의 방향으로 회전하는 단순닫힌 등심선일 때 적분

$$\int_C \frac{1}{z-a}\,dz = 2\pi i$$

를 얻는다.

연습문제 4.3

1. 부정적분을 찾아 다음 적분을 구하여라. 단, 경로는 적분의 양 끝점을 잇는 임의의 등심선이다.

   (a) $\displaystyle\int_i^{i/2} e^{\pi z}\,dz$ (c) $\displaystyle\int_0^{1+i} \frac{1}{1+z^2}\,dz$

   (b) $\displaystyle\int_1^{2} (z-1)^2\,dz$ (d) $\displaystyle\int_0^{\pi+2i} \cos\left(\frac{z}{3}\right)\,dz$

2. C_0 이 점 z_0 을 지나지 않는 임의의 닫힌 등심선일 때

$$\int_{C_0} (z-z_0)^{n-1}\,dz = 0 \qquad (n = \pm 1, \pm 2, \ldots)$$

   을 보여라.

3. C 은 양방향에 관한 원 $|z| = 1$ 일 때 Cauchy-Goursat 정리를 적용하며 다음 함수

   (a) $f(z) = \dfrac{z^2+1}{z-2}$ (d) $f(z) = \dfrac{1}{z^2+2z+2}$

   (b) $f(z) = e^{-z^2}$ (e) $f(z) = \tan z$

   (c) $f(z) = \sinh z$ (f) $f(z) = \mathrm{Log}(z+2)$

   에 대한

$$\int_C f(z)\,dz = 0$$

   을 증명하여라.

4. C_1 이 양의 방향 원 $|z| = 4$ 을 나타내고 C_2 는 한변이 직선 $x = \pm 1, y = \pm 1$ 에 놓여 있는 양의 방향의 사각형이라 하자(그림 4.14). 다음 함수

   (a) $f(z) = \dfrac{1}{2z^2+1}$ (b) $f(z) = \dfrac{z+2}{\sin(z/2)}$

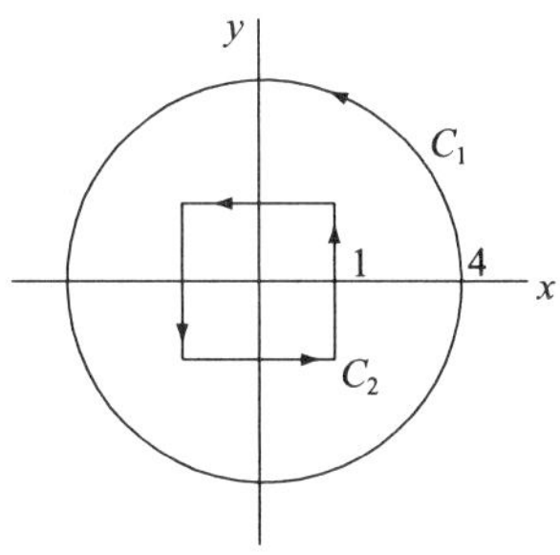

그림 4.14

(c) $f(z) = \dfrac{1+e^z}{(1-e^z)}$

에 대해

$$\int_{C_1} f(z)\,dz = \int_{C_2} f(z)\,dz$$

이 성립하는 이유를 설명하여라.

5. C_0 이 양의 방향 원 $|z-z_0| = R$ 을 나타내면

$$\int_{C_0} (z-z_0)^{n-1}\,dz = \begin{cases} 0 & n = \pm 1, \pm 2, \ldots, \\ 2\pi i & n = 0 \end{cases}$$

이다. 만일 C 이 양의 방향의 사각형 $0 \le x \le 3, 0 \le y \le 2$ 의 경계이면

$$\int_C (z-2-i)^{n-1}\,dz = \begin{cases} 0 & n = \pm 1, \pm 2, \ldots, \\ 2\pi i & n = 0 \end{cases}$$

이다.

6. (a) $1/z$ 의 부정적분으로서 로그함수의 가지

$$\text{Log}z = \ln r + i\theta \qquad (r > 0, 0 < \theta < 2\pi)$$

을 사용함으로써 $-2i$ 부터 $2i$ 까지 적분경로가 원 $|z| = 2$ 의 왼쪽 반원 일 때

$$\int_{-2i}^{2i} \frac{dz}{z} = -\pi i$$

임을 보여라.

(b) C 가 양의 방향의 원 $|z|=2$ 일 때

$$\int_C \frac{dz}{z} = 2\pi i$$

임을 보여라.

7. z^i 가 주가지

$$z^i = \exp(i\mathrm{Log}z) \qquad (|z|>0, -\pi < \mathrm{Arg}z < \pi)$$

임을 나타내고 적분경로가 양끝점을 제외한 실수축의 위쪽에 놓여진 $z=-1$ 부터 $z=1$ 까지 임의의 등심선일 때

$$\int_{-1}^{1} z^i\,dz = \frac{1+e^{-\pi}}{2}(1-i)$$

임을 보여라. (힌트 : 어떤 멱함수의 가지

$$z^i = \exp(i\log z) \qquad \left(|z|>0, -\frac{\pi}{2} < \arg z < \frac{3\pi}{2}\right)$$

의 부정적분을 사용한다.)

8. C 가 반원판 $0 \le r \le 1$, $0 \le \theta \le \pi$ 의 양의 방향의 전체경계라 하고 $f(z)$ 는 $f(0)=0$ 라고 둠으로써 그러한 반원판위에서 정의된 연속함수라 하자. 다가함수 $z^{1/2}$ 의 가지

$$f(z) = \sqrt{r}e^{i\theta/2} \qquad \left(r>0, -\frac{\pi}{2} < \theta < \frac{3\pi}{2}\right)$$

을 사용한다. C 를 이루는 두개의 반경과 반원위에서 $f(z)$ 의 적분을 각각 계산하여

$$\int_C f(z)\,dz = 0$$

임을 보여라. 왜 여기서 Cauchy-Goursat 정리를 사용할 수 없을까?

9. 만일 C 가 양의 방향의 단순닫힌 등심선이면 C 로 둘러싸인 구역의 넓이는

$$\frac{1}{2i}\int_C \bar{z}\,dz$$

임을 보여라.(힌트 : 그린정리를 이용한다.)

10. $f(z)$ 는 단일연결영역 D 에서 해석적이고 0 이 아닌 함수라 하자. 그러면 D 에서 해석적인 함수 g 가 존재하여 $e^{g(z)} = f(z)$ 가 성립함을 보여라(힌트:

함수

$$g(z) = \int_{z_0}^{z} \frac{f'(w)}{f(w)}\,dw + \mathrm{Log}\, f(z_0)$$

라 두고 정리 4.8의 증명방법을 적용할 것).

11. C_1 은 실수축과 무한번 만나는 매끄러운 방정식

$$y(x) = \begin{cases} x^3 \sin\left(\dfrac{\pi}{x}\right) & 0 < x \le 1 \\ 0 & x = 0 \end{cases}$$

로 정의된 함수의 그래프를 따라 원점에서 점 $z = 1$ 까지의 경로이고 C_2 는 $z = 1$ 부터 원점까지 실수축을 따른 선분을 나타내고 C_3 은 그 자신과 만나지 않고 호 C_1 과 C_2 의 양끝점에서만 공통점을 가지는 원점에서 $z = 1$ 까지의 임의의 매끄러운 호라 하자. Cauchy-Goursat 정리를 이용하여 만일 함수 $f(z)$ 가 전함수이면

$$\int_{C_1} f(z)\,dz = \int_{C_3} f(z)\,dz \text{ 이고 } \int_{C_2} f(z)\,dz = -\int_{C_3} f(z)\,dz$$

임을 보여라. 비록 닫힌등심선 $C = C_1 + C_2$ 가 무한번 자신과 만난다 할지라도(그림 4.16)

$$\int_{C} f(z)\,dz = 0$$

임을 알 수 있다.

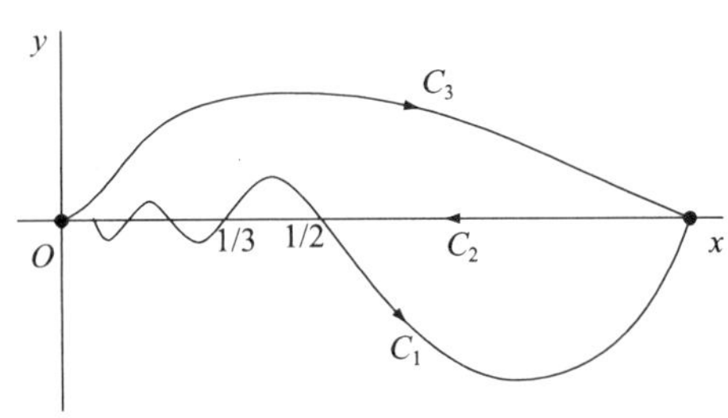

그림 4.15

4.4 Cauchy 적분공식과 응용

이 절에서는 Cauchy 의 다른 정리를 살펴보기로 한다.

정리 4.10 (Cauchy 적분공식) *f 는 양의 방향의 단순닫힌등심선위와 내부의 모든 점에서 해석적이라 하자. 만일 z_0 가 C 의 내부의 임의의 점이면*

$$f(z_0) = \frac{1}{2\pi i}\int_C \frac{f(z)}{z-z_0}\,dz. \tag{4.64}$$

증명 f 가 $z = z_0$ 에서 연속이므로 주어진 $\varepsilon > 0$ 에 대해서

$$|z - z_0| < \delta \text{ 이면 } |f(z) - f(z_0)| < \varepsilon$$

을 만족하는 $\delta > 0$ 이 존재한다. 이제 양수 $\rho < \delta$ 를 양의 방향의 원 C_0 : $|z - z_0| = \rho$ 이 C 의 내부에 포함되도록 작게 선택한다(그림 4.16). 그러면

$$|z - z_0| = \rho \text{ 이면 } |f(z) - f(z_0)| < \varepsilon. \tag{4.65}$$

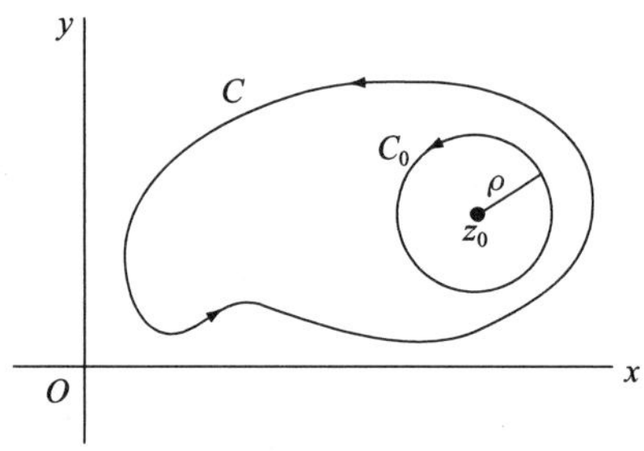

그림 4.16

함수 $f(z)/(z - z_0)$ 은 등심선 C 와 C_0 의 사이의 구역에서 해석적이므로 따름정리 4.4에 의하여

$$\int_C \frac{f(z)}{z-z_0}\,dz = \int_{C_0} \frac{f(z)}{z-z_0}\,dz.$$

위 식의 양변을 $f(z_0)\int_{C_0}\frac{dz}{z-z_0}$ 을 빼면

$$\int_C \frac{f(z)}{z-z_0}dz - f(z_0)\int_{C_0}\frac{dz}{z-z_0} = \int_{C_0}\frac{f(z)-f(z_0)}{z-z_0}dz. \tag{4.66}$$

그런데

$$\int_{C_0}\frac{dz}{z-z_0} = 2\pi i$$

이므로 식 (4.66) 은

$$\int_C \frac{f(z)}{z-z_0}dz - 2\pi i f(z_0) = \int_{C_0}\frac{f(z)-f(z_0)}{z-z_0}dz. \tag{4.67}$$

정리 4.2(v) 과 (4.65)를 이용하면

$$\left|\int_{C_0}\frac{f(z)-f(z_0)}{z-z_0}dz\right| < \frac{\varepsilon}{\rho}2\pi\rho = 2\pi\varepsilon.$$

(4.67) 에 의하여

$$\left|\int_C \frac{f(z)}{z-z_0}dz - 2\pi i f(z_0)\right| < 2\pi\varepsilon.$$

ε 은 임의의 양수이므로 (4.64) 를 얻는다. ∎

보기 4.18 C 는 양의 방향의 원 $|z|=2$ 이라 하자. 적분

$$\int_C \frac{z}{(z^2+9)(z-i)}dz$$

을 구하여라.

풀이 피적분함수 $z/[(z^2+9)(z-i)]$ 는 $z=i$ 때문에 C 의 내부에서 해석적이지 못하다. 그러므로 Cauchy-Goursat 정리를 바로 사용할 수 없다. 그런데 피적분 함수의 분모를 0 으로 하는 값 중 $z_0=i$ 만이 C 의 내부에 있다. 이 점을 제외한 함수

$$f(z) = \frac{z}{z^2+9}$$

은 C 내부에서 해석적이므로 Cauchy적분공식의 조건을 만족한다. 따라서

주어진 적분을 다시 표현하면

$$\int_C \frac{f(z)}{z-i}\,dz$$

이다. Cauchy 적분공식 (4.64) 으로부터 구하는 적분값은 $2\pi i f(i) = \dfrac{-\pi}{4}$ 이다. ■

식 (4.64) 를 이용하여 $f'(z)$ 의 적분표현을 구하여 보도록 하자. $0 < |\Delta z| < d$ 에 대해서

$$\begin{aligned}\frac{f(z+\Delta z)-f(z)}{\Delta z} &= \frac{1}{2\pi i}\int_C \left(\frac{1}{s-z-\Delta z}-\frac{1}{s-z}\right)\frac{f(s)}{\Delta z}\,dz \\ &= \frac{1}{2\pi i}\int_C \frac{f(s)}{(s-z-\Delta z)(s-z)}\,ds\end{aligned}$$

여기서 $d < \operatorname{dist}(z,C) = \inf\{|z-s| : s \in C\}$ 이다. f 가 C 위에서 연속이라는 사실을 이용하여

$$\lim_{\Delta z\to 0}\frac{1}{2\pi i}\int_C \frac{f(s)}{(s-z-\Delta z)(s-z)}\,ds = \frac{1}{2\pi i}\int_C \frac{f(s)}{(s-z)^2}\,ds$$

임을 보이자. 이를 위해서 먼저

$$\int_C \left[\frac{1}{(s-z-\Delta z)(s-z)}-\frac{1}{(s-z)^2}\right] f(s)\,ds = \Delta z\int_C \frac{f(s)}{(s-z-\Delta z)(s-z)^2}\,ds$$

을 계산하자. $M = \max_{z\in C}|f(z)|$ 이고 L 을 등심선 C 의 길이라고 하자. $|s-z| > d$ 이고

$$|s-z-\Delta z| \geq \big|\,|s-z|-|\Delta z|\,\big| > d-|\Delta z|$$

이므로 $|\Delta z| \to 0$ 일 때

$$\left|\Delta z\int_C \frac{f(s)}{(s-z-\Delta z)(s-z)^2}\,ds\right| \leq \frac{|\Delta z|ML}{(d-|\Delta z|)d^2} \to 0$$

따라서

$$\lim_{\Delta z\to 0}\frac{f(z+\Delta z)-f(z)}{\Delta z} = \frac{1}{2\pi i}\int_C \frac{f(s)}{(s-z)^2}\,ds.$$

이고 결국

$$f'(z) = \frac{1}{2\pi i}\int_C \frac{f(s)}{(s-z)^2}\,ds. \tag{4.68}$$

식 (4.68) 을 이용하여 같은 방법을 사용하면

$$f''(z) = \frac{1}{\pi i}\int_C \frac{f(s)}{(s-z)^3}\,ds. \tag{4.69}$$

을 얻을 수 있다. 귀납법을 사용하면

$$f^{(n)}(z) = \frac{n!}{2\pi i}\int_C \frac{f(s)}{(s-z)^{n+1}}\,ds \qquad n = 0,1,2,\ldots. \tag{4.70}$$

을 얻을 수 있다. 여기서 $f^{(0)} = f$ 이다.

식 (4.69) 는 C 의 내부에 있는 각 점 z 에서 함수 f 의 2 계도함수의 존재성을 말한다. 실제로, **만일 함수 f 는 한 점에서 해석적이면 f 의 도함수 f' 는 그 점에서 또한 해석적이다.** 왜냐하면, 만일 f 가 점 z 에서 해석적이면 z 에 관한 원이 존재하여 f 가 원 위와 내부에서 해석적이다. 그러면 (4.69) 로 부터 $f''(z)$ 는 그 원의 내부의 각 점에서 존재하고, 따라서 도함수 f' 는 z 에서 해석적이다. 같은 방법을 해석함수 f' 에 적용하면 그 도함수 f'' 도 해석적임을 보일 수 있다. 이를 계속하면 다음 정리를 얻을 수 있다.

정리 4.11 *함수 f 가 점 z_0 에서 해석적이면 f 의 모든 계수의 도함수 $f^{(n)}$ 은 또한 점 z_0 에서 해석함수이다.*

그러나, 정리 4.11은 실함수에서는 성립하지 않는다(연습문제 14). 함수

$$f(z) = u(x,y) + iv(x,y)$$

가 점 $z = (x,y)$ 에서 해석적이면 f' 의 해석성은 f' 의 연속성을 보장한다. 그런데

$$f'(z) = u_x(x,y) + iv_x(x,y) = v_y(x,y) - iu_y(x,y)$$

이므로 u,v 의 1 계 편도함수는 그 점에서 연속이다. 즉 u,v 는 C^1 함수이다. 더구나 f'' 도 z 에서 해석적이고 연속이며

$$f''(z) = u_{xx}(x,y) + iv_{xx}(x,y) = v_{yx}(x,y) - iu_{yx}(x,y)$$

이므로 u, v 의 이계 편도함수 역시 그 점에서 연속이다. 즉 u, v 는 C^2 함수이다. 이러한 과정을 계속하면 따름정리 4.5를 얻는다.

따름정리 4.5 *함수 $f(z) = u(x,y) + iv(x,y)$ 가 점 $z = x + iy$ 에서 해석적이면 f 의 성분함수 u, v 는 그 점에서 모든 계수에 대해 연속인 도함수를 갖는다.*

보기 4.19 C 를 양의 방향의 원 $|z| = 2$ 일 때

$$\int_C \frac{e^z + z^2}{z^3}\, dz$$

의 적분값을 구하여라.

풀이 C 의 내부에 $z = 0$ 이 있으므로 이 점을 제외한 나머지를 $f(z) = e^z + z^2$ 라 두면 f 는 C 위와 내부에서 해석적이다. 따라서 Cauchy 적분공식 (4.70) 을 이용하면 구하는 적분은

$$\int_C \frac{e^{2z} + z^2}{z^3}\, dz = \int_C \frac{f(z)}{(z-0)^{2+1}}\, dz = \frac{2\pi i}{2!} f''(0) = 3\pi i.$$

■

보기 4.20 C 는 양의 방향을 가지는 임의의 단순등심선이라 하고 z_0 는 C 의 내부점이라 하자.

$$\int_C \frac{1}{(z-z_0)^n}\, dz = \begin{cases} 2\pi i, & n = 1 \\ 0, & n \neq 1. \end{cases} \tag{4.71}$$

풀이 함수 $f(z) = 1$ 이라 놓으면 Cauchy 적분공식 (4.70) 로 부터 (4.71) 을 얻을 수 있다. ■

다음 정리의 증명은 해석함수의 도함수는 그 자체가 해석적이라는 사실에 의존하고 있다.

정리 4.12 (Morera) *만일 f 가 영역 D 전체에서 연속이고 D 내에 놓여있는 모든 닫힌 등심선에 대해서*

$$\int_C f(z)\, dz = 0 \tag{4.72}$$

이면 f 는 D 전체에서 해석적이다.

증명 만일 정리의 가정이 성립한다 하자. 그러면 정리 4.3에 의하여 f 는 부정적분 F 를 가진다. 그런데 $F' = f$ 이므로 F 는 해석함수이다. 정리 4.11에 의하여 해석함수의 도함수도 역시 해석함수이므로 f 는 해석함수이다. ∎

참고 4.16 만일 D 가 단일연결영역이면 D 위에서 연속함수들의 집합에 대해서 Morera 정리는 Cauchy-Goursat 정리의 역을 말하고 있다.

연습문제 4.4

1. C 는 네변이 직선 $x = \pm 2$ 와 $y = \pm 2$ 인 양의 방향의 사각형의 둘레를 나타낸다고 하자. 다음 각 적분값을 구하여라.

   (a) $\displaystyle\int_C \frac{e^{-2z}dz}{z-(\pi i/2)}$ (c) $\displaystyle\int_C \frac{z^2\,dz}{3z+1}$

   (b) $\displaystyle\int_C \frac{\cos z}{z(z^2+9)}\,dz$ (d) $\displaystyle\int_C \frac{\cosh z}{z^4}\,dz$

   (e) $\displaystyle\int_C \frac{\sin(z/2)}{(z-iy_0)^2}\,dz \quad (-2 < y_0 < 2)$

2. 양의 방향의 원 $|z-i| = 2$ 을 따라 다음 함수

   (a) $g(z) = \dfrac{1}{z^2+4}$ (b) $g(z) = \dfrac{1}{(z^2+4)^2}$

   의 적분
   $$\int_{|z-i|=2} g(z)\,dz$$
   을 계산하여라.

3. C 를 양의 방향의 원 $|z| = 2$ 이라 하자. 만일
   $$g(w) = \int_C \frac{2z^2-3z+2}{z-w}\,dz \qquad (|w| \neq 2),$$
   이면 $g(i) = 6\pi$ 임을 보여라. $|w| > 2$ 일 때 $g(w)$ 의 값은?

4. C 는 z 평면내에서 양의 방향인 임의의 단순닫힌등심선이라 하고
   $$g(w) = \int_C \frac{z^3+2z}{(z-w)^3}\,dz$$

로 쓰자. w 가 C 의 내부에 있으면 $g(w) = 6\pi iw$ 이고 w 이 C 의 외부에 있으면 $g(w) = 0$ 임을 보여라.

5. 다음을 증명하여라.

(a) $P(z)$ 가 n 차 다항식일 때

$$\int_{|z|=R} \frac{P(z)}{(z-z_0)^{n+2}}\,dz = 0 \quad |z_0| \neq R.$$

(b) m, n 이 양의 정수이고 C 는 z_0 를 포함하는 임의의 등심선일 때

$$\int_C \frac{(n-1)!e^z}{(z-z_0)^n}\,dz = \int_C \frac{(m-1)!e^z}{(z-z_0)^m}\,dz.$$

6. f 가 단순닫힌 등심선 C 위와 내부에서 해석적이고 z_0 이 C 위의 점이 아니면

$$\int_C \frac{f'(z)dz}{z-z_0} = \int_C \frac{f(z)dz}{(z-z_0)^2}$$

임을 보여라.

7. C 는 단위원 $z = e^{i\theta}$ $(-\pi \leq \theta \leq \pi)$ 라 하자. 먼저 임의의 실수 상수 a 에 대해서

$$\int_C \frac{e^{az}}{z}\,dz = 2\pi i$$

를 보이고 θ 의 항으로 적분을 나타내어 적분공식

$$\int_0^{\pi} e^{a\cos\theta}\cos(a\sin\theta)\,d\theta = \pi$$

를 유도하여라.

8. (a) 2 항정리를 이용하여 n 의 각 값에 대해서 함수

$$P_n(z) = \frac{1}{n!2^n}\frac{d^n}{dz^n}(z^2-1)^n \qquad (n = 0, 1, 2, \ldots)$$

은 n 차 다항식임을 보여라.

(b) C 를 고정점 z 를 둘러싸는 임의의 양의 방향의 단순닫힌 등심선이라 하자. Cauchy 적분공식을 이용하여 (a) 의 다항식을

$$P_n(z) = \frac{1}{2^{n+1}\pi i}\int_C \frac{(s^2-1)^n}{(s-z)^{n+1}}\,ds \qquad (n = 0, 1, 2, \ldots)$$

로 표현할 수 있음을 보여라.

(c) 만일 $z=1$ 이면 (b)의 $P_n(z)$ 에 대한 적분 표현에서 피적분함수는 $(s+1)^n/(s-1)$ 으로 어떻게 쓸 수 있는지를 지적하여라. Cauchy 적분공식을 사용하여 $P_n(1)=1$ $(n=0,1,2,\ldots)$ 이고 $P_n(-1)=(-1)^n$ $(n=0,1,2,\ldots)$ 임을 보여라.

9. f 를 단순닫힌곡선 γ 위와 내부에서 해석함수라 하자. γ 위에서 $f=0$ 라 가정하자. 그러면 γ 내부에서 $f=0$ 임을 보여라.

10. $f(z)$ 은 $|z|<1$ 위에서 해석적이고 $|f(z)|\leq 1$ 라 하자. 그러면 $|f'(0)|$ 에 대한 값을 추정하여라.

11. $C:|z|=2$ 라 하자. 적분

$$\int_C \frac{|z|e^z}{z^2}\,dz$$

을 계산하여라.

12. $f(z), g(z)$ 가 단일연결영역 D 위에서 해석적이라 하자. 그러면

$$\int_{z_0}^{z_1} f(z)g'(z)\,dz = f(z_1)g(z_1)-f(z_0)g(z_0)-\int_{z_0}^{z_1} f(z)g'(z)\,dz$$

임을 증명하여라.

13. $f(z)$ 는 등심선 C 위에서 연속이고 해석적일 필요는 없다고 하자. 함수

$$F(z)=\int_C \frac{f(s)}{s-z}\,ds$$

이 C 위가 아닌 각 z 에서 해석적이고

$$F'(z)=\int_C \frac{f(s)}{(s-z)^2}\,ds$$

임을 증명하여라.

14. 정리 4.11은 실함수에서 대해서 성립하지 않음을 설명하여라.(힌트: 함수

$$f(x)=\begin{cases} x^2\sin\dfrac{1}{x}, & x\neq 0,\\ 0, & x=0 \end{cases}$$

은 $x=0$에서 미분가능하지만, f'은 $x=0$에서 미분가능하지 않음을 보인다.)

15. (Green정리-복소버젼) C는 단순닫힌등심선이고 C로 둘러싸인 구역을 R이라 하자. $g=u+iv$가 R에서 정의된 복소함수이고 u 와 v 가 모두 1계 미분

가능하고 그 1 계 도함수가 연속이라고 하자. 그러면

$$\int_C g\,dz = 2i\iint_R \frac{\partial g}{\partial \bar{z}}\,dA(z)$$

임을 보여라. 여기서 $\dfrac{\partial g}{\partial \bar{z}}$ 은 연습문제 2.4절 14문제 (b) 에서 나온 식이다.

16. (일반화된 Cauchy공식) C는 단순닫힌등심선이고 f는 C로 둘러싸인 구역 R에서 연속이고 $\dfrac{\partial f}{\partial \bar{z}}$ 가 존재한다고 가정하자. 그러면 C의 내부의 임의의 점에서

$$f(z) = \frac{1}{2\pi i}\int_C \frac{f(w)}{w-z}\,dw - \frac{1}{\pi}\iint_R \frac{\partial f/\partial \bar{w}}{w-z}\,dA(w)$$

임을 증명하여라. (힌트: 영역 R내에 z의 작은 ε-근방을 제거한 영역 R_ε에 문제 복소버젼 Green 정리를 $g(w) = \dfrac{f(w)}{w-z}$에 대입하여 식을 구하고 $\varepsilon \to 0$을 취하여 극한을 구한다.)

4.5 복소적분의 주요 정리

이 절에서는 복소적분공식을 이용한 정리들을 살펴보기로 한다.

정리 4.13 (Cauchy 부등식) *C 는 z_0 을 중심으로 하고 반지름이 R 인 양의 방향의 원이라 하고(그림 4.17) f 는 C 위와 내부에서 해석함수이고 M_R 은 C 위에서 $|f(z)|$ 의 최대값이라 하자. 그러면*

$$|f^{(n)}(z_0)| \le \frac{n!M_R}{R^n},\ n = 1, 2, \ldots \tag{4.73}$$

특히 $n = 1$ 일 때

$$|f'(z_0)| \le \frac{M_R}{R}. \tag{4.74}$$

증명 Cauchy 적분공식 (4.70) 와 정리 4.2를 이용하면 원하는 결과를 얻을 수 있다. ▨

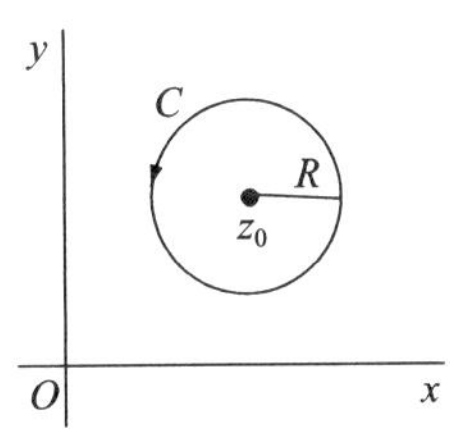

그림 4.17

Cauchy 부등식을 이용하면 다음 정리를 얻을 수 있다.

정리 4.14 (Liouville) *만일 f 가 복소 평면전체에서 전함수이고 유계이면 $f(z)$ 는 평면전체에서 상수이다.*

증명 f 가 전함수이므로 z_0 와 R 의 임의의 선택에 대해서 부등식 (4.74) 가 성립한다. f 가 유계이므로 모든 z 에 대해서 $|f(z)| \le M$ 을 만족하는 상수 M 이 존재한다. (4.74) 의 상수 M_R 은 항상 $M_R \le M$ 이므로

$$|f'(z_0)| \le \frac{M}{R}. \tag{4.75}$$

여기서 z_0 는 평면상의 임의의 고정된 점이고 R 이 임의의 큰 수이다. 부등식 (4.74) 의 상수 M 이 선택한 R 의 값에 무관하므로 부등식은 충분히 큰 R

에 대해서도 성립한다. 이것으로 부터 $f'(z_0) = 0$ 이다. z_0 는 평면상의 임의의 점이므로 평면상의 모든 점에서 $f'(z) = 0$ 이다. 따라서 f 는 상수함수이다. ■

참고 4.17 Liouville 정리는 실함수에 대해서 성립하지 않는다. $f(x,y) = \sin(xy)$은 유계이고 임의의 실수점에서 모든 계수의 도함수를 가지지만 상수함수는 아니다.

Liouville 정리를 이용하면 Gauss가 증명한 대수학의 기본정리를 증명할 수 있다.

정리 4.15 (대수학의 기본정리)[5] *$n \geq 1$ 차의 임의의 다항식*

$$P(z) = a_0 + a_1 z + a_2 z^2 + \cdots + a_n z^n \qquad (a_n \neq 0)$$

은 적어도 하나 영점을 가진다. 즉, $P(z_0) = 0$ 인 적어도 한 점 z_0 이 존재한다.

증명 귀류법을 사용하여 증명한다. $P(z)$ 가 어떠한 z 에 대해서도 영점을 가지지 않는다고 가정하자. 그러면

$$f(z) = \frac{1}{P(z)}$$

은 분명히 전함수이다. Liouville 정리를 이용하기 위해 f 가 복소평면에서 유계임을 보이자. 먼저

$$w = \frac{a_0}{z^n} + \frac{a_1}{z^{n-1}} + \frac{a_2}{z^{n-2}} + \cdots + \frac{a_{n-1}}{z} \tag{4.76}$$

라고 쓰면 $P(z) = (a_n + w)z^n$ 이 된다. $|z| \geq R$ 일 때

$$\left| \frac{a_{k-1}}{z^{n-k+1}} \right| < \frac{|a_n|}{2n} \qquad k = 1, 2, \cdots, n$$

이 되도록 충분히 큰 수 R 를 택할 수 있다. 삼각부등식에 의하여 $|z| \geq R$ 에

[5]이 정리는 Gauss 의 박사학위 논문으로 나중에 Gauss 는 이 정리를 4가지 서로 다른 방법으로 증명하였다.

대해서 $|w| < |a_n|/2$ 이다. 따라서 $|z| \geq R$ 일 때

$$|a_n + w| \geq \big||a_n| - |w|\big| > \frac{|a_n|}{2}$$

이고 따라서 $|z| \geq R$ 일 때

$$|P(z)| = |a_n + w|\,|z^n| > \frac{|a_n|}{2}|z|^n \geq \frac{|a_n|}{2}R^n. \tag{4.77}$$

그러면 $|z| \geq R$ 일 때

$$|f(z)| = \frac{1}{|P(z)|} < \frac{2}{|a_n|R^n}.$$

따라서 f 는 원판 $|z| \leq R$ 의 외부 구역에서는 유계이다. 그런데 f 는 닫힌 원판 $|z| \leq R$ 의 내부 구역에서 연속이므로 $|f|$ 도 또한 연속인 실함수이므로 컴팩트 집합 $|z| \leq R$ 에서 최대 값을 가진다. 따라서 $|f|$ 는 복소평면 전체에서 유계이다.

Liouville 정리에 의하여 $f(z)$ 는 상수함수이므로 $P(z)$ 도 상수함수이다. 그러나 $P(z)$ 는 상수함수가 아니므로 이것은 모순이다. ∎

참고 4.18 대수학의 기본정리를 계속 적용하면

$$P(z) = a_n(z-\alpha_1)(z-\alpha_2)\cdots(z-\alpha_n) \tag{4.78}$$

으로 분해할 수 있다. 여기서 $\alpha_1, \alpha_2, \ldots, \alpha_n$ 은 서로 다를 필요는 없다.

보조정리 4.2 *$f(z)$ 은 점 z_0 의 근방 $|z - z_0| < \varepsilon$ 전체에서 해석적이라 가정하자. 만일 근방 $|z - z_0| < \varepsilon$ 의 각 점 z 에 대해서 $|f(z)| \leq |f(z_0)|$ 이면 근방 전체에서 $f(z) = f(z_0)$ 이다.*

증명 f 가 주어진 조건을 만족한다고 가정하자. z_1 을 주어진 근방내의 z_0 와 다른 점이라 하자. ρ 를 점 z_0 와 z_1 과의 거리라고 하자. 만일 C_ρ 를 z_0 가 중심이고 z_1 을 지나는 양의 방향의 원 $|z - z_0| = \rho$(그림 4.18)이면 Cauchy 적분공식에 의하여

$$f(z_0) = \frac{1}{2\pi i}\int_{C_\rho} \frac{f(z)}{z - z_0}\,dz \tag{4.79}$$

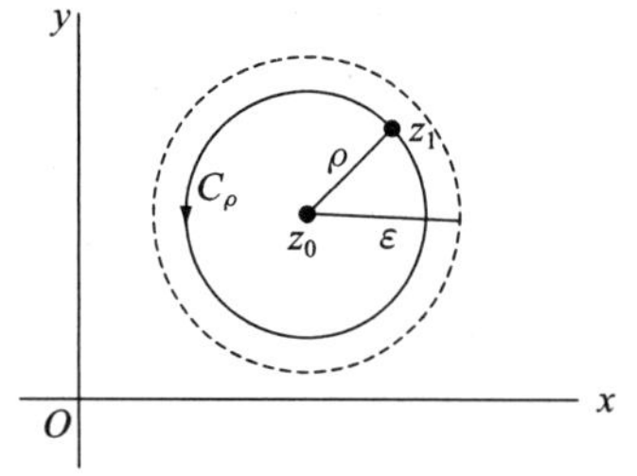

그림 4.18

C_ρ 에 대한 매개변수 표현

$$z = z_0 + \rho e^{i\theta} \qquad (0 \le \theta \le 2\pi)$$

을 사용하면 (4.79) 는

$$f(z_0) = \frac{1}{2\pi}\int_0^{2\pi} f(z_0 + \rho e^{i\theta})\,d\theta. \tag{4.80}$$

식 (4.80) 으로부터 부등식

$$|f(z_0)| \le \frac{1}{2\pi}\int_0^{2\pi} |f(z_0 + \rho e^{i\theta})|\,d\theta. \tag{4.81}$$

을 얻는다. 한편

$$|f(z_0 + \rho e^{i\theta})| \le |f(z_0)| \qquad (0 \le \theta \le 2\pi) \tag{4.82}$$

이므로

$$\int_0^{2\pi} |f(z_0 + \rho e^{i\theta})|\,d\theta \le \int_0^{2\pi} |f(z_0)|\,d\theta = 2\pi|f(z_0)|.$$

따라서

$$|f(z_0)| \ge \frac{1}{2\pi}\int_0^{2\pi} |f(z_0 + \rho e^{i\theta})|\,d\theta. \tag{4.83}$$

그러므로 부등식 (4.81) 과 (4.83) 로 부터

$$|f(z_0)| = \frac{1}{2\pi}\int_0^{2\pi} |f(z_0 + \rho e^{i\theta})|\,d\theta.$$

또는

$$\frac{1}{2\pi}\int_0^{2\pi}[|f(z_0)|-|f(z_0+\rho e^{i\theta})|]\,d\theta = 0. \tag{4.84}$$

적분 (4.84) 의 피적분함수

$$|f(z_0)|-|f(z_0+\rho e^{i\theta})|$$

는 변수 θ 에 대해서 연속이고 (4.82) 에 의하여 전체구간 $0 \le \theta \le 2\pi$ 에서 0 보다 크거나 같다. 적분값이 0 이므로 피적분함수는 0 이어야 한다. 즉

$$|f(z_0)| = |f(z_0+\rho e^{i\theta})| \qquad (0 \le \theta \le 2\pi). \tag{4.85}$$

이것은 원 $|z-z_0| = \rho$ 위의 모든 점 z 에 대해서 $|f(z_0)| = |f(z)|$ 이다.

그런데 z_1 은 빠진근방 $0 < |z-z_0| < \varepsilon$ 내에서 임의로 선택한 점이므로 임의의 원 $|z-z_0| = \rho$, $0 < \rho < \varepsilon$ 위의 모든 점 z 에 대해서 $|f(z_0)| = |f(z)|$ 이다. 따라서 근방 $0 < |z-z_0| < \varepsilon$ 내의 모든 곳에서 $|f(z_0)| = |f(z)|$ 이다. 해석함수 f 의 크기 $|f(z)|$ 가 구역에서 상수이면 함수 f 도 상수(2.5 절 연습문제 6)이므로 근방의 각 점 z 에대해서 $f(z) = f(z_0)$ 이다.
▩

참고 4.19 보조정리 4.2의 증명에서 z_0 의 근방에서 해석함수 f 는 식 (4.80) 을 만족함을 알 수 있다. 이러한 성질을 Gauss **평균값 성질**이라 한다. 즉, 해석함수는 평균값 성질을 만족한다. 더욱이, 조화함수도 평균값 성질을 만족함을 알 수 있다[9]. 또한 평균값성질을 만족하는 연속함수는 조화함수임을 알 수 있다[14].

정리 4.16 (최대크기원리) *함수 f 가 주어진 영역[6] D 에서 상수가 아닌 해석함수이면 $|f(z)|$ 은 D 내에서 최대값을 가지지 않는다. 즉 영역 D 내의 모든 점 z 에 대해서 $|f(z)| \le |f(z_0)|$ 을 만족하는 점 z_0 는 D 내에 존재하지 않는다.*

증명 $|f(z)|$ 이 D 내의 어떤 점 z_0 에서 최대값을 갖는다고 가정하자. 그러면 f 는 D 전체에서 상수이어야 함을 보이면 된다.

[6] 이것은 연결열린집합을 의미한다.

D 는 연결 열린집합이므로 z_0 부터 D 내의 임의의 다른 점 P 까지 D 내에 완전히 놓여있는 선분의 끝점과 끝점을 연결하는 유한개의 선분들로 이루어진 다항선 L 이 존재한다. D 가 평면전체가 아닌한 d 를 L 위의 점들로 부터 D 의 경계까지의 최단거리라 하자. 그러면 L 을 따라 점 $z_0, z_1, z_2, \ldots, z_n$ 의 유한개 수열을 이룬다. 여기서 $z_n = P$ 이고 각 점이

$$|z_k - z_{k-1}| < d \qquad (k = 1, 2, \ldots, n)$$

되도록 이웃한 점들이 충분히 가깝게 한다. 각 근방 N_k 은 z_k 이 중심이고 반지름이 d 되게 하는 근방들 $N_0, N_1, \ldots, N_n$ 의 유한 집합열을 만든다(그림 4.19). 이러한 근방들은 모두 D 의 내부에 포함되어 있고 각 근방 N_k $k = 1, 2, \ldots, n)$ 의 중심 z_k 은 앞의 근방 N_{k-1} 에 놓여있음에 주의하자.

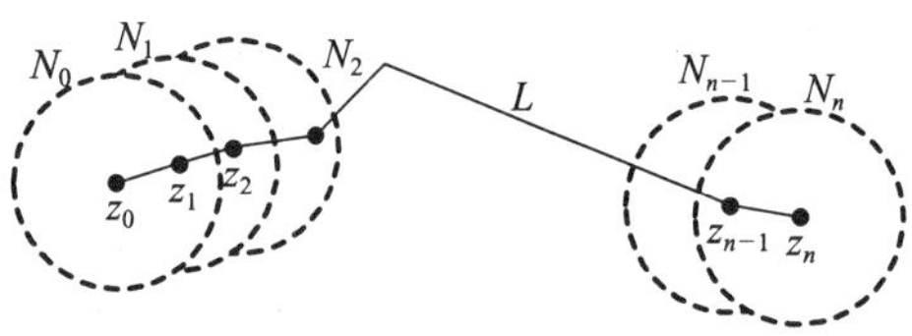

그림 4.19

$|f(z)|$ 이 $z_0 \in D$ 에서 최대값을 가진다고 가정하였으므로 $|f(z)|$ 은 $z_0 \in N_0$ 에서 최대값을 가진다. 그러므로 보조정리 4.1에의하여 N_0 전체를 통하여 $f(z) = f(z_0)$ 이다. 특히 $f(z_1) = f(z_0)$ 이다. 이것은 각 $z \in N_1$ 에 대해서 $|f(z)| \leq |f(z_1)|$ 를 뜻한다. 보조정리 4.1를 다시 적용하면 $z \in N_1$ 일 때

$$f(z) = f(z_1) = f(z_0)$$

$z_2 \in N_1$ 이므로 $f(z_2) = f(z_0)$. 따라서 $z \in N_2$ 일 때 $|f(z)| \leq |f(z_2)|$. 보조정리 4.2 를 다시 적용하면 $z \in N_2$ 일 때

$$f(z) = f(z_2) = f(z_0).$$

이 방법을 계속하면 N_n 에 도달하게 되고 $f(z_n) = f(z_0)$ 이다.

$z_n = P$ 이므로 모든 $z \in D$ 에 대해서 $f(z) = f(z_0)$ 이다. 따라서 $f(z)$ 는 구역 D 전체에서 상수함수이다. ■

따름정리 4.6 *함수 f 가 유계이고 닫힌구역 R 에서 연속이고 R의 내부에서 해석적이고 상수함수가 아니라고 가정하자. 그러면 R 내에서 $|f(z)|$ 의 최대값은 R 의 경계의 어느 점에서 일어나고 R 의 내부에서는 일어나지 않는다. 즉*

$$\max_{z\in R}|f(z)| = \max_{z\in\partial R}|f(z)|.$$

증명 R 의 내부의 각 점에서 해석적인 함수 f 는 또한 R 전체에서 연속이므로 $|f(z)|$ 은 R 의 어느 점에서 최대값을 가진다. 즉 상수 $M > 0$ 이 존재하여 모든 $z \in R$ 에 대해서 $|f(z)| \leq M$ 이고 적어도 하나의 점 z_0 에서 $|f(z_0)| = M$ 이다. 만일 f 가 상수함수이면 모든 $z \in R$ 에 대해서 $|f(z)| = M$. 그러나 만일 $f(z)$ 이나 상수함수가 아니면 최대크기원리에 의해 R 의 내부의 임의의 점 z 에 대해 $|f(z)| \neq M$ 이다. 따라서

$$\max_{z\in R}|f(z)| = \max_{z\in\partial R}|f(z)|.$$

■

보기 4.21 R 을 사각형 구역 $0 \leq x \leq \pi, \quad 0 \leq y \leq 1$ 이라 하자. 따름정리 4.5 에 의하면 전함수 $f(z) = \sin z$ 의 크기 $|f(z)|$ 의 최대값은 R 의 내부가 아닌 R 의 경계위의 어느 곳에서 일어난다. 이것은

$$|f(z)| = \sqrt{\sin^2 x + \sinh^2 y}$$

쓰고 직접계산 할 수 있다. R 내에서 $x = \pi/2$ 일 때 $\sin^2 x$ 는 최대이고 증가함수 $\sinh^2 y$ 은 $y = 1$ 일 때 최대가 된다. 그러므로 R 내에서 $|f(z)|$ 의 최대값은 경계점 $z = (\pi/2) + i$ 에서 일어나고 R 내의 다른 점에서 일어나지 않는다.

참고 4.20 따름정리 4.6내의 함수 f 를 $f(z) = u(x,y) + iv(x,y)$ 로 쓸 때 성분함수 $u(x,y)$ 와 $v(x,y)$가 조화함수이면 R 의 내부가 아닌 경계위에서 최대값을 가진다.

참고 4.21 합성함수 $g(z) = \exp[f(z)]$ 은 R 내에서 연속이고 해석적이고 내부에서 상수함수가 아니다. 따라서 R 에서 연속인 크기 $|g(z)| = \exp[u(x,y)]$

은 경계위에서 R 내의 최대값을 가져야 한다. 지수함수의 증가성질때문에 $u(x,y)$ 의 최대값은 또한 경계위에서 발생해야 한다.

참고 4.22 정리 4.16와 따름정리 4.6에서 최대값 대신 최소값도 경계에서 발생한다.

참고 4.23 최대크기정리는 실변수함수에서는 성립하지 않는다. 실제로, 단위원 $D(0;1) = \{(x,y) : x^2+y^2 \le 1\}$ 에서 정의된 $f(x,y) = 1-(x^2+y^2)$ 은 미분가능하지만 내부의 점 $(x,y) = (0,0)$ 에서 최대값을 가진다.

참고 4.24 최대·최소크기정리는 조화함수에 대해서도 성립한다(정리 7.4를 보라).

정리 4.17 (Schwarz 보조정리) *$D = \{z \in \mathbb{C}; |z| < 1\}$ 이라 하자. f는 $f(0) = 0$ 이고 D 에서 해석적이라고 가정하자. 만일 $|f(z)| \le 1$ $\forall z \in D$ 이면 $|f'(0)| \le 1$ 이고 모든 $z \in D$에 대해서 $|f(z)| \le |z|$ 이다. 더욱이 만일 $|f'(0)| = 1$ 이거나, 만일 어떤 $z \neq 0$에 대해서 $|f(z)| = |z|$ 이면, 상수 c, $|c| = 1$, 가 존재하여 모든 $z \in D$에 대해서 $f(z) = cz$ 이다.*

증명 함수 $g : D \to \mathbb{C}$를

$$g(z) = \begin{cases} \dfrac{f(z)}{z} & z \neq 0 \\ f'(0) & z = 0 \end{cases}$$

로 정의하자. 그러면 g는 D에서 해석적이다. 최대크기원리를 사용하면, $|z| \le r$ $(0 < r < 1)$ 에 대해서 $|g(z)| \le r^{-1}$ 이다. $r \to 1^+$라 두면 모든 $z \in D$에 대해서 $|g(z)| \le 1$ 이다. 즉 $|f(z)| \le |z|$ 이고 $|f'(0)| = |g(0)| \le 1$ 이다. 만일 어떤 $z \in D$ $(z \neq 0)$ 에 대해서 $|f(z)| = |z|$ 이거나 $|f'(0)| = 1$이면, $|g|$은 D 내부에서 그의 최대값을 가진다. 따라서 다시 최대크기원리를 적용하면 $g(z) \equiv c$, c는 $|c| = 1$인 상수, 이다. 이것으로부터 $f(z) = cz$ 이고 정리가 증명된다. ▩

$f(z) = z^n g(z)$라 두고 최대크기원리를 적용하면 아래 따름정리를 얻는다:

따름정리 4.7 $f(z)$가 D에서 $f^k(0)=0,\ k=0,1,2,\ldots,n-1$ 인 해석함수라고 가정하자. 만일 모든 $z\in D$에 대해서 $|f(z)|\le 1$ 이면, $|f(z)|\le|z|$ 이고 등식이 성립하면 $f(z)=cz^n$ 이다. 여기서 c는 $|c|=1$인 상수이다.

연습문제 4.5

1. f 는 전함수이고 반지름 R 인 원위의 z 에 대해서 $|f(z)|\le M$ 라 하자. 여기서 R 은 고정된 값이다. 그러면 $0\le r<R$ 에 대해서

$$|f^{(k)}(re^{i\theta})|\le\frac{k!M}{(R-r)^k},\quad k=0,1,2,\ldots$$

   임을 보여라.

2. f 가 해석함수이고 $|f|$ 가 $D(z_0;r)$ 에서 상수라 하자. 그러면 f 도 상수임을 증명하여라.

3. f 는 모든 z 에 대해서 $|f(z)|\le A|z|$ 를 만족하는 전함수라 하자. 여기서 A 는 고정된 양수이다. $f(z)=a_1z$ 임을 보여라. 여기서 a_1 는 복소 상수이다.(힌트 : Cauchy 부등식을 사용하여 평면전체에서 $f''(z)=0$ 임을 보인다. Cauchy 부등식의 상수 M_R 은 $A(|z_0|+R)$ 보다 작거나 같음에 주의할 것.)

4. f 를 전함수이고 $\lim_{z\to\infty}f(z)/z=0$ 라 가정하자. 그러면 f 는 상수임을 보여라.

5. f 를 전함수이고 복소평면전체에서 $|f(z)|\ge 1$ 라 가정하자. 그러면 f 는 상수임을 보여라.

6. $f(z)$ 가 전함수이고 조화함수 $u(x,y)=\mathrm{Re}[f(z)]$ 이 상계를 가진다고 가정하자. 즉 xy 평면의 모든 점에 대해서 $u(x,y)\le u_0$. 그러면 $u(x,y)$ 는 평면전체에서 상수이어야 함을 보여라.(힌트 : Liouville 정리를 함수 $g(z)=\exp[f(z)]$ 에 적용한다.)

7. 충분히 큰 R 에 대해서 다항식 $P(z)=a_0+a_1z+a_2z^2+\cdots+a_nz^n\ (a_n\neq 0)$ 은 $|z|\ge R$ 일 때 부등식

$$|P(z)|<2|a_n||z|^n$$

   을 만족함을 보여라.

8. 사상

$$T:z\to\frac{R(z-z_0)}{R^2-\bar{z}_0z}$$

는 반지름 R 의 열린원판을 반지름 1 인 원판으로의 전단사이고 z_0 를 원점으로 사상시킴을 보여라.(힌트: 최대크기정리를 사용하고 $z_0 \to 0$ 와 $|z| = R$ 이면 $|Tz| = 1$ 임을 보일 것).

9. **(최소크기정리)** 함수 f 는 유계이고 닫힌구역 R 내에서 연속이라 하고 또한 R 의 내부전체에서 해석적이고 상수가 아니라고 하자. R 의 모든 곳에서 $f(z) \neq 0$ 이라 가정하자. $|f(z)|$ 는 R 의 경계에서 **최소크기** m 을 가지고 내부에서는 가지지 않음을 보여라. (힌트: 함수 $g(z) = 1/f(z)$ 에 최대크기정리를 사용한다.)

10. 최소크기정리를 얻기위해서 R 의 모든 곳에서 $f(z) \neq 0$ 이라는 가정이 필요함을 $f(z) = z$ 를 사용하여 보여라. 즉 $|f(z)|$ 이 최소값이 0 일 때 내부에서 최소값을 가질 수 있다.

11. 함수 $f(z) = (z+1)^2$ 와 꼭지점 $z = 0$, $z = 2$, $z = i$ 을 가지는 닫힌 삼각구역 R 을 생각하자. $|f(z)|$ 이 최대값과 최소값을 가지는 점을 찾아라. (힌트: $|f(z)|$ 를 z 와 -1 사이의 거리의 제곱으로 생각한다.)

12. 함수 $f(z) = u(x,y) + iv(x,y)$ 는 유계이고 닫힌 구역 R 에서 연속이고 R 의 내부에서는 상수가 아닌 함수라 하자. 성분함수 $u(x,y)$ 는 R 의 경계에서 최소값을 가지고 내부에서는 가지지 않음을 보여라.

13. $f(z) = e^z$ 이고 R 은 사각구역 $0 \le x \le 1, 0 \le y \le \pi$ 라 하자. 성분함수 $u(x,y) = \mathrm{Re}\,[f(z)]$ 이 최대값과 최소값을 가지는 점을 찾아라.

14. 함수 $f(z) = u(x,y) + iv(x,y)$ 은 유계이고 닫힌 구역 R 에서 연속이고 R 의 내부에서 해석적이고 상수가 아닌 함수라 하자. 성분함수 $v(x,y)$ 는 v 가 조화인 구역 R 의 경계에서 최대값과 최소값을 가지고 내부에서는 가지지 않음을 보여라.(힌트 : 함수 $g(z) = -if(z)$ 을 생각한다.)

15. z_0 은 $n \ge 1$ 차 다항식

$$P(z) = a_0 + a_1 z + a_2 z^2 + \cdots + a_n z^n \ (a_n \neq 0)$$

의 영점이라 하자. 다음과 같은 방법으로

$$P(z) = (z - z_0)Q(z)$$

을 보여라. 여기서 $Q(z)$ 는 $n-1$ 차 다항식이다.

(a) $z^k - z_0^k = (z - z_0)(z^{k-1} + z^{k-2}z_0 + \cdots + zz_0^{k-2} + z_0^{k-1}) \quad (k = 2,3,\ldots)$ 을 증명하여라.

(b) (a) 의 인수분해를 사용하여

$$P(z) - P(z_0) = (z - z_0)Q(z)$$

을 보여라. 여기서 $Q(z)$ 은 $n-1$ 차 다항식이다. 이것으로 부터 원하는 결과를 유도한다.

16. f 는 전함수이고 충분히 큰 z 에 대해서 $|f(z)| < |z|^n$ 을 만족하면 f 는 다항식임을 보여라.

17. $f(z)$ 는 모든 z 에 대해서 $|f(z)| \leq |e^z|$ 를 만족하는 전함수이면 $f(z) = Ke^z$ 임을 보여라. 여기서 $|K| < 1$ 이다.

18. $f(z)$ 이 $|z| < 1$ 에서 해석적이고 $|f(z)| \leq 1/(1-|z|)$ 이면 Cauchy 부등식이 성립하는 $|f^{(n)}(0)|$ 의 최대값을 구하여라.

19. 해석함수의 연속도함수들은 $|f^{(n)}(z)| > n!n^n$ 을 만족하지 않음을 보여라. 이와 같은 더 정밀한 정리를 만들어라.

20. f 는 해석함수이고 구역 R 위에서 $f'(z) \neq 0$ 이라 하자. $z_0 \in R$ 이고 $f(z_0) \neq 0$ 이라 하자. 주어진 $\varepsilon > 0$ 에 대해서 $z \in R$ 와 $\zeta \in R$ 가 존재하여 $|z - z_0| < \varepsilon$, $|\zeta - z_0| < \varepsilon$ 와

$$|f(z)| > |f(z_0)|, \quad |f(\zeta)| < |f(z_0)|$$

임을 보여라.

21. 함수 $f(z) = 1/z^2$ 를 생각하자.

    (a) f 가 원점을 지나지 않는 모든 닫힌등심선 γ 에대해서 $\int_\gamma f(z)\,dz = 0$ 이지만 $z = 0$ 에서 해석적이 아니다. 이 문장이 Morera 정리와 모순되는가 ?

    (b) $z \to \infty$ 일 때 f 는 유계이지만 상수는 아니다. 이 명제가 Liouville 정리와 모순이 되는가?

22. 복소함수에서 성립하지만 실함수에서는 성립하지 않는 정리를 찾아 설명하여라.

23. $f(z)$가 $|z| < 1$에서 해석적이라 하자. 만일 $|z| < 1$에서 $|f(z)| \leq 1$이면, $|f(z) - f(0)| \leq 2|z|$ 임을 보여라.

24. 문제 23을 이용하여 Liouville 정리를 증명하여라.

25. $f(z)$는 $f(0) = 0$이고 $|z| < 1$에서 해석적이라 하자. 그러면

$$g(z) = f(z) + f(z^2) + f(z^3) + \cdots$$

이 $|z| < 1$에서 해석적이고

$$|g(z)| \leq \frac{|z|}{1 - |z|}$$

임을 보여라. (힌트: Schwarz 보조정리를 이용할 것.)

5

급 수

우리는 이미 미적분학과 해석학입문과정에서 급수에 대해서 공부를 하였다. 이미 배운 급수는 실수에 관한 급수의 성질이지만 이러한 급수의 대부분의 성질은 우리가 공부할 복소수의 급수에 대해서도 유사한 성질을 가지고 있다. 이 장에서는 해석함수가 복소급수로 표현될 수 있음과 주어진 구역에 따라 복소함수가 Taylor 급수와 Laurent 급수로 표현될 수 있음을 보인다.

5.1 급수의 수렴

이 절에서는 복소급수의 정의 및 성질에 대해서 다루기로 한다.

정의 5.1 복소수들의 무한급수

$$\sum_{n=1}^{\infty} z_n \tag{5.1}$$

이 합 S 로 **수렴한다**함은 부분합들의 수열

$$S_N = \sum_{n=1}^{N} z_n = z_1 + z_2 + \cdots + z_N \quad (N = 1, 2, \ldots) \tag{5.2}$$

이 S 로 수렴한다. 이 경우

$$\sum_{n=1}^{\infty} z_n = S$$

로 쓴다.

극한의 유일성으로부터 다음 사실을 얻는다.

참고 5.1 급수는 많아야 한 개의 합을 가질 수 있다.

급수가 수렴하지 않을 때 급수는 **발산한**다고 말한다.

정리 5.1 $z_n = x_n + iy_n(n = 1,2,\ldots)$ 이고 $S = X + iY$ 라 하자. 그러면

$$\sum_{n=1}^{\infty} z_n = S \tag{5.3}$$

이 성립하기위한 필요충분조건은

$$\sum_{n=1}^{\infty} x_n = X \text{ 이고 } \sum_{n=1}^{\infty} y_n = Y. \tag{5.4}$$

증명 S_N 을 급수 (5.3) 의 부분합이라 하자. 그리고

$$S_N = X_N + iY_N \tag{5.5}$$

라 두면

$$X_N = \sum_{n=1}^{N} x_n \text{ 이고 } Y_N = \sum_{n=1}^{N} y_n$$

이다. 조건(5.3) 이 성립하기 위한 필요충분조건이

$$\lim_{N\to\infty} S_N = S.$$

이므로 관계 (5.5) 와 명제 1.8에 의하여 이 조건이 성립하기 위한 필요충분조건은

$$\lim_{N\to\infty} X_N = X \text{ 이고 } \lim_{N\to\infty} Y_N = Y. \tag{5.6}$$

그러므로 조건 (5.4) 가 만족되면 조건 (5.6) 이 성립하고 또한 그 역이 성립한다. X_N 과 Y_N 이 조건 (5.4)에 있는 급수의 부분합이므로 정리가 증명되었다. ∎

정의 5.2 복소급수 $\sum_{n=1}^{\infty} z_n$ 이 **절대수렴**한다 함은 급수

$$\sum_{n=1}^{\infty} |z_n|$$

이 수렴한다.

참고 5.2 다음은 실수의 무한급수에 대한 성질이다.

(i) 무한급수 $\sum_{n=1}^{\infty} a_n$ 이 수렴하면

$$\lim_{n\to\infty} a_n = 0. \tag{5.7}$$

(ii) **(비교정리)** 무한급수 $\sum_{n=1}^{\infty} a_n$ 와 $\sum_{n=1}^{\infty} b_n$ 에 대해서 각 항이 $0 \le a_n \le b_n$ 이라 가정하자. 만일 $\sum_{n=1}^{\infty} b_n$ 이 수렴하면 $\sum_{n=1}^{\infty} a_n$ 도 수렴한다. 만일 $\sum_{n=1}^{\infty} a_n$ 이 발산하면 $\sum_{n=1}^{\infty} b_n$ 도 발산한다.

(iii) 무한급수 $\sum_{n=1}^{\infty} a_n$ 이 절대수렴하면 급수 $\sum_{n=1}^{\infty} a_n$ 는 수렴한다.

(iv) 모든 자연수 n에 대해서 a_n는 단조감소하는 양수이고 $a_n \to 0$ 이라 하자. 그러면 교대급수 $\sum_{n=1}^{\infty} (-1)^{n+1} a_n$ 은 수렴한다.

정리 5.1와 참고 5.2(i)에 의해 복소급수에 대해서도 이와 같은 성질이 성립한다.

정리 5.2 복소급수

$$\sum_{n=1}^{\infty} z_n \tag{5.8}$$

이 수렴하면

$$\lim_{n\to\infty} z_n = 0 \tag{5.9}$$

이다.

따름정리 5.1 *복소급수 (5.8) 이 수렴하면 각 항 z_n 은 유계이다. 즉, 양의 상수 M 이 존재하여 모든 자연수 n 에 대하여 $|z_n| \leq M$ 이다.*

$z_n = x_n + iy_n$ 이면 부등식

$$|x_n| \leq |z_n| \text{ 이고 } |y_n| \leq |z_n| \tag{5.10}$$

로 부터 다음 사실을 얻는다.

절대수렴하는 실급수 $\sum_{n=1}^{\infty} a_n$ 는 수렴함을 기억하자.

정리 5.3 (i) *복소급수 (5.1) 이 절대수렴하면 (5.1)은 수렴한다.*

(ii) *복소급수 (5.1) 이 수렴하기 위한 필요충분조건은 $N \to \infty$ 일 때 나머지들의 급수 $\sum_{n=N}^{\infty} z_n \to 0$ 이다.*

증명 (i) 부등식 (5.10) 으로 부터 실급수

$$\sum_{n=1}^{\infty} |x_n| \text{ 와 } \sum_{n=1}^{\infty} |y_n|$$

은 참고 5.2(ii) [실급수의 비교정리]로 부터 각각 수렴한다. 참고 5.2(i) 에 의하여 실급수

$$\sum_{n=1}^{\infty} x_n \text{ 와 } \sum_{n=1}^{\infty} y_n$$

은 수렴한다. 따라서 정리 5.1에 의하여 복소급수는 수렴한다.

(ii) $S = \sum_{n=1}^{\infty} z_n$ 이라 하자. 나머지 항

$$\rho_N = S - S_N \tag{5.11}$$

이라 하자. 그러면 $S = S_N + \rho_N$ 이고 $|S_N - S| = |\rho_N - 0|$ 이고 $N \to \infty$ 일 때 $S_N \to S$ 이기 위한 필요충분조건은 $\rho_N \to 0$ 이다. 정의 5.1에 의하여 $S_N \to S$ 이므로 원하는 결과를 얻는다. ■

실급수의 수렴반경에 관한 성질이 복소급수에 대해서도 성립한다. 복소급수에 대한 기타 성질 및 자세한 증명은 [2]를 참조하기 바란다.

정리 5.4 $\sum_{n=1}^{\infty} z_n$ *이 복소급수라 하자.*

(i) **(기하급수)** 만일 $|z|<1$ 이면 $\sum_{n=0}^{\infty} z^n$ 은 $\frac{1}{1-z}$ 로 수렴하고 $|z| \geq 1$ 이면 발산한다.

(ii) **(비율판정법)** 극한 $r = \liminf_{n\to\infty} \left|\frac{z_{n+1}}{z_n}\right|$, $R = \limsup_{n\to\infty} \left|\frac{z_{n+1}}{z_n}\right|$ 라고 하자. 만일 $R<1$ 이면 주어진 급수는 절대수렴; $r>1$ 이면 주어진 급수는 발산; 만일 $r \leq 1 \leq R$ 이면 판정불가능하다.

(iii) **(근호판정법)** $r = \limsup_{n\to\infty} \sqrt[n]{|z_n|}$ 라 하자. 만일 $r<1$ 이면 주어진 급수는 절대수렴; $r>1$ 이면 주어진 급수는 발산; 만일 $r=1$ 이면 판정불가능하다.

연습문제 **5.1**

1. 다음 급수의 수렴성을 판단하여라.

   (a) $\sum_{n=2}^{\infty} \frac{i^n}{\log n}$

   (b) $\sum_{n=1}^{\infty} \frac{i^n}{n}$

   (c) $\sum_{n=1}^{\infty} \frac{(1+i)^n}{n^2}$

   (d) $\sum_{n=1}^{\infty} \left(\frac{1}{n} + i\frac{1}{n}\right)^n$

   (e) $\sum_{n=1}^{\infty} e^{i\pi n}$

   (f) $\sum_{n=1}^{\infty} \frac{n!}{n^n} i^n$

2. 나머지항 $\rho_N(z)$ 을 생각하여 $|z|<1$ 일 때

$$\sum_{n=0}^{\infty} z^n = \frac{1}{1-z}$$

   를 증명하여라. (힌트 : 등식

$$1 + z + z^2 + \cdots + z^N = \frac{1-z^{N+1}}{1-z} \qquad (z \neq 1)$$

   을 사용하여 $N \to \infty$ 일때 $\rho_N(z) = z^{N+1}/(1-z) \to 0$ 임을 보여라.

3. $0<r<1$ 일 때 등식

$$\sum_{n=1}^{\infty} r^n \cos n\theta = \frac{r\cos\theta - r^2}{1-2r\cos\theta + r^2} \text{ 와 } \sum_{n=1}^{\infty} r^n \sin n\theta = \frac{r\sin\theta}{1-2r\cos\theta + r^2}$$

   이 성립함을 보여라. (힌트 : 문제 2의 항등식과 정리 5.1를 이용한다.)

4. $\sum_{n=1}^{\infty} z_n = S,\ \sum_{n=1}^{\infty} w_n = T$ 일 때 다음을 증명하여라.

   (a) $\sum_{n=1}^{\infty} \bar{z}_n = \bar{S}.$

   (b) $\sum_{n=1}^{\infty} cz_n = cS$, c 는 임의의 복소상수.

   (c) $\sum_{n=1}^{\infty} (z_n \pm w_n) = S \pm T.$

5. 수열 z_n 이 수 z 로 수렴한다고 하자. 그러면 양수 M 이 존재하여 모든 n 에 대해서 부등식 $|z_n| \leq M$ 이 성립함을 다음과 같은 방법으로 보여라.

   (a) 양의 정수 n_0 이 존재하여 $n > n_0$ 일 때

   $$|z_n| = |z + (z_n - z)| < |z| + 1.$$

   (b) $z_n = x_n + y_n$ 라 쓰고 실수열 x_n, y_n 에 대해서 적당한 상수 M_1 과 M_2 가 존재하여 모든 자연수 n 에 대해서 $|x_n| \leq M_1$ 이고 $|y_n| \leq M_2$ 이 성립한다.

5.2 멱급수

정의 5.3 멱급수란

$$\sum_{n=0}^{\infty} a_n(z-z_0)^n = a_0 + a_1(z-z_0) + a_2(z-z_0)^2 + \cdots + a_n(z-z_0)^n + \cdots \quad (5.12)$$

인 형태의 급수를 뜻한다. 여기서 z_0*와 계수* a_n*은 복소상수이다.* z *는* z_0 *를 포함하는 적당한 구역내의 점이다.*

정리 5.5 *만일 멱급수 (5.12) 가* $z = z_1$ $(z_1 \neq z_0)$ *에서 수렴하면 이것은 열린 원판* $|z-z_0| < R_1$ *내의 각 점에서 절대수렴한다. 여기서* $R_1 = |z_1 - z_0|$ *이다(그림 5.1).*

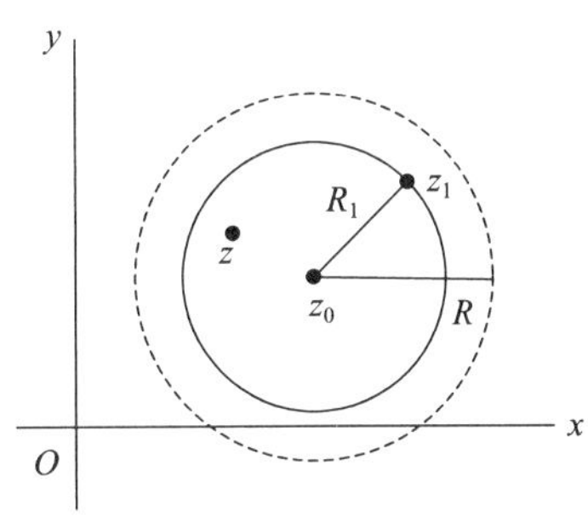

그림 5.1

증명 (i) 먼저 $z_0 = 0$ 일 때 정리를 증명한다. 급수

$$\sum_{n=0}^{\infty} a_n z_1^n \qquad (z_1 \neq 0)$$

이 수렴한다고 가정하자. 그러면 항 $a_n z_1^n$ 은 유계이다. 즉 상수 $M > 0$ 이 존재하여

$$|a_n z_1^n| \le M \qquad (n = 0, 1, 2, \ldots).$$

만일 $|z| < |z_1|$ 이고 $\rho = |z/z_1|$ 이면

$$|a_n z^n| = |a_n z_1^n| \left|\frac{z}{z_1}\right|^n \le M\rho^n \qquad (n = 0, 1, 2, \ldots).$$

여기서 $\rho < 1$ 이다. 급수

$$\sum_{n=0}^{\infty} \rho^n$$

은 $\rho < 1$ 일 때 수렴하는 기하급수이므로 참고 5.2(ii)[실급수의 비교정리]에 의하여 급수

$$\sum_{n=0}^{\infty} |a_n z^n|$$

은 열린원판 $|z| < |z_1|$ 내에서 수렴한다.

(ii) z_0 이 임의의 점일 때 급수 (5.12) 가 $z = z_1$ ($z_0 \neq z_1$) 에서 수렴한다고 가정하자. 만일 $w = z - z_0$ 라 쓰면 (5.12)은

$$\sum_{n=0}^{\infty} a_n w^n \tag{5.13}$$

이고 (5.13) 은 $w = z_1 - z_0$ 에서 수렴한다. (i)에서 정리는 원점에서 성립하므로 급수 (5.13) 은 열린원판 $|w| < |z_1 - z_0|$ 에서 절대수렴한다. 급수 (5.13)에서 w 대신 $z - z_0$ 를 대입하고 $R_1 = |z_1 - z_0|$ 이라 쓰면 정리의 결과를 얻는다. ▒

이 정리는 멱급수 (5.12) 이 z_0 가 아닌 다른 점에서 수렴하면 z_0 를 중심으로 하는 어떤 반경내의 모든 점들의 집합이 멱급수의 수렴구역임을 보여 주고 있다. 그러므로 멱급수 (5.12)이 z_0 를 중심하는 원내의 모든 점에서 수렴하는 최대 원의 반지름을 급수 (5.12)의 **수렴반경**이라 한다.

참고 5.3 만일 z_2 가 수렴반경의 원바깥에 속하는 점에서는 멱급수 (5.12)은 수렴하지 않는다. 또한 수렴 반경의 원 위의 점에서는 수렴할 수도 수렴하지 않을 수도 있다.

실제로 수렴반경은 다음과 같이 구할 수 있다.

정리 5.6 *R 을 멱급수 (5.12)의 수렴반경이라 하면*

$$\frac{1}{R} = \limsup_{n\to\infty} |a_n|^{1/n}. \tag{5.14}$$

만일 $R = 0$ 이면 수열 $\{|a_n|^{1/n}\}$ 이 유계가 아님을 뜻한다. 만일 $R = \infty$ 이면 $\limsup |a_n|^{1/n} = 0$ 임을 뜻한다.

증명 $t = \limsup |a_n|^{1/n}$ 라 하자. 먼저 $t \neq 0, \infty$ 라 가정하자. 주어진 $\varepsilon > 0$ 에 대해서 유한 개를 제외한 모든 n 에 대해서

$$|a_n|^{1/n} \leq t + \varepsilon \text{ 또는 } |a_n| \leq (t+\varepsilon)^n$$

이 성립한다. 따라서 기하급수와 비교정리에 의하여 $|z - z_0| < 1/(t+\varepsilon)$ 이면 급수 $\sum_{n=0}^{\infty} a_n(z-z_0)^n$ 은 절대 수렴한다.그러므로 수렴반경 R 은 모든 $\varepsilon > 0$ 에 대해서 $R \geq 1/(t+\varepsilon)$ 을 만족한다. 따라서 $R \geq 1/t$.

역으로 주어진 ε 에 대해서 무한히 많은 n 이 존재하여 $|a_n|^{1/n} \geq t - \varepsilon$ 이 성립한다. 그러므로

$$|a_n| \geq (t-\varepsilon)^n.$$

따라서 만일 $|z - z_0| \geq 1/(t-\varepsilon)$ 이면 $|a_n(z-z_0)^n| \geq 1$ 이므로 급수 $\sum_{n=0}^{\infty} a_n(z-z_0)^n$ 은 수렴하지 않는다. 그러므로 수렴반경 R 은 모든 $\varepsilon > 0$ 에 대해서 $R \leq 1/(t-\varepsilon)$ 을 만족한다. 따라서 $R \leq 1/t$.

$t = 0$ 와 $t = \infty$ 은 독자에게 남긴다. ▒

따름정리 5.2 *만일* $\lim_{n\to\infty} |a_n|^{1/n} = t$ *이 존재하면* $R = 1/t$.

보기 5.1 급수

$$\sum_{n=1}^{\infty} \left(1 + i\frac{1}{\sqrt{n}}\right)^{n^2} z^n$$

의 수렴반경을 구하여라.

풀이 따름정리 5.2를 이용하면

$$\begin{aligned} \frac{1}{R} &= \lim_{n\to\infty} \sqrt[n]{|a_n|} = \lim_{n\to\infty} \left|1 + i\frac{1}{\sqrt{n}}\right|^n \\ &= \lim_{n\to\infty} \left(1 + \frac{1}{n}\right)^{n/2} = \sqrt{e} \end{aligned}$$

이므로 주어진 급수는 $|z| < \dfrac{1}{\sqrt{e}}$ 에서 수렴한다. ▒

비율판정법을 이용하면 멱급수의 수렴반경을 보다 편리하게 구할 수 있다.

정리 5.7 *극한이 존재하면, 멱급수 (5.12)의 수렴반경은*

$$R = \lim_{n\to\infty}\left|\frac{a_n}{a_{n+1}}\right|$$

으로 주어진다.

증명 먼저 $z_0 = 0$이라고 가정하고 $t = \lim|a_n/a_{n+1}|$(수렴한다고 가정)라고 두자. $|z| < r < t$라고 가정하자. 그러면 극한의 정의에 의하여 자연수 N이 존재하여

$$r < |a_n/a_{n+1}| \qquad \forall n \geq N \tag{5.15}$$

이 성립한다(왜?). $b = |a_N|r^N$이라 두자. 그러면 (5.15)에 의하여

$$|a_{N+1}|r^{N+1} = |a_{N+1}|rr^N < |a_N|r^n = b;$$
$$|a_{N+2}|r^{N+1} = |a_{N+2}|rr^{N+1} < |a_{N+1}|r^{N+1} < b;$$

이 과정을 계속하면 모든 $n \geq N$에 대해서 $|a_n r^n| \leq b$을 얻는다. 그러면 모든 $n \geq N$에 대해서

$$|a_n z^n| = |a_n r^n|\left|\frac{z^n}{r^n}\right| \leq b\frac{|z|^n}{r^n}$$

이고 $\frac{|z|}{r} < 1$이므로

$$\sum_{n=1}^{\infty}|a_n z^n| \leq b\sum_{n=1}^{\infty}\left(\frac{|z|}{r}\right)^n < \infty$$

이 된다. 따라서 주어진 급수는 수렴한다. $r < t$은 임의의 수이므로 $t \leq R$이다.

한편 만일 $|z| > r > t$이면 (5.15)와 비슷하게 자연수 N이 존재하여 모든 $n \geq N$에 대하여 $|a_n| < r|a_{n+1}|$ 이 성립한다. 앞 절의 과정과 비슷하게 하면 모든 자연수 $n \geq N$에 대해서

$$|a_n r^n| \geq b = |a_N r^N|$$

이 성립한다. 따라서 $|z| > r$이므로 $n \to \infty$일 때 $|a_n z^n| \geq b\frac{|z|^n}{r^n} \to \infty$이다. 이것으로부터 주어진 급수는 발산한다. 그러므로 $R \leq t$이다. 따라서 $R = t$.

∎

보기 5.2 멱급수

$$\sum_{n=1}^{\infty} \frac{(1+i)^n}{n} z^n$$

의 수렴반경을 구하여라.

풀이 주어진 급수의 계수는 $a_n = \dfrac{(1+i)^n}{n}$ 이므로 정리 5.7에 의하여

$$\begin{aligned} R &= \lim_{n\to\infty}\left|\frac{a_n}{a_{n+1}}\right| = \lim_{n\to\infty}\left|\frac{\frac{(1+i)^n}{n}}{\frac{(1+i)^{n+1}}{n+1}}\right| \\ &= \lim_{n\to\infty}\left|\frac{n+1}{n(1+i)}\right| = \lim_{n\to\infty}\frac{1}{\sqrt{2}}\frac{n+1}{n} \\ &= \frac{1}{\sqrt{2}} \end{aligned}$$

따라서 주어진 급수는 $|z| < \dfrac{1}{\sqrt{2}}$ 에서 수렴한다. ■

실변수 함수에서 다루었던 함수열의 수렴성을 복소함수열에 관해서도 마찬가지로 전개를 할 수 있다.

정의 5.4 $\{f_n\}$은 모두 같은 정의역 D에서 정의된 복소함수열이라 하자.

(i) f_n가 f로 **점별수렴**한다함은 각각의 $z \in D$에 대해서 $f_n(z)$ 가 $f(z)$로 수렴한다. 즉, 각각의 $z \in D$와 $\varepsilon > 0$에 대해서 자연수 $N = N(z,\varepsilon)$ 이 존재하여 $n > N(z,\varepsilon)$ 이면

$$|f_n(z) - f(z)| < \varepsilon$$

이 성립한다.

(ii) f_n이 f로 **고른수렴**한다함은 주어진 $\varepsilon > 0$에 대해서 자연수 $N = N(\varepsilon)$ 이 존재하여 모든 $z \in D$에 대해서 $n > N(\varepsilon)$ 이면

$$|f_n(z) - f(z)| < \varepsilon$$

이 성립한다.

정의로부터 고른수렴하는 함수열은 점별수렴함을 알 수 있다. 그러나, 역은 성립하지 않는다.

보기 5.3 함수열 $f_n(z) = \dfrac{1}{nz}$은 집합 $0 < |z| < 1$ 에서 극한함수 $f(z) \equiv 0$으로 점별수렴하지만 고른수렴은 아니다.

풀이 1. 점별수렴. 먼저 z_0를 $0 < |z_0| < 1$인 임의의 점으로 고정하고 $\varepsilon > 0$을 잡자. 그러면 Archimedes 정리에 의하면 주어진 두 양수 1과 $\varepsilon|z_0|$에 대해서 부등식

$$1 < N\varepsilon|z_0|$$

을 만족하는 자연수 N이 존재하므로, $n > N$ 이면

$$\left|\frac{1}{nz_0}\right| \leq \left|\frac{1}{Nz_0}\right| < \varepsilon.$$

2. 고른수렴. 함수열 f_n이 $f \equiv 0$으로 고르게 수렴한다고 하자. 그러면 주어진 $\varepsilon = 1$에 대해서 자연수 N이 존재하여 모든 $0 < |z| < 1$에 대해서 $n > N$이면

$$\left|\frac{1}{nz}\right| < 1$$

이 성립한다. 그런데 위 부등식은 $z = \frac{1}{2N}$에 대해서 성립하지 않으므로 가정에 모순이다. ■

위의 보기 5.3로부터 점별수렴하는 경우 자연수 N은 z_0와 ε에 의존함을 알 수 있고, 반면 고른수렴하는 경우에는 z_0과는 무관하게 오직 ε에만 의존한다.

복소함수열도 실수열과 같이 정의역에 따라 점별수렴되는 영역과 고른수렴이 되는 영역이 결정된다(연습문제 8–10을 보라). 또한 고르게 수렴하는 복소함수열은 각 함수열의 연속성을 극한함수에 대해서도 연속성을 유지한다. 그리고 고르게 수렴하는 연속복소함수열의 적분들의 극한도 극한함수의 적분과 일치함을 알 수 있다. 증명방법은 실변수함수의 방법과 같다. 자세한 증명은 [12]을 참조하기 바란다.

정리 5.8 *$\{f_n\}$이 D위에서 f로 고르게 수렴한다고 가정하자. 만일 각각의 f_n이 $z_0 \in D$에서 연속이면 극한함수 f도 z_0에서 연속이다.*

정리 5.9 $\{f_n(z)\}$은 등심선 C위에서 연속인 복소함수열이라 하자. $\{f_n\}$가 C위에서 f로 고르게 수렴하면

$$\lim_{n\to\infty}\int_C f_n(z)\,dz = \int_C f(z)\,dz.$$

이제 멱급수에 대한 수렴성을 살펴보기로 하자. 멱급수 (5.12)가 수렴반경 $|z-z_0| = R$ 을 가진다고 가정하자. 그리고 멱급수 (5.12) 의 합 $S(z)$ 와 부분합 $S_N(z)$ 을 다음과 같이 나타내자.

$$S(z) = \sum_{n=0}^{\infty} a_n(z-z_0)^n, \qquad S_N(z) = \sum_{n=0}^{N-1} a_n(z-z_0)^n \qquad (|z-z_0| < R).$$

그러면 나머지 함수

$$\rho_N(z) = S(z) - S_N(z) \qquad (|z-z_0| < R) \tag{5.16}$$

으로 쓴다. 수렴반경내의 모든 점에서 멱급수 (5.12) 가 수렴하므로 $N \to \infty$ 일 때

$$\rho_N(z) \to 0 \qquad (|z-z_0| < R).$$

즉, 임의의 $\varepsilon > 0$ 에 대해서 자연수 N_ε 이 존재하여

$$N > N_\varepsilon \text{ 이면 } |\rho_N(z)| < \varepsilon$$

이 성립한다.

정리 5.10 만일 z_1이 멱급수 (5.12) 의 수렴반경 $|z-z_0| = R$ 내의 점이면 (5.12)는 닫힌원판 $|z-z_0| \le R_1$ 내에서 고르게 수렴한다(그림 5.1). 여기서 $R_1 = |z_1 - z_0|$ 이다.

증명 1. $z_0 = 0$ 일 때 정리를 증명하자. z_1 이 멱급수

$$\sum_{n=0}^{\infty} a_n z^n \tag{5.17}$$

의 수렴반경내의 점이라 하자. z_1 이 수렴반경내의 점이므로 $|z_1| < |z| <$

R 인 점 z 가 존재하여 멱급수 (5.17)이 수렴함에 주의하자. 그러면 정리 5.5에 의하여 멱급수

$$\sum_{n=0}^{\infty} |a_n z_1^n| \tag{5.18}$$

은 수렴한다. m, N 을 $m > N$ 인 자연수라 하자. 그러면 급수 (5.17) 와 (5.18)의 나머지항은 각각

$$\rho_N(z) = \lim_{m\to\infty} \sum_{n=N}^{m} a_n z^n, \tag{5.19}$$

$$\sigma_N = \lim_{m\to\infty} \sum_{n=N}^{m} |a_n z_1^n|. \tag{5.20}$$

그런데

$$|\rho_N(z)| = \lim_{m\to\infty} \left| \sum_{n=N}^{m} a_n z^n \right|$$

이고 $|z| \le |z_1|$ 일 때

$$\left| \sum_{n=N}^{m} a_n z^n \right| \le \sum_{n=N}^{m} |a_n||z|^n \le \sum_{n=N}^{m} |a_n||z_1|^n = \sum_{n=N}^{m} |a_n z_1^n|.$$

따라서 $|z| \le |z_1|$ 일 때

$$|\rho_N(z)| \le \sigma_N. \tag{5.21}$$

그런데 σ_N 은 수렴하는 급수의 나머지항이므로 $N \to \infty$ 일 때 $\sigma_N \to 0$ 이다. 즉 임의의 $\varepsilon > 0$ 에 대해서 자연수 N_ε 이 존재하여

$$N > N_\varepsilon \text{ 이면 } \sigma_N < \varepsilon \tag{5.22}$$

조건 (5.20) 와 (5.21) 에 의하여 원판 $|z| < |z_1|$ 의 모든 점 z 에 대해서 (5.22)이 성립한다. 또한 N_ε 은 z 의 선택에 무관하다. 따라서 급수 (5.17)은 고르게 수렴한다.

2. z_0 가 임의의 점일 때. 급수 (5.17)을 $w = z - z_0$ 로 쓰면 정리의 가정에 대해서 $z_1 - z_0$ 은 급수

$$\sum_{n=0}^{\infty} a_n w^n$$

의 수렴반경 $|w| = R$ 내의 점이다. 이 급수는 닫힌원판 $|w| \leq |z_1 - z_0|$ 내에서 고르게 수렴한다. 따라서 정리의 결과는 성립한다. ▒

따름정리 5.3 *멱급수 (5.12)은 수렴반경 $|z - z_0| = R$ 내에 각 점에서 연속함수 $S(z)$ 를 나타낸다. 즉 만일 $S(z)$ 가 수렴반경 $|z - z_0| = R$ 내에서 급수 (5.12)의 합을 나타내고 z_1 이 $|z - z_0| = R$ 내의 점이면 각 $\varepsilon > 0$ 에 대해서 양수 $\delta > 0$가 존재하여*

$$|z - z_1| < \delta \text{ 이면 } |S(z) - S(z_1)| < \varepsilon. \tag{5.23}$$

여기서 δ 는 z 가 $S(z)$ 의 영역 $|z - z_0| < R$ 내에 놓이도록 충분히 작게 한다.

증명 $S_N(z)$ 을 (5.12)의 부분합이라 하고

$$S(z) = S_N(z) + \rho_N(z)$$

로 쓰자. 여기서 $\rho_N(z)$ 은 급수의 나머지항이다. 그러면

$$|S(z) - S(z_1)| = |S_N(z) - S_N(z_1) + \rho_N(z) - \rho(z_1)|$$

또는

$$|S(z) - S(z_1)| \leq |S_N(z) - S_N(z_1)| + |\rho_N(z)| + |\rho(z_1)|. \tag{5.24}$$

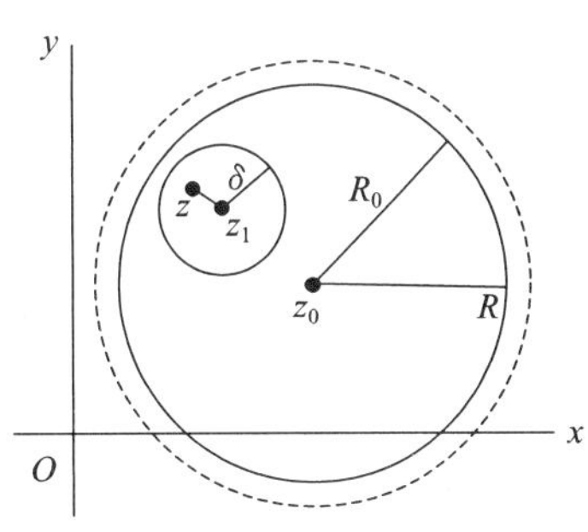

그림 5.2

만일 z가 어떤 닫힌원판 $|z - z_0| \leq R_0$ 에 놓여있는 임의의 점이면(그림 5.2) 정리 5.10에 의하여 (5.12)가 고르게 수렴하므로 자연수 N_ε 이 존재하

여

$$N > N_\varepsilon \text{ 이면 } |\rho_N(z)| < \frac{\varepsilon}{3}. \tag{5.25}$$

특히 조건 (5.24) 은 원판 $|z - z_0| \le R_0$ 에 포함되도록 충분히 작게한 z_1 의 어떤 근방 $|z - z_1| < \delta$ 내에 각 점 z에 대해 성립한다.

이제 부분합 $S_n(z)$ 은 다항식이므로 각 N 에 대해서 z_1 에서 연속이다. 특히 $N = N_\varepsilon + 1$ 일 때

$$|z - z_1| < \delta \text{ 이면 } |S_N(z) - S_N(z_1)| < \frac{\varepsilon}{3} \tag{5.26}$$

이 되도록 δ 를 작게 택할 수 있다. 부등식 (5.24)에서 $N = N_\varepsilon + 1$ 라 쓰고 $N = N_\varepsilon + 1$ 일 때 (5.25) 와 (5.26)가 성립한다는 사실을 사용하면

$$|z - z_1| < \delta \text{ 이면 } |S(z) - S(z_1)| < \frac{\varepsilon}{3} + \frac{\varepsilon}{3} + \frac{\varepsilon}{3}.$$

■

실변수 함수열의 고른수렴성은 함수열의 연속성, (적당한 조건이 좀 더 추가되면)미분가능성, 적분가능성을 유지함을 알고 있다. 다음 정리는 복소함수열의 고른수렴성질을 보이고 있다.

각 $f_n(z)$ 은 구역 Ω_n 에서 정의된 해석함수열이라 하자. 그러면 극한 함수 $f(z)$ 는 또한 어떤 구역 Ω 에서 고려될 것이다. 만일 f 가 Ω 에서 정의되면 Ω 의 각 점은 어떤 n_0 보다 큰 n 에 대해서 모든 Ω_n 에 속한다. 일반적으로 n_0 는 Ω 의 모든 점에 대해서 같지 않을 것이다. 이러한 이유에서 수렴성이 Ω 에서 고르다고 요구하는 것은 의미가 없다. 실제로 대부분의 전형적인 경우에 구역 Ω_n 은 증가열 $\Omega_1 \subset \Omega_2 \subset \cdots$ 이고 $\Omega = \cup_{n=1}^{\infty} \Omega_n$ 이다. 이러한 경우에 하나의 함수 $f_n(z)$ 가 Ω 의 모든 점에서 정의되는 것은 없다. 그러나 수렴이 고르지 않더라도 극한함수 $f(z)$ 은 Ω 의 모든 점에서 존재할 수 있다.

보기 5.4 $f_n(z) = z/(2z^n + 1)$이 구역 $\Omega_n = D(0, 2^{-1/n})$에서 정의된 함수열이라 하자. 그러면 극한함수 $f(z) = z$은 구역 $\Omega = D(0, 1)$에서 정의된다. 수렴성의 고름을 공부하기 위해서 차

$$f_n(z) - z = -2\frac{z^{n+1}}{2z^n + 1}$$

을 생각하자. z의 임의의 주어진 값에 대해서 $n > \log(4/\varepsilon)/\log(1/|z|)$ 을 택함으로써 $|z^n| < \varepsilon/4$ 을 만들 수 있다. 만일 $\varepsilon < 1$ 이면 $2|z|^{n+1} < \varepsilon/2$ 이고 $|1+2z^n| > \frac{1}{2}$ 이다. 따라서 $|f_n(z) - z| < \varepsilon$. 이것으로부터 임의의 닫힌원판 $|z| \le r < 1$ 이나 이러한 닫힌원판의 임의의 부분집합위에서 고르게 수렴한다.

정리 5.11 (Weierstrass) *함수열 $f_n(z)$ 이 구역 Ω_n 에서 해석적이라고 하고 수열 $\{f_n(z)\}$ 이 구역에서 극한 함수 $f(z)$ 로 수렴하고 Ω 의 모든 컴팩트 부분집합위에서 고르게 수렴한다고 가정하자. 그러면 $f(z)$ 는 Ω 에서 해석적이다. 더욱이 $f_n'(z)$ 은 Ω 의 모든 컴팩트 부분집합위에서 $f'(z)$ 로 고르게 수렴한다.*

증명 1. $|z-a| \le r$ 을 Ω 내에 포함된 닫힌 디스크라 하자. 가정에 의하여 이 디스크는 어떤 n_0[1] 보다 큰 모든 n 에 대해서 Ω_n 에 포함된다. 만일 γ 이 $|z-a| < r$ 에 포함된 임의의 닫힌 곡선이면 Cauchy 정리에 의하여 $n > n_0$ 에 대해서

$$\int_\gamma f_n(z)\, dz = 0.$$

γ 위에서 고른 수렴성을 이용하면

$$\int_\gamma f(z)\, dz = \lim_{n\to\infty} \int_\gamma f_n(z)\, dz = 0,$$

이고 Morera 정리에 의하여 $f(z)$ 는 $|z-a| < r$ 에서 해석적이다. 따라서 $f(z)$는 Ω 전체에서 해석적이다.

2. f_n 이 해석적이므로 Cauchy 적분공식에 의하여

$$f_n(z) = \frac{1}{2\pi i} \int_C \frac{f_n(\zeta)}{\zeta - z}\, d\zeta.$$

여기서 C 는 원 $|\zeta - a| = r$ 이고 $|z-a| < r$. $n \to \infty$ 이면 고른수렴성에 의하여

$$f(z) = \frac{1}{2\pi i} \int_C \frac{f(\zeta)}{\zeta - z}\, d\zeta.$$

[1]구역 Ω_n 은 $|z-a| \le r$ 의 열린 덮개의 모양이고 디스크는 컴팩트이고, 따라서 유한 부분덮개를 가진다. 이것은 디스크가 고정된 Ω_{n_0} 에 포함됨을 뜻한다.

이고 이 공식은 $f(z)$ 가 디스크에서 해석적임을 보여주고 있다. 미분공식

$$f_n'(z) = \frac{1}{2\pi i}\int_C \frac{f_n(\zeta)}{(\zeta - z)^2}\,d\zeta$$

로 부터 같은 방법을 사용하면

$$\lim_{n\to\infty} f_n'(z) = \frac{1}{2\pi i}\int_C \frac{f(\zeta)}{(\zeta - z)^2}\,d\zeta = f'(z)$$

이고 $|z-a| \le \rho < r$ 에서 고르게 수렴함을 간단하게 보일 수 있다. Ω 의 임의의 컴팩트 집합은 그러한 닫힌 디스크들의 유한 개에 의해서 덮힐 수 있으므로 수렴성은 모든 컴팩트 부분집합위에서 고르게 수렴한다. ▩

위의 증명과정을 계속하면 양의 정수 k 에 대해서 $f_n^{(k)}(z)$ 은 Ω 위의 모든 컴팩트 부분집합위에서 고르게 수렴한다.

따름정리 5.4 *해석함수들의 급수*

$$f(z) = \sum_{n=1}^{\infty} f_n(z)$$

이 구역 Ω 의 모든 컴팩트 부분집합위에서 고르게 수렴하면 합 $f(z)$ 은 Ω 에서 해석적이고

$$f'(z) = \sum_{n=1}^{\infty} f_n'(z)$$

이다.

각 $n = 0, 1, 2, \ldots$ 에 대해서 $f_n(z) = a_n(z-a)^n$ 은 해석함수이므로 멱급수 (5.12)은 수렴반경내에서 해석함수이다.

따름정리 5.5 멱급수

$$f(z) = \sum_{n=0}^{\infty} a_n(z-z_0)^n$$

이 수렴반경 R 을 갖는 원판 $|z-z_0| < R$ 내에서 수렴한다고 가정하자. 그러면 $f(z)$ 는 원판 $|z-z_0| < R$ 에서 해석함수이고

$$f'(z) = \sum_{n=1}^{\infty} n a_n(z-z_0)^{n-1}$$

이다.

보기 5.5 함수

$$\frac{1}{z} = \frac{1}{1+(z-1)} = \sum_{n=0}^{\infty}(-1)^n(z-1)^n \qquad (|z-1|<1)$$

이므로 양변을 미분하면 따름정리 5.5에 의해

$$-\frac{1}{z^2} = \sum_{n=1}^{\infty}(-1)^n n(z-1)^{n-1} \qquad (|z-1|<1)$$

또는

$$\frac{1}{z^2} = \sum_{n=0}^{\infty}(-1)^n(n+1)(z-1)^n \qquad (|z-1|<1).$$

정리 5.12 *C* 는 멱급수

$$S(z) = \sum_{n=0}^{\infty} a_n(z-z_0)^n \quad (|z-z_0|<R) \tag{5.27}$$

의 수렴반경내부에 있는 임의의 등심선이라 하고 $g(z)$ *는* C *위에서 연속인 임의의 함수라 하자. 그러면*

$$\int_C g(z)S(z)\,dz = \sum_{n=0}^{\infty} a_n \int_C g(z)(z-z_0)^n\,dz. \tag{5.28}$$

증명 함수 $g(z)$ 와 $S(z)$ 이 C 위에서 연속이므로

$$g(z)S(z) = g(z)S_N(z) + g(z)\rho_N(z) = \sum_{n=0}^{N} a_n g(z)(z-z_0)^n + g(z)\rho_N(z)$$

의 C 위에서 적분값

$$\int_C g(z)S(z)\,dz$$

은 존재한다. 여기서 S_N 와 ρ_N 은 각각 S 의 부분합과 나머지항이다. 그런데 $g(z)S_N(z)$ 은 C 위에서 연속이므로

$$\int_C g(z)S_N(z)\,dz = \sum_{n=1}^{N} a_n \int_C g(z)(z-z_0)^n\,dz$$

은 존재한다. 따라서

$$\int_C g(z)\rho_N(z)\,dz$$

은 존재하여야 한다. 따라서

$$\int_C g(z)S(z)\,dz = \sum_{n=1}^{N} a_n \int_C g(z)(z-z_0)^n\,dz + \int_C g(z)\rho_N(z)\,dz \tag{5.29}$$

으로 쓸 수 있다. M 을 C 위에서 $|g(z)|$ 의 최대값이라 하고 L 을 C 의 길이라 하자. 정리 5.10에 의하여 $S(z)$ 는 C위에서 고르게 수렴하므로 임의의 $\varepsilon > 0$ 에 대해서 양의 정수 N_ε 이 존재하여 C 위의 모든 z 에 대해

$$N > N_\varepsilon \text{ 이면 } |\rho_N(z)| < \varepsilon$$

이 성립한다. N_ε 은 z 에 무관하므로

$$N > N_\varepsilon \text{ 이면 } \left|\int_C g(z)\rho_N(z)\,dz\right| < ML\varepsilon$$

이다. 따라서

$$\lim_{N\to\infty} \int_C g(z)\rho_N(z)\,dz = 0.$$

등식 (5.29) 로 부터

$$\int_C g(z)S(z)\,dz = \lim_{N\to\infty} \sum_{n=1}^{N} a_n \int_C g(z)(z-z_0)^n\,dz.$$

■

참고 5.4 정리 5.12에서 $g(z) = 1$ 이라 두고 Morera 정리를 이용하면 $S(z)$ 가 수렴반경내에서 해석함수임을 알 수 있다. 또한

$$g(s) = \frac{1}{2\pi i} \cdot \frac{1}{(s-z)^2}$$

라두고 정리 5.12을 사용하면 따름정리 5.5를 증명할 수 있다.

연습문제 5.2

1. 주어진 멱급수의 수렴반경을 구하여라.

   (a) $\sum_{n=1}^{\infty}\left(n+i\frac{1}{n}\right)z^n$ (c) $\sum_{n=1}^{\infty}n!\frac{z^n}{n^n}$

   (b) $\sum_{n=1}^{\infty}\frac{z^n}{e^n}$ (d) $\sum_{n=1}^{\infty}\frac{z^n}{(1+i\sqrt{3})^n}$

2. $\sum_{k=1}^{\infty}g_k(z)$ 고르게 수렴하면 고르게 $g_k(z)\to 0$ 임을 보여라.

3. 급수

$$\frac{1}{1-z}=\sum_{n=0}^{\infty}z^n \qquad (|z|<1)$$

   를 미분하여

$$\frac{1}{(1-z)^2}=\sum_{n=0}^{\infty}(n+1)z^n,\ \frac{1}{(1-z)^3}=\frac{1}{2}\sum_{n=0}^{\infty}(n+1)(n+2)z^n\ (|z|<1)$$

   를 구하라.

4. (a) **(Riemann ζ 함수)** 함수

$$\zeta(z)=\sum_{n=1}^{\infty}n^{-z}$$

   가 구역 $A=\{z|\mathrm{Re}\,z>1\}$ 위에서 해석함수임을 보여라. 또한 $\zeta'(z)$ 를 계산하고 A 에서 고르게 수렴하지 않음을 증명하여라.

   (b) $\sum_{n=1}^{\infty}(\log n)^k n^{-x}$ 이 $\{z|\mathrm{Re}\,z>1\}$ 위에서 해석함수임을 보여라.

5. 다음 멱급수가 주어진 구역에서 해석함수임을 보여라.

   (a) $\sum_{n=1}^{\infty}e^{-n}\sin nz,\ A=\{z|-1<\mathrm{Im}\,z<1\}$.

   (b) $\sum_{n=1}^{\infty}\frac{1}{n!z^n},\ A=\mathbb{C}\setminus\{0\}$.

   (c) $\sum_{n=1}^{\infty}\frac{z^n}{1+z^{2n}},\ A=\mathbb{C}\setminus\{|z|=1\}$.

6. 급수

$$\sin z=\sum_{n=0}^{\infty}(-1)^n\frac{z^{2n+1}}{(2n+1)!} \qquad (|z|<\infty)$$

의 항별 미분을 하여 급수

$$\cos z = \sum_{n=0}^{\infty}(-1)^n \frac{z^{2n}}{(2n)!} \qquad (|z| < \infty)$$

을 유도할 수 있음을 보여라.

7. z_0 을 중심으로 하는 원환구역에서 수렴하는 두 급수

$$S_1(z) = \sum_{n=0}^{\infty} a_n(z-z_0)^n, \quad S_2(z) = \sum_{n=0}^{\infty} \frac{b_n}{(z-z_0)^n}$$

을 생각하자. C 를 원환구역에 놓여있는 임의의 등심선이라 하고 $g(z)$ 를 C 위에서 연속함수라 하자. 그러면

$$S(z) = S_1(z) + S_2(z) = \sum_{n=-\infty}^{\infty} c_n(z-z_0)^n$$

일 때

$$\int_C g(z)S(z)\,dz = \sum_{n=-\infty}^{\infty} c_n \int_C g(z)(z-z_0)^n\,dz$$

임을 보여라.(힌트 : 정리 5.11의 증명방법을 이용하여

$$\int_C g(z)S_2(z)\,dz = \sum_{n=1}^{\infty} b_n \int_C \frac{b_n}{(z-z_0)^n}\,dz$$

를 증명한다.)

8. 복소함수열 $f_n(z) = 1/(1+nz)$은 구역 $|z| \geq 2$에서 고르게 수렴하지만 구역 $|z| \leq 2$에서는 고르게 수렴하지 않음을 보여라.

9. 복소함수열 $f_n(z) = z^n$은 집합 $|z| < 1$에서 점별수렴하지만 집합 $|z| \leq r < 1$에서 고르게 수렴함을 보여라. 집합 $|z| < 1$에서 고르게 수렴하지 않는 이유를 쓰라.

10. 복소함수열 $f_n(z) = z/n^2$은 $|z| \leq R$에서 고르게 수렴하지만 복소평면전체에서는 고르게 수렴하지 않음을 보여라.

5.3 해석함수의 멱급수표현

5.2 절 따름정리 5.5 에서 임의의 멱급수는 수렴반경내에서 해석함수임을 보였다. 이 절에서는 임의의 해석함수가 멱급수로 표현가능함을 보이고자 한다.

정리 5.13 (Taylor) *함수 f 가 중심이 z_0 이고 반지름 R_0 인 열린원판 $|z-z_0|<R_0$ 의 전체에서 해석이라고 가정하자(그림 5.3왼쪽). 그러면 원판의 각 점 z 에서 $f(z)$ 은 멱급수 표현*

$$f(z)=\sum_{n=0}^{\infty}a_n(z-z_0)^n \qquad (|z-z_0|<R_0) \tag{5.30}$$

을 가진다. 여기서

$$a_n=\frac{f^{(n)}(z_0)}{n!} \qquad (n=0,1,2,\ldots) \tag{5.31}$$

이다. 즉 $|z-z_0|<R_0$ 일 때 멱급수 (5.30) 는 $f(z)$ 로 수렴한다.

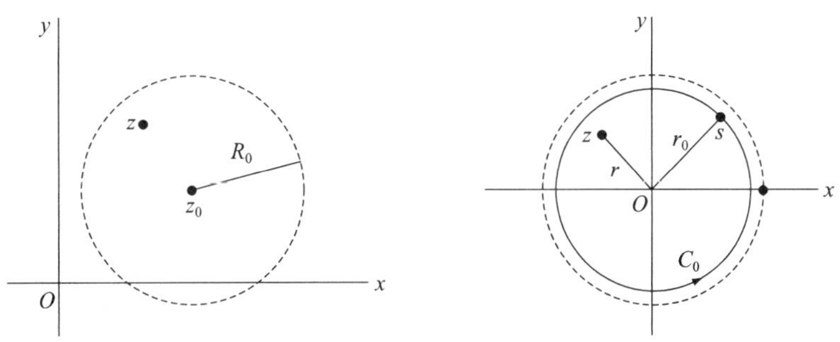

그림 5.3

(5.30) 의 오른쪽을 f 의 z_0 에 관한 Taylor 급수라고 한다. 이 급수는 미적분학에서 실함수의 Taylor 급수와 비슷하다.

증명 1. 먼저 $z_0=0$ 일 때 정리를 증명하자. 급수 (5.30) 는

$$f(z)=\sum_{n=0}^{\infty}\frac{f^{(n)}(0)}{n!}z^n \qquad (|z|<R_0) \tag{5.32}$$

으로 변형된다. (이러한 모양의 급수를 Maclaurin 급수라 한다.)

C_0 를 원판 $|z| < R_0$ 내에 포함되고 충분히 커서 점 z 가 내부에 있는 임의의 양의 방향의 원 $|z| = r_0$ 을 나타내자(그림 5.3오른쪽). Cauchy 적분정리를 적용하면

$$f(z) = \frac{1}{2\pi i}\int_{C_0} \frac{f(s)}{s-z}\,ds. \tag{5.33}$$

여기서 피적분함수의 $1/(s-z)$ 은

$$\frac{1}{s-z} = \frac{1}{s}\cdot\frac{1}{1-(z/s)} \tag{5.34}$$

으로 쓸 수 있다. 그리고 $z \neq 1$ 일 때

$$\frac{1}{1-z} = \sum_{n=0}^{N-1} z^n + \frac{z^N}{1-z} \tag{5.35}$$

을 사용하여 (5.35)의 z 대신 z/s 를 바꾸어 사용하면 (5.34) 은

$$\frac{1}{s-z} = \sum_{n=0}^{N-1} \frac{1}{s^{n+1}} z^n + z^N \frac{1}{(s-z)s^N} \tag{5.36}$$

(5.36) 의 양변을 $f(s)$ 를 곱하고 C_0 를 따라서 적분을 하면

$$\int_{C_0} \frac{f(s)}{s-z}\,ds = \sum_{n=0}^{N-1}\left(\int_{C_0}\frac{f(s)}{s^{n+1}}\,ds\right) z^n + z^N \int_{C_0} \frac{f(s)}{(s-z)s^N}\,ds. \tag{5.37}$$

Cauchy 적분공식 (4.70) 에 의하여

$$\frac{1}{2\pi i}\int_{C_0}\frac{f(s)}{s^{n+1}}\,ds = \frac{f^{(n)}(0)}{n!} \qquad (n = 0, 1, 2, \ldots)$$

을 얻는다. (5.37) 에 양 변을 $\dfrac{1}{2\pi i}$ 를 곱하면 위 식으로부터

$$f(z) = \sum_{n=0}^{N-1} \frac{f^{(n)}(0)}{n!} z^n + \rho_N(z) \tag{5.38}$$

을 얻는다. 여기서

$$\rho_N(z) = \frac{z^N}{2\pi i}\int_{C_0}\frac{f(s)}{(s-z)s^N}\,ds \tag{5.39}$$

(5.30)를 보이기 위해서

$$\lim_{N\to\infty} \rho_N(z) = 0 \tag{5.40}$$

을 보이면 된다. (5.40) 를 보이기위해 $|z| = r$ 이라 가정하자. 만일 s 가 C_0 위의 점이면

$$|s-z| \geq ||s|-|z|| = r_0 - r.$$

따라서 만일 M 이 C_0 위에서 $|f(s)|$ 의 최대값이면

$$|\rho_N(z)| \leq \frac{r^N}{2\pi}\cdot\frac{M}{(r_0-r)r_0^N}2\pi r_0 = \frac{Mr_0}{r_0-r}\left(\frac{r}{r_0}\right)^N.$$

z 가 C_0 의 내부점이므로 $(r/r_0) < 1$ 이므로 극한 (5.40) 가 성립한다.

2. z_0 가 임의의 점이라 하자. f 가 원한 $|z-z_0| < R_0$ 에서 해석이라 가정하자. 그러면 합성함수 $f(z+z_0)$ 은 $|(z+z_0)-z_0| < R_0$ 에서 해석함수이다. 따라서 $g(z) = f(z+z_0)$ 라 두면 $g(z)$ 는 $|z| < R_0$ 에서 해석함수이므로 (5.32)에 의하여 Maclaurin 급수

$$g(z) = \sum_{n=0}^{\infty}\frac{g^{(n)}(0)}{n!}z^n \qquad (|z| < R_0)$$

를 얻는다. 즉

$$f(z+z_0) = \sum_{n=0}^{\infty}\frac{f^{(n)}(z_0)}{n!}z^n \qquad (|z| < R_0)$$

위 식에서 z 대신 $z-z_0$ 를 대입하면 Taylor 급수 (5.30)를 얻는다. ■

참고 5.5 함수 f 가 점 z_0 에서 해석적이면 f 는 z_0 에서 Taylor 급수를 가진다.

증명 함수 f 가 점 z_0 에서 해석적이면 f 는 z_0 의 ε-근방 $|z-z_0| < \varepsilon$ 내에서 해석적이다. ε 을 R_0 와 같이 생각하면 Taylor 정리에 의해 Taylor 급수를 얻는다. ■

f 가 전함수이면 R_0 은 임의로 크게 선택할 수 있다 따라서 (5.30)는 $|z-z_0| < \infty$ 이다. 그러면 급수는 유한 평면내에 각 점에서 $f(z)$ 으로 수렴한다.

보기 5.6 함수 $f(z) = e^z$ 이 전함수이므로 모든 z 에 대해 성립하는 Maclaurin 급수 표현을 가진다. 여기서 $f^{(n)}(z) = e^z$ 이고 $f^{(n)}(0) = 1$ 이므로 이것으로 부터

$$e^z = \sum_{n=0}^{\infty} \frac{z^n}{n!} \qquad (|z| < \infty). \tag{5.41}$$

만일 $z = x + i0$ 이면 급수 전개 (5.41)은

$$e^x = \sum_{n=0}^{\infty} \frac{x^n}{n!} \qquad (-\infty < x < \infty).$$

으로 된다.

보기 5.7 만일 $f(z) = \sin z$ 이면

$$f^{(2n)}(0) = 0 \text{ 이면 } f^{(2n+1)}(0) = (-1)^n \qquad (n = 0, 1, 2 \ldots).$$

따라서

$$\sin z = \sum_{n=0}^{\infty} (-1)^n \frac{z^{2n+1}}{(2n+1)!} \qquad (|z| < \infty). \tag{5.42}$$

조건 $|z| < \infty$ 은 함수 $f(z) = \sin z$ 이 전함수라는 사실로 부터 나온다.

$\sinh z = -i \sin(iz)$ 이므로 등식 (5.42)의 z 대신 iz 로 바꾸고 양변에 $-i$ 를 곱하면

$$\sinh z = \sum_{n=0}^{\infty} \frac{z^{2n+1}}{(2n+1)!} \qquad (|z| < \infty). \tag{5.43}$$

보기 5.8 만일 $f(z) = \cos z$ 이면

$$f^{(2n+1)}(0) = 0 \text{ 이면 } f^{(2n)}(0) = (-1)^n \qquad (n = 0, 1, 2 \ldots).$$

따라서 이 전함수는 Maclaurin 급수전개

$$\cos z = \sum_{n=0}^{\infty} (-1)^n \frac{z^{2n}}{(2n)!} \qquad (|z| < \infty). \tag{5.44}$$

이고 $\cosh z = \cos(iz)$ 이므로 등식 (5.44)의 z 대신 iz 로 바꾸면

$$\cosh z = \sum_{n=0}^{\infty} \frac{z^{2n}}{(2n)!} \qquad (|z| < \infty). \tag{5.45}$$

관계식 $\cosh(z+2\pi i)=\cosh z$ 를 이용하면 (5.45)의 z 대신 $z+2\pi i$ 로 바꾸면 $z_0=-2\pi i$ 에서의 $\cosh z$ 의 Taylor 급수를 구할 수 있다.

$$\cosh z=\sum_{n=0}^{\infty}\frac{(z+2\pi i)^{2n}}{(2n)!}\qquad (|z+2\pi i|<\infty).$$

보기 5.9 함수

$$f(z)=\begin{cases}(\sin z)/z, & z\neq 0\\ 1, & z=0\end{cases}$$

은 전함수임을 보여라.

풀이 Maclaurin 급수전개

$$\sin z=\sum_{n=0}^{\infty}(-1)^n\frac{z^{2n+1}}{(2n+1)!}$$

이 모든 z 값에 대해 $\sin z$ 를 나타내므로(보기 5.6 참조) 급수

$$\sum_{n=0}^{\infty}(-1)^n\frac{z^{2n}}{(2n+1)!}=1-\frac{z^2}{3!}+\frac{z^4}{5!}-\cdots \tag{5.46}$$

은 $z\neq 0$ 일 때 $f(z)$ 로 수렴한다. 그러나 (5.46)는 $z=0$ 일 때 $f(0)$ 로 수렴한다. 따라서 $f(z)$ 는 모든 z 에 대해 수렴하는 멱급수 (5.46)로 표현된다. 그러므로 f 는 전함수이다. ▒

보기 5.10 함수 $f(z)=1/(1-z)$ 은 $z\neq 1$ 에서 해석함수이다. 도함수는

$$f^{(n)}(z)=\frac{n!}{(1-z)^{n+1}}\qquad (n=0,1,2,\ldots)$$

이므로 $f^{(n)}(0)=n!$ 이다. 따라서 f 의 Maclaurin 급수는

$$\frac{1}{1-z}=\sum_{n=0}^{\infty}z^n\qquad (|z|<1). \tag{5.47}$$

이러한 형태의 급수 (5.47)를 기하급수라 한다.

만일 (5.47)에 z 대신 $-z$ 를 대입하면 $|-z|<1$ 일 때

$$\frac{1}{1+z}=\sum_{n=0}^{\infty}(-1)^n z^n \qquad (|z|<1).$$

만일 (5.47)에 z 대신 $1-z$ 를 대입하면 $|1-z|<1$ 일 때

$$\frac{1}{z}=\sum_{n=0}^{\infty}(-1)^n(z-1)^n \qquad (|z-1|<1).$$

멱급수

$$f(z)=\sum_{n=0}^{\infty}a_n(z-z_0)^n \text{ 와 } g(z)=\sum_{n=0}^{\infty}b_n(z-z_0)^n \tag{5.48}$$

이 원 $|z-z_0|=R$ 내에서 수렴한다고 가정하자. 따름정리 5.5 에의하여 f 와 g 는 원판 $|z-z_0|<R$ 에서 해석함수이다. 따라서 $f(z)\pm g(z)$, $f(z)g(z)$ 및 $f(z)/g(z)$ $(g(z)\neq 0)$ 도 또한 해석함수이다. 따라서 Taylor 정리에 의하여 이들 함수를 멱급수로 전개가 가능하다.

정리 5.14 멱급수

$$f(z)=\sum_{n=0}^{\infty}a_n(z-z_0)^n \text{ 와 } g(z)=\sum_{n=0}^{\infty}b_n(z-z_0)^n \tag{5.49}$$

이 원판 $|z-z_0|<R$ 내에서 수렴한다고 가정하자. 그러면

(i) $f(z)\pm g(z)=\sum_{n=0}^{\infty}c_n(z-z_0)^n$,

(ii) $f(z)g(z)=\sum_{n=0}^{\infty}d_n(z-z_0)^n$,

(iii) $f(z)/g(z)=\sum_{n=0}^{\infty}h_n(z-z_0)^n$.

이다. 여기서 $c_n=a_n\pm b_n$ 이고

$$d_n=\sum_{k=1}^{n}a_{n-k}b_k.$$

증명 Taylor 정리에 의하면 음이 아닌 정수 k 에 대해서

$$a_k = \frac{1}{k!}f^{(k)}(z_0),\ b_k = \frac{1}{k!}g^{(k)}(z_0)$$

이 성립한다.

$$c_n = \frac{1}{n!}(f+g)^{(n)}(z_0)$$

이고 $(f \pm g)^{(n)}(z_0) = f^{(n)}(z_0) \pm g^{(n)}(z_0)$ 이므로 $c_n = a_n \pm b_n$ 이 성립한다. Leibniz 공식

$$(f \cdot g)^{(n)}(z_0) = \sum_{k=1}^{n} \binom{n}{k} f^{(k)}(z_0) g^{(n-k)}(z_0)$$

을 이용하면

$$\begin{aligned} d_n &= \frac{1}{n!}(f \cdot g)^{(n)}(z_0) \\ &= \sum_{k=0}^{n} a_k b_{n-k} \end{aligned}$$

임을 알 수 있다. $g(z) \neq 0$ 이므로 f/g 도 또한 z_0 에서 해석함수이고 Taylor 정리에 의하여 멱급수로 전개가 가능하다. ■

복합적인 함수의 경우에는 부분분수형태로 나누어 보기 5.9을 이용한다.

보기 5.11 함수

$$f(z) = \frac{1}{z^2 - z - 2}$$

을 원점에 관한 멱급수 전개를 구하여라.

풀이 주어진 함수를 변형하면

$$f(z) = \frac{1}{z^2 - z - 2} = \frac{1}{(z-2)(z+1)} = \frac{1}{3}\left(\frac{1}{z-2} - \frac{1}{z+1}\right)$$

이고 (5.47)을 이용하면

$$\frac{1}{z-2} = -\frac{1}{2}\frac{1}{1-(z/2)} = -\frac{1}{2}\sum_{n=0}^{\infty}\left(\frac{z}{2}\right)^n = -\sum_{n=0}^{\infty}\frac{z^n}{2^{n+1}} \quad |z| < 2$$

이고

$$\frac{1}{z+1} = \sum_{n=0}^{\infty}(-1)^n z^n, \quad |z| < 1$$

이므로 주어진 급수는 $|z| < 1$ 에서

$$\begin{aligned} f(z) &= \frac{1}{3}\left(\frac{1}{z-2} - \frac{1}{z+1}\right) = -\frac{1}{3}\left(\sum_{n=0}^{\infty}\frac{z^n}{2^{n+1}} + \sum_{n=0}^{\infty}(-1)^n z^n\right) \\ &= -\frac{1}{3}\sum_{n=0}^{\infty}\left(\frac{1}{2^{n+1}} + (-1)^n\right) z^n \end{aligned}$$

■

참고 5.6 정리 5.14(iii) 에서 계수 h_n 을 Taylor 정리를 이용하여 구하는 것은 매우 복잡하다. 그러나 다음과 같은 방법을 사용하면 된다.

보기 5.12 함수

$$f(z) = \sec z$$

의 멱급수를 구하여라.

(풀이) 주어진 함수

$$f(z) = \sec z = \frac{1}{\cos z} = \frac{1}{1 - z^2/2! + z^4/4! - \cdots}$$

은 $|z| < \pi/2$ 내에서는 0 이 아니므로 해석함수이다. 따라서 멱급수 전개가 가능하다. 이를 위해서 직접나눗셈을 하여 구한다.

$$\begin{array}{r|l} & 1 + z^2/2! + \left[\frac{1}{(2!)^2} - \frac{1}{4!}\right] z^4 + \cdots \\ \hline 1 - z^2/2! + z^4/4! - \cdots & 1 \\ & 1 - z^2/2! \ + z^4/4! - \cdots \\ \hline & z^2/2! \ - z^4/4! + \cdots \\ & z^2/2! \ - z^4/(2!)^2 - \cdots \end{array}$$

$$\begin{array}{c} \hline \left[\frac{1}{(2!)^2}-\frac{1}{4!}\right]z^4+\cdots \\ \left[\frac{1}{(2!)^2}-\frac{1}{4!}\right]z^4+\cdots \\ \hline \vdots \end{array}$$

따라서

$$\frac{1}{1-z^2/2!+z^4/4!-\cdots}=1+\frac{1}{2!}z^2+\left[\frac{1}{(2!)^2}-\frac{1}{4!}\right]z^4+\cdots$$

이다. ▪

함수 f 가 특정한 점에서 해석적이 아닐 때 그 점에 관한 z 의 멱급수 전개를 할 필요가 있다.

정리 5.15 (Laurent) *함수 f 가 원환영역(annular domain) $R_1<|z-z_0|<R_2$ 전체에서 해석적이라고 가정하자. C 를 z_0 를 주위로 원환구역내에서 양의 방향으로 도는 임의의 단순 닫힌등심선이라 하자(그림 5.4). 그러면 구역내 각 점 z 에서 $f(z)$ 은 급수표현*

$$f(z)=\sum_{n=0}^{\infty}a_n(z-z_0)^n+\sum_{n=1}^{\infty}\frac{b_n}{(z-z_0)^n} \qquad (R_1<|z-z_0|<R_2) \tag{5.50}$$

을 가진다. 여기서

$$a_n=\frac{1}{2\pi i}\int_C\frac{f(z)}{(z-z_0)^{n+1}}dz \qquad (n=0,1,2,\ldots) \tag{5.51}$$

이고

$$b_n=\frac{1}{2\pi i}\int_C\frac{f(z)}{(z-z_0)^{-n+1}}dz \qquad (n=1,2,\ldots) \tag{5.52}$$

이다.

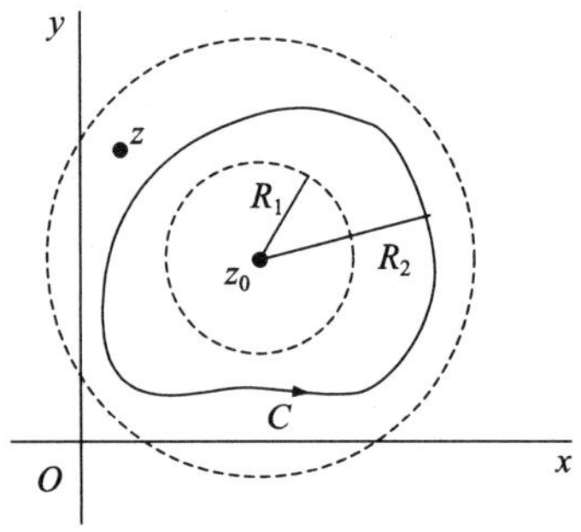

그림 5.4

등식 (5.50) 은 간편하게

$$f(z) = \sum_{n=-\infty}^{\infty} c_n(z-z_0)^n \qquad (R_1 < |z-z_0| < R_2) \tag{5.53}$$

으로 쓸 수 있다. 여기서

$$c_n = \frac{1}{2\pi i}\int_C \frac{f(z)}{(z-z_0)^{n+1}}\,dz \qquad (n = 0, \pm 1, \pm 2, \ldots). \tag{5.54}$$

급수표현 (5.50)와 (5.53)를 Laurent **급수**라고 한다.

참고 5.7 만일 f 가 $|z-z_0| < R_2$ 내에서 해석함수라고 하자. 그러면 (5.50)는 Taylor 급수 (5.30)로 변형된다.

증명 (5.52)에서 피적분함수 $f(z)(z-z_0)^{n-1}$, $n = 1, 2, \ldots$ 도 또한 같은 구역에서 해석함수이므로 Cauchy-Goursat 정리에 의하여 $b_n = 0$, $n = 1, 2, \ldots$ 이고 Cauchy 적분공식에 의하여

$$a_n = \frac{f^{(n)}(z_0)}{n!}$$

이다. ■

증명 (Laurent 정리). 먼저 $z_0 = 0$ 일 때 정리를 증명하자. 이 경우 주어진 영역은 $R_1 < |z| < R_2$ 이다. 영역 $R_1 < |z| < R_2$ 에 포함되는 닫힌 원환영역 $r_1 \le |z| \le r_2$ 을 만들고 그 내부에 점 z 와 등심선 C 가 포함되도록 r_1 과 r_2 를 각각 R_1 과 R_2 에 충분히 가깝게 택한다. C_1 과 C_2 를 각각 $|z| = r_1$ 와

$|z| = r_2$ 라고 하고 양의 방향으로 잡는다. 그러면 f 는 C_1 과 C_2 위와 그 사이의 구역에서 해석적이다.

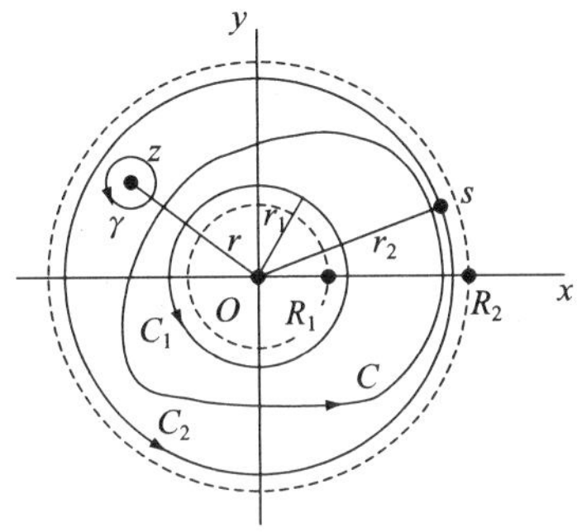

그림 5.5

이제 γ 를 z 를 중심으로 하고 원환영역 $r_1 \le |z| \le r_2$ 에 완전히 포함되도록 충분히 작은 양의 방향의 원을 만든다(그림 5.5). 그러면 Cauchy-Goursat 정리를 다중연결 구역의 방향을 가진 경계에 해석함수의 적분을 적용하면

$$\int_{C_2} \frac{f(s)}{s-z}\,ds - \int_{C_1} \frac{f(s)}{s-z}\,ds - \int_{\gamma} \frac{f(s)}{s-z}\,ds = 0.$$

그러나 Cauchy 적분정리에 의하면 $\int_{\gamma} \frac{f(s)}{s-z}\,ds = 2\pi i f(z)$ 이므로 위 식은

$$f(z) = \frac{1}{2\pi i} \int_{C_2} \frac{f(s)}{s-z}\,ds + \frac{1}{2\pi i} \int_{C_1} \frac{f(s)}{z-s}\,ds. \tag{5.55}$$

Taylor 정리에서 사용된 $1/(s-z)$ 식을

$$\frac{1}{s-z} = \sum_{n=0}^{N-1} \frac{1}{s^{n+1}} z^n + z^N \frac{1}{(s-z)s^N} \tag{5.56}$$

와 (5.56)에서 z 와 s 를 교환하여 표현하면

$$\begin{aligned}\frac{1}{z-s} &= \sum_{n=0}^{N-1} \frac{1}{z^{n+1}} s^n + s^N \frac{1}{(z-s)z^N} \\ &= \sum_{n=0}^{N-1} \frac{1}{s^{-n}} \frac{1}{z^{n+1}} + \frac{1}{z^N} \frac{s^N}{z-s}\end{aligned}$$

이다. 위 식의 합기호의 색인을 n 을 $n-1$ 로 바꾸면

$$\frac{1}{z-s} = \sum_{n=1}^{N} \frac{1}{s^{-n+1}} \frac{1}{z^n} + \frac{1}{z^N} \frac{s^N}{z-s} \tag{5.57}$$

식 (5.56)와 (5.57)의 양변에 $f(s)/2\pi i$를 곱하고 각각 C_2 와 C_1 주위로 s 에 관하여 함수의 각 변을 적분하면 (5.55)로 부터

$$f(z) = \sum_{n=0}^{N-1} a_n z^n + \rho_N(z) + \sum_{n=1}^{N} \frac{b_n}{z^n} + \sigma_N(z) \tag{5.58}$$

을 얻는다. 여기서 $a_n (n = 0, 1, 2, \ldots)$ 와 $b_n (n = 1, 2, \ldots)$ 은

$$a_n = \frac{1}{2\pi i} \int_{C_2} \frac{f(s)}{s^{n+1}} ds \qquad b_n = \frac{1}{2\pi i} \int_{C_1} \frac{f(s)}{s^{-n+1}} ds \tag{5.59}$$

이고

$$\rho_N(z) = \frac{z^N}{2\pi i} \int_{C_2} \frac{f(s)}{(s-z)s^N} ds, \qquad \sigma_N(z) = \frac{1}{2\pi i z^N} \int_{C_1} \frac{s^N f(s)}{z-s} ds.$$

$N \to \infty$ 일 때

$$\lim_{N\to\infty} \rho_N(z) = 0 \text{ 이고 } \lim_{N\to\infty} \sigma_N(z) = 0 \tag{5.60}$$

이면 식 (5.58)은 구역 $R_1 < |z - z_0| < R_2$ 내의 Laurent 급수가 된다. 이제 (5.60)가 성립함을 보이자. 이것은 Taylor 급수에서의 증명방법과 유사하게 증명한다. $|z| = r$ 을 $r_1 < r < r_2$ 이 되도록 한다. M 을 C_1 과 C_2 위에서 $|f(z)|$ 의 최대값이라 하자. 만일 s 이 C_2 위의 점이면 $|s - z| \geq r_2 - r$ 이고 만일 s 이 C_1 위의 점이면 $|s - z| \geq r - r_1$ 이다. 따라서 정리 4.2(v)에 의하여

$$|\rho_N(z)| \leq \frac{Mr_2}{r_2 - r} \left(\frac{r}{r_2}\right)^N \text{ 이고 } |\sigma_N(z)| \leq \frac{Mr_2}{r - r_1} \left(\frac{r}{r_1}\right)^N.$$

그런데 $(r/r_2) < 1$ 이고 $(r_1/r) < 1$ 이므로 $N \to \infty$ 일 때 $\rho_N(z)$ 와 $\sigma_N(z)$ 이 모두 0 으로 수렴한다.

따름정리 4.4를 이용하면 (5.59)에서 사용된 등심선을 등심선 C 로 바꿀 수 있고 (5.59)의 적분변수 s 대신 z 로 바꾸면 식 (5.56)와 (5.57)이 같다. 따라서 $z_0 = 0$ 일 때 정리의 증명이 끝난다.

z_0 가 유한평면내의 임의의 점인 일반적인 경우일 때. Taylor 정리를 증명한 방법과 동일하게 $g(z) = f(z+z_0)$ 라고 쓰면 $f(z)$ 가 원환 구역 $R_1 < |z-z_0| < R_2$ 내에서 해석적이므로 $g(z)$ 는 $R_1 < |z| < R_2$ 에서 해석적이다. 이제 정리의 단순닫힌 등심선 C 의 매개변수 표현을 $z = z(t)$ $(a \le t \le b)$ 을 가진다고 하자. 여기서 모든 $t \in [a,b]$ 에 대해서

$$R_1 < |z(t) - z_0| < R_2. \tag{5.61}$$

따라서 만일 Γ 이 경로

$$z = z(t) - z_0 \ (a \le t \le b) \tag{5.62}$$

이면 Γ 는 단순닫힌 등심선일 뿐만 아니라 부등식 (5.61)에 의하여 구역 $R_1 < |z| < R_2$ 내에 놓여있다. 따라서 $g(z)$ 는 Laurent 급수표현

$$g(z) = \sum_{n=0}^{\infty} a_n z^n + \sum_{n=1}^{\infty} \frac{b_n}{z^n} \quad (R_1 < |z| < R_2) \tag{5.63}$$

여기서

$$a_n = \frac{1}{2\pi i}\int_\Gamma \frac{g(z)}{z^{n+1}}\,dz \qquad (n = 0,1,2,\ldots), \tag{5.64}$$

$$b_n = \frac{1}{2\pi i}\int_\Gamma \frac{g(z)}{z^{-n+1}}\,dz \qquad (n = 1,2,\ldots). \tag{5.65}$$

만일 $g(z)$ 대신 $f(z+z_0)$ 을 쓰고 그 다음 결과식에 z 대신 $z-z_0$ 을 대입하면 (5.50)를 얻을 수 있다. 더욱이

$$\int_\Gamma \frac{g(z)}{z^{n+1}}\,dz = \int_a^b \frac{f[z(t)]z'(t)}{[z(t)-z_0]^{n+1}}\,dt = \int_C \frac{f(z)}{(z-z_0)^{n+1}}\,dz$$

이므로 계수 a_n 에 대한 (5.64)은 (5.51)과 동일하다. 비슷하게 (5.65)도 (5.52)과 동일함을 보일 수 있다. ∎

주어진 함수에 Laurent 급수를 구하는 것은 이미 정리로부터 급수의 존재성이 입증되었으므로 정리를 이용한 계산보다 기존 함수의 Taylor 정리를 이용한 멱급수에 변수를 치환하여 구하는 것이 보다 편리하다. 문제는 이렇게 구한 급수가 Laurent 급수와 같을 수 있는가? 하는 질문이 생길 수 있

지만, 5.4절의 급수의 유일성으로부터 멱급수로부터 치환된 Laurent급수는 정리를 이용한 계산과 같음을 알 수 있다.

보기 5.13 Maclaurin 급수전개

$$e^z = \sum_{n=0}^{\infty} \frac{z^n}{n!} = 1 + \frac{z}{1!} + \frac{z^2}{2!} + \frac{z^3}{3!} + \cdots \quad (|z| < \infty),$$

에서 z 대신 $1/z$ 를 대입하면 Laurent 급수

$$e^{1/z} = \sum_{n=0}^{\infty} \frac{1}{n!z^n} = 1 + \frac{1}{1!z} + \frac{1}{2!z^2} + \frac{1}{3!z^3} + \cdots \quad (0 < |z| < \infty). \tag{5.66}$$

를 얻는다.

참고 5.8 $e^{1/z}$ 의 Laurent 급수전개 (5.66)에서 Laurent 급수전개공식을 사용하면

$$b_1 = \frac{1}{2\pi i} \int_C e^{1/z} dz$$

이다. 여기서 C 는 원점을 둘러싼 임의의 양의 방향의 단순닫힌등심선이다. 그런데 $b_1 = 1$ 이므로

$$\int_C e^{1/z} dz = 2\pi i$$

임을 알 수 있다. 이것은 단순닫힌등심선을 따라 어떤 적분을 계산하는데 등심선 내부의 점에 관한 함수의 Laurent 급수전개가 필요하고 이때 계수 b_1 을 알면 적분값을 구할 수 있음 뜻한다. 따라서 b_1 을 구하는 문제가 매우 중요하다. 이것은 다음 장에서 다룰 예정이다.

특이점이 두 개 이상인 경우에는 영역에 따라 여러 가지 z 에 관한 멱급수를 구할 수 있다.

보기 5.14 함수

$$f(z) = -\frac{1}{(z-1)(z-2)} = \frac{1}{z-1} - \frac{1}{z-2} \tag{5.67}$$

는 $z=1$ 과 $z=2$ 에서 특이점을 가지므로 f 는

$$|z|<1, \quad 1<|z|<2, \quad 2<|z|<\infty$$

의 구역에서의 원점에 관한 멱급수 전개를 구할 수 있다.

(i) $|z|<1$ 일 때. f 가 이 구역의 내부에서는 해석적이므로 Maclaurin 급수전개가 가능하다. 또한 $|z|<1$ 일 때

$$\frac{1}{1-z}=\sum_{n=0}^{\infty} z^n \tag{5.68}$$

이고 $|z/2|<1$ 이므로

$$\frac{1}{2-z}=\frac{1}{2}\cdot\frac{1}{1-(z/2)}=\frac{1}{2}\sum_{n=0}^{\infty}\left(\frac{z}{2}\right)^n$$

이다. 따라서 $|z|<1$ 일 때 위 두식으로부터

$$\begin{aligned} f(z) &= -\frac{1}{1-z}+\frac{1}{2}\cdot\frac{1}{1-(z/2)} \\ &= -\sum_{n=0}^{\infty} z^n+\frac{1}{2}\sum_{n=0}^{\infty}\left(\frac{z}{2}\right)^n \\ &= \sum_{n=0}^{\infty}\left(\frac{1}{2^{n+1}}-1\right)z^n \end{aligned}$$

(ii) $1<|z|<2$ 일 때. 이 영역에서 Laurent정리에 의하여 원점에 관한 Laurent급수가 존재함을 알 수 있다. 따라서 이 영역에서 $|1/z|<1$ 이고 $|z/2|<1$ 이므로 (5.68)에서 z 대신 $1/z$ 및 $z/2$ 을 각각 대입하면

$$\frac{1}{z-1}=\frac{1}{z}\cdot\frac{1}{1-(1/z)}=\frac{1}{z}\sum_{n=0}^{\infty}\left(\frac{1}{z}\right)^n=\sum_{n=0}^{\infty}\frac{1}{z^{n+1}} \quad |z|>1$$

와

$$\frac{1}{z-2}=-\frac{1}{2}\cdot\frac{1}{1-(z/2)}=-\frac{1}{2}\sum_{n=0}^{\infty}\left(\frac{z}{2}\right)^n=-\sum_{n=0}^{\infty}\frac{z}{2^{n+1}} \quad |z|<2$$

을 얻는다. 따라서 위 두 식으로부터 $1 < |z| < 2$ 일 때

$$\begin{aligned} f(z) &= \frac{1}{z}\cdot\frac{1}{1-(1/z)} + \frac{1}{2}\cdot\frac{1}{1-(z/2)} \\ &= \sum_{n=0}^{\infty}\frac{1}{z^{n+1}} + \sum_{n=0}^{\infty}\frac{z}{2^{n+1}} \\ &= \sum_{n=0}^{\infty}\frac{z}{2^{n+1}} + \sum_{n=1}^{\infty}\frac{1}{z^{n}} \end{aligned}$$

(iii) $|z| > 2$ 일 때. 이 영역에서도 (ii)과 같이 Laurent급수가 존재함을 알 수 있고, $|1/z| < 1$ 이고 $|2/z| < 1$ 이므로 (5.68)에서 z 대신 $1/z$ 및 $2/z$ 을 각각 대입하면

$$\frac{1}{z-1} = \frac{1}{z}\cdot\frac{1}{1-(1/z)} = \frac{1}{z}\sum_{n=0}^{\infty}\left(\frac{1}{z}\right)^{n} = \sum_{n=0}^{\infty}\frac{1}{z^{n+1}} \quad |z| > 1$$

와

$$\frac{1}{z-2} = \frac{1}{z}\cdot\frac{1}{1-(2/z)} = \frac{1}{z}\sum_{n=0}^{\infty}\left(\frac{2}{z}\right)^{n} = \sum_{n=0}^{\infty}\frac{2}{z^{n+1}} \quad |z| > 2$$

을 얻는다. 따라서 위 두 식으로부터 $2 < |z|$ 일 때

$$f(z) = \frac{1}{z}\cdot\frac{1}{1-(1/z)} - \frac{1}{z}\cdot\frac{1}{1-(2/z)}$$

$$\begin{aligned} &= \sum_{n=0}^{\infty}\frac{1}{z^{n+1}} + \sum_{n=0}^{\infty}\frac{2^n}{z^{n+1}} \\ &= \sum_{n=0}^{\infty}\frac{1-2^n}{z^{n+1}} = \sum_{n=1}^{\infty}\frac{1-2^{n-1}}{z^{n}} \end{aligned}$$

을 얻는다.

분모를 0으로 하는 고립특이점 $z = 1$ 과 $z = 2$ 의 주위에서 마찬가지로 Laurent급수를 전개할 수 있다.

(iv) $0 < |z-1| < 1$일 때. $z = 1$이 고립특이점이므로 $z = 1$에 관한 Laurent급수가 존재한다. 따라서 $z = 1$에 관한 주어진 함수의 Laurent급수는

$$f(z) = -\frac{1}{(z-1)[1-(z-1)]} = -\sum_{n=-1}^{\infty}(z-1)^n.$$

(v) $0<|z-2|<1$일 때. $z=2$가 고립특이점이므로 $z=2$에 관한 Laurent급수가 존재한다. 따라서 $z=2$에 관한 주어진 함수의 Laurent급수는

$$f(z)=\frac{1}{(z-2)[1+(z-2)]}=-\sum_{n=-1}^{\infty}(-1)^{n+1}(z-2)^n.$$

연습문제 5.3

1. 다음을 증명하여라.

(a)

$$z\cosh(z^2)=\sum_{n=0}^{\infty}\frac{z^{4n+1}}{(2n)!}\quad(|z|<\infty)$$

(b)

$$e^z=e\sum_{n=0}^{\infty}\frac{(z-1)^n}{n!}\qquad(|z|<\infty)$$

(c)

$$\frac{1}{1-z}=\sum_{n=0}^{\infty}\frac{(z-i)^n}{(1-i)^{n+1}}\quad(|z-i|<\sqrt{2})$$

2. 다음 함수의 주어진 점에서 Taylor 급수를 구하여라.

(a) $\sinh(z^2)$, $z=0$

(b) $\tanh z$, $z=0$

(c) $\cos z$, $z=\pi/2$

(d) $\sinh z$, $z=\pi i$

(e) $\dfrac{z}{z^4+9}$, $\quad(|z|<\sqrt{3})$

3. 급수를 이용하여 다음 함수가 전함수임을 보여라.

(a)

$$f(z)=\begin{cases}(e^z-1)/z, & z\neq 0,\\ 1, & z=0\end{cases}$$

(b)

$$f(z)=\begin{cases}\dfrac{\cos z}{z^2-(\pi/2)^2}, & z\neq\pm\dfrac{\pi}{2},\\ -\dfrac{1}{\pi}, & z=\pm\dfrac{\pi}{2}\end{cases}$$

4. (Parseval 등식) $f(z)=\sum_{n=0}^{\infty} a_n z^n$ 이 $|z|<R$ 에서 수렴한다 하자. 만일 $0<r<R$ 이면 $f(z)=\sum_{n=0}^{\infty} a_n r^n e^{in\theta}$ 임을 보여라. 여기서 $z=re^{i\theta}$ 이고

$$a_n=\frac{1}{2\pi r^n}\int_0^{2\pi} f(re^{i\theta})e^{-in\theta}\,d\theta.$$

또한

$$\frac{1}{2\pi}\int_0^{2\pi}|f(re^{i\theta})|^2\,d\theta=\sum_{n=0}^{\infty}|a_n|^2 r^{2n}$$

임을 보여라(힌트 : a_n 에 대한 Cauchy 적분공식과 $f\bar{f}$ 를 급수로 전개하고 항별적분한다).

5. $z\neq 0$ 일 때 다음을 증명하여라.

(a) $\dfrac{e^z}{z^2}=\dfrac{1}{z^2}+\dfrac{1}{z}+\dfrac{1}{2!}+\dfrac{z}{3!}+\dfrac{z^2}{4!}+\cdots$

(b) $\dfrac{\sin(z^2)}{z^4}=\dfrac{1}{z^2}-\dfrac{z^2}{3!}+\dfrac{z^6}{5!}-\dfrac{z^{10}}{7!}+\cdots$

(c) $\dfrac{\sinh z}{z^2}=\dfrac{1}{z}+\sum_{n=0}^{\infty}\dfrac{z^{2n+1}}{(2n+3)!}+\cdots$

(d) $z^3\cosh\left(\dfrac{1}{z}\right)=\dfrac{z}{2}+z^3+\sum_{n=1}^{\infty}\dfrac{1}{(2n+2)!)}\cdot\dfrac{1}{z^{2n-1}}$

6. $0<|z|<4$ 일 때

$$\frac{1}{4z-z^2}=\frac{1}{4z}+\sum_{n=0}^{\infty}\frac{z^n}{4^{n+2}}$$

임을 보여라.

7. 다음 함수의 Laurent 급수를 구하여라.

(a)

$$z^2\sin\left(\frac{1}{z^2}\right)=1+\sum_{n=1}^{\infty}\frac{(-1)^n}{(2n+1)!}\cdot\frac{1}{z^{4n}}\qquad(0<|z|<\infty)$$

(b)

$$\frac{e^z}{(z+1)^2}=\frac{1}{e}\left[\sum_{n=0}^{\infty}\frac{(z+1)^n}{(n+2)!}+\frac{1}{z+1}+\frac{1}{(z+1)^2}\right]\qquad(0<|z+1|<\infty)$$

(c)

$$\frac{1}{1+z}=\sum_{n=1}^{\infty}\frac{(-1)^{n+1}}{z^n}\qquad(1<|z|<\infty)$$

(d)

$$\frac{z}{z^2+1} = \frac{1}{2(z-i)} + \frac{1}{4i}\left(1 - \frac{(z-i)}{2i} + \frac{(z-i)^2}{2i} - \cdots\right)$$

8. 다음 함수

$$f(z) = \frac{1}{z^2(1-z)}$$

를 주어진 영역에서 Laurent 급수를 구하여라.

(a) $0 < |z| < 1$

(b) $1 < |z| < \infty$

9. 다음 함수

$$f(z) = \frac{z+1}{z-1}$$

를

(a) Maclaurin 급수가 전개가능한 구역을 말하고 급수전개를 구하라.

(b) 구역 $1 < |z| < \infty$ 에서 Laurent 급수전개를 구하라.

10. $0 < |z-1| < 2$ 일 때

$$\frac{z}{(z-1)(z-2)} = -3\sum_{n=0}^{\infty}\frac{(z-1)^n}{2^{n+2}} - \frac{1}{2(z-1)}$$

임을 보여라.

11. 다음 함수

$$f(z) = \frac{1}{z(1+z^2)}$$

의 두 개의 Laurent 급수와 구역을 구하여라.

12. (a) a 는 $-1 < a < 1$ 인 실수라 하자. Laurent 급수

$$\frac{a}{z-a} = \sum_{n=1}^{\infty}\frac{a^n}{z^n} \qquad (|a| < |z| < \infty)$$

을 증명하여라.

(b) (a) 에서 얻은 식에 $z = e^{i\theta}$ 을 대입하여 실수부와 허수부를 비교하여

$$\sum_{n=1}^{\infty} a^n \cos n\theta = \frac{a\cos\theta - a^2}{1-2a\cos\theta + a^2} \text{ 와 } \sum_{n=1}^{\infty} a^n \sin n\theta = \frac{a\sin\theta}{1-2a\cos\theta + a^2}$$

을 보여라.

13. 급수

$$\sum_{n=-\infty}^{\infty} x[n]z^{-n}$$

이 어떤 원환영역 $R_1 < |z| < R_2$ 내에서 해석함수 $X(z)$ 으로 수렴한다고 가정하자. 합 $X(z)$ 을 $x[n]$, $(n = 0, \pm 1, \pm 2, \ldots)$ 의 z-**변환**이라 한다. 만일 원환영역이 단위원 $|z| = 1$ 을 포함하면 $X(z)$ 의 **역** z-**변환**을

$$x[n] = \frac{1}{2\pi}\int_{-\pi}^{\pi} X(e^{i\theta})e^{in\theta}\,d\theta$$

임을 보여라.(힌트 : Laurent 급수의 계수에 관한 공식 (5.54) 을 이용)

14. z 는 임의의 복소수이고 C 는 w 평면에서 단위원

$$w = e^{i\phi} \qquad (-\pi \le \phi \le \pi)$$

을 나타낸다. 그러면 다음을 보여라.

(a)

$$\exp\left[\frac{z}{2}\left(w - \frac{1}{w}\right)\right] = \sum_{n=-\infty}^{\infty} J_n(z)w^n \qquad (0 < |w| < \infty).$$

여기서

$$J_n(z) = \frac{1}{2\pi}\int_{-\pi}^{\pi} \exp[-i(n\phi - z\sin\phi)\,d\phi \qquad (n = 0, \pm 1, \pm 2, \ldots)$$

를 위수 n 의 Bessel **함수**라 부른다. (힌트 : Laurent 급수의 계수에 관한 공식 (5.59) 을 이용)

(b) (a) 의 계수는

$$J_n(z) = \frac{1}{\pi}\int_{0}^{\pi} \cos(n\phi - z\sin\phi)\,d\phi \qquad (n = 0, \pm 1, \pm 2, \ldots)$$

(c) $J_{-n}(z) = (-1)^n J_n(z)$.

15. (a) $f(z)$ 가 원점에 관한 단위원 $z = e^{i\phi}$ 을 포함하는 원환영역에서 해석함수라 하자. z 가 원환영역의 임의의 점일 때

$$f(z) = \frac{1}{2\pi}\int_{-\pi}^{\pi} f(e^{i\phi})\,d\phi + \frac{1}{2\pi}\sum_{n=1}^{\infty}\int_{-\pi}^{\pi} f(e^{i\phi})\left[\left(\frac{z}{e^{i\phi}}\right)^n + \left(\frac{e^{i\phi}}{z}\right)^n d\phi\right] d\phi$$

임을 보여라.

(b) $u(\theta) = \Re[f(e^{i\theta})]$ 일 때 (a) 의 전개로 부터

$$u(\theta) = \frac{1}{2\pi}\int_{-\pi}^{\pi} u(\phi)\,d\phi + \frac{1}{\pi}\sum_{n=1}^{\infty}\int_{-\pi}^{\pi} u(\phi)\cos[n(\theta-\phi)]\,d\phi$$

를 보여라. 이것은 구간 $-\pi \le \theta \le \pi$ 위에서 실함수 $u(\theta)$ 의 Fourier 급수 전개의 한 형태이다. $u(\theta)$ 의 제약은 이것이 Fourier 급수에 의해 표현되기 위해 보다 더 심한 제약이 있다.

16. (a) 점 $z_0 = 2$ 에서 함수 $1/z$ 의 Taylor 급수를 구하여라. (힌트 : 등식

$$\frac{1}{z} = \frac{1}{2}\cdot\frac{1}{1+(z-2)/2}$$

을 생각한다.)

(b) (a) 를 항별 미분하여

$$\frac{1}{z^2} = \frac{1}{4}\sum_{n=0}^{\infty}(-1)^n(n+1)\left(\frac{z-2}{2}\right)^n \qquad (|z-2|<2)$$

를 보여라.

17. 급수

$$\frac{1}{(1-z)^2} = \sum_{n=0}^{\infty}(n+1)z^n \qquad (|z|<1)$$

에서 z 대신 $1/(1-z)$ 를 치환하여 Laurent 급수전개

$$\frac{1}{z^2} = \sum_{n=2}^{\infty}\frac{(-1)^n(n-1)}{(z-1)^n} \qquad (1<|z-1|<\infty)$$

를 유도하여라.

18. f 는 정리 5.15의 가정을 만족한다 하자. 만일 $R_1 < r < R_2$ 이면

$$\int_0^{2\pi}|f(z_0+re^{i\theta})|^2\,d\theta = 2\pi\sum_{n=0}^{\infty}|a_n|^2 r^{2n} + 2\pi\sum_{n=1}^{\infty}|b_n|^2 r^{-2n}$$

임을 보여라.

19. (a) w 평면에서 Taylor 급수전개

$$\frac{1}{w} = \sum_{n=0}^{\infty}(-1)^n(w-1)^n \qquad (|w-1|<1)$$

를 $w=1$ 부터 $w=z$ 까지 수렴반경내부의 등심선을 따라 적분하여 급수전개

$$\text{Log}z=\sum_{n=1}^{\infty}\frac{(-1)^{n+1}}{n}(z-1)^n \qquad (|z-1|<1)$$

을 구하여라.

(b) (a) 의 결과를 이용하여

$$f(z)=\begin{cases}\dfrac{\text{Log}\,z}{z-1}, & z\neq 1\\ 1, & z=1\end{cases}$$

이 구역 $0<|z|<\infty, -\pi<\text{Arg}z<\pi$ 전체에서 해석적임을 보여라.

20. 만일 f 가 z_0 에서 해석적이고 $f(z_0)=f'(z_0)=\cdots=f^{(m)}(z_0)=0$ 이면

$$g(z)=\begin{cases}\dfrac{f(z)}{(z-z_0)^{m+1}}, & z\neq z_0\\ \dfrac{f^{(m+1)}(z_0)}{(m+1)!}, & z=z_0\end{cases}$$

이 z_0 에서 해석적임을 증명하여라.

21. 급수의 곱을 사용하여

$$\frac{e^z}{z(z^2+1)}=\frac{1}{z}+1-\frac{1}{2}z-\frac{5}{6}z^2+\cdots \qquad (0<|z|<1)$$

임을 보여라.

22. 급수의 나눗셈을 사용하여 증명하여라.

(a) $\csc z=\dfrac{1}{z}+\dfrac{1}{3!}z+\left[\dfrac{1}{(3!)^2}-\dfrac{1}{5!}\right]z^3+\cdots \qquad (0<|z|<\pi)$

(b) $\dfrac{1}{e^z-1}=\dfrac{1}{z}-\dfrac{1}{2}+\dfrac{1}{12}z-\dfrac{1}{720}z^3+\cdots \qquad (0<|z|<2\pi)$

(c) $\dfrac{1}{z^2\sinh z}=\dfrac{1}{z^3}-\dfrac{1}{6}\cdot\dfrac{1}{z}+\dfrac{7}{360}z+\cdots \qquad (0<|z|<\pi)$

23. 함수 $e^z/(1-\cos z)^2$ 에 대한 원점 근방에서 주요부를 나눗셈을 이용하여 구하여라.

24. C 가 시계반대방향의 단위원일 때

$$\int_C\frac{dz}{z^2\sinh z}=-\frac{\pi i}{3}$$

을 증명하여라.(힌트 : 문제 19(c) 를 이용하여 항별적분하면 된다.)

25. 아래의 단계로 급수의 나눗셈을 하라.

(a)

$$\frac{1}{1+z^2/3!+z^4/5!+\cdots} = d_0 + d_1 z + d_2 z^2 + d_3 z^3 + d_4 z^4 + \cdots$$

라 쓰고 양변을 분모부분을 곱하여

$$1 = \left(1 + \frac{1}{3!}z^2 + \frac{1}{5!}z^4 + \cdots\right)(d_0 + d_1 z + d_2 z^2 + d_3 z^3 + d_4 z^4 + \cdots)$$

양변을 곱하여 전개하면 $|z| < \pi$

$$(d_0 - 1) + d_1 z + \left(d_2 + \frac{1}{3!}d_0\right)z^2 + \left(d_3 + \frac{1}{3!}d_1\right)z^3 + \left(d_4 + \frac{1}{3!}d_2 + \frac{1}{5!}d_0\right)z^4 + \cdots = 0$$

임을 보여라.

(b) (a) 의 모든 계수들을 0 으로 두어 각 $d_0, d_1, d_2, \ldots$ 를 구하라.

26. $f(z)$ 은 급수전개

$$f(z) = z + a_2 z^2 + a_3 z^3 + \cdots \quad (|z| < \infty)$$

을 가지는 전함수라 하자.

(a) 합성함수 $g(z) = f[f(z)]$ 를 계속 미분하여 $g(z)$ 의 Maclaurin 급수의 처음 세 항을 찾아라. 또한

$$f[f(z)] = z + 2a_2 z^2 + 2(a_2^2 + a_3)z^3 + \cdots \qquad (|z| < \infty)$$

임을 보여라.

(b) 급수에서 z 대신 $f(z)$ 를 대입하여 형식적으로

$$f[f(z)] = f(z) + a_2[f(z)]^2 + a_3[f(z)]^3 + \cdots$$

라고 쓰고 z 의 같은 차수의 항을 모아 (a) 의 결과를 얻어라.

(c) $f(z) = \sin z$ 와 (a) 를 이용하여

$$\sin(\sin z) = z - \frac{1}{3}z^3 + \cdots \quad (|z| < \infty)$$

임을 보여라.

27. Euler 수는 Maclaurin 급수

$$\frac{1}{\cosh z} = \sum_{n=0}^{\infty} \frac{E_n}{n!} \qquad (|z| < \pi/2)$$

의 수 $E_n (n = 0, 1, 2, \ldots)$ 이다. 이 급수표현이 제시한 원판에서 성립하는 이유를 들고 $E_{2n+1} = 0$ $(n = 0, 1, 2, \ldots)$ 를 설명하여라. 그리고

$$E_0 = 1,\ E_2 = -1,\ E_4 = 5,\ E_6 = -61$$

임을 보여라.

28. 함수 $f(z)$ 가 어떤 원 $|z - z_0| = R$ 내부에서 멱급수 표현

$$f(z) = \sum_{n=0}^{\infty} a_n (z - z_0)^n$$

을 가진다고 하자. $|z - z_0| < R$ 일 때 이 급수를 항별 미분하여 수학적 귀납법으로

$$f^{(n)}(z) = \sum_{k=0}^{\infty} \frac{(n+k)!}{k!} a_{n+k} (z - z_0)^k \qquad (n = 0, 1, 2, \ldots)$$

임을 보이고 $z = z_0$ 을 대입하여 계수 a_n $(n = 0, 1, 2, \ldots)$ 이 $z = z_0$ 에서 f 의 Taylor 급수의 계수와 일치함을 보여라.

29. f 가 $|z| < 1$ 에서 해석적이라 하자. 부등식 $|f^{(k)}(0)| \geq k!5^k$ 가 모든 k 에 대해서 성립할 수 없음을 보여라.

30. $f(z) = f(-z)$ 이고 $f(z) = \sum_{n=0}^{\infty} a_n z^n$ 이 원판 $|z| < R, R > 0$ 위에서 수렴한다면 $a_{2n+1} = 0$, n 은 자연수, 임을 보여라.

31. f 는 전함수이고 실수축위에서 유계라 하자. 그러면 f 는 상수함수이다. 맞으면 증명하고 틀리면 반례를 구하여라.

32. Bernoulli 수 B_n 은 $z/(e^z - 1)$ 의 멱급수

$$\frac{z}{e^z - 1} = \sum_{n=0}^{\infty} \frac{B_n}{n!} z^n$$

의 계수와 관계가 있다. 다음을 구하여라.

(a) 급수

$$\sum_{n=0}^{\infty} \frac{B_n}{n!} z^n$$

의 수렴반경을 구하여라.

(b) Cauchy 적분공식을 등심선 $|z|=1$ 에 적용하여 B_n 의 적분형태

$$B_n = \int_0^{2\pi} g_n(\theta)\, d\theta$$

를 구하여라.

33. Legendre 다항식은 Taylor 전개

$$(1-2\alpha z+z^2)^{-1/2} = \sum_{n=0}^{\infty} P_n(\alpha) z^n$$

에서 z^n 의 계수로서 정의된다. $P_n(\alpha)$ 가 n 차 다항식임을 증명하고 P_1, P_2, P_3, P_4 을 구하여라.

34. 함수방정식 $f(z) = z + f(z^2)$ 을 푸는 멱급수를 구하고 이 멱급수만이 방정식을 푸는 것임을 보여라.

35. 원점근방에서 $(1+z)^{1/z}$ 의 여러가지 결정값들을 생각하자.

(a) $(1+z)^{1/z}$ 의 여러가지 결정값들 중의 하나가 $|z|<1$ 에서 해석임을 보이고 그것을 $f_0(z)$ 로 쓰기로 하자. (힌트: $(1+z)^{1/z} = e^{(1/z)\log(1+z)} = e^{(1/z)\mathrm{Log}\,(1+z)+2k\pi i}$)

(b) $f_0(z) = a_0 + a_1 z + a_2 z^2 + \cdots$ 에서 a_0, a_1, a_2 을 구하여라.

(c) $f(z)$ 는 $f_0(z)$ 와 다른 $(1+z)^{1/z}$ 의 여러가지 결정값이라 하자. $g(z) = f(z)/f_0(z)$ 의 성질을 찾고 $|z|>0$ 에 대한 Laurent 급수를 구하여라.

5.4 해석함수의 급수표현에 관한 여러 가지 성질

정리 5.16 (Taylor급수의 유일성) 만일 급수

$$\sum_{n=0}^{\infty} a_n(z-z_0)^n \tag{5.69}$$

이 어떤 원 $|z-z_0| = R$ 의 내부의 모든 점에서 $f(z)$ 로 수렴하면 이것은 $z = z_0$ 에서의 f 에 대한 Taylor 급수전개이다.

증명 급수표현

$$f(z) = \sum_{m=0}^{\infty} a_m(z-z_0)^m \qquad (|z-z_0| < R) \tag{5.70}$$

을 정리 5.12에 적용하면

$$\int_C g(z)f(z)\,dz = \sum_{m=0}^{\infty} a_m \int_C g(z)(z-z_0)^m\,dz \tag{5.71}$$

을 얻는다. 여기서 C 는 중심이 z_0 이고 반경이 $r(< R)$ 인 원이다. 함수

$$g(z) = \frac{1}{2\pi i}\cdot\frac{1}{(z-z_0)^{n+1}} \quad (n = 0,1,2,\ldots)$$

를 등식 (5.71)에 대입하면 Cauchy 적분공식에 의해

$$\int_C g(z)f(z)\,dz = \frac{1}{2\pi i}\int_C \frac{f(z)dz}{(z-z_0)^{n+1}} = \frac{f^{(n)}(z_0)}{n!} \tag{5.72}$$

이고

$$\int_C g(z)(z-z_0)^m\,dz = \frac{1}{2\pi i}\int_C \frac{dz}{(z-z_0)^{n-m+1}} = \begin{cases} 0, & m \neq n \\ 1, & m = n \end{cases}$$

로 부터

$$\sum_{m=0}^{\infty} a_m \int_C g(z)(z-z_0)^m\,dz = a_n. \tag{5.73}$$

등식 (5.72)와 (5.73)로 부터 (5.71)은

$$\frac{f^{(n)}(z_0)}{n!} = a_n$$

이고 따라서 (5.69)은 점 z_0 에서 f 에 대한 Taylor 급수이다. ▒

참고 5.9 정리 5.16으로 부터 만일 급수 (5.69)이 z_0 의 어떤 근방에서 0 으로 수렴하면 계수 a_n 은 모두 0 이어야 한다.

정리 5.17 (Laurent 급수의 유일성) 만일 급수

$$\sum_{n=-\infty}^{\infty} c_n(z-z_0)^n = \sum_{n=0}^{\infty} a_n(z-z_0)^n + \sum_{n=1}^{\infty} \frac{b_n}{(z-z_0)^n} \tag{5.74}$$

이 z_0 에 대한 어떤 원환영역의 모든 점에서 $f(z)$ 로 수렴하면 이것은 이 구역에서 $z=z_0$ 에서 f 에 관한 Laurent 급수이다.

증명 함수

$$f(z) = \sum_{m=-\infty}^{\infty} c_m(z-z_0)^m$$

라 두고 정리 5.12 에 적용하면

$$\int_C g(z)f(z)\,dz = \sum_{m=-\infty}^{\infty} c_m \int_C g(z)(z-z_0)^m\,dz \tag{5.75}$$

을 얻는다. 여기서 C 는 원환영역내의 원이다. 함수

$$g(z) = \frac{1}{2\pi}\cdot\frac{1}{(z-z_0)^{n+1}} \quad (n=0,\pm1,\pm2,\ldots)$$

를 등식 (5.75)에 대입하면

$$\int_C \frac{f(z)}{(z-z_0)^{n+1}}\,dz = \sum_{m=-\infty}^{\infty} c_m \int_C (z-z_0)^{n+m+1}\,dz \tag{5.76}$$

이고 모든 정수 m,n 에 대해서

$$\frac{1}{2\pi i}\int_C \frac{dz}{(z-z_0)^{n-m+1}} = \begin{cases} 0, & m \neq n \\ 1, & m = n \end{cases}$$

로 부터

$$\sum_{m=0}^{\infty} a_m \int_C g(z)(z-z_0)^m\,dz = c_n. \tag{5.77}$$

따라서 (5.74)은 점 z_0 에서 f 에 대한 Laurent 급수이다. ■

다음 성질은 복소함수만 가지는 성질이다.

정리 5.18 *원판 $|z-z_0| < R$에서 $f(z)$가 해석적이고 $\{z_n\}$이 z_0로 수렴하는 서로 다른 수열이라고 가정하자. 만일 각 n 에 대해서 $f(z_n) = 0$ 이면 $|z-z_0| < R$ 의 모든 곳에서 $f(z) \equiv 0$이다.*

증명 Taylor정리에 의해서

$$f(z) = a_0 + \sum_{k=1}^{\infty} a_k (z-z_0)^k \quad (|z-z_0| < R). \tag{5.78}$$

$f(z)$가 z_0에서 연속이므로 $z_n \to z_0$일 때 $f(z_n) \to f(z_0)$임을 알 수 있다. 따라서

$$0 = \lim_{n\to\infty} f(z_n) = f(z_0) = a_0$$

식 (5.78)에서 $a_0 = 0$ 이므로

$$f(z) = (z-z_0)\left(a_1 + \sum_{k=2}^{\infty} a_k (z-z_0)^{k-1}\right).$$

위 식에서 $z = z_n$ 을 대입하고 $z_n - z_0$로 나누면

$$0 = \lim_{n\to\infty} \frac{f(z_n)}{z_n - z_0} = a_1.$$

같은 방법으로

$$f(z) = (z-z_0)^2(a_2 + \sum_{k=3}^{\infty} a_k (z-z_0)^{k-2})$$

이므로

$$0 = \lim_{n\to\infty} \frac{f(z_n)^{\ 2}}{z_n - z_0} = a_2.$$

귀납법에 의하여 모든 자연수 k에 대해서 $a_k = 0$임을 알 수 있고 결과가 나온다. ■

따름정리 5.6 *점 $z = z_0$에서 $f(z)$가 해석적이라고 가정하면 z_0의 어떤 근방에서 $f(z) \equiv 0$ 이거나 빠진원판 $0 < |z - z_0| \leq r$ 에서 $f(z) \neq 0$이 되는 실수 r이 존재한다.*

증명 이러한 r이 존재하지 않는다고 가정하자. 그러면 각 빠진원판 $0 < |z - z_0| \leq \dfrac{1}{n}$에서 $f(z_n) = 0$ 이 되는 점 z_n이 존재한다. $z_n \to z_0$이므로 $f(z)$는 z_0의 어떤 근방에서 0이 되어야 한다. ▨

이제 위의 정리를 임의의 영역으로 일반화시켜보자.

정리 5.19 *영역 D 에서 $f(z)$ 가 해석적이고 z_n 이 D 의 점 z_0로 수렴하는 서로 다른 수열이라고 가정하자. 만일 각 n 에 대해서 $f(z_n) = 0$ 이면 D 의 전체 영역에서 $f(z) \equiv 0$ 이다.*

증명 다음과 같은 두 개의 서로 소인 집합을 살펴보자.

$$A = \{a \in D : a\text{의 어떤 근방에서 } f(z) \equiv 0\}$$

$$B = \{a \in D : a\text{의 어떤 빠진근방 안의 모든 } Z\text{에 대해서 } f(z) \neq 0\}$$

따름정리 5.6에 의하여 D 의 모든 점은 A 에 속하든지 또는 B 에 속한다. A와 B 가 모두 열린집합임은 쉽게 보일 수 있다. 영역 $D = A \cup B$가 연결집합이므로 A 또는 B 는 공집합이어야 한다. 한편 정리 5.18에 의하여 점 z_0 는 A에 속한다. 그러므로 $B = \emptyset$ 이다. 이는 $A = D$ 이고 D 에서 $f(z) \equiv 0$ 임을 뜻한다. ▨

정리 5.20 (일치정리) *영역 D에서 z_n이 극한점을 갖는 수열이라고 가정하자. 만일 $f(z)$ 와 $g(z)$ 가 D 에서 해석적이고 각 n 에 대해서 $f(z_n) = g(z_n)$이면 D의 전체 영역에서 $f(z) \equiv g(z)$ 이다.*

증명 z_0를 $\{z_n\}$의 극한점이라고 하자. 그러면 정리 1.4에 의하여 z_0로 수렴하는 부분수열 z_{n_k} 가 존재한다. $h(z) = f(z) - g(z)$로 놓으면 수열 z_{nk}의 모든 점에 대해서 $h(z_{n_k})$임을 알 수 있다. 정리 5.19 를 응용하면 D에서 $h(z) \equiv 0$임을 알 수 있고 이로부터 결과가 나온다. ▨

참고 5.10 정리 5.20 에서 극한점 z_0가 해석적인 영역에 속한다는 조건은 필수적이다. 예를 들어, 상수가 아닌 함수 $f(z) = e^{\frac{1}{1-z}}$ 는 $|z| < 1$에서 해석적

이고 $z_n = 1 - \dfrac{1}{2n\pi i}$에 대해서 $e^{\frac{1}{1-z_n}} = e^{2n\pi i} = 1$ 이다. 그러나 $\{z_n\} \to 1$이고 $f(z)$가 1에서 해석적이 아님을 주목하라.

보기 5.15 $|z| < 1$에서 해석적이고 다음

$$f\left(\frac{1}{2n}\right) = f\left(\frac{1}{2n+1}\right) = \frac{1}{2n} \quad (n = 1, 2, \cdots) \tag{5.79}$$

을 만족하는 함수 $f(z)$가 존재하는가?

함수 $f(z) = z$는 조건$f\left(\dfrac{1}{2n}\right) = \dfrac{1}{2n}$ 을 만족하는 해석함수이다. 일치정리에 의하여 이 함수가 그와 같은 유일한 함수이다. 그러나

$$f\left(\frac{1}{2n+1}\right) \neq \frac{1}{2n}$$

이므로 식 (5.79)를 만족하는 해석함수는 존재하지 않는다. 물론 모든 n 에 대해서

$$f\left(\frac{1}{2n+1}\right) = \frac{1}{2n}$$

을 만족하는 $|z| < 1$에서 해석적인 함수 $f(z)$를 만들 수 있음을 주의하라. $z = \dfrac{1}{2n+1}$로 놓으면 $\dfrac{1}{2n} = \dfrac{z}{1-z}$ 이므로 $f(z) = \dfrac{z}{1-z}$ 가 이 조건을 만족한다.

연습문제 5.4

1. 만일 $f(z)$와 $g(z)$는 영역 D 에서 해석적이고 $f(z)g(z) \equiv 0$ 이면 D에서 $f(z) \equiv 0$ 이거나 $g(z) \equiv 0$ 임을 증명하여라.

2. $f(z)$와 $g(z)$는 영역 D 에서 해석적이고 점 $z_0 \in D$ 로 수렴하는 수열 $\{z_n\}$에서

$$\frac{f'(z_n)}{f(z_n)} = \frac{g'(z_n)}{g(z_n)}$$

이라고 가정하자. D에서 $f(z) = Kg(z)$ 임을 보여라(힌트: $h(z) = \dfrac{f(z)}{g(z)}$라 두고 $h'(z) = 0$임을 보여라.).

3. f는 연결열린집합 D 에서 해석적이라고 하자. 다음 명제가 동치임을 보여라.

(a) $f \equiv 0$;

(b) 점 $a \in D$가 존재하여 각각의 $n \geq 0$에 대해서 $f^{(n)}(a) = 0$;

(c) $\{z \in D \mid f(z) = 0\}$이 D에서 극한점을 가진다.

4. f와 g는 구역 D에서 해석함수이고 $\bar{f}g$가 해석적이면 f가 상수이거나 $g \equiv 0$임을 보여라.

5. f는 구역 A에서 정의되고 g는 구역 B에서 정의된 해석함수라고 하자. $A \cap B \neq \emptyset$ 이고 $A \cap B$ 에서 $f = g$라고 가정하자. 그러면 함수

$$h(z) = \begin{cases} f(z) & z \in A; \\ g(z) & z \in B \end{cases}$$

은 $A \cup B$에서 해석적이고 A에서 f와 같고 B에서 g와 같은 $A \cup B$에서 해석적인 유일한 함수임을 보여라. 이러한 함수 h를 f(또는 g)의 해석연장(analytic continuation)이라고 한다 (힌트 일치정리를 사용할 것).

6. $f(z) = e^{1/z} - 1$ 이라 하자. 만일 $z_n = 1/2\pi ni$이면, $z_n \to 0$이고 $f(z_n) = 0$ 이다. 그러나 f는 항등적으로 0이 아니다. 왜 일치정리가 성립하지 않을까?

7. f는 D에서 해석적이고 항등적으로 0이 아니라고 하자. 만일 $f(z_0) = 0$ 이면 정수 k가 존재하여 $f(z_0) = \cdots = f^{(k-1)}(z_0) = 0$ 이고 $f^{(k)}(z_0) \neq 0$ 이 성립함을 보여라.

6 유수와 극

6.1 특이점과 유수

이 절에서는 함수의 특이점을 분류하고, 특이점에 관한 성질을 조사한다.

정의 6.1 점 z_0 가 함수 f 의 **특이점**이라 함은 z_0 에서 해석적이 아니지만 z_0 의 모든 근방의 어떤 점에서 해석적이다. 특이점 z_0 이 **고립특이점**이라 함은 f 가 해석적인 z_0 의 빠진 근방 $0 < |z - z_0| < \varepsilon$ 이 존재한다.

보기 6.1 함수

$$\frac{z^3+1}{z(z^2+1)}$$

은 세개의 고립특이점 $z = 0, z = \pm i$ 를 가진다.

보기 6.2 원점은 $\log z$ $(\alpha < \arg z < \alpha + 2\pi)$의 특이점이다. 그러나 원점의 모든 빠진 근방이 방사선 $\theta = \alpha$ 을 포함하고 이러한 점에서 $\log z$ 가 해석적이지 않으므로 원점은 고립특이점이 아니다.

보기 6.3 함수 $\csc\left(\dfrac{\pi}{z}\right)$은 실수 구간 $[-1, 1]$ 위에서 특이점 $z = 0, z = 1/n$ $(n = \pm 1, \pm 2, \ldots)$을 갖는다. 원점을 제외한 각 점은 고립특이점이고 원점의 모든 빠진근방은 다른 특이점을 포함하므로 원점은 고립특이점이 아니다.

z_0 가 함수 f 의 고립특이점일 때 양수 R 이 존재하여 f 는 $0 < |z - z_0| < R$ 내의 각 점에서 해석적이다. 따라서 Laurent 정리에 의하여 f 는 Laurent 급수

$$f(z) = \sum_{n=0}^{\infty} a_n (z - z_0)^n + \sum_{n=1}^{\infty} \frac{b_n}{(z - z_0)^n} \quad (0 < |z - z_0| < R) \qquad (6.1)$$

로 표현할 수 있다. 여기서 a_n 과 b_n 은 z_0 가 빠진 원판 $0 < |z - z_0| < R$ 내부에 놓여 있는 z_0 를 양의 방향으로 도는 단순 닫힌 등심선위의 선적분으로 나타나는 상수이다. 특히

$$b_1 = \frac{1}{2\pi i}\int_C f(z)\,dz \tag{6.2}$$

이다. 고립점 z_0 에서 f 의 Laurent 급수전개에서 계수 b_1 을 알면 (6.2) 에서 단순닫힌 등심선 C 위의 적분 $\int_C f(z)\,dz$ 을 구할 수 있다. 따라서 b_1 을 구하는 것이 중요하다. 이러한 b_1 을 고립특이점 z_0 에서 f 의 **유수**라고 부르고 기호로

$$b_1 = \mathrm{Res}(f; z_0)$$

로 나타낸다.

보기 6.4 C 가 양의 방향의 원 $|z-2| = 1$ 일 때 적분

$$\int_C \frac{dz}{z(z-2)^2} \tag{6.3}$$

을 구하여라.

풀이 피적분함수는 점 $z = 0$ 와 $z = 2$ 을 제외한 유한 평면내의 모든 점에서 해석적이므로 빠진 원판 $0 < |z-2| < 2$ 에서 Laurent 급수를 가진다. 따라서 (6.3)의 적분값은 $2\pi i\,\mathrm{Res}(f; z = 2)$ 이다. 이제 $z = 2$ 에서 피적분함수의 유수를 구하자. 이를 위해 Maclaurin 급수

$$\frac{1}{1-z} = \sum_{n=0}^{\infty} z^n \qquad (|z| < 1)$$

을 사용하여

$$\begin{aligned}
\frac{1}{z(z-2)^2} &= \frac{1}{(z-2)^2}\cdot\frac{1}{2+(z-2)} \\
&= \frac{1}{2(z-2)^2}\cdot\frac{1}{1-\left(-\frac{z-2}{2}\right)} \\
&= \sum_{n=0}^{\infty}\frac{(-1)^n}{2^{n+1}}(z-2)^{n-2} \quad (0 < |z-2| < 2)
\end{aligned}$$

위의 Laurent 급수에서 $1/(z-2)$ 의 계수를 찾으면 원하는 유수, 즉 $-1/4$ 이다. 따라서

$$\int_C \frac{dz}{z(z-2)^2} = 2\pi i\left(-\frac{1}{4}\right) = -\frac{\pi i}{2}. \tag{6.4}$$

■

보기 6.5 C 가 단위원일 때

$$\int_C \sin\left(\frac{1}{z^2}\right) dz = 0 \tag{6.5}$$

임을 보여라.

풀이 $1/z^2$ 은 원점을 제외한 모든 곳에서 해석함수이므로 피적분함수도 원점을 제외한 모든 곳에서 해석함수이다. 고립특이점 $z=0$ 은 C 의 내부에 있고 Maclaurin 급수

$$\sin z = \sum_{n=0}^{\infty}(-1)^n \frac{z^{2n+1}}{(2n+1)!} \qquad (|z| < \infty),$$

를 사용하면 Laurent 급수

$$\sin\left(\frac{1}{z^2}\right) = \sum_{n=0}^{\infty}(-1)^n \frac{1}{(2n+1)!z^{4n+2}} \qquad (0 < |z| < \infty)$$

을 얻는다. 고립특이점 $z=0$ 에서 피적분함수의 유수는 0 이므로 (6.5)의 값은 0 이다. ■

참고 6.1 보기 6.5는 단순닫힌등심선 C 위와 내부에서 피적분함수의 해석적 성질은 C 위에서의 등심선 적분값이 0 이기 위한 충분조건이지 필요조건은 아님을 보여주고 있다.

지금까지는 단순등심선 C 내부에 함수 f 의 고립특이점이 1 개가 있을 경우에만 생각하였다. 만일 고립특이점이 여러개가 있을 때 $\int_C f(z)\,dz$ 의 값을 어떻게 구할 것인가? 다음 정리는 이에 대한 답을 제시한다.

정리 6.1 (유수정리) *C 는 양의 방향의 단순 닫힌등심선이라 하자. 만일 함수 f 가 C 의 내부에 유한개의 특이점 $z_1, \cdots, z_n$ 을 제외한 C 위와 내부에서 해석적이면*

$$\int_C f(z)\,dz = 2\pi i \sum_{k=1}^{n} \mathrm{Res}(f; z = z_k) \tag{6.6}$$

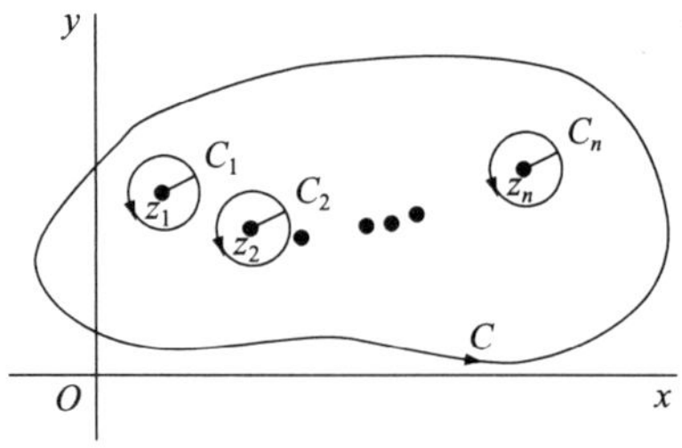

그림 6.1

증명 점 $z_k(k = 1, \ldots, n)$ 을 C 의 내부에 속하고 작게 그려서 서로 만나지 않는 양의 방향의 원 C_k 의 중심이라 하자(그림 6.1). 그러면 $C_1, \cdots C_n$ 및 C 로 둘러싸인 구역에서 해석적이고 그 내부은 다중연결구역이다. Cauchy-Goursat 정리를 적용하면

$$\int_C f(z)\,dz - \sum_{k=1}^{n} \int_{C_k} f(z)\,dz = 0.$$

그런데

$$\int_{C_k} f(z)\,dz = 2\pi i \sum_{k=1}^{n} \mathrm{Res}(f; z = z_k)$$

이므로 (6.6)을 얻을 수 있다. ■

보기 6.6 C 가 시계반대방향의 원 $|z| = 2$ 일 때 적분

$$\int_C \frac{z-2}{z^2(z-1)}\,dz$$

을 구하여라.

풀이 피적분함는 두 개의 고립특이점 $z=0$ 과 $z=1$ 을 가지고 둘 다 C 의 내부에 있다. 이제 Maclaurin 급수

$$\frac{1}{1-z}=\sum_{n=0}^{\infty} z^n \qquad (|z|<1)$$

을 사용하여 각 고립특이점에서의 유수를 구하자. 먼저 $0<|z|<1$ 일 때

$$\frac{z-2}{z(z-1)}=\frac{z-2}{z^2}\cdot\frac{-1}{1-z}=\left(\frac{1}{z}-\frac{2}{z^2}\right)(-1-z-z^2-\cdots)$$

이므로 전개하여 $1/z$ 의 계수를 구하면 $\mathrm{Res}\left(\frac{5z-2}{z(z-1)};z=0\right)=1$ 이다. 또한 $0<|z-1|<1$ 일 때

$$\begin{aligned}\frac{z-2}{z^2(z-1)}&=\frac{(z-1)-1}{z-1}\cdot\left(\frac{1}{1+(z-1)}\right)^2\\&=\left(1-\frac{1}{z-1}\right)[1-(z-1)+(z-1)^2-\cdots]^2\\&=\left(1-\frac{1}{z-1}\right)[1-2(z-1)+3(z-1)^2-\cdots]\\&=\frac{-1}{z-1}+1-5(z-1)+\cdots\end{aligned}$$

이므로 전개하여 $\frac{1}{z-1}$ 의 계수를 구하면 $\mathrm{Res}\left(\frac{z-2}{z^2(z-1)};z=1\right)=-1$ 이다. 따라서 유수정리에 의하여

$$\begin{aligned}\int_C \frac{z-2}{z^2(z-1)}\,dz&=2\pi i\left[\mathrm{Res}\left(\frac{z-2}{z^2(z-1)};z=0\right)+\mathrm{Res}\left(\frac{z-2}{z^2(z-1)};z=1\right)\right]\\&=0.\end{aligned}$$

▩

만일 함수 f 가 C 의 외부에 있는 유한 평면내의 각 점에서 해석적이면 어떤 관련된 함수의 한 개의 유수를 찾아서 C 위에서의 f 의 적분을 구하는 것이 보다 효과적이다.

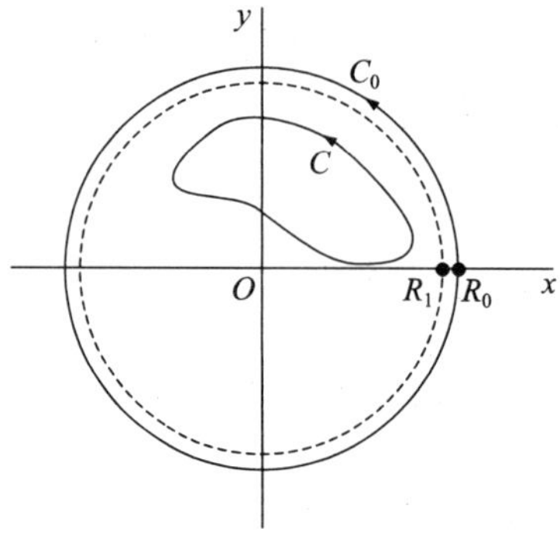

그림 6.2

정리 6.2 *만일 함수 f 가 양의 방향 단순닫힌 등심선 C 내부에 유한 개의 특이점을 제외하고 유한 평면내의 모든 점에서 해석적이면*

$$\int_C f(z)\,dz = 2\pi i \operatorname{Res}\left[\frac{1}{z^2} f\left(\frac{1}{z}\right); z = 0\right]. \tag{6.7}$$

증명 원 $|z| = R$ 을 충분히 크게하여 등심선 C 가 원내부에 들어가게 잡자(그림 6.2). 그러면 만일 C_0 가 양의 방향의 원 $|z| = R_0$, $(R_0 > R)$ 이면 Laurent 정리에 의하여

$$f(z) = \sum_{n=-\infty}^{\infty} c_n z^n \qquad (R_1 < |z| < \infty) \tag{6.8}$$

을 얻는다. 여기서

$$c_n = \frac{1}{2\pi i}\int_{C_0} \frac{f(z)}{z^{n+1}}\,dz \qquad (n = 0, \pm 1, \pm 2, \ldots) \tag{6.9}$$

이다. (6.9) 에서 $n = -1$ 을 대입하면

$$\int_{C_0} f(z)\,dz = 2\pi i c_{-1} \tag{6.10}$$

임을 알 수 있다. (6.8)이 성립할 조건은 $0 < |z| < R_2$ 인 형태가 아니므로 계수 c_{-1} 은 점 $z = 0$ 에서 f의 유수가 아니다. 더욱이 $z = 0$ 은 f 의 특이점이

아닐 수도 있다. 그러나 z 대신 $1/z$ 를 (6.8) 에 대입하면

$$\frac{1}{z^2}f\left(\frac{1}{z}\right) = \sum_{n=-\infty}^{\infty} \frac{c_n}{z^{n+2}} = \sum_{n=-\infty}^{\infty} \frac{c_{n-2}}{z^n} \qquad \left(0 < |z| < \frac{1}{R_1}\right)$$

이고 따라서

$$c_{-1} = \mathrm{Res}\left[\frac{1}{z^2}f\left(\frac{1}{z}\right); z=0\right]. \tag{6.11}$$

그러면 (6.10)와 (6.11)로부터

$$\int_{C_0} f(z)\,dz = 2\pi i \mathrm{Res}\left[\frac{1}{z^2}f\left(\frac{1}{z}\right); z=0\right].$$

f 가 C 와 C_0 로 둘러싸인 닫힌구역전체에서 해석적이므로 경로변형의 원리에 의해 원하는 결과를 얻는다. ■

보기 6.7 보기 6.6에서 피적분함수

$$f(z) = \frac{z-2}{z^2(z-1)}$$

이 원 C 의 바깥에서 해석적이다. 그런데

$$\begin{aligned}\frac{1}{z^2}f\left(\frac{1}{z}\right) &= \frac{1-2z}{1-z} = (1-2z)\cdot\frac{1}{1-z} \\ &= (1-2z)(1+z+z^2+\cdots) \\ &= 1-z-z^2-\cdots \qquad (0<|z|<1)\end{aligned}$$

이므로 등식 (6.7) 에 사용된 유수는 0 이다. 따라서

$$\int_C \frac{5z-2}{z(z-1)}\,dz = 2\pi i \times 0 = 0.$$

연습문제 6.1

1. 다음 함수의 $z=0$ 에서 유수를 구하여라.

   (a) $\dfrac{1}{z+z^3}$

   (b) $z^3\cos\left(\dfrac{1}{z^2}\right)$

   (c) $\dfrac{\sinh z}{z^4(1-z^2)}$

   (d) $\dfrac{1-\cos z}{z}$

   (e) $\dfrac{\cot z}{z^4}$

   (f) $\dfrac{z^4+1}{\sin(\pi/z)}$

2. 정리 6.1를 사용하여 양의 방향의 원 $|z|=3$ 위의 다음 함수의 선적분을 구하여라.

   (a) $\dfrac{\exp(-z^2)}{z^3}$

   (b) $\dfrac{\exp(-z)}{(z-i)^2}$

   (c) $z^2\exp\left(\dfrac{1}{z}\right)$

   (d) $\dfrac{z+1}{z^2+2z}$

3. 정리 6.2를 사용하여 양의 방향의 원 $|z|=2$ 위의 다음 함수의 선적분을 구하여라.

   (a) $\dfrac{z^4}{1+z^3}$

   (b) $\dfrac{1}{z}$

   (c) $\dfrac{1}{1+z^2}$

   (d) $\dfrac{1}{z^4+1}$

4. 만일 f_1과 f_2가 z_0에서 각각 유수 r_1과 r_2를 가지면, z_0에서 f_1+f_2의 유수는 r_1+r_2임을 증명하여라.

5. C는 원점을 지나지 않는 임의의 닫힌등심선일 때

$$\int_C \exp\left(\frac{1}{z}\right)dz$$

   의 모든 가능한 값들을 구하여라.

6.2 특이점과 극

1 절에서 고립특이점에서의 유수를 알면 유수정리를 이용하면 등심선의 적분을 쉽게 구할 수 있었다. 이 절에서는 고립특이점의 종류를 살펴보고 고립특이점에서의 유수를 구하는 방법을 알아보기로 한다.

만일 f 가 고립특이점 z_0 을 가지면 빠진 원판 $0 < |z - z_0| < R_2$ 에서 $f(z)$ 는 Laurent 급수

$$f(z) = \sum_{n=0}^{\infty} a_n (z - z_0)^n + \frac{b_1}{z - z_0} + \frac{b_2}{(z - z_0)^2} + \cdots + \frac{b_n}{(z - z_0)^n} + \cdots \tag{6.12}$$

을 가진다. C 를 $0 < |z - z_0| < R_2$ 에 완전히 놓여있는 단순닫힌 등심선이라 하고 (6.12) 의 양변을 적분하면 C 위에서 급수

$$\sum_{n=0}^{\infty} a_n (z - z_0)^n$$

은 해석함수이므로 Cauchy 정리에 의하여

$$\int_C \sum_{n=0}^{\infty} a_n (z - z_0)^n \, dz = 0$$

이다. 따라서 $\int_C f(z)\, dz$ 은 급수 (6.12) 의

$$\frac{b_1}{z - z_0} + \frac{b_2}{(z - z_0)^2} + \cdots + \frac{b_n}{(z - z_0)^n} + \cdots \tag{6.13}$$

의 적분값에 의존한다. 여기서 급수 (6.13)을 z_0 에서 f 의 **주요부분**이라 한다.

우리는 f 의 주요부분의 모양에 따라서 세 가지 형태로 분류한다.

I. 극점(Pole)

만일 z_0 에서 f 의 주요부분이 적어도 하나가 0 이 아니고 유한개의 항으로 끝나는 경우, 즉 양의 정수 m 이 존재하여

$$b_m \neq 0 \text{ 이고 } b_{m+1} = b_{m+2} = \cdots = 0$$

이 성립하는 경우 (6.12)은

$$f(z)=\sum_{n=0}^{\infty}a_n(z-z_0)^n+\frac{b_1}{z-z_0}+\frac{b_2}{(z-z_0)^2}+\cdots+\frac{b_m}{(z-z_0)^m} \tag{6.14}$$

$$(0<|z-z_0|<R_2)$$

이다. 여기서 $b_m \neq 0$ 이다. 이 경우 고립특이점 z_0 를 **위수 m 의 극점**이라 한다. 특히 $m=1$ 인 경우 **단순극점**이라 한다.

보기 6.8 함수

$$\frac{z^2-2z+3}{z-2}=2+(z-2)+\frac{3}{z-2} \quad (0<|z-2|<\infty)$$

은 $z_0=2$ 에서 단순극점을 가지고 유수는 3 이다.

보기 6.9 함수

$$\begin{aligned}\frac{\sinh z}{z^4}&=\frac{1}{z^4}\left(z+\frac{z^3}{3!}+\frac{z^5}{5!}+\frac{z^7}{7!}+\cdots\right)\\&=\frac{1}{z^3}+\frac{1}{3!}\cdot\frac{1}{z}+\frac{z}{5!}+\frac{z^3}{7!}+\cdots \quad (0<|z|<\infty)\end{aligned}$$

은 $z_0=0$ 에서 위수 3 인 극을 가지고 유수는 1/6 이다.

II. 제거 가능한 특이점

만일 모든 b_n 이 0 이면 (6.12)는

$$f(z)=\sum_{n=0}^{\infty}a_n(z-z_0)^n=a_0+a_1(z-z_0)+a_2(z-z_0)^2+\cdots \tag{6.15}$$

$$(0<|z-z_0|<R_2)$$

로 변형된다. 이때 z_0를 **제거가능한 특이점**이라 한다. 따라서 제거가능한 특이점에서의 유수는 항상 0 이다. 만일 z_0 에서 f 의 값을 $f(z_0)=a_0$ 라고 재정의하면 급수 (6.15) 은 $|z-z_0|<R_2$ 에서 성립한다. 그런데 멱급수로 표현된 함수는 수렴반경내에서 해석함수이므로 f 가 z_0 에서 재정의될 때 z_0 에서 해석적이다. 그러므로 z_0 에서 특이성은 제거된다.

보기 6.10 점 $z_0 = 0$ 은 함수

$$\begin{aligned} f(z) &= \frac{1-\cos z}{z^2} = \frac{1}{z^2}\left[1-\left(1-\frac{z^2}{2!}+\frac{z^4}{4!}-\frac{z^6}{6!}+\cdots\right)\right] \\ &= \frac{1}{2!}-\frac{z^2}{4!}+\frac{z^4}{6!}+\cdots \qquad (0<|z|<\infty) \end{aligned}$$

의 제거가능한 특이점이다. $f(0) = 1/2$이라고 재정의하면 f는 전함수가 된다.

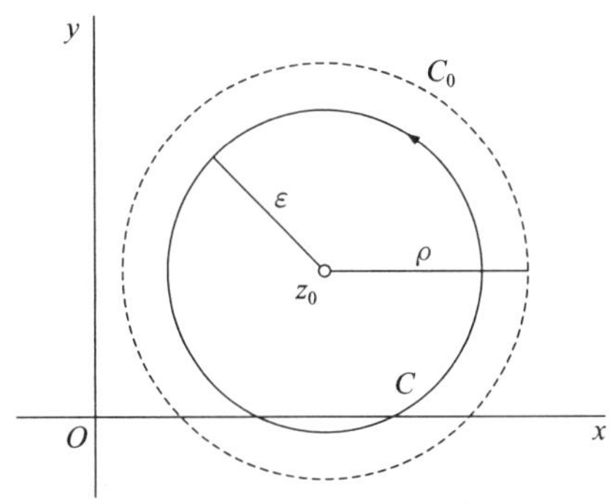

그림 6.3

정리 6.3 (Riemann) *함수 f 가 점 z_0 의 어떤 빠진근방 $0<|z-z_0|<\varepsilon$ 에서 해석적이고 유계이라 가정하자. 만일 f 가 z_0 에서 해석적이 아니면 f 는 z_0 에서 제거가능한 특이점을 가진다.*

증명 f 가 z_0 에서 해석적이 아니라고 가정하자. 그러면 점 z_0 은 f 의 고립특이점이다. 또한 f 는 빠진 근방 $0<|z-z_0|<\varepsilon$ 에서 Laurent 급수

$$f(z) = \sum_{n=0}^{\infty} a_n(z-z_0)^n + \sum_{n=1}^{\infty} \frac{b_n}{(z-z_0)^n} \tag{6.16}$$

으로 표현된다. 만일 C 가 양의 방향의 원 $|z-z_0| = \rho$, $\rho < \varepsilon$(그림 6.3)를 나타내면 (6.16) 의 계수 b_n 는

$$b_n = \frac{1}{2\pi i}\int_C \frac{f(z)}{(z-z_0)^{-n+1}}\,dz \qquad (n = 1,2,\ldots) \tag{6.17}$$

으로 쓸 수 있다. f 가 유계이므로 $0 < |z - z_0| < \varepsilon$ 일 때 $|f(z)| \le M$ 인 양수 M 이 존재한다. 따라서 (6.17) 로 부터

$$|b_n| \le \frac{1}{2\pi} \cdot \frac{M}{\rho^{-n+1}} 2\pi\rho = M\rho^n \quad (n = 1, 2, \ldots).$$

그런데 b_n 은 상수이고 ρ 는 임의로 작게 택할 수 있으므로 Laurent 급수 (6.16)의 모든 계수 $b_n = 0$ 이라 할 수 있다. 따라서 z_0 은 제거가능한 특이점이다. ■

III. 본질적 특이점

함수 f의 주요부 (6.12)의 계수 b_n이 무한히 많은 항들이 0 이 아닐 때 z_0를 f 의 **본질적 특이점**이라 한다.

보기 6.11 함수

$$\exp\left(\frac{1}{z}\right) = \sum_{n=0}^{\infty} \frac{1}{n!} \cdot \frac{1}{z^n} = 1 + \frac{1}{z} + \frac{1}{2!} \cdot \frac{1}{z^2} + \cdot \quad (0 < |z| < \infty)$$

은 $z_0 = 0$ 에서 본질적 특이점을 가진다. 여기서 유수는 $b_1 = 1$ 이다.

본질적 특이점에 대한 연구는 Picard(1879) 의 중요한 결과가 있다.

정리 6.4 (Picard) *f 가 z_0 에서 본질적 특이점을 가진가고 가정하고 U 는 z_0 의 임의의 작은 빠진 근방이라 하자. 그러면 아마 하나의 값을 제외한 모든 $w \in \mathbb{C}$ 에 대해 방정식 $f(z) = w$ 은 U 내에서 무한히 많은 해를 가진다.*

이 증명은 좀 높은 수준의 이론이 필요하다[10]. 그러나 다음 정리는 쉽게 증명된다.

정리 6.5 (Cassorati–Weierstrass) *z_0가 함수 f의 본질적 특이점이라 가정하고 w_0 를 임의의 복소수라 하자. 그러면 임의의 양수 ε 에 대해서 부등식*

$$|f(z) - w_0| < \varepsilon \tag{6.18}$$

은 z_0 의 각각 빠진 근방 $0 < |z - z_0| < \delta$ 의 어떤 점 z 에서 만족한다.

증명 z_0 는 f 의 고립된 특이점이므로 f 가 해석적인 빠진 근방 $0 < |z - z_0| < \delta$ 이 존재한다. 조건 (6.18)이 빠진 근방 $0 < |z - z_0| < \delta$ 의 어떠한 점에서도 만족하지 않는다고 가정하자. 그러면 $0 < |z - z_0| < \delta$ 일 때 $|f(z) - w_0| \geq \varepsilon$ 이고 함수

$$g(z) = \frac{1}{f(z) - w_0} \qquad (0 < |z - z_0| < \delta) \tag{6.19}$$

은 유계이고 영역에서 해석적이다. 정리 6.3에 의하여 z_0 은 g 의 제거가능한 특이점이다. z_0 에서 g 가 해석적이 되도록 정의를 하자.

만일 $g(z_0) \neq 0$ 이면 $0 < |z - z_0| < \delta$ 일 때 함수

$$f(z) = \frac{1}{g(z)} + w_0 \tag{6.20}$$

는

$$f(z_0) = \frac{1}{g(z_0)} + w_0$$

으로 정의하면 z_0 에서 해석함수가 된다. 따라서 z_0 은 f 의 제거가능한 특이점이므로 모순이다.

만일 $g(z_0) = 0$ 이면 함수 g 는 근방 $|z - z_0| < \delta$ 에서 항등적으로 0 이 아니므로 z_0 에서 어떤 위수 m 의 영점을 가져야 한다(정리 6.7 참조). (6.20)에 의하여 f 는 z_0 에서 위수 m 인 극을 갖는다. 그러나 이것은 모순이다. ■

연습문제 6.2

1. 다음 함수들이 $z_0 = 0$ 에서 제거가능한 특이점인지를 판단하여라.

   (a) $\dfrac{\sin z}{z}$ (c) $\dfrac{(e^z -)^3}{z^3}$

   (b) $\dfrac{e^z}{z}$ (d) $\dfrac{z}{e^z - 1}$

2. 다음 함수들의 특이점들을 모두 구하여라.

   (a) $\dfrac{1}{e^{1/z} + 1}$ (c) $\tan\left(\dfrac{1}{z}\right)$

   (b) $\dfrac{1}{\sin z - \cos z}$ (d) $e^{z+1/z}$

3. 다음 함수의 고립특이점에서의 주요부분을 쓰고 고립특이점이 극점인지, 제거가능한 특이점인지, 본질적특이점인지를 구별하라.

   (a) $\dfrac{z^2}{1+z}$ (c) $z\exp\left(\dfrac{1}{z}\right)$

   (b) $\dfrac{1-\cos z}{z}$ (d) $\dfrac{\sin z}{z}$

   (e) $\dfrac{1}{(2-z)^3}$

4. $f(z)$ 가 $z=z_0$ 에서 고립특이점을 갖고 $\lim_{z\to z_0}(z-z_0)^{\alpha}f(z)=M\neq 0,\infty$ 라 하자. 그러면 α 는 정수이어야 함을 증명하여라. $f(z)$ 가 $z=z_0$ 에서 본질적 특이점을 갖기 위한 필요충분조건은 어떠한 실수 α 에 대해서도 $\lim_{z\to z_0}(z-z_0)^{\alpha}f(z)=M\neq 0,\infty$ 이 성립함을 보여라.

5. 만일 $f(z)$ 가 원점의 빠진근방에서 해석적이고 $\lim_{z\to 0}|zf(z)|=0$ 이면 원점은 $f(z)$ 의 제거가능 특이점임을 증명하여라.

6. $\tan z$ 가 $\pm i$ 를 갖지 않음을 보여라. 이것이 Picard 정리에 모순이 되는가?

7. z_0 를 f 의 본질적 특이점이고 U 는 z_0 의 임의의 빠진 근방이라 하자. 그러면 $\overline{f(U)}=\mathbb{C}$ 임을 보여라.

8. f 가 $z=a$ 에서 본질적 특이점을 갖는다 하자. 만일 $c\in\mathbb{C}$ 와 $\varepsilon>0$ 이 주어져 있으면 임의의 $\delta>0$ 에 대해서 수 α, $|c-\alpha|<\varepsilon$, 이 존재하여 $f(z)=\alpha$ 는 $D(a;\delta)$ 에서 무한히 많은 해를 갖음을 보여라.

9. 다음 함수의 특이점이 극점임을 보이고 극점의 위수와 대응하는 유수를 구하여라.

   (a) $\dfrac{1-\cosh z}{z^3}$ (b) $\dfrac{1-\exp(2z)}{z^3}$

   (c) $\dfrac{\exp(2z)}{(z-1)^2}$

10. 함수 f 가 z_0 에서 해석적이라 가정하고 몫

$$g(z)=\frac{f(z)}{z-z_0}$$

을 생각하자. 다음을 보여라.

   (a) 만일 $f(z_0)\neq 0$ 이면 z_0 은 g 의 단순극점이고 대응하는 유수는 $f(z_0)$ 이다.

   (b) 만일 $f(z_0)=0$ 이면 z_0 은 g 의 제거가능한 특이점이다.

11. 다항식

$$P(z) = a_0 + a_1 z + a_2 z^2 + \cdots + a_n z^n \qquad (a_n \neq 0)$$

와

$$Q(z) = b_0 + b_1 z + b_2 z^2 + \cdots + b_n z^m \qquad (b_m \neq 0)$$

의 차수가 $m \geq n+2$ 라 하자.

(a) 두 다항식의 몫을

$$\frac{1}{z^2} \cdot \frac{P(1/z)}{Q(1/z)} \qquad (z \neq 0)$$

라 쓰고, $z = 0$ 이 몫의 제거가능한 특이점인 이유를 들어라.

(b) (a) 의 결과와 정리 6.2를 사용하여, 만일 $Q(z)$ 의 모든 영점들이 주어진 단순닫힌등심선의 내부에 있으면

$$\int_C \frac{P(z)}{Q(z)}\, dz = 0$$

임을 보여라.

12. C 를 시계반대방향의 원 $|z| = 1$ 을 나타낸다고 하자. 다음 과정을 따라

$$\int_C \exp\left(z + \frac{1}{z}\right) dz = 2\pi i \sum_{n=0}^{\infty} \frac{1}{n!(n+1)!}$$

임을 보여라.

(a) e^z 를 Maclaurin 급수를 사용하고 항별 적분을 사용하여 위의 적분을

$$\sum_{n=0}^{\infty} \frac{1}{n!} \int_C z^n \exp\left(\frac{1}{z}\right) dz$$

로 쓸 수 있다.

(b) 정리 6.1를 적용하여 (a) 부분에 나타난 적분을 계산하여 원하는 결과를 얻는다.

13. 함수

$$f(z) = \frac{8a^3 z^2}{(z^2 + a^2)^3} \qquad (a > 0)$$

을

$$f(z) = \frac{\phi(z)}{(z - ai)^3} \text{ 여기서 } \phi(z) = \frac{8a^3 z^2}{(z + ai)^3}$$

으로 쓰자. $\phi(z)$ 이 $z = ai$ 에서 Taylor 급수전개를 가지는 이유를 대라. 이것을 사용하여 $z = ai$ 에서 f 의 주요부가

$$\frac{\phi''(ai)/2}{z-ai} + \frac{\phi'(ai)}{(z-ai)^2} + \frac{\phi(ai)}{(z-ai)^3} = -\frac{i/2}{z-ai} - \frac{a/2}{(z-ai)^2} - \frac{a^2 i}{(z-ai)^3}$$

임을 보여라.

14. 만일 f_1과 f_2가 z_0에서 단순극점을 가지면 $f_1 f_2$가 z_0에서 위수 2인 극점을 가짐을 보여라.

15. f가 극점 1과 -1을 제외하고 $\mathbb{C}$에서 해석적이라 하자. $\text{Res}(f, z = 1) = -\text{Res}(f, z = -1)$라고 가정하자. $A = \{z \,|\, z \notin [-1, 1]\}$라 하자. 그러면 A위의 해석함수 h가 존재하여 $h'(z) = f(z)$이 성립함을 보여라.

16. $f : A \to B$은 해석적이고 전단사라 하고 $z \in A$에 대해서 $f'(z) \neq 0$라 하자. γ는 A내의 곡선이고 $\Gamma = f \circ \gamma$라고 하자. 또한 g는 Γ위에서 연속이라 하자. 그러면

$$\int_\gamma (g \circ f) \cdot f' \, dz = \int_\Gamma g \, dz$$

임을 보여라. 이 식이 $f(z) = \dfrac{1}{z}$인 경우에는 어떻게 되는가?

17. f는 구역 $0 < |z| < R$에서 해석적이라 하자. 만일

$$\iint_{0<|z|<R} |f(x+iy)|^2 \, dx\, dy < \infty$$

이면, f는 $z = a$에서 제거가능한 특이점을 가짐을 보여라. $p > 0$ 이고

$$\iint_{0<|z|<R} |f(x+iy)|^p \, dx\, dy < \infty$$

라고 가정하자. $z = a$에서 특이점의 성질에 관하여 무엇을 말할 수 있는가?

6.3 유수를 구하는 방법

함수 f 가 고립된 특이점을 가지고 특이점을 둘러싼 단순닫힌 등심선 C 가 주어졌을 때 적분

$$\int_C f(z)\,dz$$

을 구하기 위해서는 유수정리를 이용하면 됨을 알고 있다. 따라서 특이점에서 함수의 유수를 구하여야 한다. 일반적으로 함수의 Laurent 급수를 통하여 알 수 있지만 보다 간편함 방법을 통하여 유수를 찾기로 한다. 이 절에서는 고립된 특이점에서 함수의 유수를 구하는 방법을 알아보기로 한다.

I. 극점에서 유수찾기

함수 f 가 위수 m 인 극점 z_0 를 가진다고 가정하자. 그러면 f 는 빠진 근방 $0 < |z-z_0| < R_2$ 에서 Laurent 급수

$$f(z) = \sum_{n=0}^{\infty} a_n(z-z_0)^n + \frac{b_1}{z-z_0} + \frac{b_2}{(z-z_0)^2} + \cdots + \frac{b_m}{(z-z_0)^m} \quad (b_m \neq 0)$$

으로 표현된다. 함수 $\phi(z)$ 을

$$\phi(z) = \begin{cases} (z-z_0)^m f(z) & z \neq z_0 \\ b_m & z = z_0 \end{cases}$$

으로 정의하면 원판 $|z-z_0| < R_2$ 에서

$$\phi(z) = b_m + b_{m-1}(z-z_0) + \cdots + b_2(z-z_0)^{m-2} + b_1(z-z_0)^{m-1} + \sum_{n=0}^{\infty} a_n(z-z_0)^{n+m}$$

으로 급수전개를 가진다. 따라서 $\phi(z)$ 은 원판 $|z-z_0| < R_2$, 특히 $z = z_0$ 에서 해석적이다. $\phi(z_0) = b_m \neq 0$ 이므로

$$f(z) = \frac{\phi(z)}{(z-z_0)^m} \tag{6.21}$$

인 형식으로 쓸 수 있다. $\phi(z)$ 은 z_0 에서 해석적이고 $\phi(z_0) \neq 0$ 이다.

역으로 $f(z)$ 를 (6.21)으로 쓸 수 있다고 가정하자. $\phi(z)$ 은 해석함수이므로 z_0 의 근방 $|z-z_0|<\varepsilon$ 이면 Taylor 급수 전개

$$\begin{aligned}\phi(z) = \phi(z_0) + \phi'(z_0)(z-z_0) + \frac{\phi''(z_0)}{2!}(z-z_0)^2 + \cdots \\ + \frac{\phi^{(m-1)}(z_0)}{(m-1)!}(z-z_0)^{m-1} + \sum_{n=m}^{\infty} \frac{\phi^{(n)}(z_0)}{n!}(z-z_0)^n\end{aligned}$$

가 가능하다. 등식 (6.21)로부터 $0<|z-z_0|<\varepsilon$ 일 때

$$\begin{aligned}f(z) = \frac{\phi(z_0)}{(z-z_0)^m} + \frac{\phi'(z_0)}{(z-z_0)^{m-1}} + \frac{\phi''(z_0)/2!}{(z-z_0)^{m-2}} + \cdots \\ + \frac{\phi^{(m-1)}(z_0)/(m-1)!}{z-z_0} + \sum_{n=m}^{\infty} \frac{\phi^{(n)}(z_0)}{n!}(z-z_0)^{n-m}\end{aligned} \tag{6.22}$$

$\phi(z_0) \neq 0$ 이므로 f 는 z_0 에서 위수가 m 인 극점을 가진다.

식 (6.22)로 부터 z_0 에서 f 의 유수는

$$\operatorname{Res}(f; z = z_0) = \begin{cases} \phi(z_0) & m = 1 \\ \dfrac{\phi^{(m-1)}(z_0)}{(m-1)!} & m \geq 2 \end{cases} \tag{6.23}$$

임을 알 수 있다. 이를 정리하면

정리 6.6 *함수 f의 고립된 특이점 z_0가 위수 m인 극점이기 위한 필요충분조건은 $f(z)$ 가 (6.21)의 형태로 쓸 수 있다. 여기서 $\phi(z)$ 이 z_0 에서 해석적이고 0 이 아니다. 더욱이 z_0 에서 f 의 유수는 (6.23) 인 형태이다.*

참고 6.2 식 (6.21) 으로부터

$$\lim_{z\to z_0} \frac{1}{f(z)} = \lim_{z\to z_0} \frac{(z-z_0)^m}{\phi(z)} = \frac{0}{\phi(z_0)} = 0$$

이다. 따라서 만일 z_0 가 함수 f 의 극점이면

$$\lim_{z\to z_0} f(z) = \infty \tag{6.24}$$

이 성립한다.

보기 6.12 함수

$$f(z) = \frac{z^2+1}{z^2+4}$$

은 $z = 2i$ 에서 고립 특이점을 가지고

$$f(z) = \frac{\phi(z)}{z-2i}$$

으로 쓸 수 있다. 여기서

$$\phi(z) = \frac{z^2+1}{z+2i}$$

이다. $\phi(z)$ 은 $z = 2i$ 에서 해석적이고 $\phi(3i) = 3i/4 \neq 0$이므로 점 $z = 2i$ 이 단순극점이다. 따라서 $\mathrm{Res}(f; z = 2i) = 3i/4$ 이다. 점 $z = -2i$ 도 f 의 단순극점이고 유수는 $-3i/4$ 이다.

보기 6.13 함수

$$f(z) = \frac{z^2+2}{(z-i)^2}$$

은 $z = i$ 에서 고립 특이점을 가지고

$$f(z) = \frac{\phi(z)}{(z-i)^2}$$

으로 쓸 수 있다. 여기서

$$\phi(z) = z^2 + 2$$

이다. $\phi(z)$ 은 전함수이고 $\phi(i) = 1 \neq 0$이므로 정리 6.6에 의하여 f 는 점 $z = i$ 에서 위수 2 인 극점을 가진다. 공식 (6.23) 에 의하여 유수

$$\mathrm{Res}(f; z = i) = \phi'(i) = 2i$$

이다.

공식 (6.23)을 사용하는 것이 매우 효과적이지만 때로는 주의하여 적용하여야 한다.

보기 6.14 함수

$$f(z) = \frac{\sin z}{z^4}$$

의 $z=0$ 에서 유수는 정리 6.6을 사용할 수 없다. 만일

$$f(z)=\frac{\phi(z)}{z^4} \text{ 여기서 } \phi(z)=\sin z$$

으로 생각하여 $m=4$ 인 경우에 공식 (6.23)을 적용하면 틀리게 된다. 왜냐하면 공식 (6.23)을 사용하기 위해서는 $\phi(z_0)\neq 0$ 이라는 조건이 반드시 필요하다. 그런데 $\phi(0)=\sin 0=0$ 이므로 공식 (6.23)을 적용할 수 없다. 실제로 $z=0$ 은 위수 3 인 극점이고 유수는 $-1/6$ 이다.

어떤 경우에는 급수전개 방법은 정리 6.6와 결합하면 더욱 효과적이다.

보기 6.15 $z(e^z-1)$ 은 전함수이고 영점은 $z=2n\pi i$ $(n=0,\pm1,\pm2,\ldots)$ 이므로 점 $z=0$ 은 함수

$$f(z)=\frac{1}{z(e^z-1)}$$

의 고립특이점이다. Maclaurin 급수

$$e^z=1+z+\frac{z^2}{2!}+\frac{z^3}{3!}+\cdots \quad (|z|<\infty)$$

로 부터

$$z(e^z-1)=z^2\left(1+\frac{z}{2!}+\frac{z^2}{3!}+\cdots\right) \quad (|z|<\infty)$$

임을 알 수 있다. 따라서

$$f(z)=\frac{\phi(z)}{z^2} \tag{6.25}$$

여기서

$$\phi(z)=\frac{1}{1+\frac{z}{2!}+\frac{z^2}{3!}+\cdots}$$

이다. $\phi(z)$ 은 $z=0$ 에서 해석적이고 $\phi(0)=1\neq 0$ 이므로 점 $z=0$ 은 위수 2 인 극점이다. 공식 (6.23) 에 의하여 유수는 $b_1=\phi'(0)$ 이다. 그런데 원점의 근방에서

$$\phi'(z)=\frac{-(1/2!+2z/3!+\cdots)}{(1+\frac{z}{2!}+\frac{z^2}{3!}+\cdots)^2}$$

이므로 $b_1=-1/2$ 이다.

유수는 $z(e^z-1)$ 의 급수표현을 1 과 직접나눗셈을 하여 구할 수 있거나 $1/(e^z-1)$ 의 Laurent 급수에 $1/z$ 를 곱하여 얻을 수 있다.

II. 영점에 의한 방법

점 z_0 에서 해석적인 함수 f 를 생각하자. 모든 도함수 $f^{(n)}(z)$ $(n = 1,2,\ldots)$ 은 z_0 에서 존재한다. 만일 $f^{(k)}(z_0) = 0$ $(k = 0,1,2,\ldots,m-1)$ 이고 $f^{(m)}(z_0) \neq 0$ 을 만족하는 양의 정수 m 이 존재하면 f 는 z_0 에서 **위수** m 의 **영점**을 갖는다고 한다.

보조정리 6.1 *점 z_0 에서 해석적인 함수 f 가 z_0 에서 위수 m 인 영점을 가지기 위한 필요충분조건은 z_0 에서 해석적이고 0 이 아닌 함수 g 가 존재하여*

$$f(z) = (z - z_0)^m g(z) \tag{6.26}$$

을 만족한다.

증명 식 (6.26) 이 성립한다고 가정하자. $g(z)$ 가 z_0 에서 해석적이므로 z_0 의 어떤 근방 $|z - z_0| < \varepsilon$ 에서 Taylor 급수전개

$$g(z) = g(z_0) + g'(z_0)(z - z_0) + \frac{g''(z_0)}{2!}(z - z_0)^2 + \cdots$$

을 가진다. 그러므로 (6.26)은 $|z - z_0| < \varepsilon$ 에서

$$f(z) = g(z_0)(z - z_0)^m + g'(z_0)(z - z_0)^{m+1} + \frac{g''(z_0)}{2!}(z - z_0)^{m+2} + \cdots$$

인 형태를 가진다. 그런데 이것은 $f(z)$ 에 대한 Taylor 급수전개이므로

$$f(z_0) = f'(z_0) = f''(z_0) = \cdots = f^{(m-1)}(z_0) = 0 \tag{6.27}$$

이고 $f^{(m)}(z_0) = m!g(z_0) \neq 0$. 따라서 z_0 은 f 의 위수 m 의 영점이다.

만일 f 가 z_0 에서 위수가 m 인 영점을 가지고, z_0 에서 해석성을 가지고, 또한 조건 (6.27)이 성립한다고 가정하면 어떤 근방 $|z - z_0| < \varepsilon$ 에서 Taylor 급수

$$\begin{aligned} f(z) &= \sum_{n=m}^{\infty} \frac{f^{(n)}(z_0)}{n!}(z - z_0)^n \\ &= (z - z_0)^m \left[\frac{f^{(m)}(z_0)}{m!} + \frac{f^{(m+1)}(z_0)}{(m+1)!}(z - z_0) + \frac{f^{(m+2)}(z_0)}{(m+2)!}(z - z_0)^2 + \cdots \right] \end{aligned}$$

따라서 $f(z)$ 은 형태 (6.26) 을 가진다. 여기서 $|z-z_0|<\varepsilon$ 에서

$$g(z)=\frac{f^{(m)}(z_0)}{m!}+\frac{f^{(m+1)}(z_0)}{(m+1)!}(z-z_0)+\frac{f^{(m+2)}(z_0)}{(m+2)!}(z-z_0)^2+\cdots$$

이다. $|z-z_0|<\varepsilon$ 일 때 마지막 급수의 수렴성은 g 은 $|z-z_0|<\varepsilon$ 에서 해석적이고 특히 z_0 에서 해석적임을 보장한다. 더욱이

$$g(z_0)=\frac{f^{(m)}(z_0)}{m!}\neq 0.$$

■

보기 6.16 전함수 $f(z)=z(e^z-1)$ 은

$$f(0)=f'(0)=0 \text{ 이고 } f''(0)=2\neq 0$$

이므로 $z_0=0$ 에서 위수 $m=2$ 의 영점을 가진다.

정리 6.7 *두 함수 p 와 q 가 점 z_0 에서 해석적이고 $p(z_0)\neq 0$ 이라고 가정하자. 만일 q 가 z_0 에서 위수 m 의 영점을 가진다면 몫 $p(z)/q(z)$ 은 z_0 에서 위수 m 의 극점을 가진다.*

증명 z_0 이 q 의 위수 m 인 영점이라고 가정하자. $q(z)\neq 0$ 인 z_0 의 빠진 근방이 존재한다. 이것은 z_0 가 몫 $p(z)/q(z)$ 의 고립특이점임을 뜻한다. 또한

$$q(z)=(z-z_0)^m g(z)$$

이다. 여기서 g 는 z_0 에서 해석적이고 0 이 아니다. 이 사실로부터

$$\frac{p(z)}{q(z)}=\frac{p(z)/g(z)}{(z-z_0)^m} \tag{6.28}$$

으로 쓸 수 있다. 그런데 $p(z)/g(z)$ 은 z_0 에서 해석적이고 0 이 아니므로 z_0 는 $p(z)/g(z)$ 의 위수 m 인 극점이다. ■

보기 6.17 보기 6.16에서 함수 $f(z)=z(e^z-1)$ 이 점 $z_0=0$ 에서 위수 2 인 영점을 가지므로 역수

$$\frac{1}{f(z)}=\frac{1}{z(e^z-1)}$$

은 점 $z_0 = 0$ 에서 위수 2 인 극점을 가진다.

정리 6.7은 단순극점과 대응하는 유수를 찾는데 유용한 정리이다.

따름정리 6.1 *두 함수 p 와 q 는 점 z_0 에서 해석적이라 하자. 만일*

$$p(z_0) \neq 0,\ q(z_0) = 0,\ \text{이고}\ q'(z_0) \neq 0$$

이면 z_0 은 몫 $p(z)/g(z)$ 의 단순극점이고

$$Res\left(\frac{p(z)}{q(z)}; z = z_0\right) = \frac{p(z_0)}{q'(z_0)}. \tag{6.29}$$

증명 p, q 가 주어진 조건을 만족한다고 가정하자. q 의 조건에 의해 z_0 이 q 의 단순극점이다. 보조정리 6.1 에 따라

$$q(z) = (z - z_0)g(z) \tag{6.30}$$

여기서 $g(z)$ 는 z_0 에서 해석적이고 0 이 아니다. 더욱이 정리 6.7에 의하면 z_0 는 $p(z)/q(z)$ 의 단순극점이다. 정리 6.7의 증명에서 등식 (6.28) 은

$$\frac{p(z)}{q(z)} = \frac{p(z)/g(z)}{z - z_0}$$

이 되고 $p(z)/g(z)$ 은 z_0 에서 해석적이고 0 이 아니다. 따라서 정리 6.6에 의해서

$$\text{Res}\left(\frac{p(z)}{q(z)}; z = z_0\right) = \frac{p(z_0)}{g(z_0)}. \tag{6.31}$$

그러나 $g(z_0) = q'(z_0)$ 이므로 (6.29) 를 얻는다. ■

보기 6.18 함수

$$f(z) = \cot z = \frac{\cos z}{\sin z}$$

은 전함수 $p(z) = \cos z$ 와 $q(z) = \sin z$ 의 몫이다. 몫의 특이점은 q 의 영점

$$z = n\pi \qquad (n = 0, \pm 1, \pm 2, \dots)$$

에서 발생한다. 그런데

$$p(n\pi) = (-1)^n \neq 0,\ q(n\pi) = 0,\ \text{ 이고 } q'(n\pi) = (-1)^n \neq 0$$

이므로 f 의 각 특이점 $z = n\pi$ 은 단순극점이고 유수는

$$\operatorname{Res}(\cot z; z_0 = n\pi) = \frac{p(n\pi)}{q'(n\pi)} = \frac{(-1)^n}{(-1)^n} = 1$$

이다.

보기 6.19 $p(z) = z$ 와 $q(z) = z^4 + 4$ 를 사용하여 고립특이점

$$z_0 = \sqrt{2}e^{i\pi/4} = 1 + i$$

에서 함수

$$f(z) = \frac{z}{z^4 + 4}$$

의 유수를 찾아라.

풀이 그런데

$$p(z_0) = z_0 \neq 0,\ q(z_0) = 0,\ \text{ 이고 } q'(z_0) = 4z_0^3 \neq 0$$

이므로 f 는 z_0 에서 단순극점을 가지고 유수는

$$\operatorname{Res}(f; z_0) = \frac{p(z_0)}{q'(z_0)} = \frac{z_0}{4z_0^3} = \frac{1}{4z_0^2} = -\frac{i}{8}.$$

∎

연습문제 6.3

1. 다음 함수의 특이점이 극점임을 보이고 각 극점의 위수와 대응하는 유수를 구하여라.

   (a) $\dfrac{3z^2+2}{z^2-i}$

   (b) $\left(\dfrac{2z}{3z+1}\right)^3$

   (c) $\coth z$

   (d) $\dfrac{\exp z}{z^2+\pi^2}$

2. 점 $z=0$ 이 함수 $f(z)=\csc z$ 의 단순 극점임을 보이고 대응하는 유수가 1 임을 다음 방법으로 보여라.

   (a) $\csc z$ 에 대한 Laurent 급수

   (b) 따름정리 6.1의 이용

3. (a) $\operatorname{Res}\left(\dfrac{z^{1/4}}{z+1}; z=-1\right) = \dfrac{1+i}{\sqrt{2}} \quad (|z|>0,\ 0<\arg z<2\pi)$

   (b) $\operatorname{Res}\left(\dfrac{\operatorname{Log} z}{(z^2+1)^2}; z=i\right) = \dfrac{\pi+2i}{8}$

   (c) $\operatorname{Res}(z\sec z; z=-1) = (-1)^{n+1}z_n$ 여기서 $z_n = \dfrac{\pi}{2}+n\pi\ (n=0,\pm1,\pm2,\ldots)$

   (d) $\operatorname{Res}\left(\dfrac{\exp(zt)}{\sinh z}; z=\pi i\right) + \operatorname{Res}\left(\dfrac{\exp(zt)}{\sinh z}; z=-\pi i\right) = -2\cos\pi t$

4. 각각의 경우에 대해 다음 적분

$$\int_C \frac{z^2+3}{(z-1)^2(z^2+9)}\,dz$$

   의 값을 구하여라. 여기서 C 는 양의 방향의 원

   (a) $|z-1|=1$

   (b) $|z-1-2i|=3$

5. 각각의 경우에 대해 다음 적분

$$\int_C \frac{1}{z^3(z+4)}\,dz$$

   의 값을 구하여라. 여기서 C 는 양의 방향의 원

   (a) $|z|=2$

   (b) $|z+2|=3$

6. C 가 양의 방향의 원 $|z|=2$ 일 때 다음 적분을 구하여라.

   (a) $\displaystyle\int_C \frac{\cosh \pi z}{z(z^2+1)}\,dz$

   (b) $\displaystyle\int_C \frac{dz}{\sinh 2z}$

(c) $\int_C \tan z\, dz$

7. 정리 6.2를 사용하여 양의 방향의 원 $|z| = 3$ 에 대한 다음 함수 $f(z)$ 의 적분을 계산하여라.

   (a) $f(z) = \dfrac{(3z+2)^2}{z^2(z-1)(2z+5)}$ (b) $f(z) = \dfrac{z^3(1-3z)}{(1+z)^3(1+2z^4)}$

   (c) $f(z) = \dfrac{z^2 e^{1/z}}{1+z^3}$

8. C_N 은 모서리가 직선

$$x = \pm\left(N + \frac{1}{2}\right)\pi \text{ 이고 } y = \pm\left(N + \frac{1}{2}\right)\pi$$

인 정사각형의 양의 방향의 경계를 나타내자. 여기서 N 은 양의 정수이다.

$$\int_{C_N} \frac{dz}{z^2 \sin z} = 2\pi i \left[\frac{1}{6} + 2\sum_{n=1}^{N} \frac{(-1)^n}{n^2\pi^2}\right]$$

임을 보여라. $N \to \infty$ 일 때 위의 적분값이 0 으로 수렴하는 사실을 이용하여

$$\sum_{n=1}^{\infty} \frac{(-1)^{n+1}}{n^2} = \frac{\pi^2}{12}$$

가 유도됨을 설명하여라.

9. C 가 네 변이 직선 $x = \pm 2, y = 0, y = 1$ 인 사각형의 양의 방향의 경계라 할 때

$$\int_C \frac{dz}{(z^2-1)^2+3} = \frac{\pi}{2\sqrt{2}}$$

임을 보여라. (힌트 : 다항식 $q(z) = (z^2-1)^2+3$ 의 네 개의 영점은 $1 \pm \sqrt{3}i$ 의 제곱근임에 주의하여 역수 $1/q(z)$ 이 점

$$z_0 = \frac{\sqrt{3}+i}{\sqrt{2}} \text{ 와 } -z_0 = \frac{-\sqrt{3}+i}{\sqrt{2}}$$

을 제외한 C 위와 내부에서 해석적임을 보여라. 그 다음 따름정리 6.1 을 적용한다.)

10. q 는 z_0 에서 해석적, $q(z_0) = 0$, $q'(z_0) \neq 0$ 일 때 함수

$$f(z) = \frac{1}{[q(z)]^2}$$

을 생각하자. z_0 이 함수 f 의 위수 2 인 극점이고 대응하는 유수가

$$B_0 = -\frac{q''(z_0)}{[q'(z_0)]^3}$$

임을 보여라. (힌트 : z_0 이 함수 q 의 위수 1 인 영점이므로 따라서 등식 (6.30) 이 성립한다. 그러면

$$f(z) = \frac{\phi(z)}{(z-z_0)^2} \quad \text{여기서 } \phi(z) = \frac{1}{[g(z)]^2}$$

라 쓰자. 유수 $B_0 = \phi'(z_0)$ 의 원하는 형태는 $q'(z_0) = g(z_0)$ 와 $q''(z_0) = 2g'(z_0)$ 을 보임으로써 얻어질 수 있다.)

11. 문제 10 을 이용하여 $z = 0$ 에서 다음 함수의 유수를 찾아라.

    (a) $f(z) = \csc^2 z$

    (b) $f(z) = \dfrac{1}{(z+z^3)^2}$

12. p 와 q 는 z_0 에서 해석적이고 $p(z_0) \neq 0$ 이고 $q(z_0) = 0$ 인 함수이라고 하자. 만일 몫 $p(z)/q(z)$ 가 z_0 에서 위수 m 인 극점을 가지면 z_0 는 q 의 위수 m 인 영점이다.(힌트 : 정리 6.6 에 의해 함수의 몫을

$$\frac{p(z)}{q(z)} = \frac{\phi(z)}{(z-z_0)^m}$$

로 쓸 수 있다. 여기서 $\phi(z)$ 은 z_0 에서 해석적이고 0 이 아니다. 그러면 $q(z)$ 에 대해서 푼다.)

13. 함수 $f(z)$ 는 z_0 에서 해석적이고 영점을 가지지만 z_0 의 어떠한 근방에서도 항등적으로 0 이 아니라고 가정하자. z_0 이 어떤 유한 위수 m 의 영점이어야 하는 이유를 대라. 그러면 보조정리 6.1 을 사용하여 z_0 의 어떤 빠진 근방 $0 < |z - z_0| < \varepsilon$ 전체에서 $f(z) \neq 0$ 임을 보여라. 따라서 z_0 는 f 의 다른 영점으로 부터 **고립되었음**을 보여라.(힌트 : 함수가 점 z_0 에서 연속이고 0 이 아니면 z_0 의 어떤 근방전체에서 0 이 아님을 이용한다.)

14. 점 z_0 가 집합 S 의 **집적점**이라 함은 z_0 의 각 빠진 근방은 S 의 적어도 하나 포함한다. Bolzano–Weierstrass 정리의 한 형태는 다음과 같이 쓸 수 있다.

    유계이고 닫힌 구역 R 내에 놓여있는 무한집합은 R 내에 적어도 하나의 집적점을 가진다.

    이 정리와 문제 13 를 사용하여, 만일 함수 f 가 단순닫힌 등심선 C 의 내부에 극점을 제외하고 C 위와 내부의 모든점으로 이루어진 구역 R 에서 해석

적이고 R 에서 f 의 모든 영점이 C 의 내부에 있고 유한 위수이면 이러한 영점은 유한개이어야함을 보여라.

15. R 이 단순닫힌등심선 C 위와 내부의 모든 점으로 이루어진 구역이라 하자. Bolzano–Weierstrass 정리와 극점이 고립특이점임을 이용하여, 만일 f 가 C 내의 극점을 제외한 구역 R 에서 해석적이면 이러한 극점은 유한개이어야 함을 보여라.

16. C는 4점 $n+\frac{1}{2}+ni$, $-n-\frac{1}{2}+ni$, $-n-\frac{1}{2}-ni$, $n+\frac{1}{2}-ni$, $n+\frac{1}{2}+ni$ 을 직선으로 연결하는 정사각형이라 하고 정수가 a에 대해서 적분

$$\int_C \frac{\pi}{(z+a)^2}\cot \pi z\, dz$$

을 계산하여라. 또한

$$\lim_{n\to\infty}\int_C \frac{\pi}{(z+a)^2}\cot \pi z\, dz = 0$$

임을 보이고, 첫번째 부분을 사용하여

$$\frac{\pi^2}{\sin^2 \pi a} = \sum_{n=-\infty}^{\infty} \frac{1}{(a+n)^2}$$

임을 보여라. (힌트: $z=x+iy$에 대해서 $|\cos z|^2 = \cos^2 x+\sinh^2 y$와 $|\sin z|^2 = \sin^2 x+\sinh^2 y$을 사용하여 n이 충분히 크면 C위의 z에 관하여 $|\cot \pi z| \le 2$ 임을 보여라.)

17. 문제 16을 이용하여

$$\frac{\pi^2}{8} = \sum_{n=0}^{\infty} \frac{1}{(2n+1)^2}$$

임을 보여라.

18. C는 문제 16에서 정의된 정사각형이고 정수가 아닌 a에 대해서 적분

$$\int_C \frac{\pi}{(z^2-a^2)}\cot \pi z\, dz$$

을 계산하여라. 또한

$$\lim_{n\to\infty}\int_C \frac{\pi}{(z^2-a^2)}\cot \pi z\, dz = 0$$

임을 보이고, 첫번째 부분을 사용하여

$$\pi \cot \pi a = \frac{1}{a} + \sum_{n=1}^{\infty} \frac{2a}{a^2 - n^2}$$

임을 보여라.

19. 문제 16과 18과 비슷한 방법으로

$$\frac{\pi}{\sin \pi a} = \frac{1}{a} + \sum_{n=1}^{\infty} \frac{2(-1)^n a}{a^2 - n^2}$$

임을 보여라.

6.4 유수정리를 이용한 이상적분의 계산

이 절에서는 유수정리를 이용하여 실수의 구간에서 정의된 실함수의 이상적분을 구하는 방법을 다루기로 한다. 미적분학에서 구간 $[0,\infty)$ 서 정의된 연속 실함수 f 의 **이상적분**

$$\int_0^\infty f(x)\,dx = \lim_{R\to\infty}\int_0^R f(x)\,dx \tag{6.32}$$

으로 정의한다. 만일 (6.32) 의 오른쪽 극한이 존재하면 이상적분 $\int_0^\infty f(x)\,dx$ 은 **수렴한다**고 한다. 만일 f 가 실수 전체에서 정의된 연속 실함수이면 구간 $(-\infty,\infty)$ 위에서 이상적분은

$$\int_{-\infty}^\infty f(x)\,dx = \lim_{R_1\to\infty}\int_{-R_1}^0 f(x)\,dx + \lim_{R_2\to\infty}\int_0^{R_2} f(x)\,dx \tag{6.33}$$

으로 정의한다. 극한의 두 항이 모두 존재하면 적분 (6.33) 이 그 합으로 수렴한다. 그런데 (6.33) 에 대응되는 다른 형태의 합이 자주 사용된다. 극한

$$\lim_{R\to\infty}\int_{-R}^R f(x)\,dx$$

이 존재할 때 (6.33)의 Cauchy **주요값**(Principal Value)을

$$\text{P.V.}\int_{-\infty}^\infty f(x)\,dx = \lim_{R\to\infty}\int_{-R}^R f(x)\,dx \tag{6.34}$$

으로 정의된다. 만일 (6.33)이 존재하면 Cauchy 주요값 (6.34)은 존재하고 (6.33)이 수렴하는 값이다. 그러나 역은 성립하지 않는다(연습문제 1 참조). 그러나 f 가 우함수이면

$$\int_{-R}^R f(x)\,dx = 2\int_0^R f(x)\,dx$$

이고 적분 (6.32)은 값이 존재할 때 Cachy 주요값 (6.34)의 1/2 로 수렴한다. 더욱이 적분 (6.32)가 수렴하고

$$\int_{-R_1}^0 f(x)\,dx = \int_0^{R_1} f(x)\,dx$$

이므로 (6.34)는 적분 (6.32)의 값의 2 배로 수렴한다. 따라서

명제 6.1 *함수 f가 구간 $(-\infty,\infty)$에서 우함수이고 Cauchy 주요값 (6.34)이 존재하면 적분 (6.32)와 (6.33) 모두가 수렴하고*

$$2\int_0^\infty f(x)\,dx = \int_{-\infty}^\infty f(x)\,dx = P.V.\int_{-\infty}^\infty f(x)\,dx. \tag{6.35}$$

I. 분수함수의 경우

이 절에서 $p(x)$ 와 $q(x)$ 는 실계수를 가지는 다항식이고 공통인수를 가지지 않으며, $q(x)$ 의 차수가 $p(x)$ 의 차수보다 2 보다 크고, q 는 실수값의 영점을 가지지 않을 때, 다음 보기는 유리함수

$$f(x) = \frac{p(x)}{q(x)} \tag{6.36}$$

의 이상적분을 계산하기 위해 사용되는 방법을 설명한 것이다.

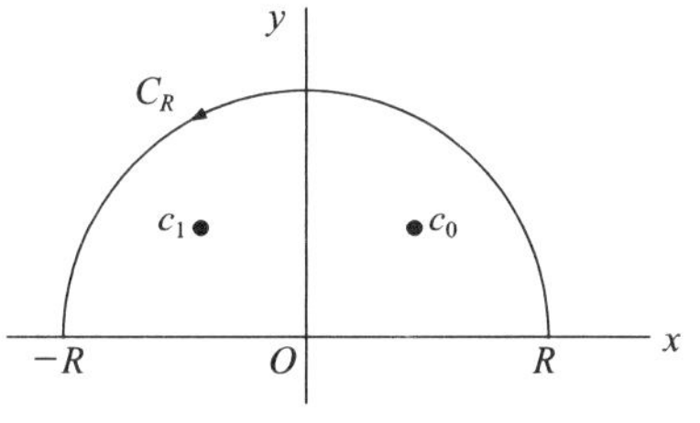

그림 6.4

보기 6.20 적분

$$\int_0^\infty \frac{x^2}{x^4+1}\,dx$$

이 수렴하고 유한 값을 가짐을 보여라.

풀이 함수

$$f(z) = \frac{z^2}{z^4+1}$$

은 $z^4 = -1$ 을 만족하는 근에서 고립특이점을 가지고 그 이외의 점에서는 해석적이다. 이러한 근은

$$c_k = \exp\left[i\left(\frac{(2k+1)\pi}{4}\right)\right] \quad (k = 0, 1, 2, 3),$$

이고 어느 것도 실축위에 놓여있지 않다. 처음 2 근

$$c_0 = e^{i\pi/4},\ c_1 = e^{i3\pi/4}$$

은 상반평면에 있고 나머지는 하반평면에 놓여 있다(그림 6.4). $R > 1$ 일 때 f 의 특이점 c_k $(k = 0,1)$ 은 실축위의 선분 $z = x\,(-R \le x \le R)$ 와 $z = R$ 에서 $z = -R$ 까지 원 $|z| = R$ 의 상반원 C_R 에 의해 둘러싸인 반원구역 의 내부에 놓여있다. 이 반원구역의 경계를 따라 시계반대방향으로 f 를 적분하면 유수정리에 의하여

$$\int_{-R}^{R} f(x)\,dx + \int_{C_R} f(z)\,dz = 2\pi i(B_0 + B_1) \tag{6.37}$$

이다. 여기서 B_k 는 $c_k(k = 0,1)$ 에서 $f(z)$ 의 유수이다.

이제 유수를 구하기 위해 따름정리 6.1을 사용하면 점 c_k 은 모두 f 의 단순극점이고

$$B_k = \operatorname{Res}\left(\frac{z^2}{z^4+1}; z = c_k\right) = \frac{c_k^2}{4c_k^3} = \frac{1}{4c_k} \quad (k = 0,1).$$

따라서

$$2\pi i(B_0 + B_1) = 2\pi i\left(\frac{1}{2\sqrt{2}(1+i)} - \frac{1}{2\sqrt{2}(-1+i)}\right) = \frac{\pi}{\sqrt{2}}$$

이고 등식 (6.37) 은

$$\int_{-R}^{R} f(x)\,dx = \frac{\pi}{\sqrt{2}} - \int_{C_R} f(z)\,dz. \tag{6.38}$$

이것은 $R > 1$ 인 모든 R 에 대해서 성립한다.

이제 $R \to \infty$ 일 때 등식 (6.38)의 오른쪽 적분값 $\int_{C_R} f(z)\,dz \to 0$임을 보이자. $|z| = R$ 일 때

$$|z^2| = |z|^2 = R^2$$

이고

$$|z^4 + 1| \ge \big|\,|z|^4 - 1\big| = R^4 - 1.$$

그러므로 만일 z 가 C_R 위의 임의의 점이면

$$|f(z)| = \frac{|z^2|}{|z^4+1|} \leq M_R \text{ 여기서 } M_R = \frac{R^2}{R^4-1}$$

이고 C_R 의 길이는 πR 이므로

$$\left| \int_{C_R} f(z)\,dz \right| \leq M_R \pi R. \tag{6.39}$$

그런데 수

$$\lim_{R\to\infty} M_R \pi R = 0$$

이므로 부등식 (6.39) 로 부터

$$\lim_{R\to\infty} \int_{C_R} f(z)\,dz = 0.$$

방정식 (6.37) 로 부터

$$\lim_{R\to\infty} \int_{-R}^{R} \frac{x^2}{x^4+1}\,dx = \frac{\pi}{\sqrt{2}}$$

또는

$$P.V. \int_{-\infty}^{\infty} \frac{x^2}{x^4+1}\,dx = \frac{\pi}{\sqrt{2}}.$$

그런데 피적분함수가 우함수이므로 명제 6.1 에 의하여

$$\int_0^{\infty} \frac{x^2}{x^4+1}\,dx = \frac{\pi}{2\sqrt{2}}. \tag{6.40}$$

■

II. 싸인과 코싸인 함수를 포함하는 이상적분

이 절에서는

$$\int_{-\infty}^{\infty} f(x)\sin ax\,dx \text{ 또는 } \int_{-\infty}^{\infty} f(x)\sin ax\,dx \tag{6.41}$$

와 같은 형태의 이상적분을 계산하는 방법을 다룬다. 여기서 a 는 양의 상수이고 $f(x)$ 는 (I) 에서와 같이 (6.36)형태의 분수함수이다. $y \to \infty$ 일 때

$|\sin az|$ 와 $|\cos az|$ 은 $\sinh ay$ 또는 e^{ay} 와 같이 증가하므로 (I) 의 방법으로는 구할 수 없다. 따라서 (6.41) 을 구하기 위해

$$\int_{-R}^{R} f(x)\cos ax\,dx + i\int_{-R}^{R} f(x)\sin ax\,dx = \int_{-R}^{R} f(x)e^{iax}\,dx$$

와 $|e^{iaz}| = e^{-ay}$ 은 상반평면 $y \ge 0$ 에서 유계인 사실을 이용하자.

보기 6.21 $a, b > 0$ 일 때

$$\int_{-\infty}^{\infty} \frac{\cos ax}{(x^2+b^2)^2}\,dx = \frac{\pi(ab+1)}{2b^3e^{ab}}. \tag{6.42}$$

증명 피적분함수가 우함수이므로 적분의 Cauchy 주요값이 존재하고 원하는 값임을 보이면 된다. 함수

$$f(z) = \frac{1}{(z^2+b^2)^2}$$

을 도입하고 함수곱 $f(z)e^{iaz}$ 은 점 $z = bi$ 를 제외한 실수축과 상반평면의 모든 곳에서 해석적이다. 특이점 $z = bi$ 는 실축위의 선분 $z = x\,(-R \le x \le R)$ 와 $z = R$ 에서 $z = -R$ 까지 원 $|z| = R$ $(R > b)$ 의 상반원 C_R 에 의해 둘러싸인 반원구역 의 내부에 놓여있다(그림 6.5). 이 반원구역의 경계를 따라 시계반대방향으로 $f(z)e^{iaz}$ 를 적분하면 유수정리에 의하여

$$\int_{-R}^{R} \frac{e^{iax}}{(x^2+b^2)^2}\,dx = 2\pi iB_1 - \int_{C_R} f(z)e^{iaz}\,dz \tag{6.43}$$

여기서

$$B_1 = \text{Res}[f(z)e^{iaz}; z = bi].$$

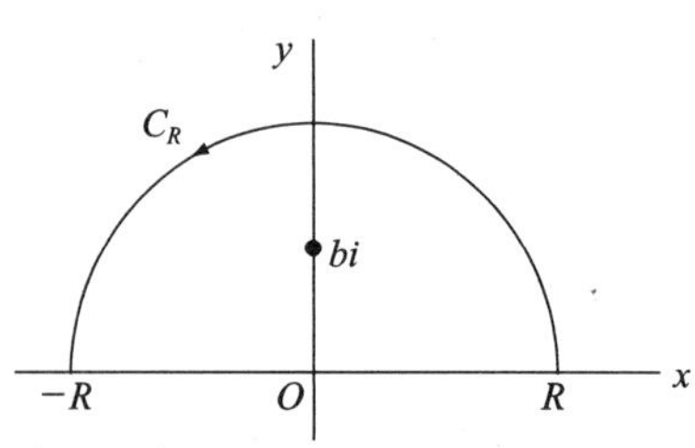

그림 6.5

이제 유수를 구하자. 그런데

$$f(z)e^{iaz} = \frac{\phi(z)}{(z-bi)^2} \text{ 여기서 } \phi(z) = \frac{e^{iaz}}{(z+bi)^2}$$

이므로 점 $z = bi$ 은 $f(z)e^{iaz}$ 의 위수 2 인 극점이다. 따라서

$$B_1 = \phi'(bi) = \frac{(ab+1)}{4e^{ab}b^3 i}.$$

등식 (6.43)의 실수부를 비교하면

$$\int_{-R}^{R} \frac{\cos ax}{(x^2+b^2)^2}\,dx = \frac{\pi(ab+1)}{2b^3 e^{ab}} - \mathrm{Re}\int_{C_R} f(z)e^{iaz}\,dz. \tag{6.44}$$

이제

$$\lim_{R\to\infty} \mathrm{Re}\int_{C_R} f(z)e^{iaz}\,dz = 0 \tag{6.45}$$

임을 보이자. z 이 C_R 위의 점일 때

$$|f(z)| \le M_R \text{ 여기서 } M_R = \frac{1}{(R^2-1)^2}$$

이고 $|e^{iaz}| = e^{-ay} \le 1$ 이다. 따라서

$$\left|\mathrm{Re}\int_{C_R} f(z)e^{iaz}\,dz\right| \le \left|\int_{C_R} f(z)e^{iaz}\,dz\right| \le M_R\pi R. \tag{6.46}$$

$R \to \infty$ 일 때

$$M_R\pi R = \frac{\pi R}{(R^2-1)^2} \to 0$$

이므로 식 (6.46)은 원하는 결과 (6.42)를 얻는다. ▒

(6.41)과 같은 형태의 적분을 계산하기 위해서 다음 보조정리를 사용하면 편리하다.

보조정리 6.2 (Jordan 보조정리) *원형호 C_R*

$$C_R : |z| = R, \quad \mathrm{Im}\,z \ge -a$$

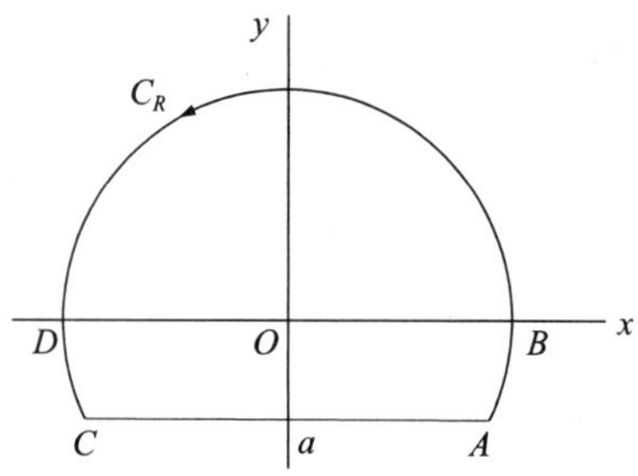

그림 6.6

가 주어졌다 하자(그림 6.6). 여기서 a 는 고정된 실수이다. $f(z)$ 가 모든 C_R 위에서 정의된 연속함수이고 $M(R) = \max_{z\in C_R}|f(z)|$ 라 하자. 만일

$$\lim_{R\to\infty} M(R) = 0$$

이면 모든 $\lambda > 0$ 에 대해서

$$\lim_{R\to\infty}\int_{C_R} f(z)e^{i\lambda z}\,dz = 0. \tag{6.47}$$

증명 만일

$$\alpha(R) = \sin^{-1}\frac{a}{R},$$

그러면 $\lim_{R\to\infty}\alpha(R) = 0$ 이고 $\lim_{R\to\infty}R\alpha(R) = a$. 먼저 $a > 0$ 라 가정하자. 그러면 그림 6.6의 호 AB 위에서

$$|e^{i\lambda z}| = e^{-\lambda y} \le e^{\lambda\alpha(R)}$$

이고, 따라서,

$$\left|\int_{AB} f(z)e^{i\lambda z}\,dz\right| \le M(R)e^{\lambda\alpha(R)}R\alpha(R) \to 0 \quad (R\to\infty).$$

그러므로

$$\lim_{R\to\infty}\int_{AB} f(z)e^{i\lambda z}\,dz = 0,$$

이고 비슷하게

$$\lim_{R\to\infty}\int_{CD} f(z)e^{i\lambda z}\,dz = 0.$$

한편, $0 \le \theta \le \dfrac{\pi}{2}$ 일 때, $\sin\theta \ge \dfrac{2}{\pi}\theta$ 이므로 호 BE 위에서

$$|e^{i\lambda z}| = \left|e^{i\lambda Re^{i\theta}}\right| = e^{-\lambda R\sin\theta} \le e^{-2\lambda R\theta/\pi}$$

이고, 따라서,

$$\left|\int_{BE} f(z)e^{i\lambda z}\,dz\right| \le RM(R)\int_0^{\pi/2} e^{-2\lambda R\theta/\pi}\,d\theta = \frac{\pi M(R)}{2\lambda}(1-e^{-\lambda R})$$

이고 이것으로부터

$$\lim_{R\to\infty}\int_{BE} f(z)e^{i\lambda z}\,dz = 0,$$

이고 비슷하게

$$\lim_{R\to\infty}\int_{EC} f(z)e^{i\lambda z}\,dz = 0.$$

그러므로,

$$\lim_{R\to\infty}\int_{C_R} f(z)e^{i\lambda z}\,dz = \lim_{R\to\infty}\left(\int_{AB}+\int_{BE}+\int_{EC}+\int_{CD}\right) f(z)e^{i\lambda z}\,dz = 0.$$

만일 $a<0$ 이면 호 AB 와 CD 위에서 적분을 계산할 필요가 없으므로 증명은 보다 간단해진다. ▒

보기 6.22 적분

$$\int_{-\infty}^{\infty}\frac{x\sin x}{x^2+4x+20}\,dx$$

의 Cauchy 주요값을 구하여라.

풀이 함수

$$f(z) = \frac{z}{z^2+4z+20} = \frac{z}{(z-z_1)(z-z_2)}$$

을 쓰자. 여기서 $z_1 = -2+4i$ 이다. 상반평면에 있는 점 z_1 은 함수 $f(z)e^{iz}$ 의 단순극점이고 유수는

$$B_1 = \frac{z_1e^{iz_1}}{z_1-\bar{z}_1} = \frac{-1+2i}{4ie^4}(\cos 2 - i\sin 2). \tag{6.48}$$

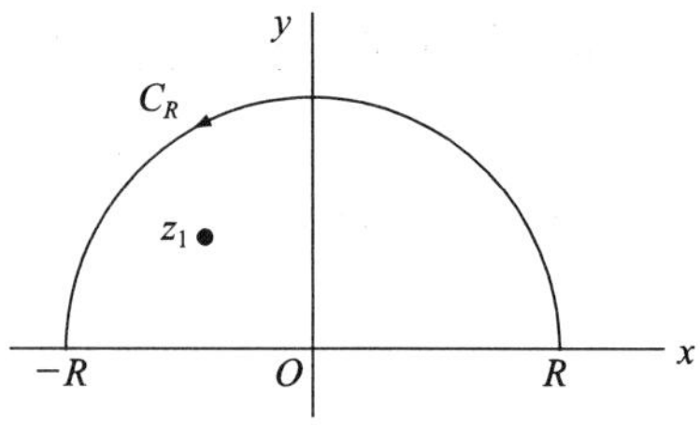

그림 6.7

따라서 $R > 2\sqrt{5}$ 이고 C_R 은 양의 방향의 원 $|z| = R$ 의 상반원을 나타낼 때(그림 6.7)

$$\int_{-R}^{R} \frac{xe^{ix}}{x^2+4x+20}\,dx = 2\pi i B_1 - \int_{C_R} f(z)e^{iz}\,dz$$

위 등식의 허수부분을 비교하면

$$\int_{-R}^{R} \frac{x\sin x}{x^2+4x+20}\,dx = \mathrm{Im}\,(2\pi i B_1) - \mathrm{Im}\int_{C_R} f(z)e^{iz}\,dz. \tag{6.49}$$

이제

$$\left|\mathrm{Im}\int_{C_R} f(z)e^{iz}\,dz\right| \le \left|\int_{C_R} f(z)e^{iz}\,dz\right| \tag{6.50}$$

z 이 C_R 위의 점일 때,

$$|f(z)| \le M_R \text{ 여기서 } M_R = \frac{R}{\left(R-2\sqrt{5}\right)^2}$$

이고 C_R 위의 점에 대해서 $|e^{iz}| = e^{-y} \le 1$ 을 만족한다. 보기 6.21에서 한 방식대로 진행하면 우리는 $R \to \infty$ 일 때 부등식 (6.50)의 오른쪽, 따라서 왼쪽, 이 0 으로 향하는 것을 보일 수 없다. 왜냐하면 $R \to \infty$ 일 때

$$M_R \pi R = \frac{\pi R^2}{\left(R-2\sqrt{5}\right)^2}$$

은 0 으로 향하지 않는다. 그러나 극한 (6.49)는 원하는 결과를 제공한다.

실제로 부등식 (6.50)으로 부터 $R \to \infty$ 일 때 왼쪽은 0 으로 향한다. 따라서 등식 (6.49)는 유수에 관한 식 (6.48)과 함께 사용하면

$$P.V. \int_{-\infty}^{\infty} \frac{x \sin x}{x^2 + 4x + 20}\, dx = \operatorname{Im}(2\pi i B_1) = \frac{\pi}{2e^4}(\sin 2 + 2\cos 2) \tag{6.51}$$

▒

III. 싸인과 코사인을 포함하는 정적분

$$\int_0^{2\pi} F(\sin\theta, \cos\theta)\, d\theta \tag{6.52}$$

와 같은 형태의 적분은 유수정리를 사용하여 계산 할 수 있다. θ 는 0 부터 2π 까지 변하므로 θ 를 원점이 중심이고 단위 원 C 위의 점 z 의 편각으로 생각한다. 따라서 $z = e^{i\theta}$ $(0 \le \theta \le 2\pi)$ 라 쓰자. 등식

$$\sin\theta = \frac{z - z^{-1}}{2i},\ \cos\theta = \frac{z + z^{-1}}{2},\ d\theta = \frac{dz}{iz} \tag{6.53}$$

을 사용하여 (6.51)에 대입하면 (6.51)는 양의 방향의 원 C 을 따라서 z 에 관한 함수의 등심선 적분

$$\int_0^{2\pi} F\left(\frac{z - z^{-1}}{2i}, \frac{z + z^{-1}}{2}\right) \frac{dz}{iz} \tag{6.54}$$

으로 된다.

C 의 매개변수 표현이 $z = z(\theta)$ $0 \le \theta \le 2\pi$ 일 때 적분(6.51)은

$$\int_C f(z)\, dz = \int_0^{2\pi} f(z(\theta)) z'(\theta)\, d\theta$$

에의하여 (6.53)의 매개변수 형태임을 알 수 있다.

적분(6.53)의 피적분함수가 z 의 유리함수일 때 C 위에 있지 않는 분모에 있는 다항식의 모든 영점이 위치한 유수를 이용하여 적분을 계산한다.

보기 6.23 $a > 0, a \neq 1$ 일 때

$$I \equiv \int_0^{2\pi} \frac{d\theta}{1 + a^2 - 2a\cos\theta} \tag{6.55}$$

풀이 치환 (6.52) 을 사용하면 (6.54)은

$$
\begin{aligned}
I &= \int_C \frac{1}{iz(1+a^2-a(z+z^{-1}))}\,dz \\
&= \int_C \frac{1}{i(-az^2+(1+a^2)z-a)}\,dz \\
&= \int_C \frac{i}{(z-a)(az-1)}\,dz
\end{aligned}
$$

여기서 C 는 양의 방향의 단위원 $|z|=1$ 이다. 피적분함수의 극점은 $z=a$ 와 $z=1/a$ 이다. 먼저, $a<1$ 라 가정하자(그림 6.8). 따라서, 원 내부의 극점은 $z=a$ 이다. 유수는

$$\frac{i}{a^2-1}.$$

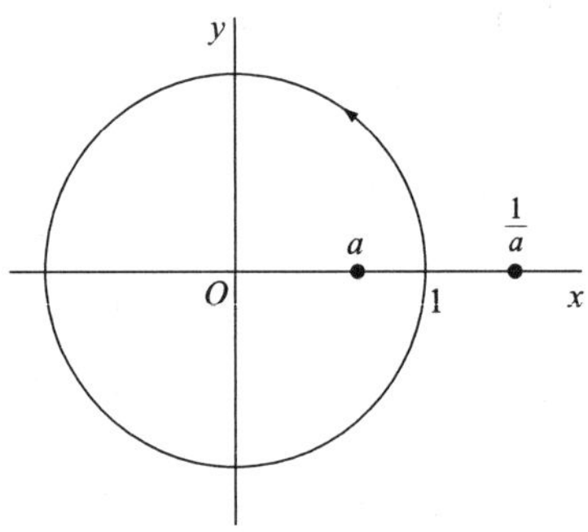

그림 6.8

만일 $a>1$ 이면, 피적분함수는 $z=1/a$ 에서 극점을 가지고 유수는

$$\frac{i}{a\cdot(a^{-1}-a)} = \frac{i}{1-a^2}.$$

따라서,

$$
\begin{aligned}
I &= \begin{cases} \dfrac{2\pi}{1-a^2}, & a<1; \\ \dfrac{2\pi}{a^2-1}, & a>1. \end{cases} \\
&= \frac{2\pi}{|a^2-1|}, \quad a\neq 1
\end{aligned}
$$

▒

참고 6.3 위에서 적용한 방법은 $\sin\theta$ 또는 $\cos\theta$ 대신 $\sin n\theta$ 또는 $\cos n\theta$ (n은 정수) 일 때도 당연히 같은 방법으로 적용한다. 예를 들어 $z = e^{i\theta}$ 일 때 $\cos 2\theta = (z^2 + z^{-2})/2$ 이다.

IV. 경로의 변형

지금까지 유수를 이용하여 적분을 구하는 문제는 특이점이 실수축위에 없거나 또는 경로위에 없는 경우에 대해서 적분값을 구하였다. 그러나 실수축위에 특이점이 있는 경우에는 적분의 경로를 변형하여 새로운 경로에 대해서 유수정리를 이용하여 적분값을 구하여야 한다. 이러한 경로들을 **움푹들어간 경로** 라 한다.

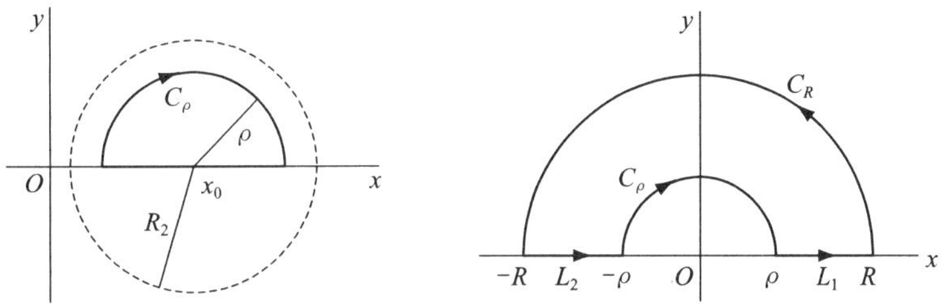

그림 6.9

명제 6.2 *함수 $f(z)$ 는 실수축위의 점 $z = x_0$ 에서 단순극점을 갖고 빠진원판 $0 < |z - x_0| < R_2$ 에서 Laurent 급수전개 표현을 가지고 유수를 B_0 이라 하자. 만일 C_ρ 가 원 $|z - x_0| = \rho$ 의 상반원을 나타내고 시계방향을 취하면(그림 6.9왼쪽)*

$$\lim_{\rho \to 0} \int_{C_\rho} f(z)\,dz = -B_0 \pi i. \tag{6.56}$$

여기서 $\rho < R_2$ 이다.

보기 6.24 다음 적분

$$\int_0^\infty \frac{\sin x}{x}\,dx = \frac{\pi}{2} \tag{6.57}$$

을 증명하라.

풀이 함수

$$f(z) = \frac{e^{iz}}{z}$$

라 두자. 그러면 f 는 원점에서 특이점을 가진다. 일반적으로 반지름 R 인 상반원 C_R 과 실수 구간 $[-R,R]$ 으로 이루어진 등심선을 택하면 특이점을 지나므로 적분을 할 수 없다. 따라서 C_R 에서 원점부분에 작은 반원 C_ρ 을 그려서 원점을 빼야 한다. 이제 실수축위의 선분 $[\rho,R]$ 을 L_1 이라 하고 $[-R,-\rho]$ 을 L_2 라 두자(그림 6.9오른쪽). 함수 $f(z)$ 는 등심선 $C_R+L_2+C_\rho+L_1$ 위와 내부에서 해석적이므로 Cauchy-Goursat 정리에 의하여

$$\int_{C_R}\frac{e^{iz}}{z}dz+\int_{L_2}\frac{e^{iz}}{z}dz+\int_{C_\rho}\frac{e^{iz}}{z}dz+\int_{L_1}\frac{e^{iz}}{z}dz=0$$

또는

$$\int_{L_1}\frac{e^{iz}}{z}dz+\int_{L_2}\frac{e^{iz}}{z}dz=-\int_{C_\rho}\frac{e^{iz}}{z}dz-\int_{C_R}\frac{e^{iz}}{z}dz. \tag{6.58}$$

더욱이 다리 L_1 과 $-L_2$ 은 매개변수표현

$$z=re^{i0}=r\ (\rho\le r\le R)\ \text{이고}\ z=re^{i\pi}=-r\ (\rho\le r\le R) \tag{6.59}$$

을 가지므로 등식 (6.57) 의 왼쪽은

$$\int_{L_1}\frac{e^{iz}}{z}dz-\int_{-L_2}\frac{e^{iz}}{z}dz=\int_\rho^R\frac{e^{ir}}{r}dr-\int_\rho^R\frac{e^{-ir}}{r}dr=2i\int_\rho^R\frac{\sin r}{r}dr.$$

따라서

$$2i\int_\rho^R\frac{\sin r}{r}dr=-\int_{C_\rho}\frac{e^{iz}}{z}dz-\int_{C_R}\frac{e^{iz}}{z}dz. \tag{6.60}$$

이제 Laurent 급수 전개

$$\begin{aligned}\frac{e^{iz}}{z}&=\frac{1}{z}\left[1+\frac{(iz)}{1!}+\frac{(iz)^2}{2!}+\frac{(iz)^3}{3!}+\cdots\right]\\&=\frac{1}{z}+\frac{i}{1!}+\frac{i^2}{2!}z+\frac{i^3}{3!}z^3+\cdots\quad(0<|z|<\infty)\end{aligned}$$

로 부터 e^{iz} 는 원점에서 유수가 1 인 단순극점을 가진다. 따라서 명제 6.2으로부터

$$\lim_{\rho\to 0}\int_{C_\rho}\frac{e^{iz}}{z}dz=-\pi i.$$

또한 z 가 C_R 위의 점일 때

$$\left|\frac{1}{z}\right| = \frac{1}{|z|} = \frac{1}{R}$$

이므로 (6.47)에 의해

$$\lim_{R\to\infty}\int_{C_R}\frac{e^{iz}}{z}\,dz = 0.$$

따라서 등식 (6.59)에서 $\rho \to 0$ 이라 두고 $R \to \infty$ 라 두면

$$2i\int_0^\infty \frac{\sin x}{x}\,dx = \pi i.$$

■

보기 6.25 그림 6.9의 오른쪽 그림의 경로를 사용하여

$$\int_0^\infty \frac{\ln x}{(x^2+4)^2}\,dx = \frac{\pi}{32}(\ln 2 - 1) \tag{6.61}$$

임을 보여라.

풀이 다가함수 $(\log z)/(z^2+4)^2$ 의 가지

$$f(z) = \frac{\log z}{(z^2+4)^2} \qquad \left(|z| > 0,\ -\frac{\pi}{2} < \arg z < \frac{3\pi}{2}\right)$$

를 생각하자. 가지절단이 원점과 음의 실축인 이 가지는 점 $z = 2i$ 를 제외한 구역의 모든 점에서 해석적이다. 특이점 $z = 2i$ 가 닫힌 등심선내부에 있기 위해서 $\rho < 2 < R$ 이어야 한다. 따라서 유수정리에 의하여

$$\int_{C_R} f(z)\,dz + \int_{L_2} f(z)\,dz + \int_{C_\rho} f(z)\,dz + \int_{L_1} f(z)\,dz = 2\pi i \mathrm{Res}(f(z); z = 2i).$$

즉,

$$\begin{aligned}\int_{L_2} f(z)\,dz + \int_{L_1} f(z)\,dz = 2\pi i \mathrm{Res}(f(z); z = 2i)& \\ -\int_{C_R} f(z)\,dz - \int_{C_\rho} f(z)\,dz.&\end{aligned} \tag{6.62}$$

그런데

$$f(z) = \frac{\ln r + i\theta}{(r^2 e^{2i\theta} + 4)^2} \qquad (z = re^{i\theta})$$

이므로 발 L_1 과 $-L_2$ 의 매개변수표현 (6.58)을 사용하면 (6.61)의 왼쪽은

$$\int_{L_1} \frac{e^{iz}}{z}\,dz - \int_{-L_2} \frac{e^{iz}}{z}\,dz = \int_\rho^R \frac{\ln r}{(r^2+4)^2}\,dr + \int_\rho^R \frac{\ln r + i\pi}{(r^2+4)^2}\,dr.$$

또한

$$f(z) = \frac{\phi(z)}{(z-2i)^2} \text{ 여기서 } \phi(z) = \frac{\log z}{(z+2i)^2}$$

이므로 $f(z)$ 의 특이점 $z = 2i$ 은 위수 2 인 극점이고 유수는

$$\phi'(2i) = \frac{\pi}{64} + i\frac{1 - \ln 2}{32}.$$

따라서 등식 (6.61)은

$$\begin{aligned} &2\int_\rho^R \frac{\ln r}{(r^2+4)^2}\,dr + i\pi \int_\rho^R \frac{\ln r}{(r^2+4)^2}\,dr \\ &= \frac{\pi}{16}(\ln 2 - 1) + i\frac{\pi^2}{32} - \int_{C_R} f(z)\,dz - \int_{C_\rho} f(z)\,dz. \end{aligned} \tag{6.63}$$

이 되고 여기서 각 변에서 실수부를 택하면

$$2\int_\rho^R \frac{\ln r}{(r^2+4)^2}\,dr = \frac{\pi}{16}(\ln 2 - 1) - \operatorname{Re}\int_{C_R} f(z)\,dz - \operatorname{Re}\int_{C_\rho} f(z)\,dz. \tag{6.64}$$

을 얻는다.

이제

$$\lim_{R\to\infty} \operatorname{Re}\int_{C_R} f(z)\,dz = 0 \text{ 이고 } \lim_{\rho\to 0} \operatorname{Re}\int_{C_\rho} f(z)\,dz = 0 \tag{6.65}$$

임을 보이자.

먼저 (6.64) 가 성립한다고 가정하면 식 (6.63)에 $\rho \to 0$ 와 $R \to \infty$ 를 택하면

$$2\int_0^\infty \frac{\ln r}{(r^2+4)^2}\,dr = \frac{\pi}{16}(\ln 2 - 1).$$

등식 (6.64)를 보이자. 만일 $\rho < 1$ 이고 $z = \rho e^{i\theta}$ 이 C_ρ 위의 점이면

$$|\log z| = |\ln\rho + i\theta| \le |\ln\rho| + |i\theta| \le -\ln\rho + \pi$$

이고

$$|z^2+4| \ge ||z|^2 - 4| = 4 - \rho^2.$$

따라서

$$\left|\mathrm{Re}\int_{C_\rho} f(z)\,dz\right| \le \left|\int_{C_\rho} f(z)\,dz\right| \le \frac{-\ln\rho+\pi}{(4-\rho^2)^2}\pi\rho = \pi\frac{\pi\rho - \rho\ln\rho}{(4-\rho^2)^2}$$

이고 l'Hospital 의 법칙을 사용하면 $\rho \to 0$ 일 때 위 식의 오른쪽이 0 으로 수렴함을 알 수 있다. 비슷하게

$$\left|\mathrm{Re}\int_{C_R} f(z)\,dz\right| \le \left|\int_{C_R} f(z)\,dz\right| \le \frac{-\ln R+\pi}{(R^2-4)^2}\pi R = \pi\frac{\dfrac{\pi}{R} - \dfrac{\ln R}{R}}{\left(R - \dfrac{4}{R}\right)^2}$$

이고 l'Hospital 의 법칙을 사용하면 $R \to \infty$ 일 때 위 식의 오른쪽이 0 으로 수렴함을 알 수 있다.

또한 다른 적분공식

$$\int_0^\infty \frac{dx}{(x^2+4)^2} = \frac{\pi}{32} \tag{6.66}$$

은 등식 (6.62)의 양변에서 허수부를 택한

$$\pi\int_\rho^R \frac{dr}{(r^2+4)^2} = \frac{\pi^2}{32} - \mathrm{Im}\int_{C_\rho} f(z)\,dz - \mathrm{Im}\int_{C_R} f(z)\,dz \tag{6.67}$$

로 부터

$$\left|\mathrm{Im}\int_{C_R} f(z)\,dz\right| \le \left|\int_{C_R} f(z)\,dz\right| \quad \text{이고} \quad \left|\mathrm{Im}\int_{C_\rho} f(z)\,dz\right| \le \left|\int_{C_\rho} f(z)\,dz\right|$$

이므로 $\rho \to 0, R \to \infty$ 라 두면 공식 (6.65)을 얻을 수 있다. ▒

V. 가지절단을 따라 적분

유수정리가 적용되는 함수 $f(z)$ 의 적분경로의 한 부분이 그 함수의 가지절단을 따라 놓여있을 때 실적분을 계산하는데 유용할 수 있다.

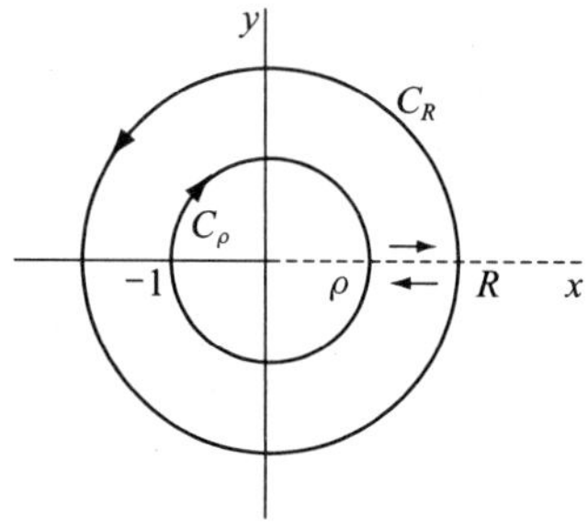

그림 6.10

보기 6.26 x^{-a}, $(x>0,\ 0<a<1)$ 은 x^{-a} 의 주요값을 나타낸다고 하자. 즉 x^{-a} 은 양의 실수 $\exp(-a\ln x)$ 이다. 이상 실적분

$$\int_0^\infty \frac{x^{-a}}{x+1}\,dx \qquad (0<a<1) \tag{6.68}$$

을 계산하자.(이 적분은 Γ 함수의 연구에 중요한 적분이다.)

적분 (6.68)은 적분의 상한뿐만 아니라 피적분함수가 $x=0$ 에서 무한대인 불연속성이므로 하한에서도 이상적분임을 알 수 있다. 피적분함수가 $x=0$ 의 근처에서 피적분함수는 x^{-a} 처럼 움직이고 $x\to\infty$ 일 때 x^{-a-1} 처럼 움직이므로 $0<a<1$ 일 때 적분 (6.68)은 수렴한다.

풀이 C_ρ 와 C_R 을 각각 원 $|z|=\rho$ 와 $|z|=R$ 이라 하자. 여기서 $\rho<1<R$ 이고 방향은 그림 6.10과 같이 정하자.

가지절단 $\arg z=0$ 을 가진 다가함수 $z^{-a}/(z+1)$ 의 가지

$$f(z)=\frac{z^{-a}}{z+1} \quad (|z|>0, 0<\arg z<2\pi) \tag{6.69}$$

이 C_ρ 과 C_R 위에서 조각적 연속이므로 적분

$$\int_{C_\rho} f(z)\,dz \text{ 와 } \int_{C_R} f(z)\,dz \tag{6.70}$$

이 존재한다. 적분 (6.68)을 계산하는 기술은 등심선 적분 (6.70)의 합의 표현에 기초한다.

이 표현을 얻기 위해 등심선을 $f(z)$ 의 가지 절단을 따라 ρ 에서 R 로 이동하고 C_R 을 따라 시계반대방향으로 한바퀴 돌아 R 로 돌아온 후 다시 절단을 따라 R 에서 ρ 로 움직이고 마지막으로 C_ρ 를 따라 시계방향으로 한바퀴돌아 ρ 로 돌아오도록 잡는다. 만일

$$f(z) = \frac{\exp(-a\log z)}{z+1} = \frac{\exp[-a(\ln r + i\theta)]}{re^{i\theta}+1} \quad (z = re^{i\theta})$$

이고 $\theta = 0$ 이고 $\theta = 2\pi$ 를 절단된 원환구역의 각각 위 모서리와 아래 모서리로 사용하면 위 모서리에서는

$$f(z) = \frac{\exp[-a(\ln r + i0)]}{r+1} = \frac{r^{-a}}{r+1} \quad (z = re^{i0})$$

이고 아래 모서리에서는

$$f(z) = \frac{\exp[-a(\ln r + i2\pi)]}{r+1} = \frac{r^{-a}e^{-i2a\pi}}{r+1} \quad (z = re^{i2\pi}).$$

유수정리에 의하여

$$\begin{aligned} \int_\rho^R \frac{r^{-a}}{r+1}\,dr + \int_{C_R} f(z)\,dz - \int_\rho^R \frac{r^{-a}e^{-i2a\pi}}{r+1}\,dr + \int_{C_\rho} f(z)\,dz \\ = 2\pi i \mathrm{Res}(f(z); z = -1). \end{aligned} \tag{6.71}$$

$f(z)$ 가 가지절단을 포함하는 곳에서 (정의되지 않으므로)해석적이 아니므로 등식 (6.71)의 유도는 형식적인 계산이다. 그럼에도 불구하고 이것은 성립한다.

등식 (6.71)의 유수는 함수

$$\phi(z) = z^{-a} = \exp(-a\log z) \quad (|z| > 0, 0 < \arg z < 2\pi)$$

이 $z = -1$ 에서 해석적이고

$$\phi(-1) = \exp[-a(\ln 1 + i\pi)] = e^{-ia\pi}$$

임에 주의하여 구할 수 있다. 이것은 $z = -1$ 이 등식 (6.69)에 의하여 정의된 함수 $f(z)$ 의 단순극점이고

$$\mathrm{Res}(f(z); z = -1) = e^{-ia\pi}.$$

따라서 등식 (6.71)은 적분 (6.70)의 합에 관한 원하는 표현으로 쓸 수 있다.

$$\int_{C_\rho} f(z)\,dz + \int_{C_R} f(z)\,dz = 2\pi i e^{-ia\pi} + (e^{-i2a\pi} - 1)\int_\rho^R \frac{r^{-a}}{r+1}\,dr. \qquad (6.72)$$

$f(z)$ 의 정의 (6.69)에 의하여

$$\left|\int_{C_\rho} f(z)\,dz\right| \le \frac{\rho^{-a}}{1-\rho}2\pi\rho = \frac{2\pi}{1-\rho}\rho^{1-a}$$

이고

$$\left|\int_{C_R} f(z)\,dz\right| \le \frac{R^{-a}}{R-1}2\pi R = \frac{2\pi R}{R-1}\cdot\frac{1}{R^a}.$$

그런데 $0 < a < 1$ 이므로 $\rho \to 0$ 이고 $R \to \infty$ 일 때 이러한 두 적분값은 모두 0 으로 수렴한다. 식 (6.72)을 마지막 적분에 대한 표현으로 다시 쓰고 $\rho \to 0$ 이면

$$\int_0^R \frac{r^{-a}}{r+1}\,dr = \frac{1}{e^{-i2a\pi} - 1}\left[\int_{C_R} f(z)\,dz - 2\pi i e^{-ia\pi}\right].$$

마지막으로 위 등식에서 $R \to \infty$ 라 두면

$$\int_0^\infty \frac{r^{-a}}{r+1}\,dr = 2\pi i\frac{e^{-ia\pi}}{1-e^{-ia2\pi}}\cdot\frac{e^{ia\pi}}{e^{ia\pi}} = \pi\frac{2i}{e^{ia\pi} - e^{-ia2\pi}}.$$

이고, 이것은

$$\int_0^\infty \frac{x^{-a}}{x+1}\,dx = \frac{\pi}{\sin a\pi} \qquad (0 < a < 1) \qquad (6.73)$$

■

다가함수를 포함하는 적분

다가함수를 적분하기 위해서는 함수의 가지에 대한 적절한 곡선을 선택하여야 한다.

보기 6.27 적분

$$\int_1^\infty \frac{dx}{x\sqrt{x^2-1}}dx = \frac{\pi}{2}$$

을 보여라.

이 적분은 기존의 방법으로 적분할 수가 없다. 이 피적분함수는 $x=0$, $x=\pm1$ 에서 정의가 되지 않으므로 등심선을 선택할 때 주의하여야 한다.

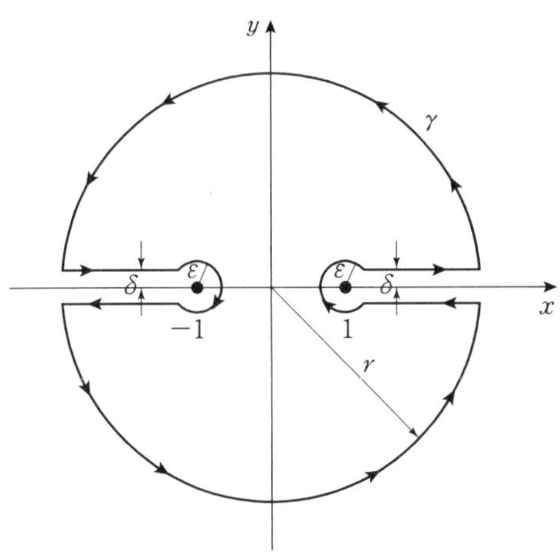

그림 6.11

풀이 먼저 $\sqrt{z^2-1}$ 의 적당한 영역은 $A=\mathbb{C}-\{(x,0)\,|\,|x|\geq 1\}$ 으로 이루어져 있다. 그림 6.11과 같은 등심선을 생각하자. 그러면 함수 $1/z\sqrt{z^2-1}$ 은 원점에서 단순극점을 제외하고 A 에서 정의되고 해석함수이다. 유수정리에 의하여

$$\int_C \frac{dz}{z\sqrt{z^2-1}} = 2\pi i \text{Res}\left(\frac{1}{z\sqrt{z^2-1}};z=0\right) = 2\pi.$$

1. $\lim_{R\to\infty}\int_{C_R}\frac{dz}{z\sqrt{z^2-1}}=0$ 임을 보이자. $|z|=R$ 이 충분히 크면

$$\sup_{z\in C_R}\left|\frac{1}{z\sqrt{z^2-1}}\right|\le\frac{1}{R\sqrt{R^2-1}}$$

이므로

$$\left|\int_{C_R}\frac{dz}{z\sqrt{z^2-1}}\right|\le 2\pi R\frac{1}{R\sqrt{R^2-1}}=\frac{2\pi}{\sqrt{R^2-1}}$$

따라서 원하는 결과를 얻는다.

2. $\lim_{r\to 0}\int_{C_R}\frac{dz}{z\sqrt{z^2-1}}=0$ 임을 보이자. C_r 위에서 피적분함수는 $|z-\pm 1|=r$ 이 충분히 작으면 $\sup_{z\in C_r}\left|\frac{1}{z\sqrt{z^2-1}}\right|\le\frac{1}{(1-r)\sqrt{r(2-r)}}$ 이므로

$$\left|\int_{C_r}\frac{dz}{z\sqrt{z^2-1}}\right|\le 2\pi r\frac{1}{(1-r)\sqrt{r(2-r)}}=\frac{2\pi\sqrt{r}}{(1-r)\sqrt{2-r}}.$$

따라서, 원하는 결과를 얻는다.

3. 고정된 R 과 r 에대해서 수평선위의 적분은

$$\int_{1+r}^{R}\frac{dx}{(x+ia)\sqrt{x^2-a^2-1+2axi}}$$

은 $a\to 0$ 일 때

$$\int_{1+r}^{R}\frac{dx}{x\sqrt{x^2-1}}dx \tag{6.74}$$

으로 접근한다. 나머지 3 개의 적분값도 (6.74)으로 수렴한다.

따라서 위의 세 경우와

$$\int_{C}\frac{dz}{z\sqrt{z^2-1}}=2\pi$$

을 합하면 $R\to\infty$ 와 $r\to 0$ 이면

$$\int_{1}^{\infty}\frac{dx}{x\sqrt{x^2-1}}$$

이 존재하고 $\pi/2$ 이다. ∎

유수정리를 이용하면 특별한 형태의 급수의 수렴값을 구할 수 있다.

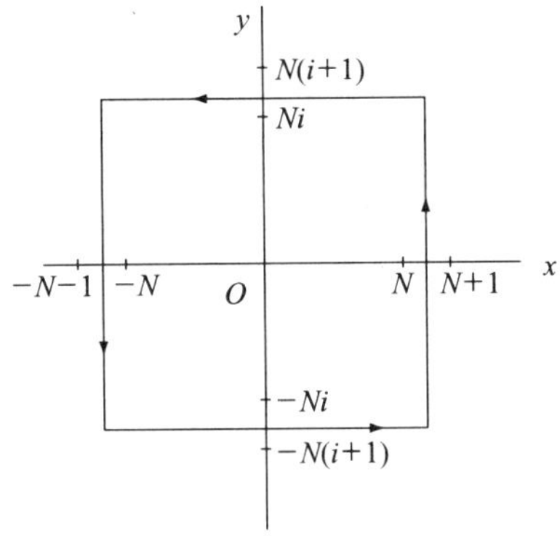

그림 6.12

보기 6.28 급수

$$\sum_{n=1}^{\infty} \frac{1}{n^2} = \frac{\pi^2}{6}$$

임을 보여라.

풀이 $f(z) = \dfrac{1}{z^2}$ 라 두고 적분

$$\int_{C_N} \pi f(z) \cot \pi z \, dz$$

을 생각하자. 여기서 C_N 은 그림 6.12에서 주어진 등심선이라 하자. 그러면 피석분함수 $g(z) = \pi f(z) \cot \pi z$ 은 z 은 정수점에서 극점을 가신다. 그런데 $z = 0$ 이외 정수점에서는 단순극점이다. $z = n, n \neq 0$ 에서 유수를 구하면

$$\operatorname{Res}\left(\frac{\pi \cot \pi z}{z^2}; z = n\right) = \frac{1}{n^2}$$

이다. 따라서,

$$\sum_{n=1}^{n=N} \operatorname{Res}\left(\frac{\pi \cot \pi z}{z^2}; z = n\right) = \sum_{n=1}^{n=N} \operatorname{Res}\left(\frac{\pi \cot \pi z}{z^2}; z = -n\right) = \sum_{n=1}^{N} \frac{1}{n^2}.$$

$z = 0$ 에서 $\tan z$ 단순영점을 가지므로 $\cot z$ 는 단순극점을 가진다. 따라서 Laurent 전개에 의하여 $\cot z = b_1/z + a_0 + a_1 z + \cdots$ 으로 쓸 수 있고 따라서

$$1 - \frac{z^2}{2!} + \frac{z^4}{4!} - \cdots = \left(z - \frac{z^3}{3!} + \frac{z^5}{5!} - \cdots\right)\left(\frac{b_1}{z} + a_0 + a_1 z + \cdots\right)$$

으로 쓸 수 있다. 양변을 곱하여 계수를 비교하면 $b_1 = 1, a_0 = 0, a_1 = -1/3$ 을 얻는다.

그러므로

$$\frac{\pi \cot \pi z}{z^2} = \frac{\pi\left(\dfrac{1}{\pi z} - \dfrac{\pi z}{3} + \cdots\right)}{z^2} = \frac{1}{z^3} - \frac{\pi^2}{z} \cdot \frac{1}{3} + \cdots$$

따라서,

$$\mathrm{Res}\left(\frac{\pi \cot \pi z}{z^2}; z = 0\right) = -\frac{\pi^2}{3}.$$

유수정리에 의하여

$$\int_{C_N} \frac{\pi \cot \pi z}{z^2} dz = 2\pi i \sum_{n=-N}^{n=N} \mathrm{Res}\left(\frac{\pi \cot \pi z}{z^2}; z = n\right) \quad = 2\sum_{n=1}^{N} \frac{1}{n^2} - \frac{\pi^2}{3}$$

이다. 이제 $N \to \infty$ 일 때

$$\int_{C_N} \frac{\pi \cot \pi z}{z^2} dz \to 0$$

임을 보이자. 먼저, $z \in C_N$ 에 대해서

$$\sup_{z \in C_N} |\cot \pi z| = \frac{e^{2\pi(N+1/2)} + 1}{e^{2\pi(N+1/2)} - 1}$$

(수직선위에서는 $|\cot \pi z| \le 1$; 수평선위에서는 $x = 0$ 위에서 최대값을 가진다). 따라서 충분히 큰 N 에 대해서 $\sup_{z \in C_N} |\cot \pi z| \le 2$ 이다. 따라서 $N \to \infty$ 이면

$$\left|\int_{C_N} \frac{\pi \cot \pi z}{z^2} dz\right| \le 2\frac{1}{N^2 + 1/4} \cdot 4(N+1) \to 0.$$

따라서, 이것을 종합하면

$$0 = \sum_{n=-\infty}^{\infty} \mathrm{Res}\left(\frac{\pi \cot \pi z}{z^2}; z = n\right) = 2\sum_{n=1}^{\infty} \frac{1}{n^2} - \frac{\pi^2}{3}$$

또는

$$\sum_{n=1}^{\infty} \frac{1}{n^2} = \frac{\pi^2}{6}.$$

■

연습문제 6.4

1. $f(x) = \dfrac{x}{1+x^2}, \quad -\infty < x < \infty$ 라 하자. 다음 물음에 답하여라.

   (a) $\text{P.V.} \displaystyle\int_{-\infty}^{\infty} f(x)\,dx$ 를 구하여라.

   (b) $\displaystyle\int_{-\infty}^{\infty} f(x)\,dx$ 이 존재하는가?

2. $f(x) = \dfrac{1}{1+x^2}, \quad -\infty < x < \infty$ 라 하자. 다음 물음에 답하여라.

   (a) $\text{P.V.} \displaystyle\int_{-\infty}^{\infty} f(x)\,dx$ 를 구하여라.

   (b) $\displaystyle\int_{-\infty}^{\infty} f(x)\,dx$ 이 존재하는가?

   (c) $\displaystyle\int_{-\infty}^{\infty} f(x)\,dx = \text{P.V.} \int_{-\infty}^{\infty} f(x)\,dx$ 이 성립하는가? 성립한다면 그 이유는?

3. 유수정리를 사용하여 이상적분을 계산하여라.

   (a) $\displaystyle\int_0^{\infty} \frac{x^4}{x^6+1}\,dx$

   (b) $\displaystyle\int_0^{\infty} \frac{dx}{(x^2+1)^2}$

   (c) $\displaystyle\int_0^{\infty} \frac{dx}{x^4+1}$

   (d) $\displaystyle\int_0^{\infty} \frac{x^2\,dx}{(x^2+1)(x^2+4)}$

   (e) $\displaystyle\int_0^{\infty} \frac{x^2\,dx}{(x^2+9)(x^2+4)^2}$

4. 적분의 Cauchy 주요값을 유수정리를 사용하여 구하여라.

   (a) $\displaystyle\int_{-\infty}^{\infty} \frac{dx}{x^2+2x+2}$

   (b) $\displaystyle\int_{-\infty}^{\infty} \frac{x\,dx}{(x^2+1)(x^2+2x+2)}$

5. $f(x) = x$ 의 구간 $-\infty < x < \infty$ 위에서 이상적분은 수렴하지 않지만 적분의 Cauchy 주요값은 존재함을 보여라.

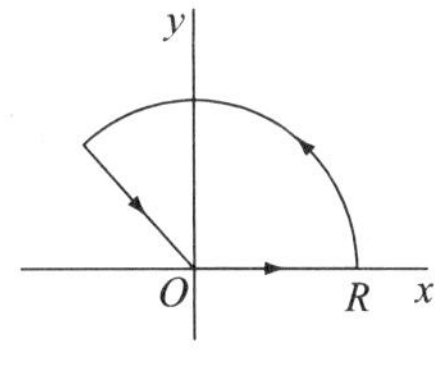

그림 6.13

6. 등심선이 그림 6.13 과 같이 주어졌을 때($R > 1$), 적분공식

$$\int_0^{\pi} \frac{dx}{x^3+1} = \frac{2\pi}{3\sqrt{3}}$$

을 보여라.

7. 적분공식

$$\int_0^\infty \frac{dx}{[(x^2-a)^2+1]^2} = \frac{\pi}{8\sqrt{2}A^3}\left[(2a^2+3)\sqrt{A+a}+a\sqrt{A-a}\right].$$

여기서 a 는 임의의 실수이고 $A=\sqrt{a^2+1}$ 이다. 이것은 방사능 주파수 열의 방법으로 금속의 케이스-강화의 이론에서 나타난다. 아래의 단계별로 이 사실을 유도하여라.

(a) 다항식

$$q(z) = (z^2+1)^2+1$$

의 네개의 영점이 수 $a \pm i$ 의 제곱근이 되는 이유를 지적하여라. 그러면 수

$$z_0 = \frac{1}{\sqrt{2}}\left(\sqrt{A+a}+i\sqrt{A-a}\right)$$

와 $-z_0$ 가 $a+i$ 의 제곱근라는 사실을 사용하여 $\pm\bar{z}_0$ 는 $a-i$ 의 제곱근임을 보이고, 따라서 z_0 와 $-\bar{z}_0$ 만이 상평면 $\mathrm{Im}\, z \geq 0$ 내에서 $q(z)$ 의 영점이다.

(b) 3 절의 연습문제 10 에 유도된 방법을 사용하고 $z_0^2 = a+i$ 를 생각하여 (a) 에 있는 점 z_0 이 함수 $f(z) = 1/[q(z)]^2$ 의 위수 2 인 극점임을 보이고 z_0 에서 유수 B_1 는

$$B_1 = -\frac{q''(z_0)}{[q'(z_0)]^3} = \frac{a-i(2a^3+3)}{16A^2z_0}$$

로 쓸 수 있음을 보여라. $q'(-\bar{z}) = -\overline{q'(z)}$ 와 $q''(-\bar{z}) = \overline{q''(z)}$ 을 살펴본 후 같은 방법을 사용하여 점 $-\bar{z}_0$ 이 함수 $f(z)$ 의 위수 2 인 극점이고 z_0 에서 유수 B_1 는

$$B_2 = \overline{\left\{\frac{q''(z_0)}{[q'(z_0)]^3} = \frac{a-i(2a^3+3)}{16A^2z_0}\right\}} = -\overline{B}_1$$

임을 보여라. 그러면 이러한 유수들의 합에 대한 표현

$$B_1+B_2 = \frac{1}{8A^2i}\mathrm{Im}\left[\frac{-a+i(2a^2+3)}{z_0}\right]$$

을 얻는다.

(c) (a) 를 인용하고 만일 $|z|=R,\ (R>|z_0|)$ 이면 $|q(z)| \geq (R-|z_0|)^4$ 임을 보여라. 그러면 (b) 의 마지막 결과의 도움으로 적분공식의 유도가 종결된다.

8. m 과 n 은 $0 \le m < n$ 인 정수라 하자 아래의 단계를 따라 적분공식

$$\int_0^\infty \frac{x^{2m}}{x^{2n}+1}\,dx = \frac{\pi}{2n}\csc\left(\frac{2m+1}{2n}\pi\right)$$

를 유도하여라.

(a) 상반평면에 놓여 있는 다항식 $z^{2n}+1$ 의 영점들은

$$c_k = \exp\left[i\frac{(2k+1)\pi}{2n}\right] \quad (k = 0, 1, 2, \cdots, n-1)$$

이고 실수축위에는 하나도 없음을 보여라.

(b) 따름정리 6.1 의 도움으로 c_k 가 (a) 에서 찾은 영점이고

$$\alpha = \frac{2m+1}{2n}\pi$$

일 때

$$\operatorname{Res}\left(\frac{z^{2m}}{z^{2n}+1}; z = c_k\right) = -\frac{1}{2n}e^{i(2k+1)\alpha}$$

임을 보여라. 그러면 항등식

$$\sum_{k=0}^{n-1} z^k = \frac{1-z^n}{1-z} \quad (z \neq 1)$$

을 사용하여 식

$$2\pi i \sum_{k=0}^{n-1} \operatorname{Res}\left(\frac{z^{2m}}{z^{2n}+1}; z = c_k\right) = \frac{\pi}{n\sin\alpha}$$

을 구하여라.

(c) (b) 의 마지막 결과를 사용하여 적분공식을 완성하여라.

9. 다음 이상적분을 구하여라

(a) $\displaystyle\int_{-\infty}^\infty \frac{x\sin ax}{x^4+4}\,dx \ (a>0)$.

(b) $\displaystyle\int_0^\infty \frac{\cos ax}{x^2+1}\,dx \ (a>0)$.

(c) $\displaystyle\int_0^\infty \frac{x\sin 2x}{x^2+3}\,dx$.

(d) $\displaystyle\int_{-\infty}^\infty \frac{e^{-x}}{1+e^{-2\pi x}}\,dx$.

(e) $\displaystyle\int_{-\infty}^\infty \frac{x^3\sin ax}{x^4+4}\,dx \ (a>0)$.

(f) $\displaystyle\int_{-\infty}^\infty \frac{x\sin x}{(x^2+1)(x^2+4)}\,dx$.

(g) $\displaystyle\int_0^\infty \frac{x^3\sin x}{(x^2+1)(x^2+9)}\,dx$.

(h) $\displaystyle\int_{-\infty}^\infty \frac{\cos x}{e^x+e^{-x}}\,dx$.

(i) $\int_{-\infty}^{\infty} \frac{\cos x\, dx}{(x^2+a^2)(x^2+b^2)}$ $(a > b > 0)$.

(j) $\int_{0}^{\infty} \frac{\cos ax}{(x^2+b^2)^2}\, dx$ $(a > 0, b > 0)$.

10. 유수정리를 사용하여 적분의 Cauchy 주요값을 찾아라.

(a) $\int_{-\infty}^{\infty} \frac{\sin x\, dx}{x^2+4x+5}$

(b) $\int_{-\infty}^{\infty} \frac{\cos x\, dx}{(x+a)^2+b^2}$ $(b > 0)$

(c) $\int_{-\infty}^{\infty} \frac{(x+1)\cos x\, dx}{x^2+4x+5}$

(d) $\int_{-\infty}^{\infty} \frac{dx}{(x-a)^2(x-1)}$

(e) $\int_0^{\infty} \frac{dx}{x(x^2-1)}$

11. 다음 절차에 따라 Fresnel 적분

$$\int_0^{\infty} \cos x^2\, dx = \int_0^{\infty} \sin x^2\, dx = \frac{1}{2}\sqrt{\frac{\pi}{2}}$$

을 계산하여라. 이것은 물리학의 회절이론에서 중요하다.

(a) 함수 $\exp(iz^2)$ 을 부채꼴 $0 \le r \le R$, $0 \le \theta \le \pi/4$(그림 6.14왼쪽)의 양의 방향으로 적분하고 Cauchy-Goursat 정리를 사용하여

$$\int_0^R \cos x^2\, dx = \frac{1}{\sqrt{2}} \int_0^R e^{-r^2}\, dr - \Re \int_{C_R} e^{iz^2}\, dz$$

와

$$\int_0^R \sin x^2\, dx = \frac{1}{\sqrt{2}} \int_0^R e^{-r^2}\, dr - \text{Im} \int_{C_R} e^{iz^2}\, dz$$

를 보여라. 여기서 C_R 은 호 $z = Re^{i\theta}$ $(0 \le \theta \le \pi/4)$ 이다.

(b) 부등식

$$\left| \int_{C_R} e^{iz^2}\, dz \right| \le \frac{R}{2} \int_0^{\pi/2} e^{-R^2 \sin\phi}\, d\phi$$

을 얻고 Jordan 부등식을 이용하여 $R \to \infty$ 일 때

$$\int_{C_R} e^{iz^2}\, dz \to 0$$

임을 보여라.

(c) (a) 와 (b) 의 결과를 사용하고 잘 알려진 적분공식

$$\int_0^{\infty} e^{-x^2}\, dx = \frac{\sqrt{\pi}}{2}$$

을 사용하여 결과를 완성한다.

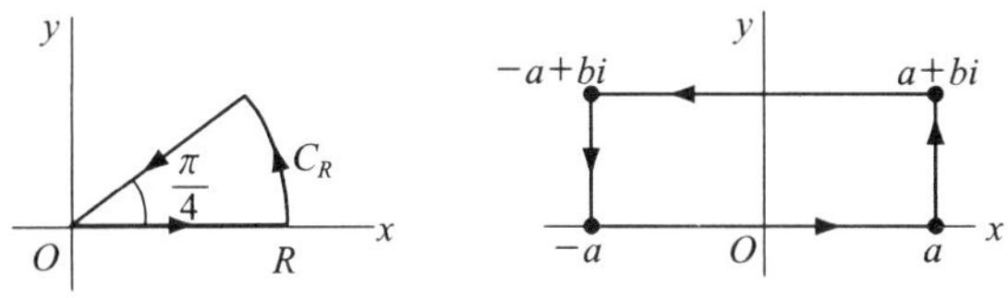

그림 6.14

12. 아래의 방법으로 적분공식

$$\int_0^\infty e^{-x^2}\cos(2bx)\,dx = \frac{\sqrt{\pi}}{2}e^{-b^2} \quad (b>0)$$

을 유도하여라.

(a) 그림 6.14오른쪽과 같이 사각형경로의 위쪽 과 아래쪽 수평다리를 따라 $\exp(-z^2)$의 적분들의 합을

$$2\int_0^a e^{-x^2}\,dx - 2e^{b^2}\int_0^a e^{-x^2}\cos(2bx)\,dx$$

로 쓸 수 있고 왼쪽과 오른쪽다리위의 적분들의 합은

$$ie^{-a^2}\int_0^b e^{y^2}e^{-i2ay}\,dy - ie^{-a^2}\int_0^b e^{y^2}e^{i2ay}\,dy$$

로 쓸 수 있음을 보여라. 따라서 Cauchy-Goursat 정리를 이용하여

$$\int_0^a e^{-x^2}\cos(2bx)\,dx = e^{-b^2}\int_0^a e^{-x^2}\,dx + e^{-(a^2+b^2)}\int_0^b e^{y^2}\sin(2ay)\,dy$$

임을 보여라.

(b) 주어진 공식

$$\int_0^\infty e^{-x^2}\,dx = \frac{\sqrt{\pi}}{2}$$

을 사용하고 (a) 의 끝에서 얻은 방정식에서 $a\to\infty$ 를 취하여 원하는 적분 공식을 얻는다.

13. 주어진 정적분을 계산하여라.

(a) $\displaystyle\int_0^{2\pi}\frac{d\theta}{5+4\sin\theta}$

(b) $\displaystyle\int_{-\pi}^{\pi}\frac{d\theta}{1+\sin^2\theta}$

(c) $\displaystyle\int_0^{2\pi}\frac{\cos^2 3\theta\,d\theta}{5-4\cos 2\theta}$

(d) $\displaystyle\int_0^{2\pi}\frac{d\theta}{1+a\cos\theta}\ (-1<a<1)$

(e) $\displaystyle\int_0^{\pi}\frac{d\theta}{(a+\cos\theta)^2}\ (a>1)$

(f) $\displaystyle\int_0^{\pi}\sin^{2n}\theta\,d\theta\ (n=1,2,\ldots)$

(g) $\displaystyle\int_0^{\pi} \frac{\cos 2\theta\, d\theta}{1-2a\cos\theta + a^2}$ $(-1 < a < 1)$

(h) $\displaystyle\int_0^{2\pi} \frac{d\theta}{(a+b\cos\theta)^2}, \quad 0 < b < a$

14. 그림 6.9오른쪽를 사용하여 다음 문제를 구하여라.

(a) 적분공식

$$\int_0^{\pi} \frac{\cos(ax)-\cos(bx)}{x^2}\, dx = \frac{\pi}{2}(b-a) \quad (a \geq 0, b \geq 0)$$

을 유도하여라. 그러면 삼각등식 $1-\cos(2x) = 2\sin^2 x$ 을 사용하여

$$\int_0^{\infty} \frac{\sin^2 x}{x^2}\, dx = \frac{\pi}{2}$$

을 어떻게 나오는지를 지적하여라.

(b) 이상적분

$$\int_0^{\infty} \frac{x^a}{(x^2+1)^2}\, dx$$

을 계산하여라. 여기서 $-1 < a < 3$ 이고 $x^a = \exp(a \ln x)$ 이다.

(c) 함수

$$f(z) = \frac{z^{1/3}\log z}{z^2+1} = \frac{e^{(1/3)\log z}\log z}{z^2+1} \quad \left(|z| > 0, -\frac{\pi}{2} < \arg z < \frac{3\pi}{2}\right)$$

을 사용하여 적분공식의 쌍

$$\int_0^{\infty} \frac{\sqrt[3]{x}\ln x}{x^2+1}\, dx = \frac{\pi^2}{6}, \quad \int_0^{\infty} \frac{\sqrt[3]{x}}{x^2+1}\, dx = \frac{\pi}{\sqrt{3}}$$

을 유도하여라

(d) 함수

$$f(z) = \frac{(\log z)^2}{z^2+1} \quad \left(|z| > 0, -\frac{\pi}{2} < \arg z < \frac{3\pi}{2}\right)$$

를 사용하여

$$\int_0^{\infty} \frac{(\ln x)^2}{x^2+1}\, dx = \frac{\pi^3}{8}, \quad \int_0^{\infty} \frac{\ln x}{x^2+1}\, dx = 0$$

임을 보여라. (힌트: 연습문제 1(a) 에서 얻은 적분공식을 이용할 것.)

15. 함수

$$f(z) = \frac{z^{1/3}}{(z+a)(z+b)} = \frac{e^{(1/3)\log z}}{(z+a)(z+b)} \quad (|z|>0, 0<\arg z<2\pi)$$

와 닫힌 등심선(그림 6.10)을 사용하여 형식적으로

$$\int_0^\infty \frac{\sqrt[3]{x}}{(x+a)(x+b)} = \frac{2\pi}{\sqrt{3}} \cdot \frac{\sqrt[3]{a}-\sqrt[3]{b}}{a-b} \quad (a>b>0)$$

16. 다가함수

$$f(z) = \frac{z^{-1/2}}{z^2+1} = \frac{e^{(-1/2)\log z}}{z^2+1}$$

의 적절한 가지를

(a) 그림 6.9오른쪽 과 같은 경로

(b) 그림 6.10와 같은 닫힌 등심선

을 적분하여

$$\int_0^\infty \frac{dx}{\sqrt{x}(x^2+1)} = \frac{\pi}{\sqrt{2}}$$

를 보여라.

17. Beta **함수**는 두 실변수의 함수

$$B(p,q) = \int_0^1 t^{p-1}(1-t)^{q-1}\,dt \quad (p>0, q>0)$$

이다. 치환 $t = 1/(x+1)$ 와 보기 6.26 을 사용하여

$$B(p, 1-p) = \frac{\pi}{\sin(p\pi)} \quad (0<p<1)$$

임을 보여라.

18. 함수 $f(z)$ 가 빠진원판 $0<|z-z_0|<R_2$ 에서 Laurent 급수 표현을 가지고 유수가 B_0 인 실수축위의 점 $z=x_0$ 에서 단순 극점을 가진다고 가정하자.

(a) C_ρ 은 원 $|z-x_0|=\rho$, $(\rho<R_2)$ 의 상반원을 나타내고 방향이 시계방향이다(그림 6.9오른쪽). $\rho<\rho_0<R_2$ 을 만족하는 ρ_0 을 선택한 후

$$f(z) = g(z) + \frac{B_0}{z-x_0} \quad (0<|z-x_0|\le\rho_0)$$

인 이유를 설명하여라. 여기서 $g(z)$ 은 닫힌 원판 $|z-x_0|\le\rho_0$ 에서 연속이고 유계이다.

(b) (a) 의 결과와 $-C_\rho$ 에 대한 매개변수표현을 사용하여

$$\lim_{\rho\to 0}\int_{C_\rho} f(z)\,dz = -B_0\pi i$$

임을 보여라.

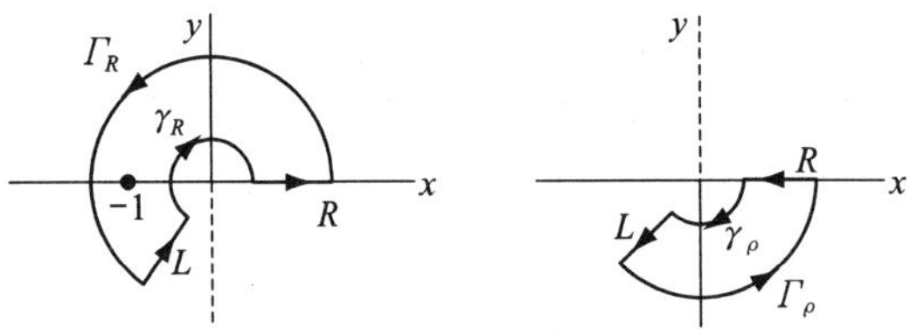

그림 6.15

19. 그림 6.15왼쪽 과 6.15오른쪽의 두 개의 단순 닫힌등심선을 생각하고 그림 6.10의 원 C_R 와 C_ρ 에 의해 형성된 환형 원판을 두 조각으로 나누어 얻는다. 이러한 등심선의 다리 L 과 $-L$ 은 임의의 방사선 $\arg z = \theta_0$ 을 따라 방향을 가진 선분이다. 여기서 $\pi < \theta_0 < 3\pi/2$. 또한 Γ_ρ 와 γ_ρ 은 C_ρ 의 제시된 부분이다. 반면 Γ_R 와 γ_R 은 C_R 의 제시된 부분이다.

 (a) 유수정리로 부터 다가함수 $z^{-a}/(z+1)$ 의 가지

$$f_1(z) = \frac{z^{-a}}{z+1} \quad \left(|z| > 0, -\frac{\pi}{2} < \arg z < \frac{3\pi}{2}\right)$$

이 그림 6.15왼쪽의 닫힌 등심선위에서 적분하여 어떻게

$$\begin{aligned}&\int_\rho^R \frac{r^{-a}}{r+1}\,dr + \int_{\Gamma_R} f_1(z)\,dz + \int_L f_1(z)\,dz + \int_{\Gamma_\rho} f_1(z)\,dz\\ =\ & 2\pi i \mathrm{Res}(f_1(z); z=-1)\end{aligned}$$

을 얻을 수 있는지 보여라.

 (b) $z^{-a}/(z+1)$ 의 가지

$$f_1(z) = \frac{z^{-a}}{z+1} \quad \left(|z| > 0, -\frac{\pi}{2} < \arg z < \frac{5\pi}{2}\right)$$

에 Cauchy-Goursat 정리를 사용하여 그림 6.15오른쪽의 닫힌등심선을 따라 적분하여

$$-\int_\rho^R \frac{r^{-a}e^{-i2a\pi}}{r+1}\,dr + \int_{\gamma_\rho} f_2(z)\,dz - \int_L f_2(z)\,dz + \int_{\gamma_R} f_2(z)\,dz = 0$$

을 보여라.

(c) (a) 와 (b) 의 마지막 세 개의 적분에서 $z^{-a}/(z+1)$ 의 가지 $f_1(z)$ 와 $f_2(z)$ 가 가지

$$f(z) = \frac{z^{-a}}{z+1} \quad (0 < |z|, 0 < \arg z < 2\pi)$$

을 바꿀 수 있는 이유를 들어라. 그러면 이러한 두 등식의 대응하는 변을 더하여 단지 형식적으로 얻어진 등식 (6.70) 를 유도하여라.

20. 그림 6.16과 같은 등심선을 사용하여

$$\int_0^\infty e^{-\pi x} \frac{\sin ax}{\sinh \pi x} dx$$

의 값을 구하여라. (힌트 : $f(z) = \frac{e^{iaz}}{e^{2\pi z}-1}$ 라 두고 허수부를 계산한다.)

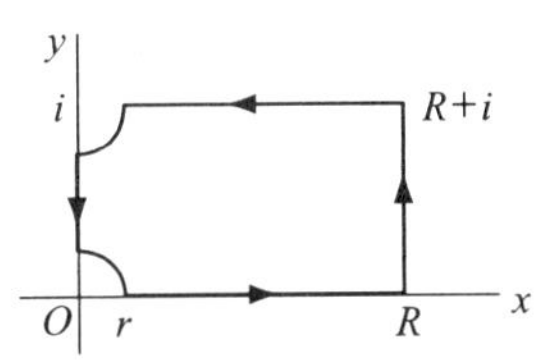

그림 6.16

21. 유수정리를 이용하여 다음 급수의 합을 구하여라.

(a) $\sum_{n=1}^{\infty} \frac{1}{n^4} = \frac{\pi^4}{90}$

(b) $\sum_{n=1}^{\infty} \frac{(-1)^{n-1}}{(2n-1)^3} = \frac{\pi^3}{32}$

(c) $\sum_{n=1}^{\infty} \frac{1}{(n^2+a^2)} = \frac{\pi}{2a}\coth(\pi a) + \frac{1}{2a^2}$, $a > 0$

(d) $\sum_{n=1}^{\infty} \frac{(-1)^{n-1}}{n^2} = \frac{\pi^2}{12}$

6.5 편각원리와 Rouché 정리

먼저 f 는 $z=a$ 에서 위수 m 의 영점을 가지는 해석함수라 하자. 그러면 $f(z)=(z-a)^m g(z)$ 이다. 여기서 $g(a)\neq 0$ 이다. 따라서

$$\frac{f'(z)}{f(z)}=\frac{m}{z-a}+\frac{g'(z)}{g(z)}$$

이고 $g(a)\neq 0$ 이므로 g'/g 은 $z=a$ 근처에서 해석적이다.

이제 f 는 $z=a$ 에서 위수 m 의 극점을 가진다고 하자. 그러면 $f(z)=(z-a)^{-m}g(z)$ 이다. 여기서 g 은 해석적이고 $g(a)\neq 0$ 이다. 이것으로부터

$$\frac{f'(z)}{f(z)}=\frac{-m}{z-a}+\frac{g'(z)}{g(z)}$$

이고 또 다시 g'/g 은 $z=a$ 근처에서 해석적이다.

'극점을 제외하고 해석적'이라는 문구의 반복을 피하기 위해서 우리는 다음 용어를 도입한다.

정의 6.2 함수 f 가 영역 D 에서 **유리형**(meromorphic)[1]이라 함은 f 가 극점을 제외한 D 전체에서 해석적이다.

f 가 양의 방향의 단순닫힌등심선 C 의 내부인 영역에서 유리형 함수이고 C 위에서 해석적이고 0 이 아니라고 가정하자. 변환 $w=f(z)$ 하에서 C 의 상 Γ 는 w 평면에서 일정한 방향으로 움직이는 닫힌등심선이다(단순닫힌등심선은 아닐수도 있다). z 가 C 를 따라 양의 방향으로 한바퀴 돌면 w 는 Γ 의 특정한 방향으로 움직인다. f가 C에서 0 이 아니므로 등심선 Γ는 w 평면의 원점과 만나지 않는다.

w 와 w_0 가 Γ 위의 점이라 하자. 여기서 w_0 은 고정점이고 ϕ_0 이 $\arg w_0$ 의 값이라 하자. 그러면 w 가 w_0 에서 시작하여 Γ 에서 함수 $w=f(z)$ 에 의해 결정된 방향으로 Γ 위를 움직인다. 따라서 $\arg w$ 는 값 ϕ_0 에서 출발하여 연속적으로 변한다. w 가 출발점 w_0 으로 다시 돌아왔을 때 $\arg w$ 은 $\arg w_0$ 의 또 다른 특별한 편각 ϕ_1 으로 된다.

---

[1]그리스어로 mero는 '분수', morphy는 '형태'라는 뜻으로 meromorphic은 "분수같은"이라는 의미이다.

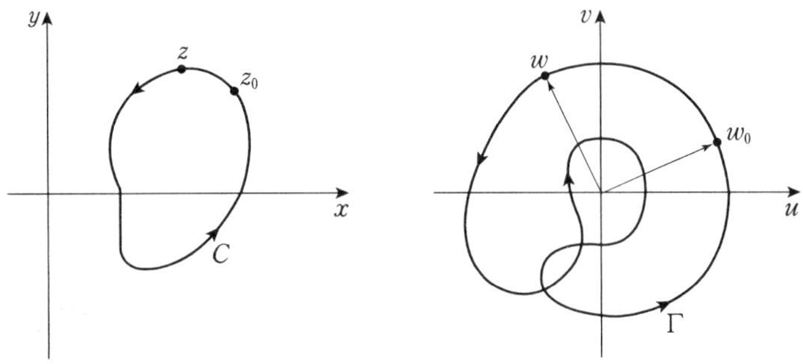

그림 6.17

따라서 w 가 Γ 를 따라 주어진 방향으로 한바퀴 돌 때 $\arg w$ 는 $\phi_1 - \phi_0$만큼 변한다. 사실 $\arg w$ 는 $\phi_1 - \phi_0$은 점 z 가 z_0를 출발해서 곡선 C의 양의 방향을 따라 한바퀴 돌때 Γ상에서 $f(z)$ 의 편각의 변화이다. 수식으로 다음과 같이 나타낸다.

$$\Delta_C \arg f(z) = \phi_1 - \phi_0$$

$\Delta_C \arg f(z)$의 값은 2π의 정수배가 되고 이 정수는 w가 Γ 위를 움직였을 때 w 평면에서 원점 둘레를 회전한 횟수를 나타내므로 정수

$$\frac{1}{2\pi}\Delta_C \arg f(z)$$

를 원점 $w = 0$에 관한 Γ의 **회전수**(winding number)라 한다. Γ가 원점을 시계 반대 방향으로 회전하면 회전수는 양수이고, 시계방향으로 회전하면 회전수는 음수가 된다.

회전수는 C의 안쪽에 있는 f의 영점과 극점에 의해서 결정되어진다. 다음 정리는 이 **편각원리**(argument principle)를 말하고 있다.

정리 6.8 (편각원리) *함수 $f(z)$는 양의 방향의 단순닫힌등심선 C 의 내부인 영역에서 유리형 함수이고 C 위에서 해석적이고 0 이 아니고, 위수만큼 세었을 때 C의 안쪽에서 $f(z)$의 영점이 Z개 있고 극점은 P개 있으면 다음 식이 성립한다:*

$$\frac{1}{2\pi}\Delta_C \arg f(z)\, dz = Z - P.$$

증명 양의 방향의 단순닫힌등심선 C의 매개변수 표현을 $z = z(t)$ $(a \le t \le b)$ 로 나타내자. 단순닫힌등심선 C 위에서 $\dfrac{f'(z)}{f(z)}$의 적분을 두 가지 방법으

로 구해보려 한다.

1. 먼저 다음을 구하자:

$$\int_C \frac{f'(z)}{f(z)}dz = \int_a^b \frac{f'(z(t))z'(t)}{f(z(t))}dt.$$

변환 $w = f(z)$에 의한 C의 상 Γ는 w 평면의 원점을 지나지않으므로 C에 있는 임의의 점 $z = z(t)$의 상을 $w = \rho(t)\exp\{i\phi(t)\}$ 로 표현할 수 있어 Γ 는 다음과 같이 표현된다:

$$\Gamma : f(z(t)) = \rho(t)e^{i\phi(t)} \qquad (a \le t \le b). \tag{6.75}$$

등심선 Γ를 이루는 매끄러운 모든 호위에서

$$f'(z(t))z'(t) = \frac{d}{dt}f(z(t)) = \frac{d}{dt}\rho(t)e^{i\phi(t)} = \rho'(t)e^{i\phi(t)} + i\rho(t)e^{i\phi(t)}\phi'(t) \tag{6.76}$$

이므로

$$\int_C \frac{f'(z)}{f(z)}dz = \int_a^b \frac{\rho'(t)}{\rho(t)}dt + i\int_a^b \phi'(t)dt = \Big[\ln\rho(t)\Big]_a^b + i\Big[\phi(t)\Big]_a^b. \tag{6.77}$$

여기서 $\rho(a) = \rho(b)$, $\phi(b) - \phi(a) = \Delta_C \arg f(z)$. 따라서

$$\int_C \frac{f'(z)}{f(z)}dz = i\Delta_C \arg f(z). \tag{6.78}$$

2. 위의 선적분을 유수정리를 이용하여 다른 방법으로 구해 보자. 먼저, 피적분함수 $\dfrac{f'(z)}{f(z)}$가 곡선 C 의 안쪽에서 f의 영점과 극점을 제외하고 해석적임을 알 수 있다. 만일 점 z_0이 f의 m_0차 영점이면, z_0에서 해석적이고 0 이 아닌 $g(z)$가 존재해서 다음과 같이 나타낼 수 있다:

$$f(z) = (z - z_0)^{m_0}g(z). \tag{6.79}$$

따라서

$$f'(z_0) = m_0(z - z_0)^{m_0-1}g(z) + (z - z_0)^{m_0}g'(z)$$

또는

$$\frac{f'(z)}{f(z)} = \frac{m_0}{z-z_0} + \frac{g'(z)}{g(z)}.$$

$\dfrac{g'(z)}{g(z)}$는 z_0에서 해석적이므로 이 점에 관한 테일러 급수가 존재하고, 이에 따라 식 (6.78)에 의해 z_0 은 $\dfrac{f'(z)}{f(z)}$의 단순극점이고 $\text{Res}\left(\dfrac{f'(z)}{f(z)}; z=z_0\right) = m_0$ 이다. 한편, z_1이 f의 m_p차 극점이면, z_1 에서 해석적이고 0이 아닌 $\phi(z)$이 존재해서 다음과 같이 나타낼 수 있다:

$$f(z) = (z-z_1)^{-m_p}\phi(z). \tag{6.80}$$

식 (6.80) 은 식 (6.78) 와 같은 꼴로 식 (6.78)의 양의 정수 m_0을 $-m_p$로 바꾼 것이므로, 식 (6.80) 에 의해 z_1 은 $\dfrac{f'(z)}{f(z)}$ 의 단순극점이고 $\text{Res}\left(\dfrac{f'(z)}{f(z)}; z=z_1\right) = -m_p$ 이다. 그러므로 유수정리를 적용하면 다음을 얻는다:

$$\int_C \frac{f'(z)}{f(z)}dz = 2\pi i(Z-P). \tag{6.81}$$

따라서 정리의 결과는 두 식 (6.78) 와 (6.81) 의 우변을 서로 같게 놓으면 나온다. ■

보기 6.29 함수 $\dfrac{1}{z^n}$ ($n \geq 1$ 인 정수)의 유일한 특이점은 원점으로 이는 n차 극점이다. 그리고 유한평면에 영점은 없다. 특히, 이 함수는 단위원 $C: z = e^{i\theta}$ $(0 \leq \theta \leq 2\pi)$ 에서 해석적이고 0 이 아니다. C 를 양의 방향으로 택하면, 정리 6.8 에 의해 다음을 얻는다:

$$\frac{1}{2\pi}\triangle_C \arg\frac{1}{z^n} = -n.$$

곧, 변환 $w = \dfrac{1}{z^n}$에 의한 C의 상 Γ 는 원점 $w=0$ 둘레를 시계 방향으로 n 번 회전한다. 이 사실은 Γ 가 매개 변수 $w = e^{-in\theta}$ $(0 \leq \theta \leq 2\pi)$ 으로 표현됨을 확인함으로써 직접 증명할 수도 있다.

다음은 함수의 영점을 갯수를 세는 Rouché 정리를 소개한다.

정리 6.9 (Rouché 정리) *C는 단순닫힌등심선를 나타내고 두 함수 $f(z)$와 $g(z)$는 C와 그 안쪽에서 해석적이고 C 위에 있는 모든 점에서* $|f(z)| >$

$|g(z)|$가 성립한다고 하자. 그러면 C의 안쪽에서 $f(z)$와 $f(z)+g(z)$ 의 영점의 개수는 위수까지 세었을 때 서로 같다.

증명 정리의 조건에서 C의 방향은 분명히 중요하지 않다. 그래서 증명에서는 양의 방향을 가정한다. 먼저, 두 함수 $f(z)$와 $f(z)+g(z)$ 의 영점이 C에 없음을 확인하자. 왜냐하면 C의 점 z에 대해 다음이 성립하기 때문이다.

$$|f(z)| > |g(z)| \geq 0, \qquad |f(z)+g(z)| \geq |f(z)| - |g(z)| > 0$$

위수까지 세었을 때 C의 안쪽에 있는 $f(z)$와 $f(z)+g(z)$의 영점의 개수를 각각 Z_f와 Z_{f+g}라고 할 때 다음과 같다:

$$Z_f = \frac{1}{2\pi}\triangle_C \arg f(z), \qquad Z_{f+g} = \frac{1}{2\pi}\triangle_C \arg\{f(z)+g(z)\}.$$

위 식에서

$$\begin{aligned}\triangle_C \arg\{f(z)+g(z)\} &= \triangle_C \arg\left[f(z)\left\{1+\frac{g(z)}{f(z)}\right\}\right]\\ &= \triangle_C \arg f(z) + \triangle_C \arg\left\{1+\frac{g(z)}{f(z)}\right\}\end{aligned}$$

이므로

$$Z_{f+g} = Z_f + \frac{1}{2\pi}\triangle_C \arg F(z). \tag{6.82}$$

여기서

$$F(z) = 1+\frac{g(z)}{f(z)}.$$

따라서

$$|F(z)-1| = \frac{|g(z)|}{|f(z)|} < 1.$$

이것은 변환 $w = F(z)$에 의한 C의 상이 열린 원판 $|w-1| < 1$의 안쪽에 포함된다는 사실을 뜻한다. 따라서 식 (6.82) 은 $Z_{f+g} = Z_f$가 되므로 정리가 증명된다. ∎

보기 6.30 원 $|z| = 1$의 안쪽에 속한 다음 방정식의 근의 개수를 알아보자.

$$z^6 - 5z^3 + 2z - 1 = 0 \tag{6.83}$$

이를 위해 다음과 같이 나타내자.

$$f(z) = -5z^3, \qquad g(z) = z^6 + 2z - 1$$

그리고 $|z| = 1$일 때 $|f(z)| = 5|z|^3 = 5$이고 $|g(z)| \le |z^6| + 2|z| + 1 = 4$임을 확인하자. 그러면 Rouché 정리의 조건을 만족시킨다. 따라서 원 $|z| = 1$의 안쪽에 $f(z)$의 영점이 위수까지 세었을 때 3 개 있으므로 $f(z) + g(z)$ 의 영점도 그만큼 있다. 즉, 방정식 (6.83)의 3 근이 원 $|z| = 1$의 안쪽에 있다.

정리 6.10 (Hurwitz 정리) *$\{f_n(z)\}$ 가 단순닫힌등심선 C 와 그 내부에서 해석함수열이라고 하자. 또 함수열 $\{f_n(z)\}$ 가 단순닫힌등심선 C 와 그 내부에서 고르게 $f(z)$ 로 수렴한다고 하자. 만일 $f(z)$ 가 C 상에서 영점을 갖지 않는다면 충분히 큰 n에 대하여 C 안에서 함수 $f(z)$ 의 영점의 갯수는 $f_n(z)$ 의 영점의 갯수와 같다.*

증명 우선 Morera정리에 의하여 극한함수 $f(z)$가 해석적임을 관찰하라. $m = \min_C |f(z)|$라 하면 $m > 0$ 이다. C 위에서 $\{f_n(z)\}$ 가 고르게 $f(z)$로 수렴하므로 자연수 $N(m)$ 이 존재하여 모든 $n \ge N$ 에 대하여 다음이 성립한다.

$$|f_n(z) - f(z)| < m \le f(z)$$

따라서 Rouché 정리에 의하여 모든 $n \ge N$에 대하여 C 의 내부에 있는 $f(z)$ 의 영점의 갯수는

$$f(z) + (f_n(z) - f(z)) = f_n(z)$$

의 영점의 갯수와 같다. ▒

Rouché 정리의 응용으로 다음 정리를 증명할 수 있다. 자세한 증명은 [12]을 참고하기 바란다.

함수 $f : D \to \mathbb{C}$가 **열린사상**이라 함은 모든 $U \subset D$에 대해서 $f(U)$가 열린사상이다. 즉, 임의의 $\varepsilon > 0$에 대해서 $\delta > 0$가 존재하여 $|w - w_0| < \delta$ 이 $w = f(z)$ 인 $|z - z_0| < \varepsilon$ 를 만족하는 z가 존재함을 함의한다.

정리 6.11 (열린사상정리) *상수가 아닌 해석함수는 열린사상이다.*

연습문제 6.5

1. C가 양의 방향의 원 $|z|=2$를 나타낼 때 다음 함수 $f(z)$에 대한 $\Delta_C \arg f(z)$를 구하여라.

   (a) $f(z)=z^3+2$
   (b) $f(z)=(z^4+50)/z^2$
   (c) $f(z)=(z^6+2)/z^3+2z$
   (d) $f(z)=z^2/(z^{10}+150)$

2. 원환 $1 \le |z| \le 2$에 속한 다음 방정식의 근의 갯수를 구하여라.

   (a) $z^5+20z^3+z^2+3=0$
   (b) $2z^8+50z+5=0$
   (c) $f(z)=z^6-10z^4+21$
   (d) $f(z)=z^{10}+150z^2+32$

3. 원 $|z|=2$를 나타낼 때 다음 다항 함수 $f(z)$의 영점의 갯수(위수까지 세었을 때)를 구하여라.

   (a) $f(z)=z^5+2z^3+z^2+3$
   (b) $f(z)=2z^8+50z^2+5$

4. 함수 f는 양의 방향의 단순닫힌 등심선 C와 그 안쪽에서 해석적이고, C에는 영점이 없다고 하자. C의 안쪽에 있는 f의 영점은 $z_1,z_2,\cdots,z_n$이고, 각 $z_k(k=1,2,\cdots,n)$는 m_k차 영점이라고 하자. 다음이 성립함을 보여라.

$$\int_C \frac{zf'(z)}{f(z)}dz = 2\pi \sum_{k=1}^{n} m_k z_k$$

5. Roché 정리를 이용하여 다음의 n 차 다항식이 n 개의 영점을 가짐을 증명하여라.

$$P(z)=a_0+a_1z+\cdots+a_{n-1}z^{n-1}+a_nz^n \qquad (a_n \neq 0)$$

6. $R>0$라 하자. 그러면 모든 $n \ge N$ 에 대하여 다음 함수

$$P(z)=1+\frac{1}{z}+\frac{1}{2!z^2}+\cdots+\frac{1}{n!z^n}$$

   의 영점이 모두 열린 원판 $|z|<R$ 에 있게 되는 자연수 N 이 존재함을 증명하여라.

7. $a>e$ 이다. 방정식 $e^z=az^n$ 은 원판 $|z|<1$ 에서 n 개의 근을 가짐을 증명하여라. $n=2$ 일 때 두 근이 모두 실수임을 증명하여라.

8. $f(z) = \sum_{n=0}^{\infty} a_n z^n$ 라 하자. $a_0 = 1, a_1 = 0$ 그리고 f는 상수가 아니라고 가정하자. 만일 $\sum_{n=2}^{\infty} n|a_n| \leq 1$ 이면 f는 단위원판 $|z| < 1$에서 일대일임을 보여라.

9. f는 단위원 $|z| = 1$ 위와 내부에서 해석적이라 하자. 만일 $|z| = 1$이면 $|f(z)| < 1$라고 가정하자. 그러면 f는 단위원내에 꼭 한 개의 고정점($f(z_0) = z_0$인 점 z_0)을 가짐을 보여라.

10. 함수 $f(z) = z^2 + 3z$이 $|z| < 1$ 위에서 일대일임을 보여라.

7 조화함수

우리는 이미 2.5절에서 조화함수 및 조화공액함수에 관한 간단한 성질을 살펴보았다. 이 장에서는 조화함수에 관한 일반성질들을 살펴보기로 한다.

7.1 해석함수와 조화함수

영역 $D \subset \mathbb{R}^2$에서 정의된 연속인 실함수 $u(x,y)$가 연속인 1 계 및 2 계 편도함수를 가지고 Laplace 방정식

$$\Delta u \equiv \frac{\partial^2 u}{\partial x^2} + \frac{\partial^2 u}{\partial y^2} = 0$$

을 만족하면 $u(x,y)$는 D에서 **조화함수**라 한다. 우리는 보기 2.22에서 Cauchy-Riemann 방정식을 이용하여 주어진 조화함수 $u(x,y)$ 의 조화공액함수 $v(x,y)$ 를 구할 수 있었다. 즉, $f(z) = u(x,y) + iv(x,y) = u(z) + iv(z)$가 해석적이 되는 $v(x,y)$ 를 찾을 때 Cauchy-Riemann 방정식

$$\frac{\partial u}{\partial x} = \frac{\partial v}{\partial y}, \quad \frac{\partial u}{\partial y} = -\frac{\partial v}{\partial x}$$

을 만족하는 모든 함수 $v(x,y)$ 를 구하는 일이 수반되었다. 이 방법은 편적분(partial integration) $\int \left[\frac{\partial v}{\partial y}\right] dy$ 를 명확히 구할 수 있을 때 가능하다. 이제 주어진 조화함수를 그의 실수부로 갖는 해석함수의 존재에 대한 일반 조건을 찾아 보자. Cauchy-Riemann 방정식을 사용하여 해석함수 $f(z) =$

$u(z)+iv(z)$ 의 도함수는

$$f'(z)=\frac{\partial u(z)}{\partial x}-i\frac{\partial u(z)}{\partial y}$$

로 표현되어진다.

정리 7.1 *단일연결영역 D에서 $u(z)$가 조화함수이면 D에서 $Ref(z)=u(z)$가 되는 해석함수 $f(z)$가 존재한다.*

증명 1. $g(z)=\frac{\partial u(z)}{\partial x}-i\frac{\partial u(z)}{\partial y}$로 놓으면 Laplace 방정식에 의하여 다음을 얻는다:

$$\frac{\partial}{\partial x}(\text{Re } g)-\frac{\partial}{\partial y}(\text{Im } g)=\frac{\partial^2 u}{\partial x^2}-(-\frac{\partial^2 u}{\partial y^2})=0. \tag{7.1}$$

$u(z)$의 2계 편도함수들이 연속이므로

$$\frac{\partial}{\partial y}(\text{Re } g)+\frac{\partial}{\partial x}(\text{Im } g)=\frac{\partial^2 u}{\partial y\partial x}+(-\frac{\partial^2 u}{\partial x\partial y})=0 \tag{7.2}$$

이고, 식 (7.1) 과 (7.2) 는 $g(z)$에 대한 Cauchy-Riemann 방정식이고, 또한

$$\frac{\partial}{\partial x}(\text{Re } g),\qquad \frac{\partial}{\partial y}(\text{Re } g),\qquad \frac{\partial}{\partial x}(\text{Im } g),\qquad \frac{\partial}{\partial y}(\text{Im } g)$$

가 모두 연속이므로 정리 2.5에 의하여 $g(z)$가 D에서 해석적임을 알 수 있다.

2. D의 임의의 점 z_0에 대하여 $F(z)=\int_{z_0}^{z}g(\zeta)d\zeta$ 라 놓으면 Morera 정리에 의하여 $F(z)$ 는 D 에서 해석적이고

$$F'(z)=g(z)=\frac{\partial u(z)}{\partial x}-i\frac{\partial u(z)}{\partial y}.$$

또한 $F(z)$의 도함수는

$$F'(z)=\frac{\partial}{\partial x}\text{Re } F(z)-i\frac{\partial}{\partial y}\text{Re } F(z).$$

따라서 $u(z)$ 와 $\text{Re } F(z)$ 는 D 에서 동일한 1계 편도함수를 갖는다. 그러므

로

$$\operatorname{Re} F(z) = u(z) + C, \quad (C\text{는 실수}).$$

따라서 함수

$$f(z) = F(z) - C = \int_{z_0}^{z} \left\{ \frac{\partial u(\zeta)}{\partial x} - i\frac{\partial u(\zeta)}{\partial y} \right\} d\zeta - C$$

는 D에서 해석적이고 $\operatorname{Re} f(z) = u(z)$이다. ▒

따름정리 7.1 *D는 단일연결영역일 때 조화함수 $u(z)$에 대하여 영역 D에서*

$$\operatorname{Im} f(z) = u(z)$$

가 되는 해석함수 $f(z)$ 가 존재한다.

증명 정리 7.1에 의하여 $\operatorname{Re} h(z) = u(z)$가 되는 해석함수 $h(z)$가 존재한다. 그러면 $f(z) = ih(z)$ 는 해석적이고 $\operatorname{Im} f(z) = \operatorname{Re} h(z) = u(z)$이다. ▒

참고 7.1 정리 7.1에서 영역이 단일연결영역이라는 조건은 필수적이다.

보기 7.1 함수

$$u(z) = u(x,y) = \operatorname{Log} \sqrt{x^2+y^2}$$

는 빠진평면 $x^2+y^2 \neq 0$ 에서 조화함수이다. 더욱이 $u(z)$는 이 영역에서 "거의" Log z의 실수부이다. 여기서 " 거의"라고 말한 이유는 Log z가 음의 실수축위에서 연속이 아니기 때문이다. 만일 어떤 함수

$$f(z) = \operatorname{Log} \sqrt{x^2+y^2} + iv(x,y)$$

가 빠진평면의 전체 영역에서 해석적이었다면 $g(z) = f(z) - \operatorname{Log} z$는 음의 실수축을 따라서 절단된 평면으로 이루어진 영역 D 에서 해석적이었을 것이다. 특히 $g(z)$ 가 D 에서 순허수이므로 Cauchy-Riemann 방정식을 응용하면 $g(z)$가 D 에서 상수임을 알 수 있다. 따라서 D에서 실수부가 Log $\sqrt{x^2+y^2}$인 임의의 해석함수는 C 가 실수일 때 Log $z+iC$꼴이 된다. 그러나 Log $z+iC$ 는 음의 실수축상에서 연속이 되도록 정의할 수 조차 없으므

로 빠진평면에서 실수부가 $u(z)$인 해석함수를 정의할 수 없다. 그러나

$$u(x,y) = \text{Log}\sqrt{x^2+y^2}, \quad (x^2+y^2 \neq 0)$$

이 다가함수 $\log z$의 단가 실수부이다. 더욱이 $u(x,y)$는 국소적으로 해석함수의 실수부이다. 즉, 주어진 $z_0 \neq 0$ 대해서 $\arg z$의 가지 $\phi(z)$는

$$\log z = \text{Log}\sqrt{x^2+y^2} + i\phi(z)$$

이 z_0의 어떤 근방에서 해석적이 되도록 정의될 수 있다. 물론 근방은 단일연결영역이므로 실수부가 Log $\sqrt{x^2+y^2}$ 인 해석함수의 존재가 정리 7.1에 의하여 보장된다.

이제 정리 7.1에 의하여 조화함수에 대한 유사한 정리를 얻을 수 있다. 다음 정리는 조화함수의 경우에 있어서 Liouville 정리와 유사한 것이다.

정리 7.2 *평면에서 유계인 조화함수는 상수이다.*

증명 $u(z)$가 평면에서 조화적이고 유계라고 가정하자. 정리 7.1에 의하여 실수부가 $u(z)$인 해석함수 $f(z)$가 존재한다. 그러면 $g(z) = e^{f(z)}$은 해석함수이고 $|g(z)| = e^{u(z)}$이므로, $g(z)$도 평면에서 유계이다. Liouville 정리에 의하여, $g(z)$는 상수이다. 따라서 $u(z) = \log|g(z)|$도 상수이어야 한다. ■

참고 7.2 만일 해석함수의 실수부 또는 허수부가 유계이면 그 함수는 상수이다. 이제 해석함수에 대한 Gauss의 평균값성질(식 (4.80) 참조)와 유사한 정리를 증명해 보자.

정리 7.3 (평균값정리) *원판 $|z-z_0| \leq r$ 을 포함하는 영역에서 $u(z)$ 가 조화함수이면 다음이 성립한다:*

$$u(z_0) = \frac{1}{2\pi}\int_0^{2\pi} u(z_0 + re^{i\theta})\,d\theta.$$

증명 $f(z)$가 원판 $|z-z_0| \leq r$ 에서 그의 실수부가 $u(z)$인 해석함수라고 하자. 식 (4.80)에 의하여

$$f(z_0) = \frac{1}{2\pi}\int_0^{2\pi} f(z_0 + re^{i\theta})\,d\theta.$$

여기서 양변의 실수부를 취하면

$$u(z_0) = \text{Re } f(z_0) = \frac{1}{2\pi}\int_0^{2\pi} u(z_0 + re^{i\theta})d\theta.$$

■

해석함수에 대한 최대·최소 크기원리와 유사한 조화함수에 관한 최대, 최소값원리가 있다.

정리 7.4 (최대·최소값원리) *상수가 아닌 조화함수는 영역에서 최대 또는 최소값을 가질 수 없다.*

조화함수 $u(z)$가 점 z_0에서 최대값을 갖기 위한 필요충분조건이 조화함수 $-u(z)$가 점 z_0에서 최소값을 가지는 것임을 주목하자. 그러므로 최소값원리는 최대값원리로부터 직접 유도될 수 있다.

증명 (제 1 방법) 해석함수에 대한 최대크기정리는 Gauss의 평균값정리와 해석함수가 연속이라는 사실의 결과이다. 같은 방법으로 조화함수에 관한 평균값원리로부터 조화함수에 관한 최대값원리를 추론할 수 있다.

(제 2 방법) $u(z)$가 영역 D에서 상수가 아닌 조화함수라고 가정하자. D의 점 z_0에 대해서 z_0의 어떤 근방에서 해석적인 함수 $f(z) = u(z) + iv(z)$를 만든다. $g(z) = e^{f(z)}$ 로 놓으면 $|g(z)| = e^{u(z)}$임을 주목하라. 만일 z_0 가 이 근방에시 $u(z)$ 에 대한 최대값이었다면 z_0가 $|g(z)|$에 대한 최대크기가 되었을 것이다. 이것은 해석함수에 대한 최대크기원리에 모순이다. ■

참고 7.3 조화함수에 관한 최소값원리는 실제로는 해석함수에 관한 최소크기원리보다 더욱 강하다. 함수가 영역에서 0 이 아니라는 가정은 조화함수에 대해서는 필요가 없다. 물론 조화함수는 영역에서 음의 값을 취할 수 있지만 해석함수의 절대값은 음이 될 수 없다.

따름정리 7.2 *$u(z)$가 유계영역 D에서 조화함수이고 D의 경계가 닫힌등심선 C라고 가정하자. $u(z)$가 $D \cup C$에서 연속이고 C 위에서 $u(z) \equiv K$ 이면 D의 전체 영역에서 $u(z) \equiv K$이다.*

증명 $D \cup C$는 컴팩트집합이므로 $u(z)$는 최대값과 최소값을 가져야 한다. 정리 7.4에 의하여 최대값과 최소값은 D에서 나타날 수가 없다. 따라서 이것들은 C 위에서 나타나야 한다. 이는 $\max u(z) = \min u(z) = K$임을 의미한다. 따라서 D의 전체 영역에서 $u(z) = K$이다. ■

참고 7.4 따름정리 7.1에서 '유계'라는 가정은 필수적이다. 영역 $\operatorname{Re} z > 0$의 경계는 $\operatorname{Re} z = 0$이다. 함수 $u(z) = x$ 는 $\operatorname{Re} z \geq 0$ 에 대해서 연속이고 경계상에서 $u(z) \equiv 0$ 이다. 그러나 $\operatorname{Re} z > 0$에 대해서 $u(z) \neq 0$이다.

따름정리 7.3 *$u_1(z)$, $u_2(z)$ 는 경계가 닫힌등심선 C 인 유계영역에서 조화함수라고 가정하자. 만일 $u_1(z)$, $u_2(z)$ 가 $D \cup C$ 에서 연속이고 C 위에서 $u_1(z) \equiv u_2(z)$ 이면 영역 D 에서 $u_1(z) \equiv u_2(z)$ 이다.*

닫힌유계영역의 경계위에서 조화함수의 움직임이 영역 전체에서 조화함수의 움직임을 결정한다는 사실을 보았다. 해석함수에 대한 경우와는 달리 이 결과는 영역에 있는 임의의 수열로 개선될 수는 없다. 예를 들어, 상수가 아닌 함수 $u(z) = x$는 허수축위에서 $u(z) \equiv 0$ 으로 그 평면에서 조화함수이다. 따라서 정리 5.19의 명제에서 "해석적"이 "조화적"으로 대치될 수는 없다. 즉 $u(z)$가 영역 D에서 조화함수이고 D에서 $u(z_n) \equiv 0$이고 $z_n \to z_0$이더라도 $u(z) \equiv 0$임을 보장할 수가 없다. 그러나 우리는 다음 정리를 얻을 수 있다.

정리 7.5 *$u(z)$가 영역 D에서 조화함수이고 D의 어떤 점의 근방에서 상수이면 D의 전체 영역에서 상수이다.*

증명 $u(z)$가 z_0의 어떤 근방에서 상수가 되는 D의 모든 점 z_0의 집합을 A라고 하자. 분명히 A는 공집합이 아닌 열린집합이다. 이제 $A = D$임을 증명하기 위해서 $B = D - A$가 열린집합임을 보이면 충분하다. 왜냐하면 그렇게 되면 D 가 연결집합이 되기 위해서 B가 공집합이 되어야 하기 때문이다. B가 열린집합이 아니라고 가정하자. B의 점 z_0 와 $\varepsilon > 0$에 대해서 $z_1 \in N(z_0;\varepsilon) \subset D$가 되는 A의 점 z_1이 존재한다. A는 열린집합이므로 $N(z_1;\delta) \subset N(z_0;\varepsilon) \cap A$가 되는 충분히 작은 $\delta > 0$ 를 찾을 수 있다. 이제 $N(z_0;\varepsilon)$의 모든 z에 대해서 $\operatorname{Re} f(z) = u(z)$를 만족하는 해석함수를 만들자. $u(z)$가 $N(z_1;\delta)$에서 상수이므로 이 근방의 모든 점에 대해서

$$\frac{\partial u}{\partial x} = \frac{\partial u}{\partial y} = 0.$$

따라서 $N(z_1;\delta)$의 z에 대해서

$$f'(z) = \frac{\partial u}{\partial x} - i\frac{\partial u}{\partial y} = 0.$$

$f'(z)$에 정리 5.19를 응용하면 $N(z_0;\varepsilon)$의 전체에서 $f'(z) \equiv 0$임을 알 수 있다. 따라서 정리 2.8에 의하여 $f(z)$는 $N(z_0;\varepsilon)$에서 상수이다. 그러므로 $u(z) = \operatorname{Re} f(z)$도 $N(z_0;\varepsilon)$ 에서 상수이고, 이는 $z_0 \in B$ 라는 가정에 모순이다. ▒

해석함수의 최대크기와 그 실수부의 최대값 사이에 흥미로운 관계가 있다.

정리 7.6 (Borel-Caratheodory) *원판 $|z| \le R$에서 $f(z)$가 해석적이라고 가정하자. 만일 $M(r) = \max_{|z|=r} |f(z)|$, $A(R) = \max_{|z|=R} \operatorname{Re} f(z)$로 놓으면 $0 < r < R$에 대해서*

$$M(r) \le \frac{2r}{R-r}A(R) + \frac{R+r}{R-r}|f(0)|.$$

증명 1. 만일 $f(z)$가 상수함수, 즉 $f(z) = K$이면, 오른쪽변은

$$\frac{-2r}{R-r}|K| + \frac{R+r}{R-r}|K| = |K| = M(r)$$

에 의하여 아래로 유계이고 정리가 성립한다. 따라서 $f(z)$가 상수가 아니라고 가정하자.

2. 만일 $f(0) = 0$이면 정리 7.4에 의하여 $A(R) > A(0) = 0$이다. 영역 $|z| \le R$에서

$$\operatorname{Re}\{2A(R) - f(z)\} \ge A(R) > 0$$

이므로, 함수

$$g(z) = \frac{f(z)}{2A(R) - f(z)}$$

는 영역 $|z| \le R$에서 해석적이다. $f(z) = u + iv$로 놓으면 다음

$$|g(z)| = \sqrt{\frac{u^2+v^2}{(2A(R)-u)^2 + v_2}} \le \sqrt{\frac{u^2+v^2}{u^2+v^2}} = 1 \quad (|z| \le R)$$

을 얻는다. 그런데 Schwarz 보조정리에 의하여

$$\max_{|z|=r}|g(z)| \le \frac{r}{R}$$

이 성립하므로

$$|f(z)| = \left|\frac{2A(R)g(z)}{1+g(z)}\right| \le \frac{2A(R)r/R}{1-r/R} = \frac{2rA(R)}{R-r} \tag{7.3}$$

이다. $f(0) = 0$일 때 다음 결과가 나온다.

3. 마지막으로 만일 $f(0) \ne 0$이면 식을 $f(z) - f(0)$에 응용한다. 그러면

$$|f(z) - f(0)| \le \frac{2r}{R-r}\max_{|z|=r}\text{Re}\,\{f(z) - f(0)\} \le \frac{2r}{R-r}(A(R) + |f(0)|).$$

따라서

$$|f(z)| \le \frac{2r}{R-r}(A(R) + |f(0)|) + |f(0)| = \frac{2r}{R-r}A(R) + \frac{R+r}{R-r}|f(0)|.$$

▨

정리 7.6은 다음과 같이 정리 7.2를 일반화시키는 데 이용될 수 있다. 정리의 증명은 독자에게 남긴다.

정리 7.7 *함수 $f(z)$가 해석적이고 어떤 음이 아닌 실수 λ에 대해서* $\text{Re}\, f(z) \le Mr^{\lambda}\ (|z| = r \ge r_0)$ *라고 가정하면 $f(z)$는 기껏해야 λ 차의 다항식이다.*

연습문제 7.1

1. 평균값원리를 $|z|$에 대해서 $\log|1+z|$에 적용한 다음 $r \to 1$로 놓음으로써 $\int_0^{\pi} \log\sin\theta\, d\theta = -\pi\log 2$임을 보여라.

2. $f(z), g(z)$가 단일등심선 C의 내부와 그 위에서 해석적이고 C상에서 $\text{Re}\, f(z) = \text{Re}\, g(z)$라고 가정하자. β 가 실상수일 때 C의 내부에서 $f(z) = g(z) + i\beta$ 임을 보여라.

3. $u(z)$가 빠진원판 $0 < |z - z_0| < R$에서의 유계조화함수이면 $\lim_{z \to z_0} u(z)$가 존재함을 보여라.

4. $u_1(z), u_2(z)$가 단일연결영역 D에서 조화적이고 동시에 D에서 $u_1(z)u_2(z) \equiv 0$이면 D에서 $u_1(z) \equiv 0$ 또는 $u_2(z) \equiv 0$임을 증명하여라.

5. (Hadamard 3원정리) $f(z)$는 원환 $r_1 < |z| < r_2$에서 해석적이고 닫힌원환에서 연속이라고 하자. 만일 $M(r) = \max_{|z|=r} |f(z)|$이면

$$M(r) \leq M(r_1)^{\alpha} M(r_2)^{1-\alpha}$$

임을 보여라. 여기서 $\alpha = \dfrac{\log(r_2/r_1)}{\log(r_2/r_1)}$ 이다(힌트: $\log|f(z)|$와 $\log|z|$의 일차결합에 최대크기원리를 적용한다).

7.2 Poisson의 적분공식

이 절에서는 Cauchy 적분공식과 유사한 조화함수에 대한 공식을 알아보자. 만일 $f(z)$가 닫힌등심선 C의 내부와 그 위에서 해석적이면 C의 내부의 모든 점에서

$$f(z) = \frac{1}{2\pi i}\int_c \frac{f(\zeta)}{\zeta - z}d\zeta \tag{7.4}$$

이 성립한다. 이제 C 위에서 $\mathrm{Re}\, f$의 값을 가지고 C 내부의 점에서 $\mathrm{Re}\, f$에 대한 식을 구하고 싶다고 하자. 그런데 식

$$\mathrm{Re}\left\{\frac{1}{2\pi i}\int_c \frac{f(\zeta)}{\zeta - z}d\zeta\right\}$$

은 C 위에서 $\mathrm{Re}\, f$와 $\mathrm{Im}\, f$를 모두 포함하는 하나의 식으로 되어 있다.

그러나 만일 식 (7.4)의 적분이 $w(t)$가 실변수 t의 복소함수일 때 명제 4.1 (i)에 의하여 다음 식이 성립한다:

$$\mathrm{Re}\int_a^b w(t)\,dt = \int_a^b \mathrm{Re}\, w(t)\,dt.$$

조화함수에 대한 평균값원리를 증명할 때 이와 유사한 변환을 시행하였음을 상기하라. 이것때문에 원주위에서 조화함수의 값을 가지고 원의 중심에서 값을 결정할 수 있다. 그러나 원에 대한 Cauchy 적분공식과 유사한 조화함수의 공식은 원 내부의 모든 점에서 조화함수의 값을 원 위의 값으로 표현한 식이다. 다음 항등식은 그와 같은 관계를 구하는데 유용하다. 먼저

$$\zeta = \mathrm{Re}^{it}, \quad z = re^{i\theta}(r < R)$$

라 놓으면

$$\mathrm{Re}\left(\frac{\zeta + z}{\zeta - z}\right) = \frac{R^2 - r^2}{|\zeta - z|^2} = \frac{R^2 - r^2}{R^2 - 2rR\cos(\theta - t) + r^2} \tag{7.5}$$

식 (7.5)은 항등식

$$\frac{\zeta + z}{\zeta - z} = \frac{(\zeta + z)(\overline{\zeta} - \overline{z})}{|\zeta - z|^2} = \frac{R^2 - r^2 + 2irR\sin(\theta - t)}{|\zeta - z|^2} \tag{7.6}$$

의 실수부를 취하면 식 (7.5)의 첫번째 등식이 나온다. 식 (7.6)의 분모

$$\begin{aligned}|\zeta - z|^2 &= (\mathrm{Re}^{\,it} - re^{i\theta})(\mathrm{Re}^{\,-it} - re^{-i\theta}) \\ &= R^2 - rR(e^{i(\theta-t)} + e^{-i(\theta-t)}) + r^2 \\ &= R^2 - 2rR\cos(\theta - t) + r^2\end{aligned}$$

로부터 식 (7.5)의 두번째 등식이 나온다.

정리 7.8 (Poisson 적분공식) *원판 $|z| \le R$을 포함하는 영역에서 $u(z)$가 조화함수라고 하면 $z = re^{i\theta}$ $(r < R)$ 에 대해서 다음이 성립한다:*

$$u(re^{i\theta}) = \frac{1}{2\pi}\int_0^{2\pi} \frac{R^2 - r^2}{R^2 - 2rR\cos(\theta - t) + r^2} u(\mathrm{Re}^{\,it})\,dt.$$

증명 정리 7.1에 의하여 원판 $|z| \le R$에서 그의 실수부가 $u(z)$인 해석함수 $f(z)$가 존재한다. Cauchy 적분공식에 의하여

$$f(z) = \frac{1}{2\pi i}\int_{|\zeta|=R} \frac{f(\zeta)}{\zeta - z}d\zeta \qquad (|z| < R) \tag{7.7}$$

만일 $z = 0$이면 결과는 Gauss 평균값정리로부터 나온다. 그러므로 $z = re^{i\theta} \neq 0$이라고 가정하고

$$z_1 = \frac{R^2}{\bar{z}} = \frac{R^2}{r}e^{i\theta}$$

로 놓으면 점 z_1은 원점에서 출발하여 $\bar{z}$를 지나는 반직선상에 있으면서 원 $|\zeta| = R$의 외부에 있다. Cauchy 정리로부터

$$0 = \frac{1}{2\pi i}\int_{|\zeta|=R} \frac{f(\zeta)}{\zeta - z_1}d\zeta = \frac{1}{2\pi i}\int_{|\zeta|=R} \frac{\bar{z}f(\zeta)}{\zeta\bar{z} - R^2}d\zeta. \tag{7.8}$$

식 (7.8)을 식 (7.7)에서 빼면 다음을 얻는다.

$$\begin{aligned}f(z) &= \frac{1}{2\pi i}\int_{|\zeta|=R} \left[\frac{1}{\zeta - z} + \frac{\bar{z}}{R^2 - \zeta\bar{z}}\right] f(\zeta)\,d\zeta \\ &= \frac{1}{2\pi i}\int_{|\zeta|=R} \frac{R^2 - r^2}{(\zeta - z)(R^2 - \zeta\bar{z})} f(\zeta)\,d\zeta\end{aligned} \tag{7.9}$$

$\zeta = Re^{it}$와 $z = re^{i\theta}$을 사용하면

$$\begin{aligned}\frac{d\zeta}{(\zeta - z)(R^2 - \zeta\bar{z})} &= \frac{iRe^{it}dt}{(Re^{it} - re^{i\theta})(R^2 - Rre^{i(t-\theta)})} \\ &= \frac{idt}{(Re^{it} - re^{i\theta})(Re^{-it} - re^{-i\theta})} \\ &= \frac{i}{R^2 - 2rR\cos(\theta - t) + r^2}dt. \end{aligned} \tag{7.10}$$

이제 식 (7.10)을 식 (7.9)에 대입하면

$$f(re^{i\theta}) = \frac{1}{2\pi}\int_0^{2\pi} \frac{R^2 - r^2}{R^2 - 2rR\cos(\theta - t) + r^2} f(\text{Re}^{\,it})dt. \tag{7.11}$$

식 (7.11)의 각 변에 실수부를 취하면 정리의 결과를 얻는다. ∎

참고 7.5 적분 (7.11) 에서 나타나는 식

$$P_r(\vartheta) \equiv \frac{R^2 - r^2}{R^2 - 2rR\cos\vartheta + r^2}$$

을 Poisson 핵[1](kernel)이라고 한다. 그러면 (7.11)은 다음과 같이 간단히 표현할 수 있다:

$$f(re^{i\theta}) = \frac{1}{2\pi}\int_0^{2\pi} P_r(\theta - t) f(Re^{it})\,dt.$$

Poisson핵은 다음 부등식을 만족한다:

$$\frac{R-r}{R+r} \le P_r(\vartheta) \le \frac{R+r}{R-r}.$$

아래 따름정리는 Poisson 핵의 성질 중 하나이다.

따름정리 7.4 *$r < R$일 때 임의의 θ에 대해서*

$$\frac{1}{2\pi}\int_0^{2\pi} P_r(\theta - t)\,dt = 1.$$

증명 정리 7.8 에서 $u(z) \equiv 1$로 놓으면 된다. ∎

---

[1]Poisson 핵에 관한 여러 가지 성질은 [14]을 참고할 것.

따름정리 7.5 *원판 $|z| \le R$에서 $f(z) = u(z) + iv(z)$가 해석적이면 $z = re^{i\theta}$ $(r < R)$에 대해서 다음이 성립한다:*

$$u(re^{i\theta}) = \frac{1}{2\pi}\int_0^{2\pi} P_r(\theta - t)u(\mathrm{Re}^{\,it})\,dt,$$

$$v(re^{i\theta}) = \frac{1}{2\pi}\int_0^{2\pi} P_r(\theta - t)v(\mathrm{Re}^{\,it})\,dt.$$

증명 식 (7.11)에 실수부와 허수부를 취하면 결과가 나온다. ▒

따름정리 7.6 *따름정리 7.5의 가정하에서 $v(z)$는 다음과 같이 표현될 수 있다:*

$$v(re^{i\theta}) = \frac{1}{2\pi}\int_0^{2\pi} \frac{2rR\sin(\theta - t)}{R^2 - 2rR\cos(\theta - t) + r^2}u(\mathrm{Re}^{\,it})\,dt + v(0).$$

증명 $\zeta = \mathrm{Re}^{\,it}$, $z = re^{i\theta}$이라 놓고

$$g(z) = \frac{1}{2\pi}\int_0^{2\pi} \frac{\zeta + z}{\zeta - z}u(\zeta)dt$$

라 놓자. 이제 $\mathrm{Re}\, f(z) = \mathrm{Re}\, g(z)$임을 보일 것이다. 우선 다음을 살펴보자:

$$\frac{g(z+h) - g(z)}{h} = \frac{1}{2\pi}\int_0^{2\pi} \frac{2\zeta}{(\zeta - z)(\zeta - (z+h))}u(\zeta)dt$$

그러면 Cauchy 적분공식의 증명에서와 같이 $g(z)$는 해석적이고 다음이 성립한다:

$$g'(z) = \lim_{h\to 0}\frac{g(z+h) - g(z)}{h} = \frac{1}{2\pi}\int_0^{2\pi} \frac{2\zeta}{(\zeta - z)^2}u(\zeta)dt.$$

또한

$$\mathrm{Re}\, g(z) = \mathrm{Re}\left\{\frac{1}{2\pi}\int_0^{2\pi} \frac{\zeta + z}{\zeta - z}u(\zeta)\,dt\right\} = \frac{1}{2\pi}\int_0^{2\pi} \mathrm{Re}\left[\frac{\zeta + z}{\zeta - z}\right]u(\zeta)dt$$

이므로 식 (7.5)를 따름정리 7.5의 첫번째 항등식에 대입하면

$$\mathrm{Re}\, f(z) = \mathrm{Re}\, g(z) = \frac{1}{2\pi}\int_0^{2\pi} P_r(\theta - t)u(\mathrm{Re}^{\,it})\,dt.$$

따라서 Cauchy-Riemann 방정식을 응용하면

$$v(re^{i\theta}) = \mathrm{Im}\, f(z) = \mathrm{Im}\, g(z) + C.$$

그러므로 식 (7.6)에 의하여

$$v(re^{i\theta}) = \frac{1}{2\pi}\int_0^{2\pi} \frac{2rR\sin(\theta - t)}{R^2 - 2rR\cos(\theta - t) + r^2} u(\mathrm{Re}^{\,it})\,dt + C \tag{7.12}$$

식 (7.12)에 $r = 0$을 대입하면 $C = v(0)$이 되고 따라서 따름정리의 결과가 나온다. ■

참고 7.6 일반적으로 해석함수는 그의 실수부에 의해 허수부가 결정됨을 알 수 있다(상수를 무시할 때). 함수 $f(z) = u(z) + iv(z)$ 가 원판 $|z| \le R$ 에서 해석적인 경우에는 따름정리 7.5와 따름정리 7.6 이 이러한 관계를 명백히 준다. 즉,

$$\begin{aligned} f(z) &= \frac{1}{2\pi}\int_0^{2\pi} \frac{R^2 - r^2 + 2irR\sin(\theta - t)}{R^2 - 2rR\cos(\theta - t) + r^2} u(\mathrm{Re}^{\,it})dt + iv(0) \\ &= \frac{1}{2\pi}\int_0^{2\pi} \frac{\mathrm{Re}^{\,it} + re^{i\theta}}{\mathrm{Re}^{\,it} - re^{i\theta}} u(\mathrm{Re}^{\,it})dt + iv(0) \end{aligned} \tag{7.13}$$

나중에 정리 7.8의 결론은 보다 약한 가정하에서도 성립함을 보일 것이다. 즉, 원 $|z| = R$상에서 조화적이라는 가정이 불필요하다.

정리 7.9 *열린원판 $|z| < R$에서 $u(z)$가 조화함수이고 닫힌원판 $|z| \le r$상에서 연속이면 $z = re^{i\theta}\,(r < R)$에 대해서 다음이 성립한다:*

$$u(re^{i\theta}) = \frac{1}{2\pi}\int_0^{2\pi} P_r(\theta - t)u(\mathrm{Re}^{\,it})\,dt.$$

증명 $\{t_n\}$이 1로 접근하는 양의 증가수열이라고 하자. 그러면 각 n에 대해서 함수 $u(t_n z)$는 닫힌원판 $|z| \le R$ 에서 조화함수이다. $u_n(z) = u(t_n z)$ 로 놓으면 정리 7.8에 의하여 다음이 성립한다.

$$u_n(re^{i\theta}) = \frac{1}{2\pi}\int_0^{2\pi} P_r(\theta - t)u_n(\mathrm{Re}^{\,it})\,dt$$

$u_n(z)$가 $z = re^{i\theta}$에서 연속이므로

$$\lim_{n\to\infty} u_n(re^{i\theta}) = \lim_{n\to\infty} u(t_n re^{i\theta}) = u(re^{i\theta}).$$

이제

$$\frac{1}{2\pi}\int_0^{2\pi} P_r(\theta - t)u_n(\mathrm{Re}^{it})\,dt \to \frac{1}{2\pi}\int_0^{2\pi} P_r(\theta - t)u(\mathrm{Re}^{it})\,dt \tag{7.14}$$

을 보이면 증명이 완성된다. 이것은 차이

$$\begin{aligned}&\left|\frac{1}{2\pi}\int_0^{2\pi} P_r(\theta - t)(u_n(\mathrm{Re}^{it}) - u(\mathrm{Re}^{it}))\,dt\right|\\ &\qquad \le \frac{1}{2\pi}\int_0^{2\pi} \frac{R+r}{R-r}|u_n(\mathrm{Re}^{it}) - u(\mathrm{Re}^{it})|\,dt\end{aligned}$$

를 임의로 작게 할 수 있음을 보이면 충분하다. $u(z)$가 콤팩트 집합 $|z| \le R$상에서 연속이므로 그것은 고른연속이다. 따라서 $\varepsilon > 0$이 주어지면 $n > N$에 대해서

$$\begin{aligned}&\frac{1}{2\pi}\int_0^{2\pi} \frac{R+r}{R-r}|u_n(\mathrm{Re}^{it}) - u(\mathrm{Re}^{it})|\,dt\\ =&\frac{1}{2\pi}\int_0^{2\pi} \frac{R+r}{R-r}|u(t_n\mathrm{Re}^{it}) - u(\mathrm{Re}^{it})|\,dt \le \varepsilon\frac{R+r}{R-r}\end{aligned}$$

이 되는 정수 N을 구할 수 있다. ε이 임의이므로 정리가 증명된다. ▒

참고 7.7 $u(z)$ $(|z| \le R)$의 고른연속성에 의하여 수열 $u_n(z) = u(t_n z)$가 $u(z)$ $(|z| \le R)$ 로 고른수렴함을 보일 수 있다. 따라서 정리 5.9에 의하여 식 (7.14)이 성립한다.

우리들은 $|z| < R$에서 조화함수이고 $|z| \le R$에 대해서 연속인 함수가 원판의 내부의 값이 경계상의 값에 의하여 결정되는 성질을 가짐을 보았다. 그 대신 원 $|z| = R$상에서 연속인 실수치함수 $F(\theta)$를 가지고 시작해보자. 각 θ 에 대해서

$$\lim_{r\to R} u(re^{i\theta}) = F(\theta)(r < R)$$

인 성질을 갖는 원판 $|z| < R$에서의 조화함수 $u(z)$가 존재하는가? 더욱 일반적으로 Dirichlet 문제는 다음의 문제를 다루는 것이다. 즉, 주어진 영역

D에 대해서 D의 경계상에서 주어진 값을 취하는 D에서의 조화함수가 존재하는가? 다음 정리는 원판에서 이와 같은 Dirichlet 문제와 관련된 것이다.

정리 7.10 *$F(t)$가 실변수 t $(0 \leq t \leq 2\pi)$에 관한 연속함수이고 $F(0) = F(2\pi)$라고 하자. 그러면 다음 식*

$$u(re^{i\theta}) = \frac{1}{2\pi}\int_0^{2\pi} P_r(\theta - t)F(t)\,dt \qquad (r < R)$$

로 정의된 함수 $u(z)$는 다음 조건을 만족한다:

(i) *$u(z)$는 원판 $|z| < R$에서 조화적이다.*

(ii) *각 고정된 $\theta(0 \leq \theta \leq 2\pi)$에 대해서*

$$\lim_{r \to R} u(re^{i\theta}) = F(\theta) \qquad (r < R).$$

증명 (i)을 증명하기 위하여 $\zeta = \mathrm{Re}^{\,it}, z = re^{i\theta}(r < R)$라 놓고

$$g(z) = \frac{1}{2\pi}\int_0^{2\pi} \frac{\zeta + z}{\zeta - z}F(t)dt$$

라 놓자. 그러면 따름정리 7.5의 증명에서와 같이 $g(z)$는 $|z| < R$에서 해석적임을 보일 수 있다. 그러면 식 (7.5)에 의하여 $\mathrm{Re}\,g(z) = u(z)$이고 $u(z)$는 조화함수가 된다. 2를 증명하기 위해서는 각 θ $(0 \leq \theta \leq 2\pi)$에 대하여서 $0 < R - r < \delta$를 만족하는 모든 r에 대해

$$|u(re^{i\theta}) - F(\theta)| < \varepsilon$$

이 되는 $\delta > 0$가 대응함을 보여야 한다. 따름정리 7.6에 의하여 다음이 성립한다:

$$u(re^{i\theta}) - F(\theta) = \frac{1}{2\pi}\int_0^{2\pi} P_r(\theta - t)(F(t) - F(\theta))\,dt. \qquad (7.15)$$

$t = \theta$일 때

$$P_r(0) = \frac{R^2 - r^2}{(R-r)^2} = \frac{R+r}{R-r}$$

따라서 $\lim_{r\to R} P_r(0) = \infty$이고 $t \neq \theta$일 때 $\lim_{r\to R} P_r(\theta - t) = 0$ 이다. 식 (7.15) 가 임의로 작게 될 수 있음을 보이기 위하여 두 가지 서로 다른 적분을 살펴 볼 것이다. 하나는 점 $t = \theta$ 에서$F(t)$ 의 연속성을 이용할 것이고 다른 하나는 점 $Re^{i\theta}$의 근방을 제외한 영역에서의 $P_r(\theta - t)$ 의 움직임을 이용할 것이다.

이제 $t = \theta$에서의 $F(t)$의 연속성에 의하여 다음이 성립한다.

$$0 < |t - \theta| < \eta \text{일 때} |F(t) - F(\theta)| < \frac{\varepsilon}{2} \tag{7.16}$$

다음과 같이 놓자.

$$I_1 = \frac{1}{2\pi}\int_{\theta-\eta}^{\theta+\eta} P_r(\theta - t)(F(t) - F(\theta))dt$$

$$I_2 = \frac{1}{2\pi}\int_{\theta+\eta}^{2\pi+\theta-\eta} P_r(\theta - t)(F(t) - F(\theta))dt$$

그러면 식 (7.15)에서의 피적분함수의 주기성과 삼각부등식에 의하여 다음이 성립한다.

$$|u(re^{i\theta}) - F(\theta)| = |I_1 + I_2| \leq |I_1| + |I_2| \tag{7.17}$$

$P_r(\theta - t) > 0$이므로 식 (7.16)과 정리 7.8의 따름정리 7.6을 응용하면 다음을 얻는다.

$$\begin{aligned}|I_1| &= \frac{1}{2\pi}\int_{\theta-\eta}^{\theta+\eta} P_r(\theta - t)|F(t) - F(\theta)|dt \\ &< \frac{\varepsilon}{2}\frac{1}{2\pi}\int_{\theta-\eta}^{\theta+\eta} P_r(\theta - t)\,dt \\ &< \frac{\varepsilon}{2}\end{aligned} \tag{7.18}$$

한편 $\theta + \eta \leq t \leq 2\pi + \theta - \eta$에 대해서

$$P_r(\theta - t) \leq \frac{R^2 - r^2}{R^2 - 2rR\cos\eta + r^2} \equiv P_r(\eta)$$

이 마지막 식의 분모는 r에 관한 함수로써 $r = R\cos\eta$일 때 최소값을 갖는다. 따라서 다음이 성립한다.

$$P_r(\theta - t) \leq \frac{(R+r)(R-r)}{R^2(1-\cos^2\eta)} \leq \frac{2}{R\sin^2\eta}(R - r) = m(R - r)$$

여기서 m은 r과 무관한 양의 상수이다. $F(t)$가 폐구간 $[\theta+\eta, 2\pi+\theta-\eta]$에서 연속이므로 다음을 가정할 수 있다.

$$|F(t)| \leq M$$

따라서

$$|I_2| \leq \frac{1}{2\pi}\int_{\theta+\eta}^{2\pi+\theta-\eta} P_r(\theta-t)|F(t)-F(\theta)|\,dt \leq 2mM(R-r) = K(R-r)$$

여기서 K는 r과 무관한 양의 상수이다. 따라서

$$R-r < \frac{\varepsilon}{2K} = \delta$$

를 만족하는 r에 대해서 다음이 성립한다.

$$|I_2| \leq \frac{\varepsilon}{2} \tag{7.19}$$

식 (7.18)과 (7.19)를 식 (7.17)에 대입하면

$$|u(re^{i\theta}) - F(\theta)| < \varepsilon \qquad (0 < r - R < \delta).$$

■

참고 7.8 위의 증명을 약간 변경하면 정리7.10의 조건을 만족하는 임의의 함수는 닫힌원판 $|z| \leq R$에서 연속임을 알 수 있다. 따름정리 7.4에 의하여 정리 7.8의 함수 $u(z)$는 이 정리의 조건을 만족할 수 있는 유일한 함수이다.

참고 7.9 정리 7.10에서 함수 $F(t)$가 조각적 연속이라고만 가정해도 결론 (i)은 역시 성립하고 (ii)는 F가 연속인 점에서만 $\lim_{r\to R} u(re^{i\theta}) = F(\theta)$라는 제한으로서 성립한다. 이 증명은 같다.

보기 7.2 영역 $|z| < R$에서

$$\lim_{r\to R} u(re^{i\theta}) = \begin{cases} 0, & 0 < \theta < \pi \\ 1, & \pi < \theta < 2\pi. \end{cases}$$

을 만족하는 조화함수 $u(z)$를 구하라:

풀이 $\zeta = \mathrm{Re}^{it}, z = re^{i\theta}$라 놓으면 함수

$$u(z) = \frac{1}{2\pi}\int_{\pi}^{2\pi} P_r(\theta - t)\,dt = \frac{1}{2\pi}\int_{\pi}^{2\pi} \mathrm{Re}\,\frac{\zeta + z}{\zeta - z}\,dt$$

는 $|z| < R$에서 조화함수이다. 이것을 적분하면

$$\begin{aligned} u(z) &= \frac{1}{\pi}\arctan\left(\frac{R+r}{R-r}\tan\frac{t-\theta}{2}\right)\Bigg|_{\pi}^{2\pi} \\ &= \frac{1}{\pi}\left[\arctan\left(\frac{R+r}{R-r}\tan\frac{2\pi-\theta}{2}\right) - \arctan\left(\frac{R+r}{R-r}\tan\frac{\pi-\theta}{2}\right)\right]. \end{aligned}$$

삼각항등식

$$\tan(\alpha-\beta) = \frac{\tan\alpha - \tan\beta}{1+\tan\alpha\tan\beta},$$

$$\tan\left(\frac{\pi-\theta}{2}\right) = \cot\frac{\theta}{2},$$

$$\tan\frac{\theta}{2} + \cot\frac{\theta}{2} = \frac{2}{\sin\theta}$$

에 의하여 다음이 성립한다:

$$\begin{aligned} \tan\pi u(z) &= \frac{\dfrac{R+r}{R-r}\left[\tan\dfrac{2\pi-\theta}{2} - \tan\dfrac{(\pi-\theta)}{2}\right]}{1+\left(\dfrac{R+r}{R-r}\right)^2\tan\dfrac{2\pi-\theta}{2}\tan\dfrac{\pi-\theta}{2}} \\ &= \frac{-\dfrac{R+r}{R-r}\left(\tan\dfrac{\theta}{2} + \cot\dfrac{\theta}{2}\right)}{1-\left(\dfrac{R+r}{R-r}\right)^2} = \frac{R^2-r^2}{2rR\sin\theta}. \end{aligned}$$

역탄젠트함수의 값이 구간 $[\pi, 2\pi]$에 있도록 제한하면 다음을 얻는다.

$$u(re^{i\theta}) = \frac{1}{\pi}\arctan\frac{R^2-r^2}{2rR\sin\theta}$$

이 제한에 의해서

$$\lim_{r\to R} \arctan \frac{R^2-r^2}{2rR\sin\theta} = \begin{cases} 0, & 0<\theta<\pi \\ \pi, & \pi<\theta<2\pi. \end{cases}$$

따라서 다음 경계 조건이 만족된다:

$$\lim_{r\to R} u(re^{i\theta}) = \begin{cases} 0, & 0<\theta<\pi \\ 1, & \pi<\theta<2\pi. \end{cases}$$

■

연습문제 7.2

1. (a) $\zeta = Re^{it}, z = re^{i\theta}$ $(r<R)$에 대해서 다음을 보여라.

$$\frac{\zeta+z}{\zeta-z} = 1+2\sum_{n=1}^{\infty}\left(\frac{r}{R}\right)^n e^{in(\theta-t)}$$

   (b) 다음을 보여라.

$$P_r(\alpha) = 1+2\sum_{n=1}^{\infty}\left(\frac{r}{R}\right)^n \cos n\alpha \quad (\alpha \text{ 는 실수})$$

2. 위의 문제를 이용하여 정리 7.8의 결론을 다른 식으로 표현해보아라.

3. 다음을 증명하여라.

   (a) $P_r(\theta) = \sum_{n=-\infty}^{\infty}\left(\frac{r}{R}\right)^{|n|} e^{in\theta}$

   (b) 모든 $\theta>0$에 대해서 $P_r(\theta)>0, P_r(-\theta)=P_r(\theta)$.

   (c) $P_r(\theta)$는 θ에 관하여 주기 2π를 가지는 주기함수이다.

   (d) 만일 $0<\delta<|\theta|\leq\pi$이면, $P_r(\theta)<P_r(\theta)$ 이다.

   (e) 각 $\delta>0$에 대해서 $\pi\geq|\theta|\geq\delta$에 대해서 θ에 관하여 고르게 $\lim_{r\to 1^-} P_r(\theta)=0$ 이다.

4. 다음을 보여라.

$$\int_0^{2\pi} \frac{\sin(\theta-t)}{R^2-2rR\cos(\theta-t)+r^2}dt = 0$$

5. 만일 $u(z)$가 $|z| > R$에 대해서 조화적이고 $|z| \geq R$에 대해서 연속이면 $\rho = \mathrm{Re}^{it}$, $z = re^{i\theta}$ $(r > R)$에 대해서 다음을 보여라.

$$u(z) = -\frac{1}{2\pi}\int_0^{2\pi} \mathrm{Re}\,\frac{\rho+z}{\rho-z}u(\mathrm{Re}^{it})dt$$

6. 원판 $|z| < R$에서

$$\lim_{r\to R} u(re^{i\theta}) = \begin{cases} 1 & 0<\theta<\pi \\ 0 & \pi<\theta<2\pi \end{cases}$$

을 만족하는 조화함수 $u(z)$를 구하라.

7. 함수

$$u(re^{i\theta}) = \frac{2}{\pi}\arctan\frac{2r\sin\theta}{1-r^2} \quad (r<1)$$

가 $|z| < 1$에 대해서 조화적이고, 경계 조건

$$\lim_{r\to 1} u(re^{i\theta}) = \begin{cases} 1 & 0<\theta<\pi \\ -1 & \pi<\theta<2\pi \end{cases}$$

을 만족함을 보여라.

8. $F(\theta) = \dfrac{\theta}{2}$ $(0 \leq \theta \leq \pi)$라 할 때 함수

$$u(re^{i\theta}) = \arctan\frac{r\sin\theta}{1+r\cos\theta}$$

가 $|z| < 1$에 대해서 조화적이고 모든 θ에 대해서 $\lim_{r\to 1} u(re^{i\theta}) = F(\theta)$임을 보여라. 이것을 Poisson적분공식으로부터 유도할 수 있는가? (힌트:다음을 보여라.

$$\arctan\frac{r\sin\theta}{1+r\cos\theta} = \mathrm{Im}\ \log(1+z) \quad (z=re^{i\theta}))$$

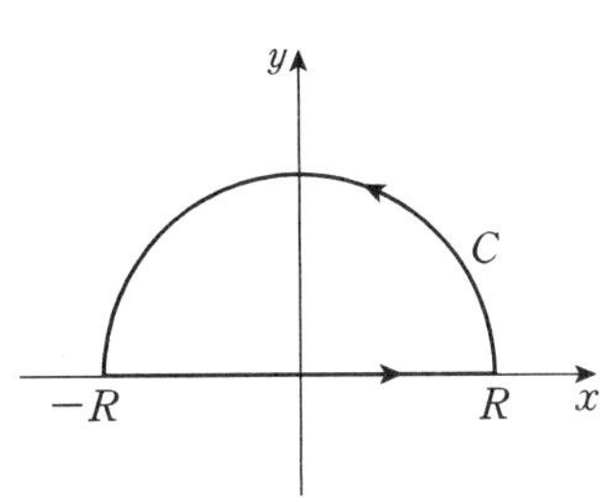

그림 7.1

9. $f = u + iv$가 해석적이고 실선상과 상반평면에서 유계이면 $z = x + iy \quad (y > 0)$에 대해서 다음이 성립함을 보여라.

$$u(z) = \frac{1}{\pi}\int_{-\infty}^{\infty} \frac{yu(t,0)}{(t-x)^2+y^2}\,dt$$
$$v(z) = \frac{1}{\pi}\int_{-\infty}^{\infty} \frac{yv(t,0)}{(t-x)^2+y^2}\,dt$$

(힌트: 다음과 같이 쓰라:

$$f(z) = \frac{1}{2\pi i}\int_{c} f(\zeta)\left(\frac{1}{\zeta - z} - \frac{1}{\zeta - \bar{z}}\right) d\zeta.$$

여기서 C는 그림 7.1의 등심선이다.)

10. 위의 문제를 이용하여 반평면에 대한 Dirichlet 문제를 공식화하고 풀어라.

11. $f : \{z|\text{Re}z = 0\} \to \mathbb{R}$이 유계인 연속함수라고 하고 $u : \{z|\text{Re}z > 0\} \to \mathbb{R}$ 을

$$u(x+iy) = \frac{1}{\pi}\int_{-\infty}^{\infty} \frac{xf(it)}{x^2+(y-t)^2}\,dt$$

를 정의하자. u가 오른쪽반평면에서 유계인 조화함수이고 $c \in \mathbb{R}$에 대해서 $f(ic) = \lim\limits_{z \in ic} u(z)$ 임을 증명하여라.

7.3 양의 조화함수

먼저 Poisson 적분공식의 응용으로 Harnack의 부등식을 소개한다.

정리 7.11 (Harnack 부등식) *열린원판 $|z-z_0|<R$ 에서 $u(z)$는 조화함수이고 $u(z)\geq 0$이라 하자. $z-z_0=re^{i\theta}$ 라 놓으면 다음 부등식을 얻는다:*

$$u(z_0)\frac{R-r}{R+r}\leq u(re^{i\theta})\leq u(z_0)\frac{R+r}{R-r}\quad (r<R).$$

증명 위 부등식의 증명은 충분히 작은 원판

$$|z-z_0|\leq R'<R$$

에서 충분하고 $R'\to R$이면 된다. 왜냐하면 $u(z)$가 닫힌원판 $|z-z_0|\leq R$에서 조화함수라고 가정해도 되기 때문이다. 그러면 정리 7.9에 의해서

$$u(re^{i\theta})=\frac{1}{2\pi}\int_0^{2\pi}\frac{R^2-r^2}{R^2-2rRcos(\theta-t)+r^2}u(\mathrm{Re}^{\,it})dt. \tag{7.20}$$

$u(z)\geq 0$과 부등식

$$\frac{R-r}{R+r}\leq\frac{R^2-r^2}{R^2-2rRcos(\theta-t)+r^2}\leq\frac{R+r}{R-r}$$

을 이용하면 식 (7.20)으로부터

$$\frac{R-r}{R+r}\frac{1}{2\pi}\int_0^{2\pi}u(\mathrm{Re}^{\,it})\,dt\leq u(re^{i\theta})\leq\frac{R+r}{R-r}\frac{1}{2\pi}\int_0^{2\pi}u(\mathrm{Re}^{\,it})dt.$$

평균값성질

$$\frac{1}{2\pi}\int_0^{2\pi}u(\mathrm{Re}^{\,it})\,dt=u(z_0)$$

로부터 이 정리의 부등식을 얻는다. ▒

정리 7.3에서 모든 조화함수는 평균값성질을 만족함을 보였다. 다음 정리에서는 연속함수에 대하여서는 그 역이 성립함을 보이고 있다.

정리 7.12 *실수값함수 $u(z)$가 연속이고 임의의 $z_0\in D$에 대하여 원판 $|z-$*

$z_0| \le r$이 D에 포함되면 평균값성질

$$u(z_0) = \frac{1}{2\pi}\int_0^{2\pi} u(z_0 + re^{i\theta})d\theta$$

을 만족한다고 가정하자. 그러면 $u(z)$는 영역 D에서 조화함수이다.

증명 한 점 $z_0 \in D$를 선택하고 영역 $|z-z_0| \le r$이 D에 포함되도록 $r >$ 0을 선택하자. 정리 7.10 의 결과로부터 열린원판 $|z-z_0| < r$에서 조화함수이고, 닫힌 원판 $|z-z_0| \le r$에서 연속이고, 원 $|z-z_0| = r$에서 $u_1(z) = u(z)$인 $u_1(z)$가 존재한다. 함수 $u_1(z) - u(z)$ 는 연속함수이고 평균값성질을 만족하므로 정리 7.4에 의해서 $u_1(z) - u(z)$ 은 극대값과 극소값을 영역의 경계에서 갖게 된다. 경계 $|z-z_0| = r$ 위에서

$$u_1(z) - u(z) \equiv 0$$

이므로 원판 $|z-z_0| < r$에서 $u_1(z) \equiv u(z)$ 이다. 따라서 $u(z)$ 는 z_0 의 근방에서 조화함수이다. z_0 가 임의로 선택되었으므로 $u(z)$는 영역 D에서 조화함수이다. ▒

연속함수 $u(z)$ 가 한 영역 D 에서 조화함수일 필요충분조건은 $u(z)$ 가 그 영역에서 평균값성질을 만족하는 것이다. 응용으로서 정리 5.11과 유사한 다음의 정리를 증명한다.

정리 7.13 *조화함수열 $\{u_n(z)\}$가 영역 D 의 임의의 컴팩트인 부분집합위에서 함수 $u(z)$로 고르게 수렴한다고 가정하자. 그러면 $u(z)$는 영역 D에서 조화함수이다.*

증명 각 n에 대하여 $u_n(z)$가 연속이므로 정리 5.8에 의해 $u(z)$는 연속이다. 한 점 $z_0 \in D$ 를 뽑고 원판 $|z-z_0| \le r$이 영역 D에 포함되면 각 n에 대하여

$$u_n(z_0) = \frac{1}{2\pi}\int_0^{2\pi} u(z_0 + re^{i\theta})d\theta.$$

정리 5.9에 의해서

$$\begin{aligned} u(z_0) &= \lim_{n\to\infty} u_n(z_0) = \lim_{n\to\infty} \frac{1}{2\pi}\int_0^{2\pi} u_n(z_0+re^{i\theta})\,d\theta \\ &= \frac{1}{2\pi}\int_0^{2\pi} u(z_0+re^{i\theta})d\theta. \end{aligned}$$

정리 7.12에 의하여 정리는 성립한다. ▒

Harnack 부등식에 의하여 조화함수열에 관한 다음 정리를 얻는다.

정리 7.14 (Harnak의 원리) *$\{u_n(z)\}$가 영역 D에서 정의된 조화함수열이고 임의의 $z \in D$와 각 n에 대하여 $u_{n+1}(z) \geq u_n(z)$가 성립한다고 가정하자. 만일 $\{u_n(z)\}$가 D의 적어도 한 점에서 수렴하면, 이 수열은 영역 D 의 모든 점에서 수렴한다. 더욱이 이 수열이 D 의 임의의 컴팩트부분집합에서 고르게 수렴하고, 그 극한함수는 D 전체에서 조화함수이다.*

증명 $u_n(z) \geq 0$이라고 가정해도 된다. 왜냐하면 그렇지 않을 경우 이 정리를 음이 아닌 수열 $\{u_n(z)-u_1(z)\}$에 대하여 증명해도 되기때문이다. 단조성 성질에 의하여 임의의 $z \in D$에 대하여 $\{u_n(z)\}$가 수렴하거나 $u_n(z) \to \infty$이다. 집합 A, B를 다음과 같이 놓자.

$$\begin{aligned} A &= \{z \in D \quad u_n(z) \to \infty\}, \\ B &= \{z \in D \quad u_n(z)\text{이 수렴.}\} \end{aligned}$$

$z_0 \in D$가 주어졌을 때 원판 $|z-z_0| \leq R$이 D에 포함되도록 하자. 그러면 모든 $|z-z_0| \leq \dfrac{R}{2}$에 대하여 Harnack의 부등식에 의하여 다음을 얻는다.

$$\frac{1}{3}u_n(z_0) = \frac{R-\frac{R}{2}}{R+\frac{R}{2}}u_n(z_0) \leq u_n(z) \leq \frac{R+\frac{R}{2}}{R-\frac{R}{2}}u_n(z_0) = 3u_n(z_0) \tag{7.21}$$

만일 $u_n(z_0) \to \infty$이면 식 (7.21)의 왼쪽 부등식은 원판 $|z-z_0| \leq \dfrac{R}{2}$에서 $u_n(z) \to \infty$ 임을 보인다. 만일 $\{u_n(z_0)\}$가 수렴하면 오른쪽 부등식은 원판 $|z-z_0| \leq \dfrac{R}{2}$ 에서 $\{u_n(z)\}$ 가 수렴함을 보인다. 따라서 A와 B는 모두 열린 집합이고 $A \cup B = D$이다. 영역 D가 연결되었으므로 $A = \emptyset$이거나 $B = \emptyset$ 이

다. 가정에 의해서 B가 적어도 하나의 점을 포함하고 있으므로 $B = D$이다. 따라서 $\{u_n(z)\}$는 D 의 모든 점에서 수렴한다.

다음에 $\{u_n(z)\}$가 D의 임의의 컴팩트부분집합에서 고르게 수렴함을 보이자. Harnack의 부등식을 $u_{n+p}(z) - u_n(z)$ 에 응용하면 $|z - z_0| \leq \frac{R}{2}$와 $p = 1, 2, \ldots$에 대하여

$$u_{n+p}(z) - u_n(z) \leq 3[u_{n+p}(z_0) - u_n(z_0)]. \tag{7.22}$$

코시판정법에 의하여

$$u_{n+p}(z_0) - u_n(z_0) < \varepsilon \quad (n > N(\varepsilon)).$$

식 (7.22)로부터 $\{u_n(z)\}$가 z_0의 어떤 근방에서 고르게 수렴함을 알수 있다. 임의로 z_0를 선택했으므로 D 의 임의의 점에 대하여 $\{u_n(z)\}$가 고르게 수렴하는 근방이 존재함을 알 수 있다. K를 D의 컴팩트인 부분집합이라고 하자. K의 각 점에 대하여 $\{u_n(z)\}$가 고르게 수렴하는 근방을 만들자. 그러면 Heine-Borel 정리에 의하여 K를 덮는 유한개의 근방이 존재한다. 유한개의 다른 집합에서 고르게 수렴하는 수열은 이들 모두의 합집합에서 고르게 수렴한다. 그러므로 $\{u_n(z)\}$는 K위에서 고르게 수렴한다.

마지막으로 정리 7.13에 의하여 그 극한이 D 에서 조화함수임을 얻는다. ∎

참고 7.10 정리 7.14의 대우는 수열 $\{u_n(z)\}$가 D의 한점에서 ∞로 발산하면 $\{u_n(z)\}$ 는 D 의 모든 점에서 발산함을 말한다. 조화함수열 $u_n(z) = x + n$은 이 정리를 만족하고 D의 모든 점에서 ∞ 로 발산함을 주목하자.

이제 원판 $|z| < 1$에서 양의 실수부를 갖는 해석함수모임에 관심을 갖고 조화함수의 지식을 응용해 보자. Harnack의 부등식을 활용해서 $u(z)$가 원판 $|z| < 1$에서 조화함수이고, 양수이고, $u_0 = 1$이면 다음을 얻는다.

$$u(z) \leq \frac{1 + |z|}{1 - |z|} \quad (|z| < 1).$$

다음은 해석함수에 대한 일반화이다.

정리 7.15 *함수 $f(z)$가 원판 $|z|<1$에서 해석적이고 $f(0)=1$이라고 가정하자. 만일 $|z|<1$에서 $\mathrm{Re}\, f(z)>0$ 이면*

$$f(z) \le \frac{1+|z|}{1-|z|} \quad (|z|<1).$$

증명 $u(z)=\mathrm{Re}\, f(z)$라 놓자. 식 (7.13)에 의하여 $f(z)$를 다음과 같이 쓸 수 있다:

$$f(z)=\frac{1}{2\pi}\int_0^{2\pi}\frac{\mathrm{Re}^{\,it}+z}{\mathrm{Re}^{\,it}-z}u(\mathrm{Re}^{\,it})\,dt \quad (|z|<R<1).$$

그러므로

$$f(z)\le\frac{R+|z|}{R-|z|}\frac{1}{2\pi}\int_0^{2\pi}u(\mathrm{Re}^{\,it})\,dt=\frac{R+|z|}{R-|z|}u(0)=\frac{R+|z|}{R-|z|}.$$

$R\to 1^-$로 보내면 정리의 부등식이 얻어진다. ∎

참고 7.11 $\mathrm{Re}\, f(z)\le|f(z)|$이 성립하므로 위 정리는 Harnack부등식의 일반화이다.

참고 7.12 가정 $f(0)=1$이 부등식의 일반화를 제한하지 않는다. 왜냐하면 만일 $\mathrm{Re}\, f(z)>0$이면 위 정리가 다음 함수에 응용되어질 수 있다.

$$h(z)=\frac{f(z)-i\mathrm{Im}\, f(0)}{\mathrm{Re}\, f(0)}$$

이때 $h(z)$는 조건 $\mathrm{Re}\, h(z)>0, h(0)=1$을 만족한다.

참고 7.13 단지 "$|z|<1$에서 $\mathrm{Re}\, f(z)\ge 0$"만을 가정하면 우리는 열린집합 사상정리(open mapping thiorem)으로부터 "$|z|<1$에서 $\mathrm{Re}\, f(z)>0$"로 변형될 수 있다.

다음 정리는 조화함수나 Schwarz 보조정리에 의한 방법으로 증명될 수 있다.

정리 7.16 *원판 $|z|<1$에서 $f(z)=1+\sum_{n=1}^{\infty}a_nz^n$이 해석적이라고 가정하자. 만일 $|z|<1$ 에서 $\mathrm{Re}\, f(z)>0$이면 모든 n에 대하여 $a_n\le 2$이다.*

증명 $f(z) = u(re^{i\theta}) + iv(re^{i\theta})$ $|a_n| = \alpha_n + i\beta_n$이라 놓자. 그러면

$$u(re^{i\theta}) = 1 + \mathrm{Re}\sum_{m=1}^{\infty} a_m z^m = 1 + \sum_{m=1}^{\infty}(\alpha_m \cos m\theta - \beta_m \sin m\theta)r^m$$

이다. 이 급수는 원판 $|z| = r < 1$에서 고르게 수렴한다. 위 식의 각 변에 $\cos n\theta$나 $\sin n\theta$를 곱하고 각 항별로 적분을 하자. $n \neq m$에 대하여

$$\int_0^{2\pi} \cos n\theta \cos m\theta \, d\theta = \int_0^{2\pi} \sin n\theta \sin m\theta \, d\theta = 0$$

이고 모든 n, m에 대하여

$$\int_0^{2\pi} \cos n\theta \sin m\theta \, d\theta = 0$$

이므로 다음을 얻는다.

$$\frac{1}{\pi}\int_0^{2\pi} u(re^{i\theta}) \cos n\theta \, d\theta = \frac{1}{\pi}\int_0^{2\pi} \alpha_n r^n \cos^2 n\theta \, d\theta = \alpha_n r^n \tag{7.23}$$

$$\frac{1}{\pi}\int_0^{2\pi} u(re^{i\theta}) \sin n\theta \, d\theta = \frac{1}{\pi}\int_0^{2\pi} -\beta_n r^n \sin^2 n\theta d\theta = -\beta_n r^n \tag{7.24}$$

식 (7.24)에 $-i$를 곱하고 식 (7.23)를 더하면

$$a_n r^n = (\alpha_n + i\beta_n) r^n = \frac{1}{\pi}\int_0^{2\pi} u(re^{i\theta}) e^{-in\theta}.$$

따라서

$$|a_n| r^n \le \frac{1}{\pi}\int_0^{2\pi} u(re^{i\theta}) |e^{-in\theta}| \, d\theta = \frac{1}{\pi}\int_0^{2\pi} u(re^{i\theta}) d\theta$$

평균값성질에 의하여

$$\frac{1}{\pi}\int_0^{2\pi} u(re^{i\theta}) \, d\theta = 2$$

따라서 $|a_n| r^n \le 2$ $r \to 1^-$하면 정리의 결과가 얻어진다. ▒

함수 $f(z) = \dfrac{1+z}{1-z}$는 원판 $|z| = 1$을 허수축으로 사상시키고 원판 $|z| < 1$을 오른쪽 반평면으로 사상시킨다. 이 함수는 앞의 두 정리에서 등식이 성립될 수 있음을 보여주고 있다. 다시 말해서 z가 양수일 때 $\mathrm{Re}\, f(z) =$

$\dfrac{1+|z|}{1-|z|}$이고

$$f(z) = \frac{1+z}{1-z} = (1+z)\sum_{n=0}^{\infty} z^n = 1 + 2\sum_{n=1}^{\infty} z^n$$

이다.

연습문제 7.3

1. 수열 $\{u_n(z)\}$는 영역 D에서 조화함수이고 임의의 $z \in D$와 모든 n에 대해서 $u_{n+1}(z) \geq u_n(z)$이다. 어떤 점 $z_0 \in D$에 대해서 $u_n(z_0) \to \infty$일 때 컴팩트 부분집합에서 $u_n(z)$가 ∞로 고르게 수렴함을 보여라. 이때 컴팩트 부분집합 C에서 $n > N$과 모든 $z \in C$에 대하여 실수 M이 존재하여 $u_n(z) \geq M$임을 보여라.

2. K는 영역 D의 컴팩트부분집합이다. $z_0 \in D$에 대하여

$$A \cdot u(z_0) \leq u(z) \leq B \cdot u(z_0)$$

를 만족하는 실수인 상수 A와 B가 존재함을 보여라.(A와 B는 z_0, K, D위에 정의되어 있다.)

3. 연속인 실수값 함수 $u(z)$가 영역 D에서 아래조화함수(subharmonic)함수라는 것은 D에 포함되는 임의의 원판 $|z - z_0| \leq r$ 에서 다음 부등식을 만족함을 말한다.

$$u(z_0) \leq \frac{1}{2\pi}\int_0^{2\pi} u(z_0 + re^{i\theta})\,d\theta$$

상수가 아닌 아래조화함수는 영역 D에서 최대값을 갖지 않음을 보여라. 또 최소값을 갖는가를 조사하여라.

4. $f(z)$는 영역 $|z| < 1$에서 해석적이고 $\mathrm{Re}\,f(z) > 0$이라고 가정하자. 만일 $f(0) = 1$이면 정리 7.15 을 $\dfrac{1}{f(z)}$에 적용하여 다음을 보여라.

$$|f(z)| \geq \frac{1-|z|}{1+|z|}$$

위식은 Harnack의 부등식으로부터 유도될 수 있는가?

5. 원판 $|z| < 1$에서 함수 $g(z)$는 해석적이고 $g(0) = 1$이다. $\mathrm{Re}\,g(z) > \alpha$일 때

$$|g(z)| \leq \frac{1+(1-2\alpha)|z|}{1-|z|} \quad (|z| < 1)$$

임을 보여라. (힌트: $g(z) = (1-\alpha)f(z) + \alpha$로 놓자. 여기서 $\mathrm{Re}\, f(z) > 0$이다. 그리고 정리 7.15를 적용하여라. 왜 α는 1 보다 클수 없는가?)

6. 문제 5 의 가정하에

$$|g(z)| \geq \frac{1-(1-2\alpha)|z|}{1+|z|} \quad (|z|<1)$$

임을 보여라.

7. 영역 $|z|<1$에서 $g(z) = 1 + \sum_{n=1}^{\infty} a_n z^n$ 는 해석적이고 $\mathrm{Re}\, f(z) > \alpha$ 라고 가정하자. 모든 n에 대하여 $|a_n| \leq 2(1-2\alpha)$임을 보여라. (힌트:$f(z) = \dfrac{g(z)-\alpha}{1-\alpha}$로 놓고 정리 7.15를 적용하여라.)

8. 정리 7.15와 정리 7.16에서 등식이 성립할 필요충분조건은 $f(z)$가 다음 형태로 표현될 때이다.

$$f(z) = \frac{1+e^{i\theta_0}z}{1-e^{i\theta_0}z} \quad (\theta_0 : 실수).$$

8 한꼴사상과 리만사상정리

먼저 도함수가 두 곡선사이의 각과 이들 상들의 사이의 각을 관계시킨 것을 보게 될 것이다. 더욱이 도함수가 상곡선의 "뒤틀림"을 특정한다는 것을 알게 될 것이다. 원판과 반평면을 원판과 반평면으로 원판을 타원의 내부로 사상하는 핵석함수들을 앞에서 살펴본 바가 있다. Riemann사상정리로 알려진 이 장의 주 결과는 한 단일연결영역에서 또다른 단일연결영역으로 사상하는 해석함수가 거의 항상 존재함을 말해준다. 이의 증명 방법은 함수모임에서 극한 함수를 추출할 수 있는 개념인 정규모임에 의존하고 있다.

8.1 선형분수변환

실변수함수 $f : \mathbb{R} \to \mathbb{R}$의 그래프를 그리기 위해서 정의역을 x축으로 하고 공변역을 y축으로 하는 2차원 평면위에 표현할 수 있다. 그러나, 일반적으로 복소함수 $w = f(z)$의 그래프를 그리기 위해서는 정의역과 공변역을 각각 2 차원씩 모두 4 차원이 필요하게 되어 그릴 수 없다. 따라서 이를 해결하기 위해서는 정의역을 나타내는 z평면과 공변역을 나타내는 w평면을 따로 두고, 정의역의 특정한 직선이나 원과 같은 곡선이 복소함수에 의해 그려지는 상을 추적하여 대략적으로 상상할 수 밖에 없다.

이 절에서는 특별한 형태의 복소함수

$$w = f(z) = \frac{az+b}{cz+d} \tag{8.1}$$

에 대한 그래프와 그 성질에 대해서 살펴보기로 한다. 식 (8.1)과 같은 복소함수 $f(z)$를 **선형분수변환**(linear fractional transformation)이라고 한다.

선형분수변환 (8.1)은 계수 a, b, c, d에 따라 다양한 형태의 함수로 변환될 수 있는데, 몇 가지 특별한 경우를 살펴보기로 하자.

(I) $c=0$ 일 때: $f(z)=\alpha z+\beta$ 인 형태가 된다.

(II) $a=d=0$ 이고 $b=c$ 일 때: $f(z)=\dfrac{1}{z}$, **반전함수**(또는 **뒤집기함수**)(inversion)이라 부른다.

(III) $ad=bc$ 일 때: $f(z)=\dfrac{a}{c}$, 상수함수가 된다.

(IV) $ad\neq bc$ 일 때: $f(z)$는 복소확장평면에서 복소확장평면위로의 전단사함수가 된다. 이 경우 역변환은

$$f^{-1}(z)=\frac{dz-b}{-cz+a}$$

이다.

식 (8.1)의 양변에 $ca+d$를 곱하여 정리하면

$$\alpha zw+\beta z+\gamma w+\delta=0 \tag{8.2}$$

과 같은 형태로 변환되고 이 식은 z와 w에 관하여 선형이다. 따라서 이러한 이유로 선형분수변환을 **쌍선형변환**(bilinear transformation)이라고 부른다.

선형분수변환 (8.1)을 몫과 나머지의 형태로 나누어 쓰면

$$w=f(z)=\frac{a}{c}+\frac{b-\dfrac{ad}{c}}{cz+d},\qquad c\neq 0 \tag{8.3}$$

이 된다. 이 변환은

$$f_1(z)=cz+d,\quad f_2(z)=\frac{1}{z},\quad f_3(z)=\frac{a}{c}+\left(b-\frac{ad}{c}\right)z \tag{8.4}$$

들의 합성으로 표현될 수 있다. 즉

$$f(z)=(f_3\circ f_2\circ f_1)(z).$$

따라서 우리는 선형분수변환을 이해하기 위해서는 f_3은 f_1과 동일한 선형변환이므로 (8.4)의 변환 f_1과 f_2만 이해하면 충분하다.

먼저 $f_1(z) = cz + d,\ c \neq 0$ 인 선형함수를 살펴보자. 먼저 허수축과 나란한 직선 $z = x_0 + iy,\ -\infty < y < \infty$, 이 f_1에 의해 어디로 사상되는지를 살펴보면 $f_1(x_0 + iy) = c(x_0 + iy) + d$ 이므로, 직선으로 사상됨을 알 수 있다. 이것을 보다 정확하게 살펴보려면 $c = c_1 + ic_2,\ d = d_1 + id_2$ 라 두자. 여기서 c_1, c_2, d_1, d_2는 모두 실수이다. 그러면

$$f_1(x_0 + iy) = (-c_2 y + c_1 x_0 + d_1) + i(c_1 y + c_2 x_0 + d_2) = u + iv$$

이므로 관계식

$$u = -c_2 y + c_1 x_0 + d_1,$$
$$v = c_1 y + c_2 x_0 + d_2$$

으로부터 y를 소거하면

$$v = -\frac{c_1}{c_2} u + \frac{c_1}{c_2}(c_1 x_0 + d_1) + c_2 x_0 + d_2, \quad c_2 \neq 0$$

인 w평면에서의 직선의 방정식을 얻는다. $c_2 = 0$ 인 경우에도 마찬가지로 직선임을 알 수 있다.

비슷하게 실수축과 나란한 직선 $z = x + iy_0$ $(-\infty < x < \infty)$도 함수 f_1에 의해 직선으로 사상됨을 알 수 있다.

다시 z평면위의 원이 선형변환 f_1에 의해 어떤 도형으로 사상되는지를 살펴보자. 먼저 단위원 $|z| = 1$을 생각하자. 관계식 $w = f_1(z) = cz + d$ 에서 z에 관하여 풀면

$$|c| = |cz| = |w - d|$$

이므로 w는 중심이 d이고 반지름이 $|c|$인 원으로 사상됨을 알 수 있다. 나머지의 경우의 원의 경우에도 f_1에 의하여 원으로 사상됨을 알 수 있다. 이것을 정리하면

명제 8.1 *선형변환 $f_1(z) = cz + d,\ c \neq 0$, 은 직선을 직선으로, 원을 원으로 각각 사상하는 변환이다. 더욱이 $f(\infty) = \infty$ 이다.*

두번째 $f_2(z) = \dfrac{1}{z}$ 인 반전함수를 살펴보자. 먼저 $z = x,\ x \neq 0$, 를 생각하

자. 그러면

$$f_2(z) = \frac{1}{z} = \frac{1}{x}, \qquad x \neq 0$$

이다. 여기서 $|x| \geq 1$이면 $|f_2(x)| \leq 1$ 이 되고, $0 < |x| < 1$ 이면 $|f(x)| > 1$ 이 되어 f_2는 실수축의 실수를 $x = 1$ 을 중심으로 $0 < |x| < 1$인 모든 실수는 $|u| \geq 1$ 인 실수 u로 사상하고, $|x| \geq 1$인 모든 실수는 $|u| < 1$인 실수 u로 사상하는 함수임을 알 수 있다. 이것을 발전시키면 $|z| \leq 1$인 모든 복소수 z는 $w = f_2(z) = \dfrac{1}{z}$ 에 의하여

$$|w| = \frac{1}{|z|} \geq 1 \tag{8.5}$$

인 w로 사상되고 $|z| \geq 1$인 모든 복소수 z는 $|w| \leq 1$로 사상됨을 알 수 있다. 또한 $|z| = r$ 인 원은 f_2에 의하여 $|w| = \dfrac{1}{r}$ 인 원으로 사영됨을 알 수 있다. 비슷하게 f_2는 직선을 직선 또는 원으로 사영함을 보일 수 있다. 또한 f_2는 원을 직선 또는 원으로 사영함을 알 수 있다(아래 보기 8.1 참조). 이것을 정리하면

명제 8.2 *반전변환 $f_2(z) = \dfrac{1}{z}$ 은 직선과 원을 직선과 원으로 사영한다. 더욱이 f_2는 단위원내의 모든 점들을 단위원 밖의 점으로 사영하고, 단위원 밖의 모든 점들을 단위원 내의 점으로 사영한다. 또한 $f(0) = \infty$ 이고 $f(\infty) = 0$.*

보기 8.1 반전변환 $w = f(z) = \dfrac{1}{z}$ 에 대한 다음 직선의 상을 구하여라.

(i) 수직선 $x = a$

(ii) 수평선 $y = b$

풀이 (i) $z = x + iy$, $w = u + iv$ 라 하자. 무한점 ∞을 점으로 간주하면 직선 $x = 0$의 상은 직선 $u = 0$ 이고, 즉 y 축은 v축으로 사영되고, 비슷하게 x축은 u축으로 사영된다. 다시 반전변환은 $z = \dfrac{1}{w} = \dfrac{u}{u^2+v^2} + i\dfrac{-v}{u^2+v^2}$ 이다. 따라서 만일 $a \neq 0$ 이면 수직선 $x = a$는 $\dfrac{u}{u^2+v^2} = a$을 만족하는 점 (u,v)의 집합으로 사상된다. $(u,v) \neq (0,0)$ 에 대해서, 이것은

$$\left(u - \frac{1}{2a}\right)^2 + v^2 = \left(\frac{1}{2a}\right)^2$$

와 동치이다. 즉 이것은 중심이 $\left(\frac{1}{2a}, 0\right)$이고 반지름이 $\left|\frac{1}{2a}\right|$인 원이다. 무한점 ∞는 $(u,v) = (0,0)$으로 사상된다.

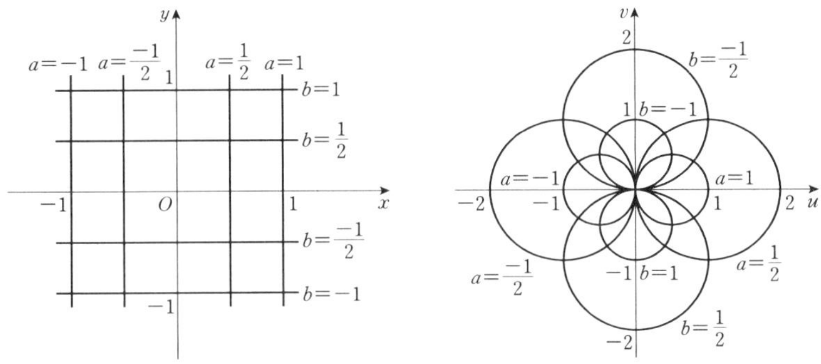

그림 8.1 반전변환 $w = 1/z$의 상

(ii) 비슷하게 수평선 $y = b$는 중심이 $\left(0, -\frac{1}{2b}\right)$이고 반지름이 $\left|\frac{1}{2b}\right|$인 원

$$u^2 + \left(v + \frac{1}{2b}\right)^2 = \left(\frac{1}{2b}\right)^2$$

으로 사영된다. ∎

명제 8.1, 명제 8.2 및 연습문제 2.2.7을 합하면

정리 8.1 *선형분수변환은 직선과 원을 직선과 원으로 사상한다. 더욱이, $c \neq 0$ 이면 $f(\infty) = \frac{a}{c}$ 이고 $f\left(-\frac{d}{c}\right) = \infty$ 이다.*

더욱이 선형분수변환은 서로 다른 세 점에 의해 결정됨을 알 수 있다.

정리 8.2 *z평면의 서로 다른 세 점 z_i와 w평면의 서로 다른 세 점 w_i가 주어졌을 때 $w_i = f(z_i)$, $i = 1,2,3$으로 사상하는 선형분수변환 $f(z)$는 유일하게 존재한다.*

자세한 증명은 [12]을 참고하기 바란다. 이러한 변환은

$$\frac{(w-w_1)(w_2-w_3)}{(w-w_3)(w_2-w_1)} = \frac{(z-z_1)(z_2-z_3)}{(z-z_3)(z_2-z_1)} \tag{8.6}$$

으로 나타낼 수 있다. 식 (8.6)의 두 변들은 교차비율(cross ratio)이고, 자세한 내용은 [4]을 보라.

보기 8.2 세 점 $z_1 = -1, z_2 = 0, z_3 = 1$을 $w_1 = -i, w_2 = 1, w_3 = i$으로 사상하는 선형분수변환을 구하여라.

(풀이) 식 (8.6)을 사용하면

$$\frac{(w+i)(1-i)}{(w-i)(1+i)} = \frac{(z+1)(0-1)}{(z-1)(0+1)}$$

으로 쓸 수 있다. 이 식을 w를 z에 대해서 풀면,

$$w = \frac{i-z}{i+z}$$

를 얻는다. ■

z_i 또는 w_i 중 하나가 ∞ 일 때는 (8.6)은 적당히 수정되어야 한다. $z_1 = \infty$ 일 때 (8.6)의 오른쪽변을 z_1 대신 $1/z_1$으로 교체한 후, $z_1 \to 0$ 일 때의 극한을 구한다. 그러면 (8.6)의 오른쪽변은

$$\lim_{z_1 \to 0} \frac{(z-1/z_1)(z_2-z_3)}{(z-z_3)(z_2-1/z_1)} = \lim_{z_1 \to 0} \frac{(z_1 z-1)(z_2-z_3)}{(z-z_3)(z_1 z_2-1)} = \frac{z_2-z_3}{z-z_3}$$

이 된다. 따라서 (8.6)은

$$\frac{(w-w_1)(w_2-w_3)}{(w-w_3)(w_2-w_1)} = \frac{z_2-z_3}{z-z_3}$$

으로 변형된다. 나머지의 경우도 이와 비슷하게 구할 수 있다.

연습문제 8.1

1. 세 점 z_1, z_2, z_3 를 각각 w_1, w_2, w_3로 사상하는 선형분수변환을 구하여라.

   (a) $z_1 = 2, z_2 = i, z_3 = -2; w_1 = 1, w_2 = i, w_3 = -1$

   (b) $z_1 = -i, z_2 = 0, z_3 = i; w_1 = -1, w_2 = i, w_3 = 1$

   (c) $z_1 = \infty, z_2 = i, z_3 = 0; w_1 = 0, w_2 = i, w_3 = \infty$

   (d) $z_1 = 2, z_2 = \infty, z_3 = i; w_1 = \infty, w_2 = -1, w_3 = 1$

2. 선형분수변환 $w = \dfrac{iz}{z-1}$ 하에서 다음 영역의 상을 구하여라.

(a) 단위원 $|z| \le 1$

(b) 오른쪽 반평면 $\text{Re}\, z \ge 0$

(c) 상반평면 $\text{Im}\, z \ge 0$

(d) 무한띠 $\pi/4 < \text{Arg}\, z < \pi/2$

3. $w = f(z)$는 실직선을 단위원으로 사영하는 선형분수변환이라 하자. 만일 z_1이 w_1으로 사영된다면 $\bar{z}_1$은 $1/\bar{w}_1$으로 사영됨을 보여라.

4. $w = f(z)$는 단위원을 단위원으로 사영하는 선형분수변환이라 하자. 만일 z_1이 w_1으로 사영된다면 $1/\bar{z}_1$ 은 $1/\bar{w}_1$으로 사영됨을 보여라.

5. 점 z가 함수 $w = f(z)$의 **고정점**이란 $z = f(z)$ 을 만족하는 점 z를 말한다. 선형분수변환

$$w = f(z) = \frac{(z_1 + z_2)z - 2z_1 z_2}{2z - (z_1 + z_2)} \qquad (z_1 \ne z_2)$$

이 고정점 z_1과 z_2를 가짐을 증명하여라. 또한 $f(f(z)) = z$ 임을 보여라.

6. 임의의 두 선형분수변환 f_1과 f_2 에 대해서 합성변환 $f_1 \circ f_2$ 도 또한 선형변환임을 보여라.

7. 허수축을 단위원으로 사영하는 모든 선형분수변환을 구하여라.

8. 원판 $|z| \le r_1$ 을 원판 $|w| \le r_2$로 사영하는 선형분수변환은

$$w = \frac{\alpha r_1 r_2 (z - z_0)}{r_1^2 - \bar{z}_0 z}$$

인 형태임을 보여라. 여기서 $|\alpha| = 1$ 이고 $|z_0| < r_1$ 이다.

9. 선형분수변환은 열린집합을 열린집합으로 사영함을 보여라.

8.2 한꼴사상

평면에서 원점을 지나는 임의의 직선은 $\sigma(s) = se^{i\alpha}$에 의하여 매개변수로 표현될 수 있다. 여기서 s는 실수이고 α는 양의 실축과 그 직선사이의 각을 라디안으로 잰 것이다. 일반적으로 점 z_0을 지나고 실수축과 각 α 를 이루는 직선은 $\sigma(s) = z_0 + se^{i\alpha}$로 표현될 수 있다.

이제 함수 f가 매끄러운 곡선 $z(t)$위에서 해석적이라고 가정하자. 그러면 f에 의한 $z(t)$의 상도 매끄러운 곡선이 되는데 그 도함수는 $f'(z(t))z'(t)$로 주어진다. 매끄러운 곡선은 각 점에서 접선을 갖는 것으로 특성화된다. 우리의 목적은 한 점에서 곡선에 대한 접선의 기울기와 그 점의 상(image)에서 상곡선(image curve)에 대한 접선의 기울기를 비교하는 것이다. $z_0 = z(t_0)$를 곡선 $z = z(t)$위의 점이라고 하고, $w = w(t) = f(z(t))$ 와 $w_0 = f(z_0)$라고 하자. 곡선위의 임의의 점 $z(\neq z_0)$에 대해서 다음 항등식이 성립한다:

$$w - w_0 = \frac{f(z) - f(z_0)}{z - z_0}(z - z_0).$$

따라서

$$\arg(w - w_0) = \arg\frac{f(z) - f(z_0)}{z - z_0} + \arg(z - z_0) \qquad (\text{mod } 2\pi) \tag{8.7}$$

여기서 식 (8.7)이 의미를 갖도록 $f(z) \neq f(z_0)$라고 가정하자. $\arg(z - z_0)$은 z평면에서 점 z와 z_0를 지나는 직선과 x축 사이의 각이고 $\arg(w - w_0)$는 w평면에서 점 w와 w_0를 지나는 직선과 u 축 사이의 각임을 주목하라.

따라서 z가 곡선 $z(t)$를 따라서 z_0로 접근할 때 $\arg(z - z_0)$는 값 θ로 접근하는데, 이 θ는 z_0에서의 곡선 $z(t)$에 대한 접선과 x 축이 이루는 각이다. 같은 방법으로 $\arg(w - w_0)$은 값 ϕ로 접근하는데 이 ϕ는 w_0에서의 곡선 $f(z(t))$에 대한 접선과 u축이 이루는 각이다 (그림 8.2 참조).

이제 $\arg f'(z_0)$가 의미를 갖도록 $f'(z_0) \neq 0$이라고 가정한 다음 식 (8.7)에 극한을 취하여 다음을 구한다.

$$\phi = \arg f'(z_0) + \theta \quad (\text{mod } 2\pi) \tag{8.8}$$

즉, 한 점에서 곡선에 대한 접선과 그 점의 상에서 상곡선에 대한 접선사이의 차이는 오직 그 점에서 함수의 도함수에만 의존한다.

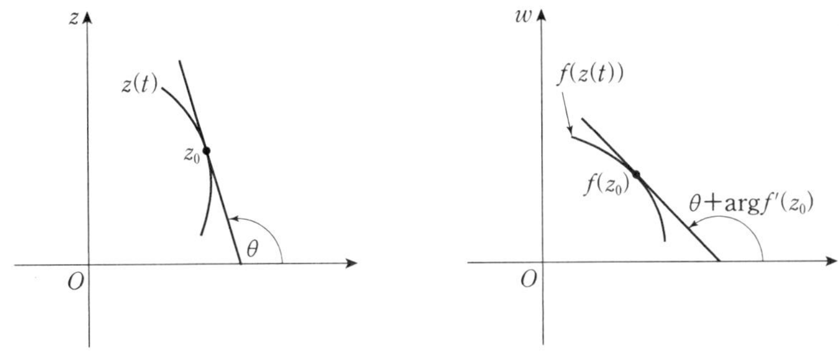

그림 8.2

만일 두 매끄러운 곡선이 한 점에서 만나면 이 두 곡선 사이의 각은 그 점에서의 이들 곡선에 대한 접선 사이의 각으로서 정의된다. 따라서 다음과 같이 서술할 수 있다.

정리 8.3 *$f(z)$가 z_0에서 해석적이고 $f'(z_0) \neq 0$이라고 가정하고 C_1, C_2가 z_0에서 만나는 평면상의 매끄러운 곡선이라 하고 C_1', C_2'를 각각 C_1, C_2의 상이라고 하자. 그러면 C_1에서 C_2로 잰 C_1 과 C_2사이의 각은 C_1' 에서 C_2' 로 잰 C_1'과 C_2'사이의 각과 같다.*

증명 C_1과 C_2에 대한 접선이 각각 x축과 각 θ_1과 θ_2를 이룬다고 하자(그림 8.3 참조). 따라서 C_1과 C_2사이의 각은 $\theta_2 - \theta_1$ 이다. 식 (8.8)에 의하여 C_1'과 C_2'사이의 각은

$$\theta_2 + \arg f'(z_0) - (\theta_1 + \arg f'(z_0)) = \theta_2 - \theta_1.$$

■

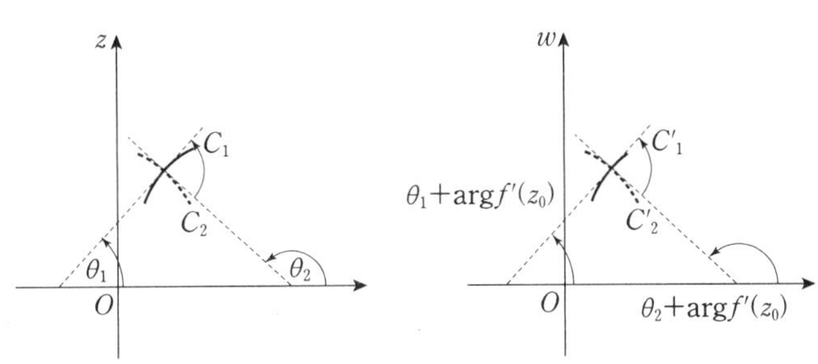

그림 8.3

각의 크기와 방향을 모두 보존하는 함수를 **한꼴사상**(또는 공형사상, conformal mapping)[1]이라고 한다. 정리 8.3 은 해석함수는 그의 도함수가 0 가 아닌 모든 점에서 등각적임을 말해준다. 각의 크기는 보존하지만 방향은 보존하지 않는 함수을 **등각사상**(isogonal mapping)이라고 한다.

보기 8.3 $f(z) = \bar{z}$는 양의 실수축과 양의 허수축을 각각 양의 실수축과 음의 실수축으로 사상한다. 두 곡선이 각 평면에서 직각으로 만나긴 하지만 "시계반대방향"의 각이 " 시계방향"의 각으로 사상된다. 따라서 함수 f는 한꼴사상은 아니지만 등각사상이다.

$f(z)$가 z_0에서 0이 아닌 도함수를 가지는 해석함수라고 가정하자. z가 z_0에 가까이 있을 때 점 z와 z_0사이의 거리와 이들 상 사이의 거리에 관한 흥미로운 관계가 존재한다.

도함수의 정의와 $|z|$의 연속성으로부터

$$|f'(z_0)| = \lim_{z \to z_0} \frac{|f(z) - f(z_0)|}{|z - z_0|}.$$

그러면 z_0에 가까운 z에 대해서 다음이 성립한다:

$$|f(z) - f(z_0)| \approx |f(z_0)||z - z_0|. \tag{8.9}$$

대략적으로 말하면, z가 z_0에 가까이 있을 때 $f(z)$는 일차함수 $f(z_0) + f'(z_0)(z - z_0)$에 의하여 근사될 수 있다. 이는 $(z - z_0)$의 고차멱을 무시할 수 있으므로 그 의미가 있다. 식 (8.9)에 의하여 z_0의 "작은" 근방은 인자 $|f'(z_0)|$ 에 의하여 확대된 비슷한 형태로 사상된다. 따라서 $f'(z_0)$은 상의 기하학적 특성을 결정하는데 두 가지 역할을 한다. 식 (8.8)에 의하여 $\arg f'(z_0)$는 회전을 측정하고, 식 (8.9)에 의하여 $|f'(z_0)|$는 가까운 점에 대해서 상의 확대나 뒤틀림을 측정한다.

이제 한 가지 흥미로운 비교가 실함수와 복소함수의 도함수 사이에서 이루어질 수 있다. 미분가능한 실함수에 대해서 그의 도함수가 0이 아니면 그 함수는 구간에서 단사임을 보장할 수가 있다. 그러나 어떤 영역상의 복

[1]통상적으로 conformal mapping을 '등각사상'이라고 부르기도 하나, 이어서 나오는 등각사상의 의미인 isogonal mapping의 용어와 구별하기 위해서 한꼴사상으로 부르기로 하였다.

소함수에 대해서는 그렇지 않을 수 있다. 비록 e^z의 도함수가 결코 0이 되지는 않지만 모든 z에 대해서 $e^z = e^{z+2\pi i}$이다. 물론 도함수가 결코 0 이 되지 않으면 적어도 국소적으로 그 함수가 단사가 된다는 것이 기하학적으로 분명하다. 이제 이것을 증명하도록 하자.

정리 8.4 *$f(z)$가 z_0에서 해석적이고 $f'(z_0) \neq 0$이면 $f(z)$는 z_0의 어떤 근방에서 단사이다.*

증명 $f'(z_0) \neq 0$이므로 함수

$$f(z) - f(z_0) = f'(z_0)(z - z_0) + \frac{f''(z_0)}{2!}(z - z_0)^2 + \ldots$$

은 $z = z_0$에서 단일근을 가지며 $f(z) - f(z_0)$가 하나 이상의 값을 취하지 않는 z_0의 근방이 존재한다. 즉 $f(z)$는 $z = z_0$ 의 어떤 근방에서 단사이다. ▩

도함수가 0의 값을 취하더라도 실함수는 단사가 될 수도 있다. 즉, $f(x) = x^3$의 도함수는 원점에서 0이지만 이 함수는 실직선위에서 단사이다. 그러나 복소함수의 경우에는 그런 일이 나타날 수 없음을 다음에 의하여 알 수 있다.

정리 8.5 *$f(z)$가 영역 D에서 해석적이고 단사이면, D에서 $f'(z_0) \neq 0$이다.*

증명 만일 D의 어떤 점 z_0에서 $f'(z_0) = 0$이면

$$f(z) - f(z_0) = \frac{f''(z_0)}{2!}(z - z_0)^2 + \ldots$$

은 z_0에서 $k \geq 2$인 위수 k의 근을 가지며 따름정리 5.6에 의하여 원 $|z - z_0| = r$이 존재하여 빠진원판 $0 < |z - z_0| \leq r$에서 $f(z) - f(z_0)$와 $f'(z)$ 영점을 가지지 않는다.

$$m = \min_{|z-z_0|=r} |f(z) - f(z_0)|,$$

$$g(z) = f(z) - f(z_0) - a(0 < |a| < m)$$

라 두자.

이제 $g(z)$가 $|z - z_0| \leq r$에서 적어도 두 개의 서로 다른 영점을 가짐을 보이자. $g(z_0) = -a \neq 0$이고 $0 < |z - z_0| \leq r$에 대해서 $g'(z) = f'(z) \neq 0$임을 주

목하자. 따라서 $|z-z_0| \le r$에서 $g(z)$의 모든 영점들은 단일이다. $|z-z_0| = r$ 위에서

$$|f(z) - f(z_0)| \ge m > |a|$$

이므로 Rouché 정리에 의해 $g(z)$는 $|z-z_0| \le r$에서 $f(z)-f(z_0)$의 영점의 개수와 동일한 개수의 영점$(k \ge 2)$ 을 갖는다. 그러나 이것은 $f(z) = f(z_0)+a$가 되는 $|z-z_0| \le r$의 k개의 서로 다른 점이 존재함을 뜻하므로 가정에 모순이다. ▨

이제 미분가능한 함수에 관한 결과를 요약해보자. 실변수의 경우에는 구간위에서 도함수가 0이 되지 않음이 함수가 그 구간에서 단사가 되는 충분조건이지만 필요조건은 아니었다. 그러나 복소변수의 경우에는 영역위에서 도함수가 0이 되지 않음이 함수가 그 영역에서 단사가 되는 필요조건이지만 충분조건은 아니다.

해석함수가 단일연결영역에서 단사가 되는 충분조건은 함수가 그 경계위에서 단사가 되는 것이다.

정리 8.6 *단일연결영역 D와 그의 경계인 단순닫힌등심선 C에서 $f(z)$가 해석적이라고 하자. 만일 $f(z)$가 C위에서 단사이면 $f(z)$ 는 D 에서 단사이다.*

증명 C상의 z에 대해서 $w_0 = f(z_0) \ne f(z)$가 되는 D의 점 z_0를 취하자. 편각원리에 의하여 D에서 $f(z)-f(z_0)$의 영점의 개수는 $\dfrac{1}{2\pi}\triangle_c\{f(z) - f(z_0)\}$에 의하여 주어진다. 가정에 의하여 C 의 상은 단순닫힌등심선이고 이를 C'으로 나타내자(그림 8.4 참조). 따라서 $w = f(z)$ 가 등심선 C'을 따라갈 때 $w-w_0 = f(z)-f(z_0)$ 의 편각에 대한 순수한 변화는 등심선이 시계반대방향으로 도느냐, 시계방향으로 도느냐에 따라서 $+2\pi$ 또는 -2π 가 된다. $f(z)$가 D에서 적어도 한번 값 w_0를 취하므로 다음을 얻는다:

$$\frac{1}{2\pi}\triangle_c\{f(z) - f(z_0)\} = \frac{1}{2\pi}\triangle_c\{w - w_0\} = 1.$$

즉 $f(z)$는 D에서 꼭 한 번 값 $f(z_0)$을 취한다.

이것은 z가 C위에 있을 때 $f(z) \ne f(z_0)$인 D의 모든 점 z_0에 대해 정리를 증명한 것이다. 만일 C상의 어떤 점에서 $f(z) = f(z_0)$이면 식 $\triangle_c\{f(z) - f(z_0)\}$는 정의되지 않는다. 이 특수한 경우에 대한 증명은 독자에게 남긴다. ▨

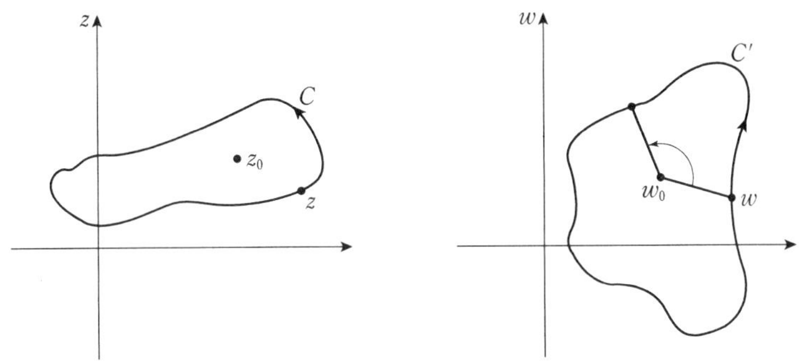

그림 8.4

정리 8.3의 증명에서는 도함수가 0이 아닌 것에 의존하였다. 이제 도함수가 0이 되는 점인 임계점의 근방에서의 해석함수의 움직임을 알아보자. 만일 해석함수 $f(z)$의 도함수가 $z = z_0$ 에서 위수 $k-1$인 영점을 갖는다면 다음과 같이 쓸 수 있다:

$$f(z) = f(z_0) + \frac{f^{(k)}(z_0)}{k!}(z-z_0)^k + \frac{f^{(k+1)}(z_0)}{(k+1)!}(z-z_0)^{k+1} + \cdots .$$

따라서

$$\begin{aligned} \arg[f(z)-f(z_0)] &= k\arg(z-z_0) \\ &\quad + \arg\left[\frac{f^{(k)}(z_0)}{k!} + \frac{f^{(k+1)}(z_0)}{(k+1)!}(z-z_0) + \cdots\right]. \end{aligned} \tag{8.10}$$

θ가 z_0에서의 매끄러운 곡선에 대한 접선과 x축이 이루는 각이고, ϕ가 $f(z_0)$에서의 이 곡선의 상에 대한 접선과 u축이 이루는 각이라고 가정하자. z가 이 곡선을 따라서 z_0로 접근하면 식 (8.10)는 다음과 같이 된다.

$$\phi = k\theta + \arg\frac{f^{(k)}(z_0)}{k!} \tag{8.11}$$

식 (8.11)가 $k=1$인 특수한 경우에 식 (8.8)가 됨을 관찰하라. 일반적으로 상곡선에 대한 접선은 본래의 곡선의 접선에 의존할 뿐만 아니라 문제의 점에서의 처음으로 0이 아닌 도함수의 계수와 편각에도 의존한다. 식 (8.8)가 정리 8.3로 귀착되듯이 식 (8.11)는 다음 정리로 귀착된다.

정리 8.7 *$f(z)$가 z_0에서 해석적이고 $f'(z)$가 z_0에서 위수 $k-1$의 근을 갖는*

다고 가정하자. 만일 매끄러운 두 곡선이 z평면에서 각 θ로 만나면 이들의 상은 w평면에서 각 $k\theta$로 만난다.

증명 두 곡선에 대한 접선이 실수축에 관하여 각 θ_1과 θ_2를 이룬다고 가정하면 $\theta = \theta_2 - \theta_1$은 두 곡선 사이의 각이다. 식 (8.5)에 의하여 이들 상 사이의 각 ϕ는 다음과 같다:

$$\phi = k\theta_2 + \arg\frac{f^{(k)}(z_0)}{k!} - \left(k\theta_1 + \arg\frac{f^{(k)}(z_0)}{k!}\right) = k\theta.$$

∎

정리 8.3과 정리 8.7를 결합하면 **해석함수가 어떤 점에서 한꼴사상이기 위한 필요충분조건은 그 함수가 그 점에서 0이 아닌 도함수를 갖는 것**임을 알 수 있다.

선형분수변환을 한꼴사상의 관점에서 다시 살펴보자. 변환

$$w = f(z) = \frac{az+b}{cz+d} \qquad (ad-bc \neq 0) \tag{8.12}$$

은 확장된 평면에서 그 평면으로의 단사 연속사상을 나타내고 $f\left(-\frac{d}{c}\right) = \infty$, $f(\infty) = \frac{d}{c}$ 임을 상기하라. $f'(z) = \frac{ad-bc}{(cz+d)^2} \neq 0$이므로, 이 사상은 $z \neq -\frac{d}{c}$인 모든 유한인 z 에 대해서 한꼴이다. 이미 아는 것처럼, 원이나 직선위의 점이 ∞에서 점위로 사상되는가에 따라 원이나 직선이 원이나 직선위로 사상된다.

보기 8.4 역변환 $w = \frac{1}{z}$은 원점을 지나지 않는 직선을 원으로 사상한다. 특히 직선 $y = x+1$과 $y = -x+1$은 각각 다음의 원들로 사상된다:

$$\left(u+\frac{1}{2}\right)^2 + \left(v+\frac{1}{2}\right)^2 = \left(\frac{1}{\sqrt{2}}\right)^2,$$
$$\left(u-\frac{1}{2}\right)^2 + \left(v+\frac{1}{2}\right)^2 = \left(\frac{1}{\sqrt{2}}\right)^2.$$

언뜻보면 그림 8.5은 오해를 불러 일으킬 수 있다. 이것은 한 점에서 만나는 한 쌍의 직선이 두 점에서 만나는 한 쌍의 원으로 사상됨을 보여주고 있다.

그러나 이들 직선이 역시 ∞에서 만남을 잊어서는 안된다. 양 직선에 대해서 점 (0,1) 은 점 (0,−1)로 사상되고, 반면에 의 점은 원점으로 사상된다. 두 직선이 (0,1)에서 직각으로 만나듯이 두 원은 (0,−1) 에서 직각으로 만난다. 이것이 정리 8.3의 한 주장이다.

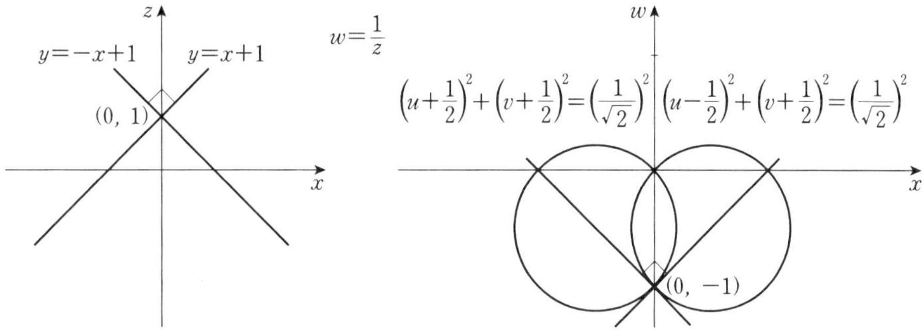

그림 8.5

그러나 두 직선이 ∞에서 어떤 각으로 만나는가? 이에 관해서는 다음 정의가 필요하다. 즉, 확장된 평면상의 두 매끄러운 곡선에 대해서 만일 변환 $w=\frac{1}{z}$에 의한 이들의 상이 원점에서 각 α로 만난다면 이들 곡선이 ∞ 에서 각 α로 만난다고 한다. 그림 8.5의 두 원이 원점에서 직각으로 만나므로 직선 $y=x+1$과 $y=-x+1$ 은 ∞에서 직각으로 만난다.

이 정의에 따라서 우리들은 형식 (8.12)의 모든 변환이 ∞에서 한꼴사상임을 보일 수 있다. 여기서 살펴보아야 할 두 가지 경우가 있다.

경우 1. $c\neq 0$일 때 식 (8.12)에서 $z=\frac{1}{\zeta}$, $f(z)=g\left(\frac{1}{z}\right)$로 놓으면 다음과 같다.

$$g(\zeta)=f\left(\frac{1}{\zeta}\right)=\frac{a/\zeta+b}{c/\zeta+d}=\frac{b\zeta+a}{d\zeta+c}$$

$g'(0)=\frac{bc-ad}{c^2}\neq 0$이므로 $g(\zeta)$는 $\zeta=0$에서 등각적이다. 그러나 이것은 $f(z)$가 $z=\infty$에서 한꼴사상임을 뜻한다.

경우2. $c=0$일 때 이 경우에 식 (8.12)은 일차함수이고 $z=\infty$를 $w=\infty$로 사상한다. 식 (8.12)에서 $z=\frac{1}{\zeta}$, $w=\frac{1}{\omega}$, $h(z)=\frac{1}{f(1/z)}$ 로 놓으면 다음과 같다.

$$\frac{1}{\omega}=\frac{a/\zeta+b}{d}=\frac{b\zeta+a}{d\zeta},\quad \text{즉}\quad \omega=h(\zeta)=\frac{d\zeta}{b\zeta+a}$$

꼴 $h'(0) = \dfrac{d}{a} \neq 0$이므로 $h(\zeta)$는 $\zeta = 0$에서 한끌사상이다. 즉 $f(z)$는 $z = \infty$에서 한끌이다. 따라서 **선형분수 변환은 확장된 평면에서 그 평면 위로의 단사한끌 사상이다.**

연습문제 8.2

1. 주어진 복소수 z_0와 $\varepsilon > 0$에 대해서 z_0에서 해석적이고 $f'(z_0) \neq 0$이고 $|z - z_0| < \varepsilon$ 에 대해서 단사가 아닌 함수 $f(z)$가 존재함을 보여라. 이것이 정리 8.2에 위배되는가?

2. z^2이 영역 D에서 단사이기 위한 필요충분조건은 D가 원점을 지나는 경계를 갖는 반평면에 놓일 때임을 보여라.

3. 두 매끄러운 곡선이 ∞에서 각 α로 만나기 위한 필요충분조선은 입체사영하에서 그들의 상이 북극에서 각 α로 만나는 것임을 보여라.

4. $f(\bar{z})$와 $\overline{f(z)}$는 $f(z)$가 0이 아닌 도함수를 갖는 해석적인 점에서 모두 등각적임을 보여라.

5. 만일 두 직선이 선형분수변환에 의하여 서로 접하는 두 원으로 사상되면 두 직선은 평행함을 보여라. 또 이 역은 참인가?

6. $w = e^z$가 단사가 되는 원점에 중심을 둔 최대원판의 반경을 구하라. 만일 원판이 임의의 점 z_0에 중심을 두었다면 반경은 달라지는가?

7. $f(z) = e^z$에 대해서 $\arg f'(z)$를 구하라. 이것을 이용하여 y축과 x축에 나란한 직선이 각각 원과 반직선으로 사상됨을 보여라.

8. $f(z)$가 z_0에서 해석적이고 $f'(z_0) \neq 0$이라고 가정하자. 그러면 z_0를 포함하고 면적이 A인 "작은" 직사각형의 면적이 근사적으로 $|f'(z_0)|^2 A$인 도형으로 사상됨을 증명하라.

9. 정리 8.6를 이용하여 함수 $w = z^n$이 반직선 $\arg z = \theta \left(0 \leq \theta < \dfrac{2\pi}{n}\right)$ 를 반직선 $\arg z = n\theta$로 사상함을 보여라.

10. 만일 $f(z)$가 영역 D에서 상수가 아니고 해석적이면 D의 가산개의 점에 대해서만 $f'(z) = 0$임을 보여라. 따라서 $f(z)$는 D의 가산개의 점을 제외한 모든 점에서 국소적으로 단사한끌임을 보여라.

11. $f(z) = z + \dfrac{1}{z}$은 $z = \pm 1$을 제외한 모든 곳에서 한끌임을 보여라.

8.3 정규모임

우리는 이미 점별수렴과 고른수렴의 차이뿐만 아니라 점별연속과 고른연속 사이의 중요한 차이를 알아 보았었다. 이제 또 다시 우리는 국소적 성질과 대역적 성질 사이의 한 차이를 만나게 된다. 이제 우리는 함수모임으로 이루어진 집합에서 성립하는 고른성을 요구할 것이다.

정의 8.1 함수모임 $\mathfrak{F}$에 대하여 모든 $f \in \mathfrak{F}$와 모든 $z \in A$에 대해서 $|f(z)| \leq M$이 되는 실수 M이 존재하면 집합 $\mathfrak{F}$는 A 위에서 **고른유계**(uniformly bounded)라라고 한다.

자명하게, 모임의 고른유계성은 모임의 각 원소가 유계임을 뜻한다. 한편, 함수열 $f_n(z) = nz$ 의 각 원소는 원판 $|z| \leq R$ 에서 유계이지만 모임의 모든 원소에 대한 한계는 없다.

정의 8.2 함수모임 $\mathfrak{F}$가 만일 각 $z \in A$에 대해서 고른유계인 근방이 존재하면 $\mathfrak{F}$는 집합 A위에서 **국소적 고른유계**(locally uniformly bounded) 라고 한다.

보기 8.5 수열 $f_n(z) = \dfrac{1}{(1-z^n)}$은 국소적 고른유계이지만 원판 $|z| < 1$ 에서 고른유계는 아니다.

이제 다음 특성화를 살펴보자.

정리 8.8 *함수모임 $\mathfrak{F}$가 영역 D에서 국소적 고른유계이기 위한 필요충분조건은 $\mathfrak{F}$가 D 의 각 컴팩트 부분집합위에서 고른유계인 것이다.*

증명 $\mathfrak{F}$가 국소적 고른유계이고 K가 D의 컴팩트 부분집합이라고 하자. K의 각 점에 대해서 $\mathfrak{F}$ 가 고른유계인 근방을 취하자. 이것이 K에 대한 한 개피복을 준다. 그러면 Heine-Borel정리에 의하여 K의 유한부분피복이 존재한다. 즉 모든 $f \in \mathfrak{F}$와 모든 $z \in N(z_i; \varepsilon_i)$에 대해서 $|f(z)| \leq M_i$ 일 때 $K \subset \cup_{i=1}^{n} N(z_i; \varepsilon_i)$를 만족하는 유한개의 점 $z_i \in K$와 $\varepsilon_i > 0$이 존재한다. 따라서 $\mathfrak{F}$는 K위에서 고른유계이고 그 한계는 $M = \max\{M_1, M_2, ..., M_n\}$ 이다.

역은 점의 근방의 폐포가 컴팩트라는 사실로부터 직접 나온다. ▒

해석함수들의 국소적 고른유계모임으로 제한하면 다음 부가적인 결과를 얻을 수 있다.

정리 8.9 *$\mathfrak{F}$가 영역 D에서 국소적 고른유계인 해석함수모임이라고 가정하자. 그러면 $\mathfrak{F}$ 에 속하는 모든 함수의 n계 도함수로 이루어진 모임 $\mathfrak{F}^{(n)}$도 역시 D에서 국소적 고른유계이다.*

증명 $n = 1$일 때 이를 증명하면 충분하다. 왜냐하면 그 결과가 새로운 각 모임에 계속적으로 적용 될 수 있기 때문이다. D의 어떤 z_0 가 주어질 때 각 $f \in \mathfrak{F}$와 원 $C : |z - z_0| = r$의 내부 또는 그 위의 모든 z에 대해서 $|f(z)| \le M$이라 가정하자. 그러면 더욱 작은 원판 $|z - z_0| \le \dfrac{r}{2}$의 z에 대해서 Cauchy적분공식을 이용하면 다음이 성립한다.

$$|f'(z)| = \left|\frac{1}{2\pi i}\int_c \frac{f(\zeta)}{(\zeta - z)^2}\,d\zeta\right| \le \frac{1}{2\pi(r/2)^2}\int_c |f(\zeta)|\,|d\zeta| \le \frac{4M}{r}$$

이는 모임 $\mathfrak{F}'$이 z_0에서 국소적 고른유계임을 보여준다. z_0가 임의이므로 증명이 완성된다. ▒

다음에 고른연속의 개념을 확장해보자.

정의 8.3 함수모임 $\mathfrak{F}$는 모든 $\varepsilon > 0$에 대해서 모든 $f \in \mathfrak{F}$와 $|z_1 - z_0| < \delta$ 를 만족하는 모든 점 $z_0, z_1 \in R$에 대해 $|f(z_1) - f(z_0)| < \varepsilon$이 되는 $\delta > 0$가 존재하면 영역 R 에서 **동등연속**(equicontinuous)이라고 한다.

참고 8.1 (i) 동등연속모임의 각 원소가 고른연속임을 관찰하라. 즉, 동등연속모임에 대해서, 모임의 모든 함수에 대해서 뿐만 아니라 집합의 모든 점에 대해서 성립하는 $\delta = \delta(\varepsilon)$ 을 구할 수 있다.

(ii) 어떤 모임이 동등연속이 아니면서도 그 모임의 각 원소가 고른연속이 될 수도 있다.

보기 8.6 각 자연수 n에 대해서 $f_n(z) = nz$ 라 하자. 그러면 $|z_1 - z_0| < \dfrac{\varepsilon}{n} = \delta$일 때

$$|f_n(z_1) - f_n(z_0)| = n|z_1 - z_0| < \varepsilon$$

이므로 각 f_n은 $|z| \le R$위에서 고른연속이다. 그러나, δ가 모든 n에 대해서 취해질 수가 없다. 따라서 $\{f_n(z)\}$는 $|z| \le R$에서 동등연속이 아니다.

해석함수들의 국소적 고른유계모임과 동등연속모임 사이에 중요한 관계가 있다.

정리 8.10 *만일 $\mathfrak{F}$가 영역 D에서 해석함수의 국소적 고른유계모임이라고 하면 $\mathfrak{F}$는 D 의 컴팩트 부분집합위에서 동등연속이다.*

증명 K가 D에 포함된 폐원판인 특별한 경우에 이 정리를 증명한다. D의 일반적인 컴팩트 부분집합에 대한 증명은 정리 8.6 의 증명과 비슷하므로 독자에게 남긴다. 정리 8.9에 의하여 $\mathfrak{F}$에 속하는 함수의 도함수로 이루어지는 모임 $\mathfrak{F}'$ 는 역시 국소적 고른유계이다. 그러므로 정리 8.8에 의하여 모든 $f \in \mathfrak{F}$와 모든 $z \in K$ 에 대해서 $|f'(z)| \le M$ 이라고 가정할 수 있다. 그러면 $z_0, z_1 \in K$에 대해서 다음이 성립한다.

$$|f(z_1) - f(z_0)| = \left| \int_{z_0}^{z_1} f'(z)\,dz \right| \le M|z_1 - z_0|$$

여기서 z_0에서 z_1에 이르는 경로는 직선으로 취해졌다. $\delta = \dfrac{\varepsilon}{M}$ (ε은 임의)을 취함으로써 모임 $\mathfrak{F}$는 원판 K위에서 동등연속임을 알 수 있다. ∎

참고 8.2 정리 8.10의 역은 참이 아니다.

보기 8.7 $f_n(z) = z + n$은 평면의 모든 컴팩트 부분집합위에서 동등연속이다. 실제로 각 n에 대해서 $f_n(z_1) - f_n(z_0) = z_1 - z_0$ 이므로 $\delta = \varepsilon$이 취해질 수 있다. 그러나 $\{f_n(z)\}$는 평면의 임의의 근방에서 고른유계가 아니다.

우리는 모든 유계 복소수열은 수렴하는 부분수열을 가짐을 알고있다. 이 절에서 우리들의 목적은 함수열에 대한 이와 유사한 결과를 얻는 것이다. 이 점에서 어떤 형태의 수렴이 가장 타당하고 또 가장 적합한가는 명백하지 않다. 이 상황을 명확히 하기 위해서는 다음의 정의를 필요로 한다.

정의 8.4 함수모임 $\mathfrak{F}$가 영역 D에서의 **정규**(normal)라고 함은 $\mathfrak{F}$의 모든 함수열 $\{f_n\}$ 가 D 의 각 컴팩트 부분집합위에서 고르게 수렴하는 부분열 $\{f_{n_k}\}$를 포함할 때를 말한다.

보기 8.8 수열 $\{z^n\}$으로 이루어진 모임은 영역 $|z| < 1$에서 정규이다. 실제로 수열 그 자체는 $|z| < 1$의 모든 컴팩트 부분집합위에서 0으로 고르게 수렴한다. 그러나 수열이나 임의의 부분수열은 전 영역에서 모두 고르게 수렴하지 않음을 주목하라.

유계수열이 서로 다른 극한으로 수렴하는 서로 다른 부분수열을 포함할 수 있듯이 정규모임도 컴팩트 부분집합위에서 서로 다른 함수로 고르게 수렴하는 서로 다른 부분열을 포함할 수도 있다.

보기 8.9 자연수 n에 대해서

$$f_n(z) = \begin{cases} z^n, & n\text{은 홀수} \\ 1 - z^n, & n\text{은 짝수}. \end{cases}$$

으로 정의된 함수열 $\{f_{2n+1}\}$은 $|z| < 1$인 모든 컴팩트 부분집합위에서 0으로 고르게 수렴하고 $\{f_{2n}\}$은 1로 고르게 수렴한다.

점집합 E는 A의 각 점의 모든 근방이 E의 점을 포함하면 집합 A에 조밀하다고 한다. 평면의 모든 영역은 조밀한 점열을 포함한다. 이 절의 주요 결과를 증명하기 전에 다음이 필요하다.

보조정리 8.1 *$\{f_n(z)\}$가 영역 D에서 국소적 고른유계인 해석함수열이라고 가정하자. 만일 $\{f_n(z)\}$ 가 D의 조밀부분집합의 모든 점에서 수렴하면, 이것은 D의 각 컴팩트 부분집합위에서 고르게 수렴한다.*

증명 D에 포함된 컴팩트집합 K가 주어질 때 수열 $\{f_n(z)\}$가 K위에서 고르게 수렴함을 보이고자 한다. 정리 8.8에 의하여서 $\{f_n(z)\}$는 K위에서 동등연속이다. 따라서 각 $\varepsilon > 0$에 대하여

$$|z - z'| < \delta \text{ 이면 } |f_n(z) - f_n(z')| < \frac{\varepsilon}{3} \tag{8.13}$$

이 되는 $\delta > 0$이 존재한다. 여기서 z, z'은 K의 임의의 점이고 n은 임의의 자연수이다. K가 유계이므로 반경이 $\frac{\delta}{2}$인 유한개, 즉 p개의 근방이 K를 덮는다. 이들 p 개의 근방의 각각에서 $\{f_n\}$이 수렴하는 K 의 조밀 부분집합으로부터 점 z_k $(k = 1, 2, 3, ..., p)$를 취하자. 그런다음

$$|f_n(z_k) - f_m(z_k)| < \frac{\varepsilon}{3} \qquad (k = 1, 2, 3, \ldots, p) \tag{8.14}$$

이 되도록 충분히 큰 n과 m을 취하자. 식 (8.13)과 (8.14)에 의해서 K의 각

z에 대하여

$$|f_n(z)-f_m(z)| \le |f_n(z)-f_n(z_k)|+|f_n(z_k)-f_m(z_k)|+|f_m(z_k)-f_m(z)|<\varepsilon$$

이 되는 z_k가 K에 존재한다. 따라서 수열 $\{f_n(z)\}$는 K위에서 고른 Cauchy함수열이고, 그러므로 K위에서 고르게 수렴한다. ▨

위 보조정리 8.1 은 $\{f_n(z)\}$가 D 에서 정규모임이 됨을 보였음에 주목하자. 이제 대각화 방법에 의하여 타자 함수열이 조밀부분집합에서 수렴한다는 가정없이 이 결론이 참임을 보이도록 한다.

정리 8.11 (Montel의 정리) *$\mathfrak{F}$가 영역 D위의 해석함수들의 국소적 고른유계모임이면 $\mathfrak{F}$는 D 위의 정규모임이다.*

증명 $\mathfrak{F}$의 함수열 $\{f_n\}$이 주어질 때 $\{f_n\}$의 어떤 부분열이 컴팩트 부분집합위에서 고르게 수렴함을 보여야 한다. D에서 조밀한 임의의 수열 $\{z_k\}$를 취하자. 보조정리 8.1에 의하여, 수열 $\{z_k\}$의 각 점에서 수렴하는 $\{f_n\}$의 부분열을 만들기만 하면 충분하다. 가정에 의하여 수열 $\{f_n(z_1)\}$은 유계이다. 따라서 z_1 으로 수렴하는 $\{f_n\}$의 부분열이 존재하는데 이를 $\{f_{n,1}\}$으로 나타내자. 그러나 수열 $\{f_{n,1}(z_2)\}$ 도 유계이다. 따라서 z_2 에서 수렴하는 $\{f_{n,1}\}$의 부분열 $\{f_{n,2}\}$가 존재한다. $\{f_{n,2}\}$가 $\{f_{n,1}\}$ 의 부분열이므로 이것도 역시 z_1에서 수렴한다.

이 과정을 계속하면 $z_1,z_2,\ldots,z_m$에서 수렴하는 m 번째 부분열 $\{f_{n,m}\}$을 만들 수 있다. 아래 도표에서 볼 수 있듯이,

$$\begin{array}{cccccc}
f_{1,1}(z), & f_{2,1}(z), & f_{3,1}(z), & \ldots, f_{m,1}(z), & \cdots & \\
f_{1,2}(z), & f_{2,2}(z), & f_{3,2}(z), & \ldots, f_{m,2}(z), & \cdots & \\
f_{1,3}(z), & f_{2,3}(z), & f_{3,3}(z), & \ldots, f_{m,3}(z), & \cdots & \\
\vdots & \vdots & \vdots & \ddots, & \vdots, & \vdots \\
f_{1,m}(z), & f_{2,m}(z), & f_{3,m}(z), & \ldots, & f_{m,m}(z), & \cdots \\
\vdots & \vdots & \vdots & \vdots & \vdots &
\end{array}$$

m 번째 복소함수열 $\{f_{n,m}\}$은 $z_1,z_2,\ldots,z_m$에서 수렴한다. 이제 위 도표에서 대각선을 이루는 수열 $\{f_{nn}(z)\}$를 생각하자. 각 고정된 m에 대해서 수열 $\{f_{n,n}(z_m)\}$ $(n \ge m)$은 수렴수열 $\{f_{n,m}(z_m)\}$의 부분수열이고, 따라서 수렴한

다. 그러므로 $\{f_{nn}(z)\}$은 수열 z_k의 모든 점에서 수렴하는 $\{f_n\}$ 의 부분열이 다. ∎

Bolzano-Weierstrass정리(정리 1.4, 연습문제 1.6.14 참조)는 모든 유계 무한 점집합에 대하여 극한점이 존재함을 보장하므로 모든 유계수열에 대한 수렴 부분수열의 존재도 보장한다. Montel의 정리는 '해석함수'에 대한 Bolzano정리와 유사한 성질이라 할 수 있다. 어떤 의미에서 이는 모든 국소적 고른유계 해석함수모임과 관련된 수렴함수열의 존재를 보장하고 있다.

이를 한 단계 더 발전시키면 두 정리는 모두 동일한 결함을 갖게 된다. Bolzano정리의 극한점은 집합의 원소일 필요가 없고 반면에 Montel의 수렴함수는 정규모임의 원소일 필요가 없다.

보기 8.10 수열 $\{z^n\}$은 $|z| < 1$의 모든 컴팩트 부분집합상의 0으로 고르게 수렴하므로 $|z| < 1$에서 정규모임이다. 그러나 0은 모임 $\{z^n\}$의 원소가 아니다.

자신의 모든 극한점을 포함하는 유계집합은 컴팩트임을 상기하라. 이것이 다음 정의를 함의한다.

정의 8.5 정규함수모임 $\mathfrak{F}$를 **컴팩트**라 함은 $\mathfrak{F}$ 에서 수렴하는 모든 함수열의 고른극한(uniform limit)이 $\mathfrak{F}$의 원소이다.

따름정리 8.1 *정규함수모임 $\mathfrak{F}$가 컴팩트이기 위한 필요충분조건은 이 모임이 닫힌국소유계모임이다.*

보기 8.11 원판 $|z| < 1$에서 양의 실수부를 가지는 다음과 같은 형식

$$f(z) = 1 + \sum_{n=1}^{\infty} a_n z^n$$

의 해석함수모임 $\mathfrak{F}$는 컴팩트이고 정규모임이다.

증명 정리 7.13에 의하여 모든 함수 $f \in \mathfrak{F}$는 다음 부등식을 만족한다:

$$|f(z)| \le \frac{1+|z|}{1-|z|} \qquad (|z| = r < 1).$$

따라서 $\mathfrak{F}$는 국소적 고른유계이고 Montel의 정리에 의하여 정규모임이다. $\mathfrak{F}$ 가 컴팩트임을 보이기 위하여 $\mathfrak{F}$ 에 속하는 함수열 $\{f_n\}$이 함수 g 로 고른 수렴한다고 가정하자. 이제 $g \in \mathfrak{F}$임을 보이고자 한다. 정리 5.11에 의하여 g는 $|z| < 1$ 에서 해석적이다. 모든 n에 대해서 $f_n(0) = 1$이므로 $g(0) = 1$이다. 또 모든 n 에 대해서 $\mathrm{Re}\, f_n(z) > 0$이므로 $|z| < 1$에 대해서 $\mathrm{Re}\, g(z) \geq 0$이다. 그러나 열린사상정리에 의하여 $|z| < 1$ 에 대해서 $\mathrm{Re}\, g(z) > 0$이어야 한다. 따라서 $g \in \mathfrak{F}$이고 $\mathfrak{F}$는 컴팩트이다. ▒

연습문제 8.3

1. 영역 D의 각 점에 대해서 모임 $\mathfrak{F}$가 동등연속인 근방이 존재한다고 가정하면 $\mathfrak{F}$가 D의 컴팩트 부분집합위에서 동등연속임을 보여라. 또 $\mathfrak{F}$ 가 D에서 동등연속인가?

2. 수열 $\{nz\}$는 어떤 영역에서도 동등연속이 아님을 보여라.

3. 만일 $\mathfrak{F}$가 영역 D에서 국소적 고른유계인 해석함수모임이면 $\mathfrak{F}$에 속하는 함수의 도함수로 이루어진 함수모임인 F' 이 D의 컴팩트 부분집합위에서 동등연속임을 보여라.

4. $\mathfrak{F}$를 원판 $|z| < 1$에서 해석함수의 정규모임이라고 가정하자. 또 $f \in \mathfrak{F}$일 때 G를 형식 $g(z) = \int_0^z f(\zeta)d\zeta$의 함수모임이라고 하자. 그러면 G가 $|z| < 1$에서 정규임을 보여라.

5. 다음을 정의하자.
$$f_n(z) = \begin{cases} z^n & (n\text{은 홀수}) \\ 1 - z^n & (n\text{은 짝수}) \end{cases}$$
그러면 함수열 $\{f_n(z)\}$가 원판 $|z| < 1$에서 정규모임을 이룸을 보여라.

6. $|a_n| \leq n$일 때 형식 $f(z) = \sum_{n=0}^{\infty} a_n(z^n)$인 함수모임은 원판 $|z| < 1$에서 해석함수의 컴팩트 정규모임을 보여라.

7. $\mathfrak{F}$가 영역 D에서 해석적이고 또한 $|f(z)| \leq M$인 모든 함수 $f(z)$로 이루어진 모임이라고 할 때 f는 d 에서 컴팩트이고 정규모임임을 보여라.

8. $\mathfrak{F}$가 G위의 정규모임이고 D는 $\mathbb{C}$의 열린집합이고 모든 $f \in \mathfrak{F}$에 대해서 $f(G) \subset D$ 라고 가정하자. 만일 g가 D위에서 해석적이고 유계집합위에서 유계이면 $\{g \circ f \mid f \in \mathfrak{F}\}$이 정규모임임을 보여라.

9. (a) 만일 f가 원판 $|z-a| \leq R$을 포함하는 열린집합에서 해석적이면

$$|f(a)|^2 \leq \frac{1}{\pi R^2} \int_0^{2\pi} \int_0^R |f(a+re^{i\theta})|^2 r\,dr\,d\theta$$

임을 보여라.

(b) G가 구역이고 M이 고정된 상수라고 하자. $\mathfrak{F}$은 $\iint_G |f(z)|^2 dx\,dy \leq M$을 만족하는 G위에서 정의된 해석함수 f들의 모임이라 하자. $\mathfrak{F}$가 정규임을 보여라.

8.4 리만사상정리

D_1, D_2를 단일연결영역이라고 가정하면 거의 항상 D_1에서 D_2로 사상하는 해석함수가 존재한다. 우선 "대표적인" 예외를 살펴보자. D_1은 전 평면이고 D_2는 원판 $|z| < 1$이라고 가정하자. Liouville의 정리에 의하여 상수함수는 그의 상이 그 원판에 포함되는 유일한 해석함수이므로 원판 $|z| < 1$로 사상하는 평면전체에서 해석적인 함수가 존재할 수가 없다. 이 절의 주요 정리는 단사인 해석함수가 전체 평면이 아닌 두 단일연결영역 사이에 존재함을 말해주는 것이다. 이 놀라운 결과를 증명하기전에 한잎(univalent)[2] 함수에 관한 몇 가지 예비지식이 필요하다.

정의 8.6 D는 단일연결영역이라 하자. 해석함수 $f : D \to \mathbb{C}$가 **한잎함수**라 함은 f가 단사함수이다.

정리 8.12 *$\{f_n(z)\}$가 영역 D에서 정의된 한잎함수열로서 D의 각 컴팩트 부분집합위에서 상수가 아닌 함수 $f(z)$로 고르게 수렴하면 $f(z)$는 D상의 한잎함수이다.*

증명 1. f가 해석적임은 정리 8.12으로부터 나온다.

2. f가 한잎임을 증명하기 위하여 $f(z_0) = f(z_1) = a$가 되는 D의 서로 다른 두 점 z_0, z_1 이 존재한다고 가정하자. 이제 C_0와 C_1을 그의 중심이 각각 z_0, z_1 인 서로 소인 두 원으로서 D 에 포함된다고 하자. 더욱이 어느 원위에서도 $f(z) \neq a$라고 가정하자. 또 m을 $C_0 \cup C_1$ 위에서 $|f(z) - a|$의 최소값이라고 하자. 이제 $C_0 \cup C_1$위에서 $|f_n(z) - f(z)| < m$이 되도록 충분히 큰 n을 취하면 Rouché 정리에 의하여 함수

$$f_n(z) - a = (f_n(z) - f(z)) + (f(z) - a)$$

는 C_0의 내부에서 적어도 하나의 영점을 가지며 C_1의 내부에서 적어도 하나의 영점을 갖는다. 이는 $\{f_n(z)\}$가 D 에서 한잎임에 모순이다. ∎

한잎함수열의 고른극한이 상수가 될 수도 있음을 주목하라.

---

[2]이 영어단어의 원래의 단어는 독일어로 schlicht이다. 그러나 이 단어의 적절한 번역이 부족하다[1]. **단엽함수**라고 번역하기도 한다.

보기 8.12 수열 $f_n(z) = \dfrac{z}{n}$는 평면의 임의의 컴팩트 부분집합위에서 0으로 고르게 수렴한다.

정리 8.13 *$f(z)$가 영역 D상의 한잎함수이고 $g(z)$가 $f(z)$에 의한 D의 상에서의 한잎함수라고 하면 합성함수 $g(f(z))$ 도 D상의 한잎함수이다.*

증명 $g(f(z))$는 해석적이다. 한잎임을 보이기 위하여 $z_0, z_1 \in D$에 대해서 $g(f(z_0)) = g(f(z_1))$이라고 가정하자. g의 단엽성에 의하여 $f(z_0) = f(z_1)$이다. 다시 f의 한잎성에 의하여 $z_0 = z_1$이다. ∎

정리 8.14 *영역 D_1에서 D_2로 사상하는 f가 한잎함수이면 모든 $z \in D_1$에 대해서 $g(f(z)) = z$ 로 정의된 역함수 g는 D_2 에서 D_1위로 사상하는 한잎함수이다.*

증명 g의 한잎성은 f의 한잎성의 직접적인 결과이다. 해석적임을 보이기 위하여 점 $w_0 \in D_2$를 고정하면 $w_0 = f(z_0)$이 되는 유일한 점 $z_0 \in D_1$가 존재한다. 이제 $w = f(z)$로 놓으면 다음이 성립한다.

$$\frac{g(w) - g(w_0)}{w - w_0} = \frac{z - z_0}{f(z) - f(z_0)} \tag{8.15}$$

f가 열린집합에서 열린집합위로 사상하므로 g는 D_2에서 연속이다. 따라서 $w \to w_0$일 때 $z \to z_0$ 이다. 정리 8.9에 의하여서 $f'(z_0) \neq 0$이다. 따라서 식 (8.9)에 극한을 취하면 $g'(w_0) = g'(f(z_0)) = \frac{1}{(f'(z_0))}$를 얻을 수 있다. 그러므로 g는 D_2에서 해석적이다. ∎

만일 함수 f, g가 각각 영역 D_1, D_2에서 한잎함수이고 원판 $|z| < 1$위로 사상하면 $g^{-1}(f(z))$도 D_1 에서 D_2위로 사상하는 한잎함수이다. 따라서 원판의 내부위로 한잎으로 사상될 수 있는 영역들의 집합은 또 다른 영역위로 한잎으로 사상될 수 있다.

보조정리 8.2 *$f(z)$가 $|z| < 1$에서 한잎함수이고 원판을 그 자신위로 사상한다고 가정하자. 만일 $f(0) = 0$ 이고 $f'(0) > 0$이면 $f(z) = z$이다.*

증명 Schwartz 보조정리에 의하여 $|f(z)| \leq |z|$이다. Schwartz 보조정리를 역함수에 응용하면 다시 $|z| \leq |f(z)|$ 를 얻는다. 따라서 $\left|\dfrac{f(z)}{z}\right| = 1$이다. 연

습문제 2.5.6에 의하여 α가 실수일 때 $f(z) = e^{i\alpha}z$ 이다. $f'(0) > 0$ 이므로 결과가 나온다. ▒

이제 이 절의 주요정리인 Riemann 사상정리를 알아보자.

정리 8.15 (Riemann 사상정리) *D가 전평면이 아닌 단일연결영역이고 z_0가 D에 속하는 점이라고 가정하면 $f(z_0) = 0, f'(z_0) > 0$을 만족하면서 D를 원판 $|z| < 1$로 사상하는 유일한 한잎 함수 $f(z)$ 가 존재한다.*

증명 1. 우선 유일성을 증명하자. 만일 f, g가 모두 D를 $|z| < 1$위로 사상하면서 주어진 조건을 만족한다고 하면 $h = g(f^{-1})$ 는 단위원판의 내부에서 그 자신위로 사상하는 한잎함수이다. 더욱이

$$h(0) = g(f^{-1}(0)) = g(z_0) = 0,$$

$$h'(0) = \frac{g'(z_0)}{f'(z_0)} > 0$$

따라서 보조정리 8.2 에 의하여 h는 항등함수이다. 즉, $g(z)$는 $f(z)$이므로 유일성이 증명되었다.

2. 존재성을 증명하기 위하여 우선 D에서 원판 $|z| < 1$안으로 사상하는 한잎함수가 존재함을 보이도록 한다. D가 전평면이 아니므로 점 $a \notin D$가 존재한다. 실제로, D의 외부에 원판 $|z-a| > \varepsilon$이 존재하면, D의 모든 점에 대해서 $|z-a| > \varepsilon$이다. 이 경우, $w = \dfrac{\varepsilon}{(z-a)}$는 D의 모든 점을 단위원판의 내부로 사상하는 한잎함수이다. 그러나 D의 여집합이 임의의 원판을 포함하지 않을 수도 있다. 예를 들어, D는 어떤 점 z_0 에서 ∞ 로 이르는 반직선을 뺀 평면일 수도 있다. 이런 종류의 어려움은 영역을 그 크기의 "반" 위로 사상하는 제곱근함수의 가지를 생각함으로써 피할 수 있을 것이다.

따름정리 4.3에 의하여 $a \notin D$이면 $\phi(z) = \sqrt{z-a}$의 해석가지는 단일연결영역 D에서 정의될 수 있다. 더욱이 $\phi(z)$는 D에서 한잎이다. 왜냐하면 $\phi(z_1) = \phi(z_2)$ $(z_1, z_2 \in D)$이면 $(\phi(z_1))^2 = (\phi(z_2))^2 = z_1 - a = z_2 - a$이기 때문이다. 이제 D'을 $\phi(z)$에 의한 D의 상이라고 하면 D'의 여집합은 원판을 포함한다. 이를 보이기 위하여 두 점 $b, -b$가 동시에 D'에 속할 수 없음을 보일 것이다. 만일 이들이 D'에 속했다면 $\phi(z') = b$와 $\phi(z'') = -b$가 되는

D의 서로 다른 두 점 z', z''가 존재한다. 그러면

$$[\phi(z')]^2 = -z'a = [\phi(z'')]^2 = z'' - a$$

가 되고 이는 z'과 z''이 서로 다르다는 사실에 모순된다. 다음에는 원판 $|z-c| > \varepsilon$이 D'에 포함되도록 점 c와 $\varepsilon > 0$을 취하자. 그러면 원판 $|z+c| > \varepsilon$은 D'의 여집합에 포함된다. 따라서 합성힘수 $\psi(z) = \dfrac{\varepsilon}{z+c}$는 D'을 단위원판으로 사상한다. 따라서 합성함수 $\psi(\phi(z))$는 D에서 한잎함수이고 D를 단위원판으로 사상한다. 이제 적당한 선형분수변환에 의하여 이 함수를 부가적인 조건 $f_0(z_0) = 0$과 $f_0'(z_0) > 0$을 만족하는 함수 $f_0(z)$로 변환될 수 있다.

이제 $g(z)$가 D상의 한잎함수이고 $g(z_0) = 0, g_0'(z_0) > 0$에 의해 정규화되고 D의 모든 z에 대해 $|g(z)| < 1$ 을 만족하면 $g(z)$가 함수모임 $\mathfrak{F}$에 있다고 말하자. 모임 $\mathfrak{F}$는 $f_0(z) \in \mathfrak{F}$이므로 공집합이 아니다. 명백히 그의 존재성을 보이려고 하는 함수 f는 역시$\mathfrak{F}$ 에 속해야 한다. 이 함수가 $\mathfrak{F}$ 에 속하는 어떤 다른 함수보다도z_0 에서 더욱 큰 도함수를 가짐을 보일 것이다. z_0에서 최대도함수를 갖는 $\mathfrak{F}$에 속하는 함수의 존재를 보이기 위하여 정규모임의 이론을 응용해야 한다.

$\mathfrak{F}$가 D에서 국소적 고른유계(실제로는 고른유계)이므로 정리 8.11에 의하여 $\mathfrak{F}$는 정규모임이다. 다음과 같이 놓자.

$$A = \text{lub}\,\{g'(z_0) : g(z) \in \mathfrak{F}\}$$

여기서 A가 무한일 수도 있다. A의 정의에 의하여 $f_n'(z_0) \to A$가 되는 함수열 $f_n \in \mathfrak{F}$가 존재한다. $\mathfrak{F}$ 의 정규성에 의하여 D의 컴팩트 부분집합위에서 해석함수 $f(z)$로 고른수렴하는 부분열 $\{f_{nk}\}$가 존재한다. 정리 5.11를 응용하면 $f'(z_0) = A$임을 알 수 있고 따라서 A는 유한이다. 또 $f'(z_0) \geq f_0'(z_0) > 0$이므로 함수 $f(z)$ 는 D에 포함되지 않는다. 따라서 정리 8.12에 의하여 $f(f)$는 한잎이고 결국 $\mathfrak{F}$ 의 원소가 된다.

이제 $f(z)$가 우리가 찾고 있는 함수임을 보일 것이다. 단위원판내부의 어떤 α에 대해서 $f(z) \neq \alpha$라고 가정하자. 그러면 함수

$$F(z) = \sqrt{\frac{f(z) - \alpha}{1 - \overline{\alpha} f(z)}}$$

의 가지가 D에서 정의될 수 있다. $F(z)$의 한잎성은 $f(z)$의 한잎성으로부터 나오고, 부등식 $|F(z)| < 1$은 부등식 $|f(z)| < 1$로부터 나온다. 그러나, $F(z)$는 적절히 정규화되지 않았다. 그러므로, 함수

$$G(z) = \frac{|F'(z_0)|}{F'(z_0)} \frac{F(z) - F(z_0)}{1 - \overline{F(z_0)}F(z)}$$

를 생각하자. 이 함수는 $G(z_0) = 0$, $G'(z_0) > 0$을 만족하므로, $G(z) \in \mathfrak{F}$이다. 더욱이 다음이 성립한다.

$$G'(z_0) = \frac{|F'(z_0)|}{1 - |F(z_0)|^2} = \frac{1 + |\alpha|}{|\alpha|} A > A = f'(z_0)$$

이것은 $f'(z_0)$ 이 최대임에 모순이다. 따라서 $f(z)$는 단위원판의 내부의 모든 값을 취해야 한다. ∎

정의 8.7 두 영역 D_1, D_2에 대하여 D_1에서 D_2로 사상하는 단사인 한꼴함수가 존재하면 두 영역을 **한꼴동치**(conformally equivalent)라고 한다.

참고 8.3 영역에서 한잎성은 0 이 아닌 도함수를 보장하므로 Riemann 사상정리는 전체 평면이 아닌 임의의 두 단일연결영역이 한꼴동치임을 보여준다.

참고 8.4 정리 8.15의 증명에서 한잎함수가 단일연결영역에서 단일연결영역으로 사상한다고 가정하였다. 그러나 위상수학에서 단일연결영역의 단사연속의 상이 다중연결이 될 수 없음을 보였었다. 따라서 단일연결영역이 다중연결영역과 한꼴동치가 될 수 없다.

참고 8.5 선형분수변환이 원과 직선을 원과 직선으로 사상함을 상기하라. 따라서 원판 또는 반평면이 아닌 영역에서 단위원 내부위로의 한꼴사상은 선형분수변환이 아닌 다른 함수가 된다. 더욱이 리만사상정리의 유일성에 의하여 선형분수변환이 아닌 어떤 한잎함수도 원판 또는 반평면을 단위원의 내부로 사상할 수 없다.

참고 8.6 임의의 다각형의 내부를 단위원의 내부로 사상하는 한잎사상의 존재가 정리 8.15에 의하여 보장된다. 이는 몇 가지 단계를 거쳐서 이루어진다. 공식은 상반평면을 임의의 다각형의 내부위로 사상하는 한잎함수를 준다. 변환의 완전한 논의에 대해서는 참고문헌 [11]를 참조하라.

연습문제 8.4

1. $f(z)$가 z_0에서 해석적이고 $f'(z_0) \neq 0$이라고 가정하자. $f(z)$가 U에서 V로의 한잎사상이 되는 z_0과 $f(z_0)$의 각각의 근방 U와 V 가 존재함을 보여라.

2. $f(z)$가 해석적이고 단위원판을 그 자신 위로 사상한다고 하자. 이제 $f(z)$가 한잎이기 위한 필요충분조건이 $f(z)$ 가 다음과 같이

$$f(z) = e^{i\alpha}\frac{z - z_0}{1 - \bar{z}_0 z} \quad (|z_0| < 1, \quad \alpha\text{는 실수})$$

로 표현도어지는 것임을 보여라.

3. 평면이 상반평면과 한끌동치가 아님을 보여라. 더욱 일반적으로 평면은 그 자신과 한끌동치임을 보여라.

4. 비록 정사각형의 내부가 원의 내부 위로 등각적으로 사상될 수는 있다고 해도 정사각형이 원 위로 한끌로 사상될 수 없음을 보여라.

5. D_1을 $0 < r_1 < |z| < R_1$인 고리라 하고 D_2를 $0 < r_2 < |z| < R_2$인 고리라고 하자. 만일

$$\frac{R_1}{r_1} = \frac{R_2}{r_2}$$

이면 D_1에서 D_2위로 사상하는 한잎함수를 만들어 보라.

6. D_1과 D_2가 한끌동치이고 D_2와 D_3가 한끌동치이면 D_1과 D_3가 한끌동치임을 보여라.

참고문헌

[1] L. Ahlfors, *Complex Analysis*, 3rd ed., McGraw-Hill Co., Tokyo, 1979

[2] T. Apostol, *Mathematical Analysis*, Second Edition, Addison-Wesley Publ. Reading, 1974

[3] J. Churchill and R. Brown, *Complex Variable*, 6th. ed., McGraw-Hill Co., New York, 1996

[4] J. Conway, *Functions of One Complex Analysis*, 2nd Ed. Springer-Verlag, New York, 1988.

[5] E. Hairer and G. Wanner, *Analysis by Its History*, Springer, New York, 1996

[6] 김락중, 박종안, 이춘호, 최규흥, 해석학입문, 경문사, 서울, 2004

[7] S. Lang, *Complex Analysis*, 3rd ed., Springer Verlag, New York, 1993

[8] A. I. Markushevich, Theory of Functions of a Complex Variables, 3 vols. in one, 2nd ed., Chelsea Publ. Co., New York, 1977

[9] J. Marsden, *Basic Complex Analysis*, W. H. Freeman and Co., San Francisco, 1973

[10] R. Narashimhan, *Comples Analysis in One Variables*, BirKhäuser, New York, 1974

[11] Z. Nehari, *Introduction to Complex Analysis*, Boston, Allyn and Bacon, 1968.

[12] H. Silverman, *Complex Variables*, Houghton Mifflin Co., 1975

[13] R. Silverman, *Introductory Complex Analysis*, Prentice-Hall, Inc., Englewood Cliffs, 1967

[14] Walter Rudin, *Real and Complex Analysis*, Third Ed., McGraw-Hill Co. New York, 1987

[15] S. Willard, General Topology, Addison-Wesley Publ. Co. Reading, 1970

찾아보기

■ **약력**

이춘호
서울대학교 대학원 졸업(이학박사)
미국 Univ of Wisconsin-Madison 객원교수
미국 Indiana Univ, Univ of Wisconsin-Whitewater 방문교수
현재 호서대학교 수학과 교수

최규흥
서울대학교 대학원 졸업(이학박사)
미국 Connecticut 대학교 객원교수
북경대학 수학연구소 객원연구원
대학입학수학능력고사 수리영역 출제위원장
국제미분방정식학술회의 조직위원 및 조직위원장
대한수학회 부회장 / 한국수학논문집 편집위원장
Colloquium Prize, International Colloquium on Differential Equations(1998)
대한수학회 교육상 수상(2011)
인하대 교육 및 연구 업적 평가 최우수 교수 선정(2011, 2012)
Marquiz Who's Who, ABI, IBC 세계 3대 인명사전에 등재(2010~2012)
현재 인하대학교 수학교육과 교수

복소해석학

지은이 이춘호 · 최규흥
펴낸이 박문규
펴낸곳 경문사
펴낸날 2014년 3월 5일 1판 2쇄
등 록 1979년 11월 9일 제313-1979-23호
주 소 121-818, 서울특별시 마포구 와우산로 174
전 화 (02)332-2004 팩스 (02)336-5193
이메일 kyungmoon@kyungmoon.com

값 14,000원

ISBN 89-978-6105-673-1

★ 경문사 홈페이지에 오시면 즐거운 일이 생깁니다.
http://www.kyungmoon.com

한국과학기술출판협회 회원사